民間軍事警備会社の戦略的意義

――米軍が追求する21世紀型軍隊――

佐野秀太郎 著

芙蓉書房出版

はじめに

　二一世紀に入り、世界最強を誇る米軍は、軍独自の戦力でなくても軍事作戦を遂行できるような新たな形の軍隊を構築しようとしているのであろうか。二〇〇〇年代半ばに米軍がイラクで泥沼化していた頃、クレフェルト（Martin van Creveld）は「二一世紀の幕開けにあたり、史上最強かつ最も多くの国防費を費やし、しかも最も訓練を施されて最新の装備を駆使する軍隊が完全に衰退している。まさに奈落の底にある」と指摘した。今日米軍は重要な岐路に立っているといえよう。

　冷戦終結以降、米軍は通常戦だけでなく安定化作戦においても重要な役割を果たす存在になっている。安全保障を取り巻く環境の変化は、各国の軍に対して重要な問題を提起することになった。軍はこれまで伝統的に備えてきた通常戦に加えて、非戦闘的活動を主体とする安定化作戦にも従事するように求められている。米軍もその例外ではない。一九九〇年代には米軍は消極的ながらもソマリア、ハイチ、ボスニアなど、世界各地で安定化作戦に従事してきた。そして二一世紀にはイラク及びアフガニスタンで積極的に安定化作戦に従事することになった。その背景には、米国同時多発テロ事案以降、米英両国を中心に国際社会が国際テロの温床となる破綻国家やならずもの国家を国際平和と安定を脅かす脅威として、また各国の国家安全保障にも直結する重大かつ緊急な問題として捉えるようになったためである。二〇〇五年には、米軍は国家安全保障大統領指針及び国防総省指針に基づき、安定化作戦への対処を通常戦と同等の主要任務に格上げすることになった。これは、米軍がいま通常戦と安定化作戦の両作戦形態を対象としたフルスペクトラム作戦を積極的に推進していくことを内外に示すものである。

二一世紀以降、米軍がイラク及びアフガニスタンに派遣した部隊の規模は、一九九〇年代に推進した安定化作戦のときよりもはるかに大きいものになっている。ピーク時には、イラクで一六万九、〇〇〇人（二〇〇七年九月）、アフガニスタンでは九万九、八〇〇人（二〇一一年三月）の部隊が展開している。この間、米軍は両国で民間軍事警備会社（ＰＭＳＣ）と呼ばれる一連の請負業者を数多く活用するようになった。ＰＭＳＣは冷戦終結前後に誕生した請負業者であり、一般的に傭兵とは異なる存在として認識されている。

米軍が両国でＰＭＳＣに委託した業務は戦闘行動ではない。それは非戦闘的活動に限定されている。米軍が戦闘行動を外部委託することや傭兵を活用することは、国防総省の施策として禁止されている。尤もこれまで現地では、武装して警護・警備業務に従事したＰＭＳＣの一部が一連の銃撃事案に関与して問題視されることもあった。しかし、米軍は警護・警備業務を戦闘行動として位置付けていない。また、今日米軍がＰＭＳＣを非戦闘的活動に限定して活用していることは、一九九〇年代にシエラレオネやアンゴラの現地政府が「ＰＭＳＣ」を傭兵として戦闘行動に従事させていた状況とも大きく異なるものである。米軍は国際・国内法上違法な傭兵とは異なる形でＰＭＳＣを活用している。

一方、米軍がイラク及びアフガニスタンで活用したＰＭＳＣの規模は未曾有のものになっている。米軍は一九九〇年代においてもＰＭＳＣを活用していたが、二〇〇九年九月には両国で部隊の派遣規模一九万三、九五〇人を上回る二一万八、〇〇〇人近くのＰＭＳＣを活用している。そして、米軍が両国でＰＭＳＣに委託した業務内容は幅広い。これには、基地支援、警護・警備、通訳、兵站支援（輸送、建設、補給・整備等）、通信、現地軍・警察の育成のほか、捕虜の尋問、情報活動の業務も含まれている。

また近年では、米軍とＰＭＳＣとの一体感も増している。イラク及びアフガニスタンでは、米軍はＰＭＳＣと同一地域で活動しており、ＰＭＳＣに委託された業務内容はこれまで軍が主動的に実施してきた非戦闘的活動である。つまり、両者は独立して行動しているわけではない。このことは、一九九〇年代にＰＭＳＣが米軍に代わって現地クロアチア軍の育成に全面的に従事したときよりも、米軍とＰＭＳＣが一体となって活動していることを示している。

このように、米軍が国際・国内法上合法の範囲内でこれほどまで大規模かつ広範囲の業務にＰＭＳＣを活用し、またＰＭＳＣと一体となって活動したことは、これまでになかったことである。

それでは、米軍がイラク及びアフガニスタンでＰＭＳＣをこのように活用したことは、何を意味するものであろうか。これまで米軍が両国でＰＭＳＣを計画的に活用していなかったことが明らかになっている。二〇〇九年一月、ゲーツ（Robert Gates）国防長官は上院軍事委員会で「二〇〇三年以降、イラクでは請負業者が様々な形で行き当たりばったり活用された結果、数多くの請負業者が活用されることになった」と述べたが、この発言は米軍がＰＭＳＣを無計画に活用していたことを示したことに他ならない。しかし、米軍がイラク及びアフガニスタンでこれほどまで大規模かつ広範囲な分野にＰＭＳＣを活用するようになった現象は、軍の無計画性という一言で片づけられるものなのであろうか。それとも、他に何かもっと重要なことを示しているのであろうか。

米軍が軍の機能を請負業者に外部委託することは、それ自体決して新しい現象ではない。米軍は独立戦争以来請負業者を活用して作戦を遂行してきた。独立戦争時には二、〇〇〇人、南北戦争では両軍合わせて二〇万人の請負業者を活用している。その後米軍が請負業者を活用する傾向は続き、両世界大戦、朝鮮戦争、ヴェトナム戦争、湾岸戦争でも多くの請負業者を活用してきた。そして、冷戦終結後には、ソマリア、ハイチ、ボスニアなどの安定化作戦においても請負業者（ＰＭＳＣ）を活用している。その傾向は、二一世紀に入っても変わっていない。

そして、米軍はこれまで請負業者を軍の戦力を現場レベル（作戦・戦術的次元）で自由自在に増強できる存在すなわちフォース・マルチプライアー（force multiplier）として位置付けてきた。つまり、米軍は作戦地域で請負業者を非戦闘的活動に活用することで軍の量的不足を補完し、軍本来の戦闘行動に専念できるようになっている。米軍が請負業者をフォース・マルチプライアーとして捉えていることは、米軍教範のなかでも明確に記述されている。また、米軍人自身もＰＭＳＣの役割をそのように捉える傾向が強い。

　ただ、米軍が請負業者をこのようにフォース・マルチプライアーとして捉えるにあたっては、常に一つの前提があった。それは、米軍が兵力不足を理由に軍の非戦闘的活動を実施できない場合においてのみ請負業者を活用するということである。すなわち、軍が非戦闘的活動を実施できる能力を保持している場合は、請負業者を活用することなく軍人自らがその業務を実施するのが、米軍の基本方針であった。このことは、「請負業者が軍の兵站支援部隊に代わって活用されることは、これまでどの紛争においても必要なことではあった。しかし、それは望ましい選択肢ではない。このことは軍内のほぼ共通した認識である」という米軍人の言葉に表れている。

　換言すれば、米軍にとって請負業者は、民間力を活用したいときに自由自在に活用でき、必要がなくなったときにはいつでも排除できるいわば「便利屋」であった。このことは、米軍がこれまで請負業者を軍の作戦を支援できる補助的な存在として位置付けていたこと、つまり米軍が必ずしも請負業者を軍にとって容易に切り離すことのできない必要不可欠な存在として捉えていなかったことを示している。また、請負業者が「便利屋」であることは、作戦形態（安定化作戦及び通常戦）を問わずまた作戦規模の大小を問わず、あくまでも軍人が軍事作戦の主動的役割を担うべきものとして捉えてきたことを示している。この前提は、米軍が独立戦争以来常時貫いてきたものである。

　しかし、二一世紀に入りイラク及びアフガニスタンでは、その前提事項が崩れかけている。先にみたように、米軍は安定化作戦を遂行する際に未曾有の規模でＰＭＳＣを活用しており、ＰＭＳＣに委託する業務内容も多岐に亘っている。そのことに加えて、捕虜の尋問など米軍が必ずしもＰＭＳＣに委託する必要のなかった業務、または、戦闘行動など米軍が本来ＰＭＳＣに委託してはならないはずの「政府固有の機能」までもがＰＭＳＣに委託されているのではないかという懸念が浮上している。これらの現象は、先のゲーツ国防長官の発言にみられるように、米軍の無計画性という一言で片づけられるものなのではない。それは、米軍の推進する安定化作戦のなかでＰＭＳＣの役割が何か変化していることを示唆している。すなわち、ＰＭＳＣはただ単に現場レベル（作戦・戦術的次元）で軍の作戦に影響を及ぼす存在ではなくなっている可能性がある。

それでは、二一世紀に入りＰＭＳＣは米軍の推進する安定化作戦のなかでどのような存在になっているのであろうか。これまで米軍が認識してきたように、ＰＭＳＣは依然として軍の戦力を現場レベルで自由自在に増強できるだけの存在なのであろうか。それとも、ＰＭＳＣは軍の作戦においてそれよりも大きな影響力を及ぼし始めているのであろうか。仮にＰＭＳＣの影響力が現場レベルを超えた戦略的に大きいものになっているとしたら、それは米軍にとって何を意味するのであろうか。それはＰＭＳＣが米軍のなかで軍の在り方にも何らかの影響力を及ぼし始めていることを示すものなのであろうか。すなわち、ＰＭＳＣはいま米軍にとって容易に切り離すことのできないほど重要な存在になっているのであろうか。また、ＰＭＳＣの影響力は軍事作戦における役割分担や軍事組織の在り方をも変化させるほど大きいものになっているのであろうか。もしそうだとしたら、ＰＭＳＣは米軍のなかでどのような役割を担い始めているのであろうか。

本書の目的は、二一世紀以降米軍がイラク及びアフガニスタンの安定化作戦でＰＭＳＣを活用・規制することで、米軍がＰＭＳＣの支援なしには安定化作戦を遂行できなくなっているのか、またそのことで米軍の追求する軍の在り方が変化しているのであればそれは何かについて明らかにすることにある。

このことを解明するため、本書では、軍事科学的見地からＰＭＳＣを捉え、米軍の作戦に及ぼすＰＭＳＣの影響力の広さとその意義について検証していく。この問題提起の背景には、ＰＭＳＣの活用規模や業務内容が拡大しても、

ＰＭＳＣの影響力が必ず大きくなるとは限らないという前提がある。実際、英軍の場合、ＰＭＳＣの活用規模や業務内容が拡大してもＰＭＳＣの影響力は限定的なものに留まっている。

また、ＰＭＳＣを巡ってはこれまでにも多岐に亘って議論が展開されてきた。しかし、そこではＰＭＳＣの軍事的影響力の広さについては十分に認識されてこなかった。このため、これまでの議論ではＰＭＳＣが軍の在り方そのものにどのような役割を果たすようになっているかについて明確にすることはできなかった。従って、本書はこれまでの議論に対して一石を投じるものでもある。

本書の特色は、米軍の作戦に及ぼすＰＭＳＣの影響力の広さとその意義を立証するため、米軍が軍事力を行使する際の基本的要素に着目したことにある。具体的には、国家の外交政策の推進（軍事力行使の目的）、軍の即応性の発揮（軍事力行使の対応要領）、そして軍事作戦の正当性の確保（軍事力行使の道義・合法的基盤）の三つの視点から分析することにした。これらの視点は、米軍教範で定義される戦力投射（power projection）という軍事的概念の特性を整理して導き出している。戦力投射は、軍が外征軍として国外で行動する際の軍事的特色を表したものである。従って、戦力投射の特性を踏まえた検証は、イラク及びアフガニスタンに派遣された米軍を支援するＰＭＳＣの影響力の広さとその意義について理解していく上で重要な鍵となる。

二一世紀に入り米軍がイラク及びアフガニスタンで推進してきた安定化作戦は終結することになった。この作戦において露呈した課題の一つが、これまで認識されてきたように、ＰＭＳＣが米軍の戦力を現場レベル（作戦・戦術的次元）で増強できるだけの存在ではもはやなくなっているのではないかという点である。そのことを明確にすることが本書の最大の狙いである。

民間軍事警備会社の戦略的意義◎目次

第2部 イラク及びアフガニスタンにおける事例検証

略語一覧

■米国関連

ABIS（Automated Biometric Identification System）自動生体測定識別システム
ACE（Army Corps of Engineers）陸軍工兵隊
ACOTA（Africa Contingency Operations and Training Assistance Program）アフリカ緊急作戦訓練支援計画
ADUSD-PS（Office of the Assistant Deputy Under Secretary of Defense for Program Support）国防副次官補・計画支援担当室
AFCAP（Air Force Contract Augmentation Program）空軍契約増強計画
AFRICOM（Africa Command）米アフリカ軍
ALMC（Army Logistics Management College）陸軍兵站管理大学
AMC（Army Material Command）陸軍補給統制本部
APS（Army Preposition Stock）陸軍事前集積
ARCENT（Army Central Command）米陸軍中央軍
At／FP（Anti-terrorism and Force Protection）テロ対処及び部隊防護
BAT（Biometric Automated Toolset）生体自動装置
BFC（Biometric Fusion Center）生体測定融合センター
BISA（Biometric Identification Systems for Access）基地出入門生体識別システム
BSC（Balkans Support Contract）バルカン支援契約

CBO（Congressional Budget Office）議会予算局
CENTCOM（Central Command）米中央軍
CEW（Civilian Expeditionary Workforce）文官遠征隊
CJIS（Criminal Justice Information Service Division）米連邦捜査局・刑事裁判情報サービス部
CJTF‐7（Combined Joint Task Force-7）在イラク連合軍
C‐JTSCC（CENTCOM-Joint Theater Support Contracting Command）中央軍・統合戦域支援請負業務軍
CMATT（Coalition Military Assistance Transition Team）連合国軍事支援訓練移譲チーム
CMSP（Commercial Military Service Providers）民間軍事業務提供者
CNAS（Center for a New American Security）新米国安全保障センター
CONCAP（Construction Capabilities Contract）海軍建設力増強契約
COR（contracting officer representative）契約担当官代表
CPA（Coalition Provisional Authority）連合国暫定当局
CPI（Center for Public Integrity）公共性保全センター
CRM（Commission on Roles and Missions of Armed Forces）軍隊の役割と任務に関する委員会
CRS（Congressional Research Service）米議会調査局
CS（combat support）戦闘支援部隊
CSS（combat service support）戦務支援部隊
CWC（Commission on Wartime Contracting in Iraq and Afghanistan）イラク・アフガニスタン有事請負業務委員会
DASD‐PS（Office of Deputy Assistant Secretary of Defense for Program Support）国防次官補代理・計画支援担当室

DAU（Defense Acquisition University）国防調達大学
DCAF（Democratic Control of Armed Forces）軍隊の民主的統制のためのジュネーブ・センター
DCMA（Defense Contract Management Agency）国防契約管理局
DLA（Defense Logistics Agency）国防兵站局
DODD（Department of Defense Directives）国防総省指針
DODI（Department of Defense Instruction）国防総省指示
DSB（Defense Science Board）国防科学委員会
DUSD‐L&MR（Deputy Under Secretary of Defense for Logistics and Material Readiness.）国防副次官（兵站、物的即応性担当）
EFP（Explosively formed penetrator）即製爆弾爆発型貫通装置
FAIR（Federal Activities Inventory Reform Act）連邦業務棚卸改革法
FAR（Federal Acquisition Regulation）連邦調達規則
FCIB（Functional Capabilities Integration Board）機能的能力統合委員会
FID（Foreign Internal Defense）現地治安部隊（軍及び警察）の育成
GAO（Government Accountability Office/Government General Accounting Office）米監査局
GDF（Guidance for Development of the Force）兵力育成指針
GMASS（Global Maintenance and Supply Services）世界整備補給業務
HASC（House Committee on Armed Services）下院軍事委員会
HCFA（House Committee on Foreign Affairs）下院外交委員会
HCJ（House Committee on the Judiciary）下院司法委員会
HMMWV（High Mobility Multipurpose Wheeled Vehicle）高機動多用途装輪車両
HNS（Host Nation Support）ホスト・ネーション・サポート
HSPD（Homeland Security Presidential Directive）国土安全保障大統領指針

IAFIS（Integrated Automated Fingerprint Identification System） 統合自動指紋識別システム

ICITAP（International Criminal Investigative Training Assistance Program） 国際犯罪捜査訓練支援計画

IDIQ（Indefinite Delivery- Indefinite Quantity） 無限提供回数・無限提供量

IED（Improvised Explosive Device） 即製爆発装置

INL（Bureau of International Narcotics and Law Enforcement Affairs） 国際麻薬対策・法執行局

ISAF（International Security Assistance Force） 国際治安支援部隊

JCASO（Joint Contingency Acquisition Support Office） 統合不測事態調達支援室

JCOA（Joint and Coalition Operational Analysis） 統合連合作戦分析室

JFCOM（U.S. Joint Forces Command） 米統合軍

LOGCAP（Logistics Civil Augmentation Program） 兵站業務民間補強計画

MEJA（Military Extraterritorial Jurisdiction Act） 軍事域外司法管轄法

MNF-I（Multi-National Force - Iraq） 在イラク多国籍軍

MRE（meal ready to eat） 包装レーション（包装された簡易食）

MSP（Military Security Providers） 軍事警備提供会社

NACI（National Agency check with written Inquiries） 書面付国家検査

NAPA（National Academy of Public Administration） 国立行政アカデミー

NDAA（National Defense Authorization Act） 国防権限法

NSPD（National Security Presidential Directive） 国家安全保障大統領指針

ＮＴＣ（National Training Center）陸軍訓練センター
ＯＣＳ（Operational Contract Support）作戦請負業務支援
ＯＦＰＰ（Office of Federal Procurement Policy）行政管理予算局・連邦調達政策室
ＯＭＢ（Office of Management and Budget）行政管理予算局
ＯＰＭ（Office of Personnel Management）人事管理局
ＰＭＣ（Private Military Company）民間軍事会社
ＰＭＦ（Private Military Firm）民間軍事企業
ＰＭＳＣ（Private Military and Security Company）民間軍事警備会社
ＰＳＣ（Private Security Company）民間警備会社
ＱＤＲ（Quadrennial Defense Review）四年毎の国防計画の見直し
ＱＲＦ（Quick Reaction Force）即応対処部隊
ＲＭＡ（Revolution in Military Affairs）軍事革命
ＲＯＣ（Reconstruction Operation Center）復興作戦センター
ＲＯＥ（Rules of Engagement）交戦規定（軍対象）
ＲＰＧ（Rocket Propelled Grenade）ロケット弾
ＲＴＣ（Regional Training Center）地域訓練センター
ＲＵＦ（Rules for the Use of Force）武器使用規定（ＰＭＳＣ対象）
ＳＣＡＳ（Senate Committee on Armed Services）上院軍事委員会

SDI（Strategic Defense Initiative）戦略防衛構想

SIGAR（Office of the Special Inspector General for Afghanistan Reconstruction）アフガニスタン復興特別監査官室

SIGIR（Office of the Special Inspector General for Iraq Reconstruction）イラク復興特別監査官室

SIPRI（Stockholm International Peace Research Institute）ストックホルム国際平和研究所

SMTJ（Special Maritime and Territorial Jurisdiction）特別海洋領域司法管轄法

SOCCENT（Special Operations Command Central）中央特殊作戦軍

SPG（Strategic Planning Guidance）戦略計画指針

SPOT（Synchronized Predeployment and Operational Tracker）派遣前・作戦間統一追跡システム

TBC／CAD（Theater Business Clearance & Contract Administration Delegation）業務認定及び契約管理委任

TPFDD（Time-Phased Force and Deployment Data）部隊派遣時系列データ

TRADOC（Training and Doctrine Command）陸軍訓練教義コマンド

TSC（Theater Sustainment Command）戦域支援軍

UCMJ（Uniform Code of Military Justice）軍行動規範

USAID（U.S. Agency for International Development）米国際開発庁

USCENTAF（U.S. Central Command Air Forces）米空軍中央軍

USF-I（U.S. Forces -Iraq）在イラク米軍

USFOR-A（U.S. Forces -Afghanistan）在アフガニスタン米軍

USSOCOM（U.S. Special Operations Command）米特殊作戦軍

USTRANSCOM（U.S. Transformation Command）米輸送軍

ＷＰＰＳ（Worldwide Personal Protective Services）世界要人警護業務計画

■英国関連

ＣＯＮＤＯ（Contractors on Deployed Operations）「派遣地域における民間業者の活用に関する政策」
ＣＯＮＬＯＧ（Contractor Logistics Contract）民間兵站支援契約
ＦＣＯ（Foreign and Commonwealth Office）英外務省
ＳＤＲ（Strategic Defence Review）戦略防衛見直し
ＳＲＳ（Sponsored Reserves System）保証予備役制度

■ＰＭＳＣの協会・企業名

ＢＲＳ（Brown Root Services）ブラウン・ルート・サービス社（米）
ＤＳＬ（Defence Systems Limited）ディフェンス・システムズ社（英）
ＫＢＲ（Kellogg, Brown & Root）ケロッグ・ブラウン・アンド・ルート社（米）
ＩＰＯＡ（International Peace Operations Association）国際平和作戦協会
ＩＳＯＡ（International Stability Operations Association）国際安定化作戦協会
ＳＡＩＣ（旧サイエンス・アプリケーションズ・インターナショナル・コーポレーション社）（米）

序章

二一世紀以降、米軍はイラク及びアフガニスタン両国において未曽有の規模でＰＭＳＣを活用して安定化作戦を遂行することになった*1。しかし、民間による軍事請負業務は新しい現象ではない。その歴史は戦争そのものと同じくらい古いといわれている。

軍事請負業務を巡っては、これまでにも様々な研究が実施されてきた。また、二一世紀以降には欧米諸国を中心に武器を携行したＰＭＳＣに着目した議論が活発に展開されてきた。それでは、なぜここで敢えてＰＭＳＣに着目する必要があるか。それは、これまで認識されてきたように、軍に及ぼすＰＭＳＣの影響力がいまや限定的なものではなくなっている可能性があるからである。

なぜＰＭＳＣか

本書がＰＭＳＣに着目するのは、冷戦終結以降とりわけ米国同時多発テロ事案以降、世界最強を誇る米軍において軍の在り方が変化している可能性があり、近年米軍が大規模に活用してきたＰＭＳＣがその変化に決定的な影響を及ぼしていると思われるからである。具体的には、二つの理由がある。

その第一は、二一世紀以降、米軍がこれまでになく大規模かつ広範囲な分野にＰＭＳＣを活用していることである。尤も、ＰＭＳＣは米軍のみによって活用されているわけではない。冷戦終結以降、国際社会が世界各地で平和構築を推進していくなか、ＰＭＳＣは派遣国（軍及び軍以外の政府機関）、国際機関、ＮＧＯ、さらには現地国によって活用されてきた*2。派遣国軍においては、戦力の量的・質的不足を補完する形でその非戦闘的活動に従事してきた。また、派遣国軍以外のアクターにおいても、ＰＭＳＣは現地の治安情勢の悪化に応じて警護・警備業務に従事し、人員及び施設の安全確保に寄与してきた。

しかし、今日米軍がイラク及びアフガニスタンで活用するＰＭＳＣの規模は、派遣国軍のなかでも未曾有の規模になっている。例えば、米国政府（米軍、国務省、米国際開発庁）がイラク及びアフガニスタン両国で活用したＰＭＳＣの規模（二〇〇九年度）は二三万一、六九八人であったが、そのうち米軍が九〇％近く（二〇万八〇七人）を占めている*3。

また、米軍がＰＭＳＣに委託している業務内容の広さは、米軍が一九九〇年代に活用したＰＭＳＣよりも大きい。二一世紀に入り、米軍は兵器システムといった最先端技術の管理や、兵站支援の多岐に亘る分野にまでＰＭＳＣを活用している。そして、委託した業務のなかには、捕虜の尋問など、米軍が必ずしもＰＭＳＣに委託する必要のなかった業務、または米軍が本来委託してはならないはずの「政府固有の機能」までもＰＭＳＣに委託されているのではないかという問題が浮上している。

理由の第二は、ＰＭＳＣが派遣国軍と同一地域でしかも軍と同じ業務を実施して一体感を増していることで、軍の作戦そのものに及ぼす影響力が大きくなっている可能性があることである。二一世紀に入りイラク及びアフガニスタンで米軍を支援するＰＭＳＣは、米軍と活動地域や業務内容を共有している。つまり一九九〇年代に活用されたＰＭＳＣよりもはるかに軍と一体となって活動するようになってきている。また、今日のＰＭＳＣは一九九〇年代にシエラレオネやアンゴラにおいて傭兵として直接戦闘活動に従事した「ＰＭＳＣ」とは一線を画している。

このように、二一世紀に入りＰＭＳＣが米軍によって大規模かつ広範囲な分野にまで活用され、また米軍との一体感を増して活動していることは、米軍のなかで軍の在り方が変化している可能性があることを示している。同時に、このことは、米軍のなかでＰＭＳＣの役割が何か変化していることを示唆している。すなわち、これまで認識されてきたように、ＰＭＳＣは単に軍の戦力を現場レベル（作戦・戦術的次元）で自由自在に増強できるような存在（フォース・マルチプライアー）ではなくなっている可能性がある。より具体的に言えば、ＰＭＳＣはいまや米軍のなかで軍の在り方そのものにも決定的な影響を及ぼすような大きな存在になっている可能性がある。本書がＰＭＳＣに着目する理由はここにある。

ＰＭＳＣの持つ新たな側面

ＰＭＳＣを巡っては、これまで米軍及び各学問分野においても様々な観点から議論され、その重要性や問題点について指摘されてきた。米軍では、ＰＭＳＣが現場レベルで軍の戦力を自由自在に増強できる存在（フォース・マルチプライアー）として認識される傾向が強い。また、米軍のなかには軍が非戦闘的活動を実施するだけの戦力を保持できる場合にはＰＭＳＣに頼ることなく軍自らがそれを実施すべきだという認識がある。このため、これまで米軍ではＰＭＳＣの役割、影響力、問題点を現場レベル（作戦・戦術的次元）で捉える傾向にあり、戦略レベルという大きな観点から捉えられることは稀であった。米軍がＰＭＳＣを現場レベルのものとして捉えていることは、米軍の戦略的教訓について取り纏めた統合連合作戦分析室（ＪＣＯＡ）報告書（二〇一二年六月）のなかで、ＰＭＳＣに関する記述が一切ないことからも理解することができる＊4。

また、二〇〇〇年代半ば以降では、ＰＭＳＣへの「過剰依存」問題が浮上したことを受けて、米軍では軍人、文官、請負業者の均等を図って兵力構成を再構築しようとする動きがある＊5。しかし、ここでは請負業者（ＰＭＳＣを含む）を総兵力のなかに位置付けることの重要性について再確認すること、また請負業者の削減や国防総省の文官の増員を図ることが主要な議題になっており、米軍の作戦のなかで果たすべきＰＭＳＣの役割について十分に検討されていない＊6。

一方、ＰＭＳＣは、後述するように、各学問分野においても様々な視点から取り上げられてきた。無論、ＰＭＳＣ

を巡る既存の議論は、それぞれの側面で一定の意義がある。しかし、これらの研究はいずれもＰＭＳＣが軍の作戦に及ぼす影響力の広さやその意義の重要性について十分に認識したものではない。このため、既存の研究では、軍事作戦における役割分担（軍人とＰＭＳＣ）の在り方や、自己完結性といった軍事組織の在り方にＰＭＳＣがどのような影響を及ぼすのか、また二一世紀の安全保障環境のなかで軍が安定化作戦と通常戦の両作戦形態に対処していく上でＰＭＳＣがどのような役割を有しているのかについて明らかにすることができなかった。

本書は、米軍の推進する安定化作戦においてＰＭＳＣの影響力を戦略的視点から幅広く捉えることで、既存の研究ではこれまでに明らかにできなかったことについて明らかにしていこうとするものである。つまり、本書は、米軍がＰＭＳＣの支援なしに安定化作戦を遂行できなくなっているのか、また米軍の追求する軍の在り方が変化しているのであればそれは何かについて明らかにすることで、米軍のなかでＰＭＳＣが担い始めようとしている役割について明確にしていくものである。ＰＭＳＣの役割について明らかにすることは、二一世紀における米軍の在り方を問う重大な問題である。なぜなら、冷戦終結以降とりわけ米国同時多発テロ事案以降、世界最強を誇る米軍において軍の在り方が変化している可能性があり、その変化にＰＭＳＣが決定的な影響を及ぼしていると思われるからである。

既存の議論の限界

それでは、ＰＭＳＣはこれまでどのように議論されてきたであろうか。冷戦終結以降、ＰＭＳＣは米軍だけでなく各学問分野において注目されることになった。なかでもイラク及びアフガニスタンで推進された安定化作戦を境に、軍事科学のほか、政治学、社会学、平和構築論、経済学の分野において大きく取り上げられるようになった*7。また、ＰＭＳＣは国際法の側面からも議論されている。

軍事科学では、軍の行動が政治、経済、社会、財政などの制約を受けることを踏まえて、ＰＭＳＣをその枠組みのなかで捉えてきた。このため、軍事科学の議論は、他の学問分野の捉えるＰＭＳＣと共通部分が多くある一方、政治学や社会学の分野に比してＰＭＳＣを狭義に捉える傾向にある。

また、軍事科学では、冷戦終結後における軍事力の役割そのものを巡る問題が議論の中心を占めており、軍事力の役割に影響を及ぼす非国家的主体の一つとしてＰＭＳＣを捉える傾向が強かった。このため、軍事作戦に及ぼすＰＭＳＣの影響力は限定的なもの（作戦・戦術的次元）として捉えられてきた＊[8]。例えば、ＰＭＳＣは軍の統一性、柔軟性、効率性、実効性（狭義）、信頼性などの側面から議論されている＊[9]。また、軍事専門性の観点から検証されることもあった＊[10]。しかし、これらの議論は、概してＰＭＳＣの影響力を作戦・戦術的次元から捉えたに過ぎない。

一方、これまで一部ではＰＭＳＣの影響力をもっと幅広く捉え、現場レベルよりも大きな側面（戦略的次元）から着目することもあった。例えば、軍の離職率＊[11]、教育訓練＊[12]、兵力動員体制＊[13]、軍事革命＊[14]、実効性（広義）＊[15]などに着目した議論がその一例である。このほか、ＰＭＳＣをただ単に戦略的な存在としてみるべきだと主張するに留まっている議論もある（傍点筆者）。

なかでも、モリン（Marcus Mohlin）及びダニガン（Molly Dunigan）の両研究は、ＰＭＳＣの影響力について体系的に検証している点で、その意義は大きい。モリンは、ボスニア及びリベリア（一九九五年〜二〇〇九年）の現地部隊に対する教育訓練に着目して、米軍が両国において自国の外交政策の推進を図る上でＰＭＳＣが米軍の作戦に及ぼす影響力について検証した＊[16]。また、ダニガンは、政治学及び軍事科学の視点からイラクで警護・警備業務に従事する武装ＰＭＳＣに着目して、安定化作戦のなかでＰＭＳＣが米軍の実効性に及ぼす影響、ひいては戦争における民主主義国家の優位性について検証している＊[17]。

しかし、いずれの研究もＰＭＳＣの影響力を一側面から限定的に検証している点で十分ではない。モリンは研究の視点を外交的側面に、またダニガンは研究の対象を武装したＰＭＳＣに限定している。このため、両者はＰＭＳＣの活動規模や業務内容が拡大していることに伴い、ＰＭＳＣが米軍のなかで新たに担い始めようとしている役割といった軍の在り方に関わる本質的な問題について解答を見出せていない。

一方、米軍の支援部隊の量的不足を受けて、ＰＭＳＣが米軍の兵力構成の一部を形成するようになってきていることを指摘した議論もある。例えば、キャンシアン（Mark Cancian）は、米軍の兵力構成に占めるＰＭＳＣの重要性が向上していることについて指摘した＊18。しかし、この議論は支援部隊の量的不足という一側面からＰＭＳＣの役割について考察するに留まっている。すなわち、キャンシアンは、米軍が外征軍として活動する上でＰＭＳＣが米軍の作戦に及ぼす影響力の広さについて十分に考慮して検証していない。このため、モリンやダニガンの研究と同様に、ＰＭＳＣの活用規模や業務内容の拡大とともに、米軍のなかでＰＭＳＣがどのような役割を担い始めようとしているのかということについて明確にできていない。

このように、軍事科学では、ＰＭＳＣについて様々な議論が展開されてきたが、軍の在り方に及ぼすＰＭＳＣの影響力や役割について十分に検証されていない状況にある。


ＰＭＳＣは軍事科学以外の分野においても注目されてきた。ここでは、軍事科学よりもＰＭＳＣについて幅広く議論されてきたといえる。その議論は、軍がＰＭＳＣを活用することの意義について注目するよりも、ＰＭＳＣを規制することに大きな関心を寄せてきた。それは、イラク及びアフガニスタンにおいて一部のＰＭＳＣを巡って犯罪行為が表面化したことに加え、ＰＭＳＣの非効率性（無駄、汚職及び乱用を巡る問題）が大きく脚光を浴びたからである。

なかでも、アブ・グレイブ刑務所での捕虜虐待事案（二〇〇三年末）、ファルージャでのブラックウォーター社（Blackwater）従業員殺害事案（二〇〇四年三月）、さらにはニソア広場で発生した同社従業員によるイラク住民射殺事案（二〇〇七年九月）は、ＰＭＳＣそのものの意義を問い直す機会になっている。

また、契約内容の不履行及び経費の水増し請求＊19、さらには人権侵害問題も表面化しており＊20、請負業務を巡る管理・監督の在り方が大きな課題になっている。

政治学及び社会学では、武器を携行したＰＭＳＣが問題視されたことを受けて、国家による暴力の「独占的」管理、文民統制、ＰＭＳＣの規制上の問題点など、主として国家の弱体化への影響という観点から議論されている。例えば、暴力の管理を巡っては、軍事機能の民営化が国家による暴力の「独占的」管理を変容させていると主張する議論が多い＊[21]。文民統制については、ＰＭＳＣが文民統制にマイナスの影響を及ぼしていると主張する議論＊[22]、国家の機能的・政治的・社会的統制に及ぼすＰＭＳＣの影響について言及する議論が主流になっている＊[23]。一方、ＰＭＳＣの規制上の課題を巡っては、国防総省の諸施策に着目した議論＊[24]、議会の役割の重要性に言及した議論＊[25]、国際法や国際規範に着目した議論＊[26]、さらには各国の国内法に着目した議論＊[27]など、様々な視点から検証されている。この他、ＰＭＳＣの地位＊[28]、道義的意義＊[29]、また社会的責任＊[30]について着目する議論もある。また、軍事科学の議論と一部重複する形で、軍の教育訓練の観点からＰＭＳＣについて検証した議論もある＊[31]。

平和構築論では、ＰＭＳＣが平和構築、内戦、人道支援に及ぼす影響＊[32]、また逆に国家や国際機関がＰＭＳＣに及ぼす影響＊[33]などについて議論されている。また、経済学的観点からは、ＰＭＳＣの費用対効果の優位性について注目した議論がある＊[34]。

このように、ＰＭＳＣを巡っては、軍事科学以外の観点からも捉えられてきたが、そこには限界もある。その一つは、軍の作戦そのものに及ぼすＰＭＳＣの軍事的影響力について十分に認識されていない点である。すなわち、これらの学問分野では、ＰＭＳＣの軍事的影響力を所与のものとして、またはその影響力を無視できるほどの小さなものとして捉える傾向にある。しかし、米軍が二一世紀に入りイラク及びアフガニスタンで活用したＰＭＳＣの軍事的影響力は必ずしも所与のものとして、またはその影響力を無視できるほど小さいものとして認識できるものではない。このことは、軍事科学以外の分野においても、ＰＭＳＣの及ぼす軍事的影響力の重要性をもっと踏まえた上で、それぞれの視点から議論する必要があることを示している。

これまでみたように、ＰＭＳＣを巡る議論は、多岐に亘っている。しかし、軍事科学でもその他の学問分野でもＰＭＳＣが軍の在り方にどのような影響を及ぼすかについて議論が十分に展開されてこなかった。これは、議論の大半が、ＰＭＳＣを現場レベル（作戦・戦術的次元）で軍の戦力を増強できる存在として捉えているに過ぎなかったからである。

本書は、現場レベルよりも広い戦略的次元という大きな観点からＰＭＳＣの影響力について検証し、これまで明確にされてこなかった事項すなわち二一世紀における米軍の在り方にＰＭＳＣが担おうとしている役割について明らかにしていくものである。

本書の構成

本書は、第1部及び第2部、計九個章から構成される。第1部「変幻自在のＰＭＳＣ」では、本書で捉えるＰＭＳＣの概念のほか、ＰＭＳＣを取り巻く戦略的環境などについて明確にしていく。第1章ではＰＭＳＣの用語の定義及び概念区分、ＰＭＳＣの捉え方、分析対象選定の理由、データ源と研究上の制約事項について明確して本書の前提となる事項について整理する。ここでＰＭＳＣの捉え方について言及する狙いは、ＰＭＳＣを傭兵、国軍及び国防総省の文官と比較することでＰＭＳＣの地位を明らかにすることにある。

第2章では、冷戦終結後の新たな安全保障環境におけるＰＭＳＣの位置付けについて明らかにする。ここでは、第一にＰＭＳＣがどのような安全保障環境のなかに置かれているのかについて考察していく。具体的には、軍事力の「新たな役割」や米軍のフルスペクトラム作戦について明らかにしていく。第二に、ＰＭＳＣの発展性についてＰＭＳＣの活用及び規制という両側面から分析する。その狙いは、イラク及びアフガニスタンの安定化作戦以降もＰＭＳＣが産業として恒久化していくものか、それとも一時的な現象に過ぎないのかについて明らかにすることにある。

第3章では、本書における検証の視点について明確にする。ここでは、まず基本的視座となる戦力投射という概念に着目することの意義（戦力投射の重要性及び定義）について明らかにする。じ後、検証の具体的な視点となる軍事力を行使する際の三つの基本的要素、すなわち①国家の外交政策の推進（軍事力行使の目的）、②軍の即応性の発揮（軍事力行使の対応要領）、③軍事作戦の正当性の確保（軍事力行使の道義・合法的基盤）に関する考え方について明らかにする。

第2部「イラク及びアフガニスタンにおける事例検証」では、第3章で明らかにしたそれぞれの検証視点に基づき、イラク及びアフガニスタンを事例として米軍の作戦に及ぼすＰＭＳＣの影響力について検証する。

第4章では、軍事力行使の目的という視点から検証し、米軍が自国の外交政策を推進していく上でＰＭＳＣが米軍の作戦に及ぼす影響について明らかにしていく。具体的には、①米軍の直面する政治的・軍事組織的制約に対するＰＭＳＣの克服状況（克服の有無）、②米軍が現地で政治的・軍事的影響力を発揮する際に果たすＰＭＳＣの影響力の大きさ（影響の有無）、③米軍が派遣国軍として求められる低姿勢のプレゼンスに果たすＰＭＳＣの影響力の大きさ（影響の有無）、④ＰＭＳＣによる支援の継続性に対する信頼の有無について明らかにしていく。また、本章では、併せて軍の戦闘行動への影響やＰＭＳＣを巡る安全確保問題といった作戦・戦術的側面についても考察する。

第5章では、軍事力行使の対応要領という視点から検証し、軍が即応性を発揮していく上でＰＭＳＣが米軍に及ぼす影響について明らかにしていく。ここでは、短期（部隊の展開時）、中期（作戦遂行時及び部隊撤退時）及び長期（作戦終了以降）といった時間的区分に応じてＰＭＳＣの影響について分析していく。具体的に、短期的影響については、①部隊の受け入れ態勢を整えるための所要時間、②軍がＰＭＳＣに委託する業務所要の変化状況、③軍の負担軽減の有無について検証する。また、中期的影響については、①軍がＰＭＳＣに委託する業務所要の変化状況、②軍の負担軽減の有無、③軍の撤退に伴うリスクの増減について明らかにする。そして長期的影響を巡っては、①「政府固有の機能」の明確化の有無、②ＰＭＳＣの活用に伴う費用対効果の有無について着目していく。また本章では併せて部隊の士気に及ぼすＰＭＳＣの影響、またＰＭＳＣを巡る構造的特色や契約構造の影響といった作戦・戦術的側面からも

ＰＭＳＣについて考察する。

第６章では、軍事力行使の道義・合法的基盤という視点から検証し、米軍が軍事作戦の正当性を向上していく上でＰＭＳＣが米軍の作戦に及ぼす影響について明らかにしていく。本章では、派遣国軍が軍事作戦の正当性を確保するために必要な三つの要素、すなわち正当性を巡る基盤的要素、活動成果、活動に対する支持の状況について明らかにしていく。具体的に、基盤的要素をついては、米軍及びＰＭＳＣの基盤的要素の状況（基盤的要素の確立の有無）について考察する。また活動成果では、米軍がＰＭＳＣを活用する規模及びＰＭＳＣに委託する業務内容の変化状況、現地住民の雇用状況について明らかにしていく。そして活動に対する支持の状況を巡っては、現地政府及び住民、米軍及び議会、さらに米軍と密接に作戦を遂行する英軍の評価（米軍及びそれを支援するＰＭＳＣに対する支持の有無）について分析していく。

第７章では、議会及び軍における請負業務の管理・監督の動きについて検証していく。その目的は、米軍において請負業務の管理・監督が制度化されつつあるのか、また請負業務及び米軍の支援体制を巡ってどのような問題が残存しているかについて明らかにすることにある。

最後に、終章ではこれまで明らかになった事項を総合的に検証して、米軍がＰＭＳＣの支援なしに安定化作戦を遂行できなくなっているのか、また米軍の追求する軍の在り方が変化しているのであればそれは何かということについて明確にしていく。そして、結論として米軍のなかでＰＭＳＣが担おうとしている役割について明らかにする。

注

１　安定化作戦は、「米軍が、治安維持、重要な政府機能の提供、緊急に必要なインフラ整備、人道支援の目的を達成するため、軍事力以外の国力構成要素とともに米国外で遂行する一連の軍事的任務、役割及び活動の総称」である（米統合軍の定義）。安定化作戦は、平和構築の一環として実施される軍事作戦である。Joint Chiefs of Staff, *Department of Defense Dictionary of Military and Associated Terms*, Joint Publication 1-02 (November 8, 2010, as amended through May 15, 2011), p.344.

2 Stoddard, Abby, Adele Harmer and Victoria Didomenico, *The Use of Private Security Providers and Services in Humanitarian Operations, Humanitarian Policy Group Report 27* (London: Overseas Development Institute, 2008).

3 国防総省のデータは二〇〇九年度二／四半期、国務省及び米国際開発庁のデータは二〇〇九年度上半期のものである。U.S. Government Accountability Office, "Contingency Contracting: DOD, State, and USAID Continue to Face Challenges in Tracking Contractor Personnel and Contracts in Iraq and Afghanistan," GAO-10-1 (October 1, 2009), pp.10, 12, 13.

4 Joint and Coalition Operational Analysis (JCOA), *Decade of War, Volume 1: Enduring Lessons from the Past Decade of Operations* (June 15, 2012).

5 イラク・アフガニスタン有事請負業務委員会は、過剰依存の基準として、①活用規模の比率、②政府固有の機能の喪失の有無、③米国が許容できないリスクの有無、④政府機関が保有すべき主要能力の喪失の有無、⑤ＰＭＳＣを効果的に管理・監督できる能力の有無の五点を挙げている。Commission on Wartime Contracting in Iraq and Afghanistan (CWC), *Transforming Wartime Contracting: Controlling Costs, Reducing Risks*, Final Report to Congress (August 2011), p.19.

6 米議会調査局のシュウォルツは、米下院軍事委員会（二〇一二年九月）で、国防総省が将来戦に必要な請負業者の役割を特定する必要があることを指摘している。このことは、米軍の作戦のなかで果たすべきＰＭＳＣの役割についてこれまで十分に検討されてこなかったことを示している。Congressional Research Service, "Operational Contract Support: Learning from the Past and Preparing for the Future: Statement of Moshe Schwartz, Specialist in Defense Acquisition Before the Committee on Armed Services, House of Representatives," *CRS Report for Congress*, 7-5700 (September 12, 2012), p.12.

7 なかでもＰＭＳＣを巡る議論に拍車を掛けたのがシンガーであった。Singer, P. W., *Corporate Warriors: The Rise of the Privatized Military Industry* (Ithaca: Cornell University Press, 2003).

8 Münkler, Herfried, *The New Wars* (Cambridge, UK: Polity Press, 2002); O'Hanlon, Michael E., *The Science of War* (Princeton, NJ: Princeton University Press, 2009), pp.18-19.

9 ネルソンは、ＰＭＳＣが兵站支援に従事することで軍に重要な役割をもたらす反面、軍の統一性、安全性、簡潔性を阻害するとして、調達担当官、契約担当官及び現地指揮官が請負業務の意義について理解し、そのリスクを軽減する必要があると指摘する。Nelson, Maj. Kim M., "Contractors on the Battlefield: Force Multipliers or Force Dividers?" *Air Command and Staff College* (April 2000).

テリーは、ＰＭＳＣがフォース・マルチプライアーである反面、軍の統一性の原則を揺るがし、また部隊防護（ＰＭＳＣの安全確保、ＰＭＳＣからの安全確保）において軍に負担を強いていると指摘している。Terry, Mark D., "Contingency Contracting and Contracted Logistics Support: A Force Multiplier," *Naval War College* (May 12, 2003).

キャンベルは、米独立戦争から今日までの米軍の請負業務を検証して、ＰＭＳＣが信頼性、実効性、費用対効果、柔軟性の側面において必ずしもプラスの効果を挙げていないと指摘している。Campbell, LCDR John C., "Outsourcing and the Global War on Terrorism (GWOT): Contractors on the Battlefield," *School of Advanced Military Studies, United States Army Command and General Staff College* (May 26, 2005).

ベーカーは、「文民と軍の関係」及び「文民とＰＭＳＣの関係」を比較して、一つの例外（国益のために生命の危険を冒すこと）を除き、両者の関係は信頼性の面において基本的に大差ないと結論付けている。Baker, Deane-Peter, "To Whom Does a Private Military Commander Owe Allegiance?" in Paolo Tripodi and Jessica Wolfendale (eds.), *New Wars and New Soldiers: Military Ethics in the Contemporary World* (Surrey, UK: Ashgate Publishing Limited, 2011), pp.181-198.

10 バーンズは、ＰＭＳＣが軍事専門性の一部を形成するような存在ではなく、軍の訓練や団結性などを阻害していると指摘している。Barnes, LTC David M., "The Challenge of Military Privatization to the Military as a Profession," Paper presented for the 2010 annual meeting of the International Studies Association "Theory vs. Policy? Connecting Scholars and Practitioners," New Orleans Hilton Riverside Hotel, The Loews New Orleans Hotel, LA, February 17, 2010.

11 ケルティは、軍の俸給、手当、自立性、死傷率、勤務内容の要素が家族に及ぼす影響の観点から米軍（州兵）とＰＭＳＣを比較し、ＰＭＳＣが軍の在職率や団結性にマイナスの影響を及ぼしていると指摘している。Kelty, Ryan, "Citizen Soldiers and Civilian Contractors: Soldiers' Unit Cohesion and Retention Attitudes in the 'Total Force'," *Journal of Political and Military*

Sociology, vol.37, no.2 (Winter 2009), pp.133-159.
　スピアリンは、一九九〇年代後半特に米国同時多発テロ事案以降、米特殊部隊とＰＭＳＣの重要性が向上するなか、特殊部隊の一部がＰＭＳＣに流出する一方、特殊部隊が戦略的に活用されていないとして、米国がＰＭＳＣを活用するだけでなく、特殊部隊を効果的に活用する必要があると指摘している。Spearin, Christopher, “Special Operations Forces a Strategic Resource: Public and Private Divides,” *Parameter* (Winter 2006-07), pp.58-70.

12　カレンは、ＰＭＳＣが軍事訓練に携わることの影響について検証し、ＰＭＳＣによる軍事訓練の拡大傾向を軍事訓練の本質が変遷している枠組みのなかで捉える必要性について指摘している。また、軍事訓練をもはや国家の軍における独占的機能としてみなすべきではないとも主張している。Cullen, Patrick, “The Transformation of Private Military Training,” in Donald Stoker (ed.), *Military Advising and Assistance: From Mercenaries to Privatization, 1815-2007* (Abingdon, Oxon: Routledge, 2008), pp.239-252.

13　ペリーは、民営化の動き、軍事革命（ＲＭＡ）及び安全保障環境の変化の観点から、①国によってＰＭＳＣの活用が異なること、②兵站支援の分野を筆頭に軍事科学技術が発展していないこと、③ＰＭＳＣの問題点が浮上しているにもかかわらずＰＭＳＣが活用し続けられていることを説明できないとして、ＰＭＳＣが資源動員の新たな形を提示していると指摘している。Perry, David, “Purchasing Power: Is Defense Privatization a New Form of Military Mobilization?” Prepared for ISA Conference, Montreal 2011.

14　キンシーは、軍事革命が平和作戦に従事する武装ＰＭＳＣに及ぼす影響について検証し、情報提供、安定化・復興作戦への支援、治安部門改革、人道・開発支援の四つの分野においてＰＭＳＣを有効に活用できると指摘している。Kinsey, Christopher, “The Role of Private Security Companies in Peace Support Operations: An Outcome of the Revolution in Military Affairs and the Transformation in Warfare,” in Kobi Michael, David Kellen, and Eyal Ben-Ari (eds.), *The Transformation of the World of War and Peace Support Operations* (Westport, CT: Praeger Security International, 2009), pp.139-156.

15　ブルーノは、民主主義的な文民統制、実効性及び効率性の三つの側面から、ＰＭＳＣが軍に及ぼす影響について検証している。効率性の面では大きな問題はないとしながらも、実効性においては、軍のなかにＰＭＳＣに関する戦略、統一機関及び資源が欠如しているとして軍の実効性にマイナスの影響を及ぼしていると指摘している。Bruneau, Thomas C., *Patriots for Profit: Contractors and the Military in U.S. National Security* (Stanford, CA: Stanford University Press, 2011).

16 Mohlin, Marcus, *The Strategic Use of Military Contractors - American Commercial Military Service Providers in Bosnia and Liberia: 1995-2009*, National Defence University, Department of Strategic and Defence Studies, Series 1: Strategic Research No.30 (Helsinki: National Defence University, 2012).

17 Dunigan, Molly, *Victory for Hire: Private Security Companies' Impact on Military Effectiveness* (Stanford, CA: Stanford University Press, 2011).

18 Cancian, Mark, "Contractors: The New Element of Military Force Structure," *Parameters* (Autumn 2008), pp.61-77.

19 CWC, *Transforming Wartime Contracting.*

20 House Committee on the Judiciary (HCJ), Subcommittee on Crime, Terrorism, and Homeland Security, Hearing on *Enforcement of Federal Criminal Law to Protect Americans Working for U.S. Contractors in Iraq* (December 19, 2007).

21 リアンダーは、軍、国内政治、国際社会の視点からＰＭＳＣの及ぼす直接的・間接的・普及的影響について検証し、ＰＭＳＣが国家の政治的・文化的・象徴的基盤を浸食していると指摘している。Leander, Anna, "Eroding State Authority? Private Military Companies and the Legitimate Use of Force," *Centro Militare di Studi Strategici* (2006).

　ウォルフは、国家による暴力の「独占的」管理にマイナスの影響を及ぼす要因として、軍事機能の外部委託及び派遣部隊に対する議会の管理不足を挙げ、ＰＭＳＣの規制強化、議会の役割強化及びその政治的意思と能力の向上の必要性を提唱している。Wulf, Herbert, "Privatization of Security, International Interventions and the Democratic Control of Armed Forces," in Andrew Alexandra, Deane-Peter Baker and Marina Caparini (eds.), *Private Military and Security Companies: Ethics, Policies and Civil-Military Relations* (Abingdon, Oxon: Routledge, 2008), pp.191-202.

22 オキーフは、ＰＭＳＣの短期的効果（軍事力の向上、短期雇用に基づく費用の削減、軍犠牲者の削減）を認める一方、長期的課題（①戦略レベルで文民による政策立案の自立性の喪失、文民とＰＭＳＣ間の情報の非対称性、②作戦レベルで軍事力の統制の喪失、軍事訓練のノウハウの喪失、軍のアイデンティティの喪失、③戦術レベルで軍と文民の格差）があるとして、ＰＭＳＣの規制強化を主張している。O'Keefe, Meghan Spilka, "Civil-Private Military Relations: The Impacts of Military Outsourcing on State Capacity and the Control of Force," Paper presented at the International Studies Association Annual Conference "Global Governance: Political Authority in Transition," Le Centre Sheraton Montreal Hotel, Montreal, Quebec, Canada, March 16, 2011.

クレーマンは、ＰＭＳＣが単なる「軍と行動を共にする文民」であるのではなく、国家との関係、動機、アイデンティティ、役割で新たな形の兵士を形成している一方、①文民統制の組織的構造（憲法、国内法、戦争法）、②軍人の民主主義的規範の遵守状況、③社会構造と軍事組織構造の一体性（民族、階級、性別、社会的規範、嗜好）を阻害していると指摘する。Krahmann, Elke, "The New Model Soldier and Civil-Military Relations," in Andrew Alexandra, Deane-Peter Baker and Marina Caparini (eds.), *Private Military and Security Companies: Ethics, Policies and Civil-Military Relations* (Abingdon, Oxon: Routledge, 2008), pp.247-265.

一方、先のように（注9）、ベーカーは、一つの例外（国益のために生命の危険を冒すことが求められる側面）を除き、「文民と軍の関係」及び「文民とＰＭＳＣの関係」では信頼性の面で大差ないとして、ＰＭＳＣが文民統制にマイナスの影響を及ぼしていないと主張している。Baker, "To Whom Does a Private Military Commander Owe Allegiance?," pp.181-198.

23　アヴァントは、国家による暴力の「独占的」管理は、①各国の軍事力行使の効果（機能的統制）、②軍事力を統制する各主体間の相対的な力学（政治的統制）、また③自国の安全保障に影響を及ぼす国内の社会的価値（社会的統制）の個々の要素によって一元的に影響されるのではなく、三要素のトレイド・オフに左右されると結論付けている。Avant, Deborah D., *The Market for Force: The Consequences of Privatizing Security* (Cambridge, UK: Cambridge University Press, 2005).

24　Crofford, COL Cliff D., "Private Security Contractors on the Battlefield," *USAWC Strategy Research Project* (March 15, 2006).

25　Wulf, "Privatization of Security, International Interventions and the Democratic Control of Armed Forces," pp.191-202.

26　Cameron, Lindsey, "Private Military Companies: Their Status under International Humanitarian Law and Its Impact on Their Regulation," *International Review of the Red Cross*, vol.88, no.863 (September 2006).

27 Caparini, Marina, “Regulating Private Military and Security Companies: The U. S. Approach,” in Andrew Alexandra, Deane-Peter Baker and Marina Caparini (eds.), *Private Military and Security Companies: Ethics, Policies and Civil-Military Relations* (Abingdon, Oxon: Routledge, 2008), pp.171-188.

28 スタインホフは、既存の定義（ジュネーヴ条約第一追加議定書第四七条）が傭兵の特性を正確に反映していないとして定義の拡張を主張する一方、今日ＰＭＳＣと傭兵の違いが誇張されているとしてＰＭＳＣが傭兵の一部を形成している指摘している。Steinhoff, Uwe, “What Are Mercenaries?” in Andrew Alexandra, Deane-Peter Baker and Marina Caparini (eds.), *Private Military and Security Companies: Ethics, Policies and Civil-Military Relations* (Abingdon, Oxon: Routledge, 2008), pp.19-29.

29 ベーカーは、傭兵の活動動機や暴力の行使を巡る国家と市民の関係について検証して、傭兵の存在自体を本質的に否定できる理由は何もないと結論付け、ＰＭＳＣの存在意義について明らかにしている。Baker, Deane-Peter, “Of ‘Mercenaries’ and Prostitutes: Can Private Warriors Be Ethical?” in Andrew Alexandra, Deane-Peter Baker and Marina Caparini (eds.), *Private Military and Security Companies: Ethics, Policies and Civil-Military Relations* (Abingdon, Oxon: Routledge, 2008), pp.30-42.

ケーシャーは、軍とＰＭＳＣの道徳哲学が異なるなか、ＰＭＳＣの道徳哲学が軍よりも影響力が大きいため、軍の道徳哲学の水準が低下する危険性があると警鐘を鳴らしている。Kasher, Asa, “Interface Ethics: Military Forces and Private Military Companies,” in Andrew Alexandra, Deane-Peter Baker and Marina Caparini (eds.), *Private Military and Security Companies: Ethics, Policies and Civil-Military Relations* (Abingdon, Oxon: Routledge, 2008), pp.235-246.

30 キンシーは、ＰＭＳＣの社会的責任すなわち株主の利益確保、透明性の保持、自己規制の促進、説明・監督責任の重要性を指摘している。また、社会的責任はトップダウン及びボトムアップで実現できると指摘している。Kinsey, Christopher, “Private Security Companies and Corporate Social Responsibility,” in Andrew Alexandra, Deane-Peter Baker and Marina Caparini (eds.), *Private Military and Security Companies: Ethics, Policies and Civil-Military Relations* (Abingdon, Oxon: Routledge, 2008), pp.70-86.

31 アヴァントは、軍の教育訓練をＰＭＳＣに委託することで軍の専門領域に影響を及ぼしているとして、その効果を検証する必要性を指摘している。Avant, Deborah, "Losing Control of the Profession through Outsourcing?" in Don M. Snider (Project Director) and Lloyd J. Matthews (eds.), *The Future of Army Profession, Revised and Expanded, Second Edition* (Boston: McGraw-Hill Companies, 2005), pp.271-289.

32　スピアリンは、ＰＭＳＣが米国の国力や柔軟性を向上していると指摘する一方、特殊部隊出身者の流出及び現地従業員の雇用に伴う問題点について懸念している。Spearin, Christopher, "The International Private Security Company: A Unique and Useful Actor?" in Jan Angstrom and Isabelle Duyvesteyn (eds.), *Modern War and the Utility of Force: Challenges, Methods and Strategy* (Abingdon, Oxon: Routledge, 2010), pp. 39-64.

　ブルックスらは、ＰＭＳＣが平和維持に対する西側諸国の消極的姿勢と人道上のニーズ拡大の溝を埋めており、平和支援に従事する際の費用対効果、支援能力の質的向上、派遣規模の増大に貢献していると指摘する。Brooks, Doug and Matan Chorev, "Ruthless Humanitarianism: Why Marginalizing Private Peacekeeping Kills People," in Andrew Alexandra, Deane-Peter Baker and Marina Caparini (eds.), *Private Military and Security Companies: Ethics, Policies and Civil-Military Relations* (Abingdon, Oxon: Routledge, 2008), pp.116-130.

33　Avant, Deborah, "Making Peacemakers Out of Spoilers: International Organizations, Private Military Training, and Statebuilding after War," in Roland Paris and Timothy D. Sisk (eds.), *The Dilemmas of Statebuilding: Confronting the Contradictions of Postwar Peace Operations* (Abingdon, Oxon: Routledge, 2009), pp.104-126.

34　議会予算局は、軍とＬＯＧＣＡＰの費用対効果を比較している。Congressional Budget Office (CBO), *Logistics Support for Deployed Military Forces* (October 2005).

第1部

変幻自在のＰＭＳＣ

第1章
PMSCの捉え方とその限界

二〇〇〇年代半ば以降、議会証言、政府高官の声明、各種規定、文献、論文、新聞・雑誌記事など、民間軍事請負業務に関する資料が多く見られるようになった。しかし、その業務に携わる企業を指す用語、定義、概念はいまもなお確立されていない。このため、その姿は様々な形を変えているようにもみえる。この意味においてPMSCは、変幻自在な存在（protean）として捉えることもできる*1。

本章では、まずPMSCを巡る用語の定義及び概念区分、またPMSCの捉え方について整理する。じ後、PMSCを巡る様々なイメージについて考察する。最後に、分析対象選定の理由（米軍、イラク及びアフガニスタン）及び本書で活用するデータ源と研究上の制約事項について定めることにする。

第1節　用語の定義及び概念区分

統一見解のない定義及び概念区分

民間軍事請負業務を巡っては、これまで外部委託される業務内容に応じて民間軍事会社（PMC）のほか、民間軍事企業（PMF）、軍事警備提供会社（MSP）、民間警備会社（PSC）といった用語が活用されてきた*2。それらの用語は更に細分化されて様々な用語が提唱されている＊3。そして、二〇〇八年九月にはモントリュー文書（Montreux Document）が発効され、そのなかで民間軍事警備会社（ＰＭＳＣ）という用語が活用されている。また、二〇一二年には民間軍事業務提供会社（ＣＭＳＰ）と呼称する者もいる＊4。

このように様々な用語があるなか、本書ではモントリュー文書で活用されたＰＭＳＣという用語を民間軍事請負業務に携わる企業の総称として活用していく＊5。これは、ＰＭＳＣという用語が本書で対象にする民間軍事請負業者の業務内容（警護・警備業務及び非警護・非警護業務）を適切に反映していることに加えて、これ以上新たな用語を導入することで混乱を招くことを避けるためである。

尤も、民間軍事請負業務を巡っては、この他にも傭兵（mercenary）や防衛産業業者（defense contractor）といった用語がある。

民間軍事請負業務に携わる個人や集団を表す用語として最も古くから使用されてきたのが傭兵である。傭兵はこれまで狭義にもまた広義にも使用されてきた。傭兵が狭義に定義される場合、一九七七年の「国際的武力紛争の犠牲者の保護に関する追加議定書」（ジュネーヴ条約第一追加議定書）の規定する六条件すべてを満たす者として定義される＊6。ここでは傭兵は国際法上戦闘員や捕虜となる権利を保有しない非合法的な存在として位置付けられている＊7。また、広義には、「外国の軍隊に仕える専門的な兵士」として定義されることもある＊8。この定義によると、ジュネーヴ条約第一追加議定書の規定で禁止される狭義の傭兵のほかに、英印軍のグルカ兵、フランス外人部隊、ローマ教皇庁スイス護衛隊といった合法的な部隊まで傭兵の定義のなかに含まれることとなる＊9。

傭兵のほかにも防衛産業業者という用語があるが、その概念も明確ではない。防衛産業業者の定義は米国法典第四一篇第一章で規定されている。要約すれば、防衛産業業者とは国防に関連して米軍の装備品の生産・維持・備蓄または施設の建設・再建・補修に従事する従業員である。しかし、防衛産業業者の概念は近年拡大しており、その他の民間軍事請負業務との垣根が曖昧になりつつある。例えば、防衛産業業者はこれまで国内では主として兵器等のハードウェアを製造してきた。それがいまでは軍事基地の管理等のソフトウェア（業務）にも従事するようになっている。また、防衛産業業者は国内だけでなく国外においても活動しており、訓練支援などハードウェア以外の業務をも遂行するようになっている。ノースロップ・グルーマン（Northrop Grumman）社（米）は、米軍の各軍種やサウジアラビア国家警備隊（ＳＡＮＧ）に対して訓練を支援している。この他、同社はアフリカ緊急作戦訓練支援計画（ＡＣＯＴＡ）のなかでアフリカ諸国の平和維持活動に関する訓練を実施している。

一方、これまで主としてソフトウェア（業務）を軍に提供してきた民間軍事請負業者の概念も拡大している。ＭＰＲＩ社（米）が訓練用シミュレータなどハードウェアの製造にも従事しているように、これまでソフトウェア（業務）を提供してきた請負業者は、近年ハードウェアをも提供するようになっている。

このように、防衛産業業者及び民間軍事請負業者は、国内外を問わず軍事に関わるハードウェア及びソフトウェアを提供するようになってきている。その結果、両者の垣根が曖昧になってきており、両者を区分することが困難になっている。従って、本書で活用するＰＭＳＣの概念は傭兵とは異なるものとして捉える一方、防衛産業業者とは一部共有するものとして捉えている。

民間軍事請負業務の用語や定義を巡り統一見解がないなか、これまで様々な方法でその概念が分類されてきた。例えば、シンガー（Peter Singer）は、ＰＭＳＣの活動地域（戦闘空間）とその業務内容に着目し、ＰＭＳＣを企業単位毎に三つに分類してこれを「槍の穂先」（tip-of-the-spear）と呼称した＊10。この分類方法は、活動地域に応じて業務内容を明確にした点で意義があるが、二つの問題点がある＊11。第一は、戦闘が主に生起する第一線地域と、戦闘機会の少ない後方地域を区分していることである。今日「住民のなかでの戦争」の特色を有する安定化作戦では、通常敵性分子が現地住民のなかに紛れ込んで活動するため、この分類要領は今日の戦争様相を的確に反映していない。第二の問題点は、ここで提示される三つの分類では今日ＰＭＳＣの提供する業務内容が逐次拡大している現象について明確に反映できていない点である。

シンガーの概念区分に対してＰＭＳＣの提供する業務内容を基準にＰＭＳＣの分類を試みたのが、アヴァント（Deborah Avant）である。アヴァントは、派遣国軍が主として担当する業務と現地警察が本来担当すべき業務に区分し、それぞれ外的治安業務及び内的治安業務と呼称した＊12。この分類方法は、ＰＭＳＣの業務内容を基準として分類したことでＰＭＳＣの現状をより鮮明に反映した点で意義がある。一方、アヴァントは、ＰＭＳＣの活動地域に応じてＰＭＳＣの業務内容を分類しているため、シンガーと同様な問題点、すなわち今日の戦争様相を十分に反映できていないという問題点を有している。

キンシー（Christopher Kinsey）は、警護・警備業務に着目し、「防護すべき対象」と「防護対象を防護する手段」の視点からＰＭＳＣを四象限の枠組みのなかで分類した＊13。この分類は、ＰＭＳＣに委託される警護・警備業務を防護対象と防護手段の関係から分類した点で意義がある。しかし、この分類方法は警護・警備業務に従事するＰＭＳＣのみを対象にしている点で問題がある。今日イラク及びアフガニスタンにおける安定化作戦では、警護・警護業務に従事するＰＭＳＣだけでなく非警護・非警備業務に従事するＰＭＳＣも軍の作戦に大きな役割を果たしている。実際、米軍がイラク及びアフガニスタンで活用したＰＭＳＣ全体のなかで非警護・非警備業務に従事するＰＭＳＣは約九〇％を占めている＊14。また、警護・警備及び非警護・非警備それぞれの業務に従事するＰＭＳＣには、支援の継続性を巡る問題など共通する部分も多い。このため、警護・警備業務に従事するＰＭＳＣに限定したキンシーの分類方法は適切ではないといえる。

ＰＭＳＣの定義及び概念

上記の事項を踏まえ、本書では、ＰＭＳＣを「国家機関または非国家機関に対して軍事に関わるソフトウェア（非戦闘的活動）、またはソフトウェア及びハードウェア（兵器などの装備品の製造）の双方を、国外または国内外で提供する企業」と定義する。そして本書では、PMSCの対象を国外で活動する請負業者に限定する。これは、派遣国軍を現地で支援することなく、本拠地を置く国のなかにおいてのみ活動する請負業者（例えば、国内警備会社の職員）を除外するためである。また、PMSCと傭兵を区別するため、業務内容から戦闘行動を除外する。なお、ここでいう「非戦闘的活動」は、警護・警備業務及び非警護・非警備業務の双方を指すものであり、武装勢力と直接交戦する戦闘行動を対象とするものではない。また、警護・警備業務は、武器を携行して人員や車両の警護や施設の警備に従事する活動を指す。一方、非警護・非警備業務は、武器を携行しない非戦闘的活動すなわち基地支援、通訳、兵站支援（輸送、建設、補給・整備等）、通信、現地軍・警察の育成などの業務を意味する。

本書では、PMSCの概念を、PMSCの雇用主（国家機関、非国家機関）と外部委託される業務内容（警護・警備業務、非警護・非警備業務）の視点から整理する。ここでいう国家機関は平和構築に従事する派遣国や現地国の政府機関（軍及び軍以外の政府機関）を指す＊15。また、非国家機関は平和構築に携わる国際機関及びNGOを指している。一方、今日数多くのNGOも地雷除去などの非戦闘的活動に従事している。しかし、NGOは企業のように営利目的で活動しないために、本書ではPMSCの対象から除外する。

表1は本書で取り上げるPMSCの概念を図式化したものである。網掛部分が本

表1　民間軍事警備会社（PMSC）の概念（網掛部分）

		活動地域		
		派遣元の国内のみ	派遣先（現地国）のみ	派遣元・派遣先
提供されるサービス	ソフトウェアのみ		（網掛）	（網掛）
	ハードウェアのみ			
	ソフト及びハードウェア		（網掛）	（網掛）

※筆者作成

書で対象とするＰＭＳＣの範囲である。ハードウェア（兵器などの装備品の製造）のみを提供する企業を除外するのは、これまで伝統的にハードウェアに特化した防衛産業業者とＰＭＳＣを区別するためである。

また、図１はＰＭＳＣの分類区分を示したものである。横軸は外部委託される業務内容、縦軸はＰＭＳＣの雇用主を示している。本書で対象とするＰＭＳＣは第一象限から第四象限のなかに含まれる。なかには、ダインコー社（DynCorp）（米）のように、第一象限から第四象限まですべての範囲の業務を実施するＰＭＳＣもある。

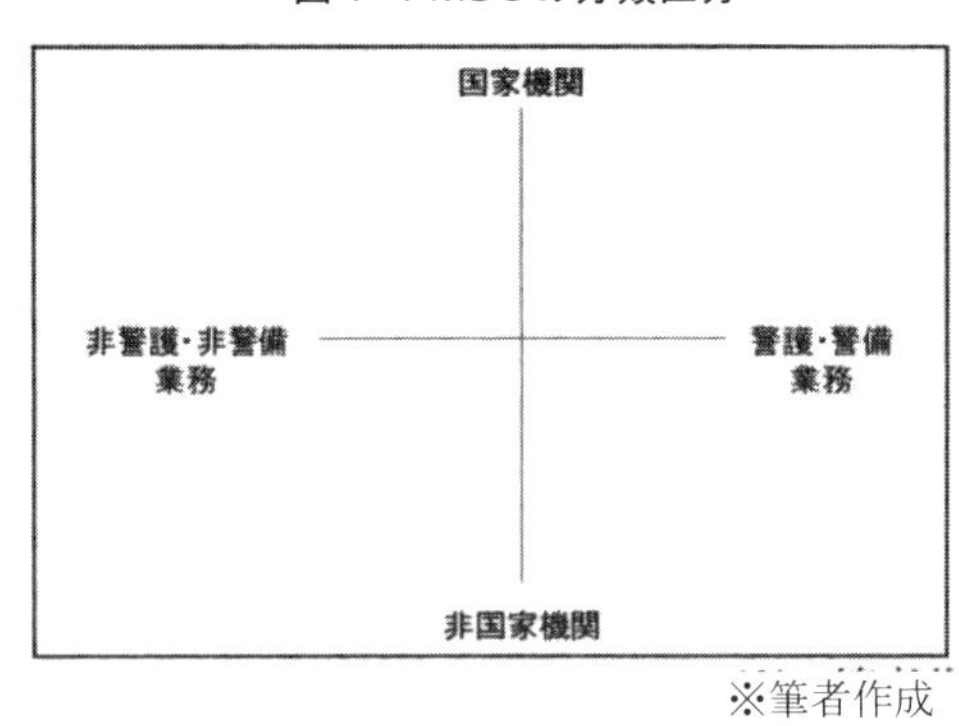

図１　PMSCの分類区分

※筆者作成

このようにＰＭＳＣを定義してその概念を区分することによって四つの利点がある。第一は、戦闘行動に従事する傭兵とＰＭＳＣを明確に区分できる点である。今日ＰＭＳＣの合法性については国際法上必ずしも明確に規定されていない。しかし、ＰＭＳＣは国際・国内法上違法なものとして規定される傭兵と本質的に異なる存在である。ＰＭＳＣは、一九九〇年代にアンゴラやシエラレオネでみられたように傭兵として直接戦闘行動に従事した請負業者と同類ではない。また、合法性を巡る問題に付随してＰＭＳＣは業務の範囲・種類、活動動機、活動期間、雇用主、募集形態の側面においても傭兵と相違点がある（後述）＊16。

第二は、ＰＭＳＣをこのように定義することによって、国家機関が国外で活用する請負業者のみを対象にできる点である。すなわち、この定義は派遣国の国内のみにおいて限定的に活動する小規模な防衛産業業者と区分することができる。

第三は、ＰＭＳＣの概念区分のなかに、警護・警備業務と非警護・非警備業務の双方の業務を含むことによって、今日推進されている安定化作戦の現状を正確に反映できる点である。イラク及びアフガニスタンでは、非警護・非警備業務に従事するＰＭＳＣがＰＭＳＣ全体の約九〇%を占めていることからも分かるように、非警護・非警備業務に従事するＰＭＳＣが軍の作戦に果たす役割は大きい。

第四は、活動地域に着目することなく、ＰＭＳＣに委託される業務内容を明確にできる点である。安定化作戦では、戦闘地域と非戦闘地域の境界が不明確になっている。このため、活動地域に基づきＰＭＳＣを区分することは適切ではない。

第２節　ＰＭＳＣを巡る様々なイメージ

民間による軍事請負業務は、戦争そのものと同じくらい古いといわれている＊17。しかし、ＰＭＳＣはこれまで請負業務に従事してきた傭兵とも、ＰＭＳＣを活用する各国の軍とも本質的に異なる存在である。また、ＰＭＳＣは国防総省の文官とも異なる。本節では、まず、ＰＭＳＣと傭兵、軍、文官を比較してＰＭＳＣの地位を明確にする。次に、警護・警備業務に従事するＰＭＳＣと非警護・非警備業務に従事するＰＭＳＣを比較して、両者には相違点とともに共通点があることを明確にする。

ＰＭＳＣを取り巻く傭兵のネガティヴ・イメージ

民間軍事請負業務は、支配者が自己の戦いのために私的兵士すなわち傭兵を雇ったことから始まった＊18。そして、傭兵は誕生以来これまで一貫して金銭的な個人利益を追求するために戦ってきた。その間、傭兵に対する評価は必ずしも今日のような悪いものではなかった。一八世紀後半のフランス革命を受けて国民国家及び国家主権の概念が誕生し、国民軍が形成されるまで、傭兵はむしろ正義の戦争を遂行するための重要な戦力として受け止められていた。一方、傭兵は一九七〇年代後半までに国際法上または国内法上違法化されることになったが、それ以降でも米英仏等の先進国及び発展途上国の多くは、自国の外交・防衛政策を推進するために傭兵を隠密にまた時には公然と活用し続けてきた。

このような状況のなか、民間軍事請負業務は一九九〇年前後にPMSCとして新たな形で誕生することになった。このため、PMSCは傭兵と同等の存在としてこれまで認識されることも一部にあった。しかし、PMSCは傭兵と本質的に異なる存在として認識する必要がある。

PMSCと傭兵の関連性については様々な見解がある。一部には、すでに一九九〇年代からPMSCと傭兵を同一視する声があった*19。またPMSCと傭兵の間に相違点はないと指摘する声は、二〇〇〇年代後半においても一部でみられる。パーシー（Sarah Percy）は、傭兵とPMSCの連続性を唱え、PMSCに対する道義的批判は回避できないと指摘する*20。スタインホフ（Uwe Steinhoff）は、PMSCと傭兵の違いが誇張されているとして、PMSCが傭兵（広義）の一部を形成する存在であると指摘している。同氏はまた、傭兵を巡る現行の定義（ジュネーヴ条約第一追加議定書第四七条）がその特性を正確に反映していないとしてその定義の拡張の必要性を主張している*21。

このようにPMSCと傭兵が同一視される背景には、一九九〇年代後半にアンゴラやシエラレオネにおいて傭兵の様相を呈して直接戦闘行為に従事した「PMSC」が存在したことがある。また、二一世紀以降イラク及びアフガニスタンの安定化作戦において、武器を携行して警護・警備業務に携わったPMSCの一部が様々な犯罪行為に関わったことも影響している。

PMSCと傭兵を同一視する声が一部であるなか、両者は傭兵と同一のものではないと指摘する有識者は多い。元英外務大臣ストロー（Jack Straw）は、「今日の世の中の状況は一九六〇年代のものと大きく異なっている。一九六〇年代の民間軍事請負業務は、ポスト植民地紛争やネオ植民地紛争において道徳上芳しくない傭兵という形で実施されたものと一般的に理解されている」と述べて、ＰＭＳＣと傭兵が基本的に異なる存在であると指摘している＊22。また、シンガーのように、ＰＭＳＣと傭兵の違いを、組織の構成・目標・特色・業務、募集の形態、持ち株会社や金融市場との関連の観点から指摘する者もいる＊23。

ＰＭＳＣとりわけ武器を携行するＰＭＳＣについて懐疑的な見方がされる背景には、ＰＭＳＣが国家の弱体化に影響を及ぼすことへの懸念やＰＭＳＣを巡る道徳上の問題がある。すなわち、ＰＭＳＣに軍の業務を委託することを巡っては、国家による暴力の「独占的」管理及び軍に対する文民統制を弱体させているのではないか、また今日のＰＭＳＣはかつて金銭目的のために残虐的な戦闘行為を繰り返してきた傭兵と何ら変わらず、国家がそのようなＰＭＳＣに自国の安全保障を委ねること自体道義上許されないのではないかという懸念がある。一部の人々の心のなかには、傭兵が一九六〇年、七〇年代の植民地解放運動の際に残虐的な戦闘行為を繰り広げ、また南アフリカ共和国では傭兵がアパルトヘイト政策を後押しする形で国民を弾圧してきたイメージが今もなお残っている＊24。かつてマキャベリ（Niccolò Machiavelli）は、傭兵が「役立たずで、危険」な存在であり、「統制力がなく、権力を渇望し、規律も忠誠心もない」として酷評したこともあったが、傭兵に対する嫌悪感は根深い＊25。

傭兵を巡るネガティヴなイメージを受けて、今日ＰＭＳＣの活動動機に対する疑念は後を絶たない。実際、二一世紀に入りイラクでは南アフリカ共和国で人権侵害に加担したアパルトヘイト政策推進者がＰＭＳＣ従業員として活動していたとの指摘もある＊26。また、退役軍人なかでも特殊部隊出身者がＰＭＳＣに従事してその軍事的知識、技能、経験を市場で「売る」行為そのものに対して疑問視する声もある＊27。さらには、イラクやアフガニスタンでは一部のＰＭＳＣとりわけブラックウォーター社（現アカデミ社、前Ｘｅ社）の従業員による銃撃事案が発生している＊28。一方、第7章でみるように、今日米国ではＰＭＳＣの規制を強化したことでＰＭＳＣを巡る問題が徐々に改善されてはいるものの、依然として多くの問題が残っている。

表２　PMSCと傭兵の違い

		PMSC	傭　兵
本質的相違	合法性	国際法上また国内法上、曖昧な存在（企業としての地位は確立されている）	国際法上及び国内法上、違法な存在（企業ではない）
付随的相違	実施する業務の種類	非戦闘的活動（非警護・非警備及び警護・警備）	戦闘行動
	活動動機	雇用主との契約内容を履行する際、個人的利益よりも事業的利益を重視する。但し、従業員の多くは個人の金銭的利益を追求する。	雇用主との契約を履行する際、専ら金銭的な個人利益を追求する。
	活動期間	一般的に、企業として中長期的に活動する。但し、従業員のなかには一時的にまたはその場限りで活動するものもいる。	一時的にまたはその場限りの存在として活動する。
	雇用主	国家（政府機関）、国際機関、民間企業、NGO、個人	国家（主として旧宗主国及び政府機関が脆弱な国家）、軍閥
	募集形態	公開募集	法的訴追を回避するため、隠密に実施。近年ではインターネットで募集する動きもある。

資料源：シンガーの資料をもとに筆者が作成＊29

ＰＭＳＣを巡る様々な問題が表面化したことを受けて、ＰＭＳＣがあたかも傭兵のような存在であるとして認識される傾向が今もなお一部にある。この傾向は、ＰＭＳＣ研究が十分に実施されていない我が国において特に強い。ＰＭＳＣと傭兵が混同されることもあるなか、ＰＭＳＣは表２が示すように本質的にもまた付随的にも傭兵とは異なる存在である。

不明瞭化するＰＭＳＣと国軍の垣根とその影響

二一世紀に入り、イラク及びアフガニスタンでは、派遣国軍なかでも米軍が大規模かつ広範囲の分野にＰＭＳＣを活用することになった。このＰＭＳＣは、多くの有識者が指摘するように、国軍と基本的に異なる存在である。

ＰＭＳＣと傭兵の関連性と同様、ＰＭＳＣと国軍の関連性についてはこれまでにも様々な見解が指摘されてきた。その大半はＰＭＳＣと国軍を異なる存在として捉えている。ケーシャー（Asa Kasher）は、ＰＭＳＣと国軍の道徳哲学に着目して、両者が責任、人間の尊厳、武力行使の抑制姿勢、規律及び仲間意識の側面で異なる道徳哲学を保持していると指摘する。ここで、同氏は、両者間の交流によりそれぞれの道徳哲学が相互に影響を及ぼすなか、ＰＭＳＣの道徳哲学の方が軍の道徳哲学よりも影響力が大きいため軍の道徳哲学の水準が低下する危険性があると警鐘を鳴らしている＊30。

一方、国家に対する責任に着目する者もいる。例えば、クレーマン（Elke Krahmann）は、両者の違いとして、①ＰＭＳＣ従業員には国家に対する責任がなく、生命の危険を冒す必要がないこと、②ＰＭＳＣは第一義的に利益を追求するため、国家に対する忠誠心がないこと、③ＰＭＳＣ従業員には専門性及び集団的なアイデンティティが欠如していることを指摘している＊31。ウォルフェンデール（Jessica Wolfendale）は、ＰＭＳＣが国軍と異なり実質的にも（軍人が一般社会から物理的に軍に入隊していること）、また象徴的にも（軍人が国家を代表して国防に携わること）一般社会を代表する存在ではないと指摘している。同氏はＰＭＳＣの活動動機が国益追求ではなく利益追求であるため、道義的にも軍人と著しく異なっているとも指摘している＊32。この他、ダニガンのように、ＰＭＳＣと軍の組織構造やアイデンティティの違いに着目する議論がある＊33。

また、軍事科学的見地からみても、両者には行動基準など様々な側面において違いがある。なかでも最大の相違点は組織としての自己完結性を巡る問題である。軍にとって自己完結性は、軍の任務遂行に直結する重要な問題である。すなわち、この問題は軍が独自の能力を活用してどの程度組織的に任務を遂行できるかということを問う問題、つまり軍の実効性（effectiveness）を巡る問題である。各国の軍隊が軍独自で作戦を遂行できるように人事を管理し、教育訓練を行い、装備体系を整備し、部隊の規律・士気・団結を重視するのは、作戦を遂行するにあたって軍の実効性を最大限に向上させるためである。また、軍が組織の自己完結性を保持することは、軍のなかで美徳のようなものとして認識される傾向にある。これに対して、ＰＭＳＣでは組織の自己完結性は第一義的に追求されるものではない。例えば、イラク及びアフガニスタンでは、米軍の非戦闘的活動（特に非警護・非警備業務）に従事しているＰＭＳＣが、米軍から安全を確保されて活動しているほか、居住施設や食事も全面的に提供されている。このことは、ＰＭＳＣが自己完結性を追求した組織ではないことを示している。

一方、外部委託という視点から軍の自己完結性を巡る問題を捉えると、それは軍がどの程度ＰＭＳＣの支援を受けることなく任務を遂行できるか、また、軍がどのような業務をどの程度外部委託することになれば軍の組織的活動が阻害されるかという問題になる。つまり、軍の自己完結性は、軍の任務遂行が困難になるまでＰＭＳＣに業務を外部委託してはならないという問題である。これは、軍が一％でも軍の機能を外部委託すれば軍の自己完結性が失われるといったような、単純にＰＭＳＣに外部委託される機能の規模を巡る問題ではない。また、軍の自己完結性を巡る問題は、外部委託してはならない「政府固有の機能」をどのように定めるかという問題でもある。すなわち、本来外部委託してはならない業務までもＰＭＳＣに委託することはあってはならない。

このように、ＰＭＳＣと国軍は組織の自己完結性という視点においても異なっている。しかし、ＰＭＳＣが軍の自己完結性に影響を及ぼし得る存在であることを肝に銘じておく必要がある。

総じて、ＰＭＳＣと軍は基本的に異なる存在である。しかし、近年両者の違いは曖昧になってきている。ＰＭＳＣと国軍は機能的（実施する活動内容）にも、また構造的（英軍の保証予備役制度（ＳＲＳ）のようにＰＭＳＣが軍のなかに組み込まれている場合がある）にも区別することが困難になっている＊34。

ＰＭＳＣと国軍の違いが曖昧になっている背景には、二一世紀に入りＰＭＳＣが派遣国軍と同一地域でしかも軍と同じ非戦闘的活動を実施することで一体感を増していることがある。今日のＰＭＳＣは、一九九〇年代に活用されたＰＭＳＣよりもはるかに軍と活動地域を共有するようになってきている*35。また、ＰＭＳＣは軍がこれまで実施してきた非戦闘的業務を軍に代わって遂行しているが、ＰＭＳＣの提供する業務の種類や質は、軍の戦闘支援部隊（ＣＳ）や戦務支援部隊（ＣＳＳ）が遂行する場合と大差はない*36。

さらに、ＰＭＳＣと国軍の違いは、両者が派遣地域において同一視される傾向があることで、一層曖昧なものになっている。これを受けて、一部のＰＭＳＣ従業員による犯罪行為や無鉄砲さが派遣国軍全体の行動や姿勢として看做されることも少なくない（第６章）。また、ＰＭＳＣと派遣国軍の同一視化を巡る問題は、「軍隊の人道支援化」（諸外国が平和構築を理由に他国に軍事介入すること）及び「人道支援の軍事化」（軍が人道支援活動に従事すること）の問題に関連して更に複雑化している*37。

重要性を高める文官とＰＭＳＣとの相違とその共通点

イラク及びアフガニスタンでは、政府機関の文官の重要性も高まっている。例えば、イラクでは多くの米政府機関の文官が現地に派遣されることになった。米政府機関の文官には、米軍の作戦や復興事業を支援する国防総省の文官のほか、国防総省以外の政府機関の文官も含まれる。その規模は、年間平均三、一〇〇人（二〇〇三年）から三、五〇〇人（二〇〇四年）に拡大している*38。国防総省の文官については、陸軍省に所属する文官が多く派遣されてきた。例えば、イラクに派遣された国防総省の文官の六〇％（一、七五〇人）が陸軍省所属であった*39。また、そのうち八〇％が「専門職または技術職」に該当する文官である*40。専門職及び技術職には、装備品特技者、土木技師、兵站管理者、行政計画管理者、機械技術者として業務に従事しており、なかでも装備品特技者が最も多い（約一七〇人）。

文官には、ＰＭＳＣにはないいくつかの特色がある。第一は、文官がＰＭＳＣと異なり「政府固有の機能」に従事できる点である。ＰＭＳＣが「政府固有の機能」に従事することは、法的に許されていない。第二は、文官はＰＭＳＣと異なり軍の指揮・統制下に置かれている点である。すなわち、現場指揮官は状況の推移に応じて国防総省の文官に対して必要な業務を実施させることができる。これに対して、ＰＭＳＣの行動を規定するのは、軍の指揮・統制系統ではなく、締結された契約内容に限定されている。第三は、文官には軍人と同じ規定が適用されることである。例えば、国外に派遣される文官は、軍行動規範（ＵＣＭＪ）の対象となる。また、国防総省の文官のなかで、緊急かつ必要不可欠な業務に従事する人員（emergency-essential）は、業務を拒否することができない＊41。第四は、文官がＰＭＳＣよりも柔軟性を欠く場合があるという点である。例えば、文官の雇用は、その当該機関及び人事管理局（ＯＰＭ）の雇用過程に基づいて実施される。このため、文官が現地に派遣されるまでの所要時間はＰＭＳＣを活用する場合よりも通常長い＊42。二〇〇五年五月、ブッシュ大統領は「イラクでの経験から得られた教訓の一つには、軍人が世界各地に迅速に派遣できるのに対して、米政府の文官はそうはいかないということである」と発言して、文官の柔軟性を巡る課題を指摘している＊43。

一方、政府機関の文官とＰＭＳＣには共通点もある。二〇〇九年一月、国防総省は文官の役割を強化させるために文官遠征隊（ＣＥＷ）を設立することになった。この制度は、国外に派遣する文官を四つの部門に分類し、事前に組織化を図れるようにこれらの人員に対して所要の訓練・装備を施し、国防総省の従事する諸作戦に迅速に派遣できる体制を整えようとするものである＊44。文官遠征隊は平素から作戦準備に着手できるという点においてＰＭＳＣが骨幹をなす兵站業務民間補強計画（ＬＯＧＣＡＰ）と共通点がある。また、国防総省の文官にはＰＭＳＣと同様に自衛能力がない。

警護・警備及び非警護・非警備業務に従事するＰＭＳＣ

ＰＭＳＣを武器の有無の観点から捉えた場合、武器を携行して警護・警備業務に従事するＰＭＳＣと、武器を携行せずに兵站支援など非警護・非警備業務に従事するＰＭＳＣに大別することができる＊45。

警護・警備及び非警護・非警備業務に従事するＰＭＳＣは、二つの点において異なっている。その第一は、両者に対する注目度及びその活用規模に差があるという点である。今日、ＰＭＳＣについて議論される場合、議論の大半は警護・警備業務に従事する武装ＰＭＳＣを捉えたものであり、非警護・非警備業務に従事するＰＭＳＣが取り上げられることは極めて少ない。これは、武器を携行したＰＭＳＣの一部が関与した一連の銃撃事案が国際世論やメディアに大きく注目されたと同時に、武器を携行するＰＭＳＣが国家の弱体化に直結する問題として捉えられてきたためである。しかし、二一世紀以降イラク及びアフガニスタンでみられるように、米軍が活用するＰＭＳＣの大半は、その注目度とは異なり非警護・非警備業務に従事したＰＭＳＣである。警護・警備業務にＰＭＳＣ全体の約一〇％に留まっている。

第二の相違点は、両者の行動に対する規制状況が大きく異なっていることである。無論、武器を携行して行動するＰＭＳＣは、武器を携行しないＰＭＳＣよりも多くの制約を受けている。例えば、警護・警備業務に従事するＰＭＳＣは、武器を携行することで武器の携行を巡る国防総省指示や武器使用規定（ＲＵＦ）の対象となる。これに対して、武器を携行することなく非警備・非警護業務に従事するＰＭＳＣはその対象になることはない。また、両者の相違は、政府の取り締まりの姿勢においても表れている。アフガニスタンでは、二〇〇七年九月以降ＰＭＳＣを取り締まっているが、その対象は武器を携行したＰＭＳＣである＊46。

一方、警護・警備業務に従事するＰＭＳＣと非警護・非警備業務に従事するＰＭＳＣには、二つの共通点もある。その第一は、両者とも軍の作戦に対して影響力を及ぼす存在であることである。両者による業務内容の違いから一概にその影響力の大きさを比較することはできない。しかし、米軍の場合、非警護・非警備業務に従事するＰＭＳＣが米軍の活用したＰＭＳＣの約九〇％を占めている。このことは、非警護・非警備業務に従事するＰＭＳＣも、警護・警備業務に従事するＰＭＳＣと同様に必然的に米軍の作戦に対して影響力を及ぼす存在であることを示唆するものである。

第二の共通点は、支援の継続性を巡る問題である。すなわち、武器の携行の有無にかかわらず、軍はＰＭＳＣによる支援の継続性を確証できない状況にある。第４章で詳述するように、米軍の場合、国防総省指示第三〇二〇・三七号（一九九〇年）以降、二〇年以上にわたり作戦遂行上必要不可欠な業務内容が明確に規定されていない。このことは、支援の継続性に対する懸念が払拭されていないことを示している。

このように、ＰＭＳＣを巡っては、武器の携行に応じて相違点も共通点もある。このことは、これまで重点的に議論されてきた警護・警備業務に従事するＰＭＳＣだけに注目するのではなく、非警護・非警備業務に従事するＰＭＳＣについても考慮する必要性があることを示している。

第３節　分析対象選定の理由

軍の在り方に及ぼす要素には様々なものがある。また、ＰＭＳＣは米軍だけが活用しているものでもない。英軍など他の派遣国軍も、また軍以外の政府機関、国際機関、ＮＧＯ、企業も数多くのＰＭＳＣを活用している。さらに、ＰＭＳＣはイラク及びアフガニスタンに限定して活用されているわけではない。ＰＭＳＣはこれまで世界各地で活用されてきた。

それでは、なぜいま米軍、そしてイラク及びアフガニスタンに着目する必要性があるのか。本節では、検証対象の主体として米軍、また研究対象地域としてイラク及びアフガニスタンを選定した理由について明確にする。

なぜ米軍か

世界各地で行われている安定化作戦には数多くの派遣国軍が参加しているが、本書が米軍に着目する理由は四つある。その第一は、米国が自国の安全保障だけでなく国際安全保障にも影響を及ぼす超大国であると同時に、米軍の動向によってＰＭＳＣの産業全体にも大きな影響を及ぼすほどの存在であることである。冷戦終結に伴い、米国は世界唯一の超大国として国際的に大きなプレゼンスを示し続けている。世界各地には米軍を派遣して地域的安全保障にも大きく関与している。また、二〇〇三年のイラク戦争開戦時においてもみられたように、米国の安全保障政策は国際社会に及ぼす影響が大きく、他国の安全保障政策をも左右するほどの影響力を持っている。

また、ＰＭＳＣの活用を巡っては、米軍はその最先端の地位にある＊47。二一世紀以降、米軍は他諸国に比してＰＭＳＣを大規模に活用していることに加えて、多くの軍事機能（非戦闘的機能）を外部委託している。二〇〇八年九月当時、米中央軍（ＣＥＮＴＣＯＭ）がイラク及びアフガニスタンで活用したＰＭＳＣの規模（約二三万二、〇〇〇人）は、同地域に対する米軍の派遣規模（約一八万人）を五万人以上も上回っている＊48。派遣国軍のなかで第二のＰＭＳＣの活用規模（約五、〇〇〇人）を有する英軍と比較すれば、米軍におけるＰＭＳＣの活用規模がいかに大きいか理解することができる。

さらに、米軍がＰＭＳＣを活用する分野は非戦闘的活動に限定されているものの、基地支援、警護・警備、通訳、兵站支援（輸送、建設、補給・整備等）、通信、現地軍・警察の訓練、捕虜の尋問、情報活動の業務など広範囲に亘っている。これは、兵站支援の分野に限定して活用する英軍など他の派遣国軍とは対照的である。

一方、米軍は米国系ＰＭＳＣを主体に活用しているものの、英国系ＰＭＳＣなど自国以外のＰＭＳＣも活用している。このため、米軍によるＰＭＳＣの活用の動向によって、ＰＭＳＣ産業全体にも大きな影響を及ぼしている。

第二の理由は、米軍では他派遣国軍と異なりＰＭＳＣを重要な存在として名実ともに再認識しようとする傾向が強いということである。これは、二〇〇〇年代半ば以降の関連規則や政府高官の声明において表れている（第7章）。例えば、二〇〇九年一月には、ゲーツ国防長官が上院軍事委員会の公聴会の席で、「アフガニスタンでは、警護・警備能力が必要である。彼ら（PMSC）は車列を警護し、米軍施設の一部を警備している」と言及し、今日PMSCがアフガニスタンにおいても重要な役割を果たしていると指摘している＊49。

一方、米軍は米政府のなかで圧倒的に多くの経費をPMSCに投入している。二〇〇二年度から二〇一一年度上半期にかけて米軍が請負業務に充当した経費（一、六六六億ドル）は、米国政府全体が請負業務に充当した経費（一、九二五億ドル）の八六・五％を占めている＊50。

自国軍におけるPMSCの重要性については、英国などの国々においても認識されている。しかし、英軍では、軍機能を外部委託する考えに対して慎重な姿勢を貫いている（第6章）。このため、英国では米国ほどPMSCの重要性について強調されていないといえる。

第三の理由は、PMSCを巡り様々な問題が表面化するなか、PMSCをいかに規制できるかという問題が米軍のなかで重大な関心事項になっていることである。二〇一〇年九月、ペトレイアス国際治安支援部隊（ISAF）兼在アフガニスタン米軍司令官は、請負業務に関する指針のなかで「請負業務は指揮官の仕事である」として、各隷下指揮官が責任をもって請負業務に関与することの重要性について指摘している＊51。また、この問題は議会のなかでも大きく取り上げられており、問題の深刻さを窺うことができる（第7章）。

一方、ニソア広場の事案（二〇〇七年九月）以降、米軍がPMSCに必要以上に活用しているのではないかというPMSCへの「過剰依存」問題が政府及び議会のなかで重要な課題の一つになった。イラク・アフガニスタン有事請負業務委員会（CWC）の中間報告書（二〇一一年二月）では、請負業務の重要性を認めながらも、これまで請負業務が米軍において良く吟味されずに選択されたもの（default option）であったとして、「請負業務への依存は容認できるが、過度の依存は許容できない」と戒めている＊52。米軍以外の派遣国軍では、このような問題は生起していない。

米軍に着目する第四の理由は、米軍が今後もPMSCを活用し続ける可能性が大きいことである。有識者のなかには、今日のイラクやアフガニスタンのような大規模かつ危険性の高い安定化作戦は特殊な事例であるとしてこれを将来における安定化作戦のモデルとして適用すべきではないと指摘する者もいる＊53。このことを受けて、米軍を研究対象としてPMSCについて検証することの意義は小さいという意見があるかもしれない。

しかし、米軍におけるPMSCの活用状況を一時的な現象として捉えられるべきではない。なぜなら、①今後も各国が平和構築を自国の国家安全保障に直結する重大かつ緊急な問題として捉えるなかで、派遣国軍の役割に期待する可能性が高いこと、②今後各国軍なかでも米軍が派遣兵力の量的・質的不足を補完するために徴兵制を再導入して大幅な軍備拡張政策を推進する可能性が低いこと、③米軍が今後も外征軍として世界各地で軍事作戦を展開し続ける一方で、安定化作戦にも引き続き従事していく可能性が大きいこと、④今日PMSCへの「過剰依存」問題が浮上しているものの、米軍がPMSCを活用すること自体については問題視されていないこと、そして、⑤PMSCの統括団体である国際安定化作戦協会（ISOA）ではPMSC自身がその活動の透明性（transparency）や説明責任（accountability）を向上させて信頼性のある産業として発展していこうとする動きがあることなど、米軍が今後もPMSCを積極的に活用する可能性が高いからである。

現に米国ではPMSCがイラクやアフガニスタンに留まる問題ではないと認識されている。すなわち議会では今後米アフリカ軍（AFRICOM）が平和維持活動や安定作戦に従事する際にPMSCを巡る問題が再び浮上する重要課題であるとして、その活用や規制の在り方について早急に整備する必要があることが指摘されている＊54。また、機能的能力統合委員会（FCIB）でも、将来の不測事態対処作戦において米軍がPMSCへ依存し続ける可能性が十分にあることが指摘されている＊55。一方、将来米軍が重大な活動に一層多くの請負業者を従事させる可能性があることは、陸軍教範にも記されている＊56。

以上述べてきたように、PMSCを巡る問題は、米軍の作戦そのものに大きく関連している。従って、本書が米軍を取り上げる意義は大きい。なお、検証にあたっては、陸軍を主対象としていく。これは、各軍種のなかでも陸軍が最も多くのＰＭＳＣを活用しているからである。

なぜイラク及びアフガニスタンか

米軍はこれまでにもイラクやアフガニスタン以外の地域で安定化作戦を推進してきた。そしてその際、米軍は常時請負業者（ＰＭＳＣを含む）を活用してきた。従って、本書が研究の対象地域をイラク及びアフガニスタンに限定したことで、セレクション・バイアスの問題があるとの指摘があるかもしれない。しかし、本書がイラク及びアフガニスタンに着目した最大の理由は、これからの米軍の在り方について見るときに直近の事例であるためである。第２章でみるように、イラク及びアフガニスタン以前においては、米軍が請負業者を活用することはあっても、軍は請負業者を軍の作戦を支援する補助的な役割を担う存在として捉えていたに過ぎなかった。そのため、これまで請負業者は米軍の在り方に影響を及ぼすような存在ではなかった。これに対して、両国で推進された安定化作戦は、二つの側面で米軍の在り方に大きな課題を提示している。

第一は、米軍がイラク及びアフガニスタン両国で遂行した安定化作戦を不測事態対処作戦として最重要視するなか、その作戦の成否によっては将来他の地域で推進される安定化作戦に大きな影響を及ぼす可能性があることである。

米英主導で推進された「テロとの戦い」は、イラク及びアフガニスタン両政府の要請を受けることなく、両国に対する武力侵攻という形をもって開始された。このことは、これまで多くの場合において、現地政府の要請を受けてから開始された安定化作戦と基本的に性質が異なっていることを示している。

一方、イラク及びアフガニスタンにおいては、国際社会がこれまで世界各地で推進してきた安定化作戦よりもはるかに大規模かつ積極的に両国の安定化作戦に取り組むことになった。イラクでは二〇〇三年の開戦当初米英豪のほか数ヶ国が軍事介入したのに過ぎなかったが、戦闘終了宣言後には三七ヶ国がイラクに軍を派遣して安定化作戦に関与することになった。また、アフガニスタンでは、四六ヶ国が軍を派遣しており、その他にも軍を派遣しない形で同国の安定化作戦に積極的に関与する国々がある。

このように、イラク及びアフガニスタンにおいて国際社会がこれまでとは異なった形で、また大規模かつ積極的に軍を派遣して安定化作戦に従事したことは、その作戦の成否が今後における国際社会全体の安全保障にも大きな影響を及ぼしかねないことを示唆している。とりわけ、両国で遂行された安定化作戦の動向は、将来国際社会が他の国・地域で推進する安定化作戦の在り方にも大きな影響を及ぼす可能性がある。これはまた、米国の安全保障の在り方そのものにも大きな影響を及ぼすことになる。

第二は、今日米軍がイラク及びアフガニスタンにおいて活用したＰＭＳＣの状況が、米国がこれまでの安定化作戦において活用してきたＰＭＳＣの状況と性質が異なっているからである。冷戦終結以降、米軍はこれまでにもソマリア、ハイチ、ボスニアなどの地域において安定化作戦に従事してきた。その際、米軍は常時ＰＭＳＣを活用してきた。しかし、その活用規模及び業務内容は限定的なものに留まっていた。このため、ＰＭＳＣが米軍の作戦や軍の在り方に大きな影響力を及ぼすようなことはなかった*57。

これに対して、イラク及びアフガニスタンでは、米軍はその派遣規模に匹敵するほど多くのＰＭＳＣを活用することになった。しかも、ＰＭＳＣに委託した非戦闘的活動の分野も広範囲に亘っている。このことは、ＰＭＳＣが米軍の作戦、ひいては軍の在り方にも大きな影響力を及ぼす可能性があることを示唆している。そして、このことは、ＰＭＳＣの役割が質的に変化している可能性があることを示唆するものでもある。

このように、イラクやアフガニスタンで推進された安定化作戦は、米軍の在り方やそれを支援するＰＭＳＣの役割に大きな課題を提示しており、それに着目することの意義は十分にある。このような課題は、これまで米軍がイラク及びアフガニスタン以外の地域で推進してきた安定化作戦で提示されることはなかった。

一方、先のように、イラク及びアフガニスタンは特異な事例であり、今後両国でみられたようにＰＭＳＣが大規模かつ広範囲な分野に活用される可能性は低いという指摘があるかもしれない。しかし、本書はイラク及びアフガニスタンに着目することで、ＰＭＳＣの及ぼす影響力を包括的に捉えることができるという利点を有している。すなわち、イラク及びアフガニスタンで大規模かつ広範囲な分野に活用されたＰＭＳＣの影響力について検証することで、両国以外の安定化作戦で活用されるＰＭＳＣの影響力についてもその共通点を検証することが可能である。

本書では、イラク及びアフガニスタンについて検証する際、両者を明確に区分することなく一纏めに取扱うことにした。これは、米軍におけるＰＭＳＣの活用・規制に関する基本的考え方が両国で大差がないためである。実際、イラク・アフガニスタン有事請負業務委員会（ＣＷＣ）は、イラク及びアフガニスタン両国を対象として設立されている（二〇〇八年）。また、二〇〇七年九月、陸軍は派遣前の事前訓練において両国の間で訓練内容の違いが少ないことを受けて、これまで別個に策定していた訓練規則を一つに取り纏めることになった＊58。さらには、二〇一〇年三月に発行された作戦請負業務支援（ＯＣＳ）では、イラク及びアフガニスタン両国を対象として請負業務の規則を規定している＊59。

尤も、作戦環境が変われば、請負業務の細部実施要領も変わるものである。このため、本書ではイラク及びアフガニスタン両国を一纏めにして記述する一方、両者の相違点については特記事項として付記していく。

第4節　データ源と研究上の制約事項

本書では、米軍の作戦に及ぼすＰＭＳＣの影響力の広さ及びその意義について検証する際、一次資料として政府機関及び議会資料を使用した。政府機関については、具体的に米大統領府関連資料（国家安全保障戦略、国家安全保障大統領指針）、米連邦官報（Federal Register）、国防総省関連資料（国防戦略、四年毎の国防計画の見直し（ＱＤＲ）、国防総省指針・指示、覚書）、在イラク米軍（ＵＳＦ-Ｉ）及び在アフガニスタン米軍（ＵＳＦＯＲ-Ａ）の通達及び命令、米統合参謀本部関連資料（統合参謀本部議長指示及び教範類）、米陸軍及び米海兵隊関連資料（教範類及び規則）、米軍以外の米政府機関（国務省及び米国際開発庁など）の資料を使用した。議会関連では、米上下院議会関連資料（公聴会資料及び報告書）、議会予算局（ＣＢＯ）、議会調査局（ＣＲＳ）の各報告書を使用した。また、本書は、イラク・アフガニスタン有事請負業務委員会、「遠征作戦における陸軍の調達及び計画管理に関する委員会」（通称ギャンスラー報告書）、イラク復興特別監察官室（ＳＩＧＩＲ）及びアフガニスタン復興特別監察官室（ＳＩＧＡＲ）の資料も使用している。この他、米監査局（ＧＡＯ）の資料も一次資料として使用した。

また、本書では二次資料として、ランド研究所、ブルッキング研究所、新アメリカ安全保障センター（ＣＮＡＳ）、軍隊の民主的統制のためのジュネーヴセンター（ＤＣＡＦ）、公共性保全センター（ＣＰＩ）などの研究機関の報告書、各種学術論文、新聞・雑誌、インターネット・ニュースを使用した。

一方、本書では、一次資料及び二次資料を補完する形で、イラク及びアフガニスタンで作戦に従事した経験を持つ陸軍及び海兵隊関係者のほか、ブルックス前国際安定化作戦協会（ＩＳＯＡ）会長などＰＭＳＣ関連の専門家にインタビューを実施した。これによって、米軍の作戦やＰＭＳＣ産業の現状をより正確に把握することに努めている。

本書は軍事科学の視点からＰＭＳＣについて検証していくが、そこにはいくつかの制約がある。その第一は、本テーマについて情報が十分に公開されていないことである。なかでも米軍の即応性に関する情報は、米国の安全保障において最重要問題の一つに位置付けられているために公開されていない。一方、ＰＭＳＣを巡っては、近年議会証言や各種報告書で公開されてきており、二〇〇〇年代前半までに比べると豊富である。しかし、ＰＭＳＣについては、いまもなおブラックボックスの部分（例えば、軍とＰＭＳＣの契約内容）も多い。また、米軍では、二〇〇七年に「派遣前・作戦間統一追跡システム」（ＳＰＯＴ）が導入されるまでＰＭＳＣの活用状況に関してデータを組織的に蓄積してこなかった。また、そのＳＰＯＴもＰＭＳＣの全体像を必ずしも正確に表しているものでない＊60。これらの事項は本書の制約になっている。なお、本書は公開情報を基に分析を行っている。

第二の制約は、本書が米陸軍を主対象としていることで、米軍の直面するＰＭＳＣの課題すべてを必ずしも検証できていないことである。すなわち、本書では米軍の各軍種の共通事項については記述できているものの、ＰＭＳＣが陸軍以外の軍種に及ぼす特有の影響力について十分に分析できていない。そのため、本書では、ＰＭＳＣが米軍の作戦に及ぼす影響力についてすべてを明らかにできていない。

また、本書では米軍以外の米政府機関（国務省や米国際開発庁）やその他の派遣国軍（英軍）について限定的に触れるに留めている（第４章及び第６章）。このため、本書では、これらのアクターがＰＭＳＣを活用・規制することで米軍が受ける影響についても十分に検証できていない。

しかし、米陸軍は米軍の軍種のなかでも最も多くのＰＭＳＣを活用している。また、米軍の活用するＰＭＳＣの規模は派遣国軍のなかでも圧倒的に多い。このことを受けて、本書では、米軍の作戦全般に大きな影響力を及ぼすＰＭＳＣは、米陸軍の活用するＰＭＳＣであると捉えている。また、本書は、米軍（陸軍）を主対象として分析することで、米軍共通の事項また派遣国軍共通の事項について十分に検証できると考えている。

第三の制約は、本書ではイラク及びアフガニスタンにおける安定化作戦に限定して考察していることである。周知のとおり、今日ＰＭＳＣはイラクやアフガニスタンだけでなく世界各地で活動している。その作戦環境はイラク及びアフガニスタンと異なっている。このため、派遣国軍に及ぼすＰＭＳＣの影響力もイラク及びアフガニスタンの場合と異なることは紛れもない事実である。例えば、ＰＭＳＣの抱える本質的なリスク（ＰＭＳＣによる支援の継続性を巡る問題）については国内外情勢によって異なることは少ないが、その付随的なリスク（ＰＭＳＣ従業員が提供する業務内容の質）はＰＭＳＣの置かれる作戦環境によって大きく異なっている。

しかし、二一世紀に入り、米軍がイラク及びアフガニスタンで活用したＰＭＳＣの規模及びそれに委託した業務内容は、前例にないほど広大なものになっている。このことは、本書がイラク及びアフガニスタンに限定して分析しても、米軍の作戦に対するＰＭＳＣの影響力の広さ及びその意義について十分に考察できることを示している。本書がイラク及びアフガニスタンの事例を取り上げる理由はそのためである。

このように、本書にはいくつかの制約事項はある。しかし、先に述べたように、イラク及びアフガニスタンで活用されたＰＭＳＣに着目することで米軍のなかで構築されようとしている軍の在り方について検証することは十分にできる。そして、その意義は極めて大きい。

注

1 Carmola, Kateri, *Private Security Contractors and New Wars* (Abingdon, Okon: Routledge, 2010), p.12.

2 民間軍事会社（Private Military Company）という用語は、第二次世界大戦中に初めて使用されたとの指摘がある。Geneva Centre for the Democratic Control of Armed Forces (DCAF), "Private Military Companies," *DCAF Backgrounder* (April 2006), p.1.

3 Singer, Peter W., *Corporate Warriors: The Rise of the Privatized Military Industry* (Ithaca, NY: Cornell University Press, 2003), pp.88-100; Brooks, Doug, "Hope for the 'Hopeless Continent': Mercenaries," *Traders: Journal for the Southern African Region*, issue 3 (July-October 2000); Avant, Deborah D., *The Market for Force: The Consequences of Privatizing Security* (Cambridge, UK: Cambridge University Press, 2005), pp.1- 2.

4 Mohlin, Marcus, *The Strategic Use of Military Contractors - American Commercial Military Service Providers in Bosnia and Liberia: 1995–2009*, National Defence University, Department of Strategic and Defence Studies, Series 1: Strategic Research No.30 (Helsinki: National Defence University, 2012).

5 International Committee of the Red Cross, *The Montreux Document: On Pertinent International Legal Obligations and Good Practices for States Related to Operations of Private Military and Security Companies during Armed Conflict* (September 17, 2008).

6 第一追加議定書第四七条第二項。Protocol Additional to the Geneva Conventions of 12 August 1949, and relating to the Protection of Victims of International Armed Conflicts (Protocol 1).

7 第一追加議定書第四七条第一項。

8 ウェブスター英語辞典は、傭兵を次のように定義している。"A professional soldier serving in a foreign army." *Webster's Encyclopedic Unabridged Dictionary of the English Language* (New York: Portland House, 1989), p.896.

9 ＰＭＳＣの規制に関する英国政府の報告書（グリーン・ペーパー）による。UK Foreign and Commonwealth Office (FCO), *Private Military Companies: Options for Regulation, 2001-02* (London: Stationery Office, February 12, 2002), p.6 (paragraph 4).

10 Singer, *Corporate Warriors*, pp.88-100.

11 Dunigan, Molly, *Victory for Hire: Private Security Companies' Impact on Military Effectiveness* (Stanford, CA: Stanford University, 2011), p.13.

12 Avant, *The Market for Force*, pp.16-22.

13 キンシーは、「防護すべき対象」（object to be secured）の対象範囲を公的機関と私的機関に設定している。また、「防護対象を防護する手段」（means of securing the object）の対象範囲を殺傷的手段と非殺傷的手段に区分している。Kinsey, Christopher, *Private Contractors and the Reconstruction of Iraq: Transforming Military Logistics* (London and New York: Routledge, 2009), pp.8-33.

14 Schwartz, Moshe, "The Department of Defense's Use of Private Security Contractors in Iraq and Afghanistan: Background, Analysis, and Options for Congress," *CRS Report for Congress*, R40835 (May 13, 2011), pp.9, 13.

15 本書では、平和構築の概念を軍及び軍以外のアクターが実施する活動、また安定化作戦の概念を軍が従事する活動として捉えている。従って、平和構築の概念は安定化作戦の概念よりも大きい。

16 Singer, *Corporate Warriors*, pp.40-44.

17 民間軍事請負業務の一つの形態である傭兵は、売春やスパイ行為とともに歴史的に最も古い職業といわれている。Schreier,

Fred and Marina Caparini, "Privatising Security: Law, Practice and Governance of Private Military and Security Companies," *Geneva Centre for the Democratic Control of Armed Forces (DCAF) Occasional Paper, no. 6* (March 2005), p.1.

18 傭兵が初めて公式に言及されたのは、ウル（紀元前二〇九四～前二〇四七年頃）のシュルギ王の時代のことである。また、歴史上最初に詳述されたカデッシュの戦い（前一二九四年）では傭兵が戦ったことが記述されている。Singer, *Corporate Warriors*, p.20.

19 ＰＭＳＣと傭兵を同一視する見方は、アーノルド（一九九九年）、ムッサ及びファイェミ（二〇〇〇年）、リンダー（二〇〇一年）のように、一九九〇年代後半から二〇〇〇年代前半においてもみられる。Arnold, Guy, *Mercenaries: The Scourge of the Third World* (London: St. Martin's Press, 1999); Musah, Abdel-Fatau and Kayode Fayemi, *Mercenaries: An African Security Dilemma* (London: Pluto Press, 2000); Leander, Anna, "Global Ungovernance: Mercenaries, States and the Control over Violence," *Copenhagen Peace Research Institute Working Paper* (June 2001).

20 パーシーは、ＰＭＳＣへの批判がＰＭＳＣの行動そのものよりもそのステータスに起因しているとして規制の重要性について指摘している。Percy, Sarah, "Morality and Regulation," in Simon Chesterman and Chia Lehnardt (eds.), *From Mercenaries to Market: The Rise and Regulation of Private Military Companies* (New York: Oxford University Press, 2007), pp.11-28.

21 Steinhoff, Uwe, "What Are Mercenaries?" in Andrew Alexandra, Deane-Peter Baker and Marina Caparini (eds.), *Private Military and Security Companies: Ethics, Policies and Civil-Military Relations* (Abingdon, Oxon: Routledge, 2008), pp.19-29.

22 FCO, *Private Military Companies*, p.5.

23 Singer, *Corporate Warriors*, pp.40-48.

24 UK House of Commons, Foreign Affairs Committee, *Private Military Companies: Ninth Report of Session 2001-02* (London: Stationery Office, August 1, 2002), p.7 (paragraph 11).

25 Machiavelli, Niccolò, *The Prince* (England: Penguin Books, 1961), p.77.

26 Conachy, James, "Private Military Companies in Iraq: Profiting from Colonialism," *World Socialist Web Site*, May 3, 2004; Spearin, Christopher, "A Justified Heaping of the Blame? An Assessment of Privately Supplied Security Sector Training

and Reform in Iraq - 2003-2005 and Beyond," in Stoker, Donald (eds.), *Military Advising and Assistance: From Mercenaries to Privatization, 1815-2007* (Abingdon, Oxon: Routledge, 2008), p.231.

27 Avant, *The Market for Force*, p.174.

28 ブラックウォーター社は二〇〇九年二月にXe社に改名し、二〇一一年一二月にはアカデミ（Academi）社に再度改名している。

29 Singer, *Corporate Warriors*, pp.40-44.

30 Kasher, Asa, "Interface Ethics: Military Forces and Private Military Companies," in Andrew Alexandra, Deane-Peter Baker and Marina Caparini (eds.), *Private Military and Security Companies: Ethics, Policies and Civil-Military Relations* (Abingdon, Oxon: Routledge, 2008), pp.235-246.

31 Krahmann, Elke, "The New Model Soldier and Civil-Military Relations," in Andrew Alexandra, Deane-Peter Baker and Marina Caparini (eds.), *Private Military and Security Companies: Ethics, Policies and Civil-Military Relations* (Abingdon, Oxon: Routledge, 2008), pp.254-256.

32 Wolfendale, Jessica, "The Military and the Community: Comparing National Military Forces and Private Military Companies," in Andrew Alexandra, Deane-Peter Baker and Marina Caparini (eds.), *Private Military and Security Companies: Ethics, Policies and Civil-Military Relations* (Abingdon, Oxon: Routledge, 2008), pp.218-223.

33 Dunigan, *Victory for Hire*, pp.35-41.

34 Alexandra, Andrew, "Mars Meets Mammon," in Andrew Alexandra, Deane-Peter Baker and Marina Caparini (eds.), *Private Military and Security Companies: Ethics, Policies and Civil-Military Relations* (Abingdon, Oxon: Routledge, 2008), pp.91-92.

35 一九八〇年代には、ＭＰＲＩ社（米）が米軍に代わって現地クロアチア軍の育成に全面的に従事している。

36 U.S. Department of the Army, *Contractors on the Battlefield*, FM 3-100.21(100-21) (January 3, 2003), p.1-6.

37 フォルスターは、両者が密接に関連するなか、前者がとかく見過ごされていると主張している。Forster, Anthony, "Breaking the Covenant: Governance of the British Army in the Twenty-First Century," *International Affairs*, vol.82, no.6 (2006),

pp.1043-1057.

38 Congressional Budget Office (CBO), *Logistics Support for Deployed Military Forces* (October 2005), p.45.

39 Ibid., pp.45-46.

40 Ibid., pp.46-47.

41 U.S. Department of Defense, E*mergency-Essential (E-E) DoD U.S. Citizen Civilian Employees Overseas*, DoDD 1404.10 (April 10, 1992).

42 U.S. Government Accountability Office, “Warfighter Support: Continued Actions Needed by DOD to Improve and Institutionalize Contractor Support in Contingency Operations,” Statement of William M. Solis, Director Defense Capabilities and Management, Testimony before the Subcommittee on Defense, House Committee on Appropriations, GAO-10-551T (March 17, 2010), p.7.

43 共和党国際研究所の晩餐会におけるブッシュ大統領の発言（二〇〇五年五月一八日）。Quoted in Samuel R. Berger, and Brent Scowcroft (co-chaired), “In the Wake of War: Improving U.S. Post-Conflict Capabilities,” *Report of an Independent Task Force*, Council on Foreign Relations (2005), p.9.

44 国防総省は、二〇〇九年一月に国防総省指針第一四〇四・一〇号（一九九二年四月）を改定して文官を積極的に活用しようとしている。U.S. Department of Defense, *DoD Civilian Expeditionary Workforce*, DoDD 1404.10 (January 23, 2009), p.3.

45 現実には、武器を携行せずに警護・警備業務に従事するＰＭＳＣもいる。

46 Straziuso, Jason and Fisnik Abrashi, “Afghans Cracking Down On Security Firms,” *USA TODAY*, October 11, 2007.

47 Kinsey, *Private Contractors and the Reconstruction of Iraq*, p.9.

48 イラクにおけるピーク時は約一六万四、〇〇〇人のＰＭＳＣを活用している（派遣部隊約一六万六、〇〇〇人、二〇〇七年一二月）。一方、アフガニスタンでは、約一一万八、〇〇〇人のＰＭＳＣを活用している（派遣部隊約八万八、〇〇〇人、二〇一二年三月）。Schnartz, Moshe and Jennifer Church, “Department of Defense’s Use of Contractors to Support Military Operations: Background, Analysis, and Issues for Congress,” *CRS Report for Congress*, R43074 (May 17, 2013).

49 Senate Committee on Armed Services (SCAS), *Hearing to Receive Testimony on the Challenges Facing the Department of Defense* (January 27, 2009), p.12.

50 Commission on Wartime Contracting in Iraq and Afghanistan (CWC), *Transforming Wartime Contracting: Controlling Costs, Reducing Risks*, Final Report to Congress (August 2011), p.22.

51 Petraeus, David H., *COMISAF's Counterinsurgency (COIN) Contracting Guidance*, International Security Assistance Force (September 8, 2010).

52 Commission on Wartime Contracting in Iraq and Afghanistan (CWC), *At What Risk? Correcting Over-Reliance on Contractors in Contingency Operations*, Second Interim Report to Congress (February 24, 2011), pp.13-15.

53 Brooks, Doug and Matan Chorev, "Ruthless Humanitarianism: Why Marginalizing Private Peacekeeping Kills People," in Andrew Alexandra, Deane-Peter Baker and Marina Caparini (eds.), *Private Military and Security Companies: Ethics, Policies and Civil-Military Relations* (Abingdon, Oxon: Routledge, 2008), p.123.

54 Senate Committee on Homeland Security and Government Affairs (HSGA), *Hearing on an Uneasy Relationship: U.S. Reliance on Private Security Firms in Overseas Operations*, Opening Statement of Chairman Lieberman (February 27, 2008), p.3.

55 機能的能力統合委員会（ＦＣＩＢ）のホームページ。http://www.acq.osd.mil/log/PS/fcib/fcib_Exec_Summary.pdf　二〇一四年八月三一日にアクセス。

56 FM 3-100.21 (100-21).　前文において記述。

57 但し、ＰＭＳＣが当該地域の情勢や米軍の作戦に影響力を持つこともあった。ボスニアでは、ＰＭＳＣが治安部隊の育成に従事したことで、現地のパワー・バランスに影響を及ぼすこととなった。また、ＰＭＳＣ従業員による人権侵害問題も発生していた。ソマリアでは米軍の撤退に際して多くの現地住民がＰＭＳＣに解雇されたことを受けて抗議デモに発展することになった。

58 U.S. Army Forces Command, *Pre-deployment Training Guidance for Follow-on Forces Deploying in Support of Southeast Asia* (October 27, 2009).

59 U.S. Department of Defense, *Operational Contract Support Concept of Operations* (March 31, 2010).

60 U.S. Government Accountability Office, "Contingency Contracting: Further Improvements Needed in Agency Tracking of Contractor Personnel and Contracts in Iraq and Afghanistan," GAO-10-187 (November 2, 2009), pp.5-9; U.S. Government Accountability Office, "Contingency Contracting: Observations on Actions Needed to Address Systemic Challenges," Statement of Paul L. Francis, Managing Director Acquisition and Sourcing Management, Statement Before the Commission on Wartime Contracting in Iraq and Afghanistan, GAO-11-580 (April 25, 2011), pp.3-4.

第2章
PMSCとそれを取り巻く安全保障環境

冷戦終結前後、民間企業による軍事請負業務はこれまでの傭兵とは異なる新たな形で誕生することになった*1。この軍事請負業務を担っているのが、PMSCと呼ばれる一連の企業である。その誕生以来、PMSCは世界各地で拡大しており、二一世紀に入りイラク及びアフガニスタンでは無類の規模で活用されている。

今日の国際安全保障環境のなかでPMSCはどのように捉えることのできる存在なのであろうか。本章では、冷戦終結後の安全保障環境におけるPMSCの位置付けについて明らかにしていく。第1節では、PMSCが軍事力の「新たな役割」やフルスペクトラム作戦のなかで活用されている状況について明らかにする。第2節では、PMSCの発展性について考察していく。その狙いは、イラク及びアフガニスタンの安定化作戦以降もPMSCが産業として恒久化していくものか、それとも一時的な現象に過ぎないのかについて明らかにすることにある。

第1節　新たな安全保障環境に存在するPMSC

冷戦終結後、国際社会は国家再建や国内紛争の終結のために軍事的に介入することが求められるようになっている。その背景には、国際テロの温床となる破綻国家やならずもの国家、また世界各地の地域紛争が、国際平和と安定、そして各国の国家安全保障をも脅かす重大かつ緊急な問題として捉えられるようになったためである＊2。このため、米英をはじめ多くの派遣国軍は、これまで伝統的に実施してきた戦闘行動に加え、非戦闘的活動にも従事するようになっている。それでは、その軍の活動を支援するＰＭＳＣはどのように位置付けられるものなのであろうか。本節では、軍事力の役割が変遷するなか米軍が安定化作戦と通常戦の狭間で葛藤していることや、両作戦形態のなかで米軍がＰＭＳＣを総合的に捉えることの重要性が増大していることについて明らかにしていく。

1．軍事力の「新たな役割」と米軍のフルスペクトラム作戦

軍事力の役割の変遷

冷戦終結後の国際安全保障環境の変化に伴い、軍事力は「新たな役割」を担うようになっている。すなわち、軍事力が政治目的を達成するための手段として行使されるというこれまで長年に亘り定着してきたクラウゼヴィッツの戦争観が、今日揺らぎ始めている側面がある。

軍事力が「新たな役割」を担うようになった背景には、二つの変化がある。その一つは、戦争様相が変化していることである。このことを冷戦終結後早々に指摘したのが、クレフェルトであった。クレフェルトは、戦争の主体がこれまでの主権国家から非国家的主体に移行しているとして、その戦争の目的も政治目的を達成するという従来のものから、正義や宗教さらには生存を追求するものに変わってきていると主張した＊3。

二〇〇〇年代には、戦争の主体や目的以外の要素についても注目されるようになった。ムンクラー（Herfried Münkler）は、軍事力の非国家化（民営化）、軍事力の非対称化及び国家による軍事力の「独占的」管理の喪失によって戦争が新たな特色を担うことになったと指摘している＊4。また、カルダー（Mary Kaldor）は、民族アイデンティティの顕在化、攻撃対象の変化及び軍事力の国際化を「新たな戦争」の特色として挙げている＊5。また、ショー

(Martin Shaw) は、近年軍人の犠牲者の局限化が図られるなか、敵や無垢の市民の犠牲が拡大しているとして「リスク転換戦争」が展開されていると指摘している＊6。

第二の変化は、軍事作戦の成果を評価する指標が変化していることである。つまり、これまでの主権国家間の戦争では、国家は相手国の戦力を破砕またはその領土を占領することによって「勝利」(victory) するという、明確な政治目的を達成するために軍事力を行使してきた。しかし、冷戦終結後の紛争では、国家は必ずしもそのような明確な政治目的をもって軍事力を行使するような状況にはない。今日推進されている安定化作戦では自国の意思を相手国に強要して勝利するという従来の軍事力の役割が相対的に低下している。スミス (Rupert Smith) が指摘するように、冷戦終結後の紛争では、主権国家間で遂行されてきた「産業化された戦争」の状況と異なり、軍事力は平和を実現するための条件を醸成するという準戦略的 (sub-strategic) な役割を担うようになっている＊7。すなわち、軍事力行使の目的は、従来の「勝利」の追求から、平和を実現するための条件の醸成といった「成功」(success) の追求へと変化している側面がある＊8。これは、軍事作戦の成果を評価する指標がいまや戦争の結果 (勝敗) という観点から捉えられるものではなく、その行使の過程や行動という側面から捉えられるようになったことを示している＊9。

実際、二一世紀以降イラク及びアフガニスタンで推進された安定化作戦では、勝利と成功の両者を明確に区別して作戦を遂行するようになった。ダナット (Richard Dannatt) 英軍陸軍参謀長は、公共政策研究所 (ＩＰＰＲ) において「我々は、作戦で成功し続ける必要がある。はっきり申し上げるが、我々は勝利することについて話しているのではない。省庁間及び多国間の作戦で成功することについて話している」(二〇〇九年一月) と言明した＊10。一方、ペトレイアス (David Petraeus) 在イラク多国籍軍 (ＭＮＦ－Ｉ) 司令官は、米下院の外交委員会で米軍増派の効果について報告した際、「我々は、イラクで聖杯を追求しているわけではない。ジェファーソン流の民主主義を追求しているわけでもない。我々は米兵が撤退できる条件を追求しているのである」(二〇〇八年四月) と言及し、作戦で成功を追求することの重要性について指摘している＊11。

このように、冷戦終結以降、軍事力が政治目的を達成するための手段として行使されるということれまで長年に亘り定着してきたクラウゼヴィッツの戦争観が適用できなくなった側面がみられる。しかし、冷戦が終焉しても軍事力の本質は、未だ変化していないことも事実であろう。すなわち、戦争様相や軍事作戦の成果を評価する指標が変化しても、主権国家は依然としてその政治目的を達成するために軍事力を行使しているのである。このことは、通常戦においてもまた安定化作戦においても変わらない。

軍事力が冷戦終結後も主権国家の政治目的を達成するために行使されていることは、米政府高官の発言において表れている。一九九〇年代前半には、パウエル（Colin Powell）統合参謀本部議長が軍事力を行使する際にはそれが外交・経済政策と一貫している必要があることについて明確に言及した*12。この指摘は、米国が政治目的を達成する上で軍事力、外交、経済力が重要な役割を果たし続けていることを示している。一方、二〇〇八年七月、ゲーツ国防長官は米軍が自国の外交政策に過大に従事し過ぎていると指摘した*13。この発言は、米軍が外交政策において主動的役割を果たすのではなく補助的な役割を担う必要があることを示したものであり、軍事力が政治目的の達成のために行使されていることについて異論を唱えたものではない。すなわち、ゲーツの発言は米国が外交政策を推進する際に軍事力が依然として重要な役割を果たしていることを指摘したものである。また、米軍の各戦域軍が世界各地で米国の外交政策に影響力を及ぼしてきたことは、これまでにも指摘されてきた*14。

一方、クラウゼヴィッツの戦争観が安全保障分野のなかに深く浸透していた冷戦終結以前の時代においても、軍事力は非政治目的を達成するために遂行されることもあった。すなわち、軍事力は冷戦が終結する前も正義、宗教、生存といった非政治目的を達成するために遂行されてきた*15。そして、軍事力はときには明確な政治目的が存在しないなかで行使されることもあった。ヴェトナムでは米国が明確かつ達成可能な政治目的を設定することなく軍事力を行使している*16。

以上のことを踏まえると、軍事力は冷戦終結に伴い必ずしも「新たな役割」を担うようになっているわけではない。これまで軍事力は、冷戦終結を問わず主権国家の政治目的を達成するために行使され、時には非政治目的を達成するためにも行使されてきた。そして、今日派遣国軍が安定化作戦を遂行する際に作戦の成功（平和を実現するための条件の醸成）を追求するのは、派遣国の政治目的を達成するために他ならない。つまり、派遣国軍がこれまで伝統的に遂行してきた戦闘行動に加えて非戦闘的活動に従事するのは、派遣国の政治目的を達成するためである。このことは、二一世紀に入っても変わっていない。換言すれば、軍事力を行使する目的の重心が冷戦終結を境に若干非政治目的側に傾いただけのことである。

冷戦終結後に展開されたこれまでの議論（上記）は、軍事力の「新たな役割」を強調し過ぎている傾向にある。その議論は概して冷戦終結を境に表面化している変化事項を強調する余り、軍事力の本質を巡る不変的事項について正確に捉えていない。

無論、軍事力の本質について正しく捉えた見方もある。ミューラー（John Mueller）は、冷戦終結後に生起している戦争は新たな形の戦争ではなく、これまで長らく存在していた戦争形態の「残骸」（国内紛争）が大きな犠牲を伴って生起しているに過ぎないと指摘している＊17。この見解は軍事力の役割の核心を突いているといえる。

それでは、軍事力の役割を巡る議論は、ＰＭＳＣとどのように関連しているのか。軍事力が依然として主権国家の政治目的を達成するために行使されているということは、ＰＭＳＣを活用する派遣国軍も、ＰＭＳＣを活用することで自国の政治目的を達成しようとしていることを示している。そしてこのことは、軍の在り方のなかに果たすＰＭＳＣの役割にも大きく影響していくことを示唆しているといえよう。

安定化作戦及び通常戦を巡る米軍の葛藤

冷戦終結を境に軍事力が必ずしも「新たな役割」を担う状況にないなか、各国軍が重点的に対処しようとする作戦形態は変遷している。軍はこれまで通常戦への対処を重視してきたが、冷戦が終結すると以前よりも増して安定化作戦に対処することが求められるようになった。その傾向は特に陸軍において顕著に見られる。

米軍の場合、冷戦が終結するまでにもこれまで多くの安定化作戦に従事してきた。むしろ米軍が独立戦争以降従事した作戦形態の大半は安定化作戦であった。通常戦は一一回しかない*18。この間、米軍が重点的に対処すべき作戦形態について関心が寄せられることはなかった。しかし、冷戦の終結に伴い国際安全保障環境が変化すると、米軍は安定化作戦及び通常戦の両作戦形態に対してどのように対処していくべきかという課題に直面することになった。

安定化作戦と通常戦の関係を巡っては、一九九〇年代から米国を中心に活発に議論されるようになった。それは、第二次世界大戦以降に展開されたハンティントン・ジャノヴィッツ論争に次ぐ大きな議論であった。その議論の中心は軍が安定化作戦そのものに従事することの是非を問うものである。すなわち、米軍が安定化作戦に従事することで通常戦に必要な軍の即応性や規模・編成にどのような影響を及ぼすかが問われるようになったのである。

なかでも米軍の即応性を巡る問題は、特に国連平和維持活動が急増した一九九〇年代半ばに議論が活発に展開されることになった。ここでは米軍が安定化作戦に従事することで通常戦に必要な戦闘能力が低下する可能性について懸念されている*19。また、軍が安定化作戦に頻繁に従事することで、部隊の派遣周期（operational tempo）や、軍人が家族から離反する期間を表す個人の派遣周期（personnel tempo）に及ぼす影響が問題化し、部隊の士気への影響も懸念されるようになった*20。

一九九〇年代にはパウエル統合参謀本部議長が、ボスニアへの派遣が軍の主要任務（国家間の戦争で勝利すること）を達成するために必要な兵士の素養に影響を及ぼすとしてその派遣に反対している*21。一方、二一世紀に入り米軍がイラク及びアフガニスタンで積極的に安定化作戦に従事するようになると、陸軍の予備戦力（州兵及び予備）の即応性（人員・装備・訓練の不足、作戦周期の短縮、個人周期の長期化）が問題視された*22。また、二〇〇〇年代半ばには、米軍が平和作戦及び対反乱作戦に軍事介入することで通常戦への対応に影響を及ぼすのではないかという議論が再び展開されている*23。

軍の即応性の問題に関連して、軍の規模・編成を巡る問題についても一九九〇年代から議論されてきた。二一世紀には、特に軍人への負担を極力軽減して安定化作戦を遂行できるように部隊の規模や編成の在り方について議論されている。部隊規模については、陸軍の定数（end strength）を増加することの是非が議論の中心になった。ここでは、陸軍の定数を増加する際にはその規模をどの程度にするのか、また規模の増加を一時的なものにするのか、それとも永続的なものにするのかについて議論されてきた*24。一方、部隊編成を巡っては、今日支援機能が陸軍の予備戦力（州兵と予備役）に集中していることを受けて、陸軍における正規軍と予備戦力の再構成の在り方が議論されてきた*25。この他、安定化作戦に特化した専門部隊を構築することの是非を巡る議論もある*26。これについて、陸軍は部隊の戦闘能力を阻害するものとして終始懐疑的な姿勢を示している。

このように、米軍は安定化作戦及び通常戦の両作戦形態に対してどのように対処していくべきかという問題において葛藤してきた。その背景には安定化作戦を巡る二つの特性がある。第一は、安定化作戦の特性上、米軍が安定化作戦を短期間で終了させることは難しいという点である。そもそも安定化作戦は米軍が建国以来数百回に亘り伝統的に実施してきた。しかし、元来安定化作戦は短期間で終了する性質のものではない。それは通常長期に亘るものである。第二は、軍人が非戦闘的活動を主体とする安定化作戦に従事することには限界があるという点である。安定化作戦は、戦闘行動よりも非戦闘的活動が主体を占めるものである。しかし、一九世紀後半以降、軍はそれまでネイティヴ・アメリカン対策として重点的に遂行してきた警察行動を改め、通常戦を重視するようになった。すなわち、冷戦終結以降米軍に求められるようになった作戦形態（安定化作戦）は、米軍がここ一世紀以上に亘って重視して訓練してきたものではない。

このような状況のなか、安定化作戦への対処は、今日米政府及び米軍にとって重要な課題になっている。とりわけ米国同時多発テロ事件以降、国際テロの温床となる地域を排除することは、米政府にとって最重要課題であった。イラク及びアフガニスタンにおける米国の積極的な姿勢はこれを示している。安定化作戦が米政府にとり重要であることは、国家安全保障大統領指針第四四号にも反映されている。

一方、米軍もこれまで通常戦及び安定化作戦の両作戦形態を対象としたフルスペクトラム作戦に対応することを基本方針として貫いてきた。二〇一二年一月、米軍は新国防戦略として二正面作戦の放棄とともに安定化作戦における長期的関与からの脱却を図ることを明らかにした。これは今後米軍が安定化作戦に従事することを放棄したことを意味するものではない。安定化作戦への対処が通常戦と同等に米軍の主要任務であることは、国防総省指針の改訂版、国防総省指示第三〇〇〇・五号（二〇〇九年九月）において改めて強調されている。そして、二〇一五年一月現在、米軍がこの基本方針を撤回する動きはない。

作戦形態を巡る問題は、米軍がＰＭＳＣを活用する際にＰＭＳＣを米軍の総兵力構想のなかでどのように位置付けていくかという問題と深く関連するものである。

2．米軍のフルスペクトラム作戦のなかで問われるＰＭＳＣの役割

米軍における請負業務の伝統的な役割

米軍における請負業務の歴史は、独立戦争にまで遡ることができる＊27。その歴史は、米軍のなかで請負業務の基盤が醸成される期間（独立戦争から湾岸戦争終結まで）と、請負業務が本格化する期間（湾岸戦争終結以降）に区分することができる。いずれの期間においても、米軍は数多くの請負業者を活用してきた。しかし、後述するように、米軍では戦闘行動に加え非戦闘的活動においても主動的な役割を担うのは軍人自らであると認識される傾向が強く、その結果、請負業者をあくまでも軍の作戦を支援する補助的な存在として捉えてきたといえる。

請負業務の基盤が醸成される期間は、さらに三つの時期に区分することができる。第一期は、独立戦争から第二次

世界大戦勃発までの時期である。米軍は独立戦争から請負業者を活用したが、当初から問題を孕んでいた。米軍が民間力を活用した背景には、兵力の質的劣勢及びその脆弱な組織力を補完する必要があったことや、地の利を活用できたことがあった＊28。この頃の請負業務の内容は、主として、輸送、医療、給食、洗濯といった兵士や馬の生活に直接関わる兵站支援業務に限られていた＊29。ここで米軍が直面した最大の問題は、請負業務が信頼できるものではなかったことである。請負業者からの物資の提供はしばしば中断されることになり、大失敗に終わっている。

請負業務を巡る問題は一九世紀に入っても露呈している。一八一八年にジャクソン（Andrew Jackson）がフロリダ州を占領した際にも米軍は請負業者から食料や物資を提供されない状況に直面することになった。このような状況を受けて、一八一八年四月には議会は請負業者を信頼できない存在として認識するようになり一度廃止している。その後、米軍が大陸西部への勢力拡大に伴い、軍用道路を建設する際には非公式に現地の請負業者を活用することになったが、これも失敗している。このため、米軍は請負業者を雇用する代わりに政府職員を活用することで道路建設の責任を負うことになった＊30。

米墨戦争（一八四六年）では、米軍は再び請負業者を活用することになった。この時陸軍が外部委託した業務は、荷馬車やそれに関連した装備品の調達に限定されており、その他の兵站支援については軍自らが実施することになった。しかし、経験の浅い若年の軍人が兵站支援を担当したことで敵から恰好の標的になり、その結果、多くの犠牲を負うことになった。その後、一八四七年五月、陸軍省は再び輸送手段の一部を外部委託することを決定したが、その後数年は請負業務は順調に進展することになった＊31。その間、輸送以外の兵站支援については、米軍が引き続き従事し続けている。

南北戦争では、これまでの外部委託に比べて大規模なものとなった。両軍が活用した請負業者は合わせて約二〇万人に上り、物資の調達をはじめ多くの兵站支援業務を委託することになった。また、一八六一年には、マクレラン（George B. McClellan）北軍司令官が情報活動を私立探偵に外部委託することもあった＊32。戦争が終結すると、米軍と民間企業との間に緊密な協力関係が醸成されたが、汚職と過剰請求が頻繁に実施されることもあった。このため、戦争後には請負業務に対する信頼が再び低下している。

その後、請負業務は第一次世界大戦を経て米軍内において推進されていった。第一次世界大戦では、数多くの請負業者が活用され、一五〇万人近くの兵士を収容できる基地も建設されている。しかし、米軍が外部委託する業務内容が兵士等の生活関連業務に限定されるという傾向は、第二次世界大戦が勃発するまで続くことになった。

第二期は、第二次世界大戦からヴェトナム戦争勃発までの時期である。一九五五年にアイゼンハワー政権は、費用対効果すなわち効率性（efficiency）の観点から得策であると判断される場合には努めて請負業者を活用するよう各政府機関に対して奨励することになった＊33。その後、米政府の民営化政策は徐々に軌道に乗っていき、一九六〇年代半ば以降には本格化していった。一九六六年に大統領府の行政管理予算局（ＯＭＢ）は米国政府の民営化政策（Circular A-76）を制度化している。

この時期、米軍は、引き続き兵士等の生活関連業務を請負業者に委託していたが、新たに兵器の修理や整備の業務をシステム請負業者（systems contractor）に委託するようになった。これらの請負業者は、第二次世界大戦になって初めて作戦地域において活動するようになった。時には前線に立って自社製造の兵器の修理や整備に従事することもあった＊34。そして、この傾向は一九五〇年の朝鮮戦争勃発以降に更に強まっていった。しかし、この時期、米軍は請負業者を米軍の総兵力構想の一部として位置付けることはなかった。このことは、第二期でも米軍が努めて軍の機能を軍人自ら実施しようと心掛けており、請負業者を二次的な役割を担う存在として認識していたことを示している。

第三期は、ヴェトナム戦争から湾岸戦争に至るまでの時期である。ヴェトナム戦争では請負業者の役割が拡大することになった。これは軍事科学技術の発展に伴い兵器体系が更に高度化したことで、軍がシステム請負業者に大きく依存するようになったためである。

一方、一九七〇年代に入り米軍は徴兵制を志願制に変更して総兵力（total force）政策を導入することになったが、このことも請負業務を大きく推進させる要因になった。この政策は、国家の防衛のためには現役兵だけでなく、予備役、退役軍人、国防総省の文官、そして請負業者も米軍兵力の一部とみなすというものである。総兵力政策における兵力管理の目的は、①平時において努めて小規模の現役兵を保持すること、②現役軍人が戦闘行動に専念できるように努めて国防総省の文官及び請負業者を非戦闘的活動に活用することにあった＊35。この時期、請負業者は米軍の輸送、医療、食事、洗濯、整備業務だけでなく、米軍基地の建設業務にまで携わるようになっている。

また、この時期米政府内で民営化の動きが推進されたことも、請負業務が推進される背景になっている。この頃、行政管理予算局は政府機関の業務を再検討する際の手順を記したハンドブックを作成して、これまでの業務を従来の政府機関に実施させるか、または他の政府機関や請負業者に実施させるべきかについて検討している＊36。また、行政管理予算局は一九八三年に新たなハンドブックを作成して、各政府機関に対して業務を外部委託することの効率性について研究するよう義務付けている＊37。

さらに、一九七〇年代前半にはエイブラムス・ドクトリン（Abrams Doctrine）の導入を受けて、米軍はそれまで正規軍が担ってきた支援機能を予備戦力に転換することになった。この動きは、必然的に正規軍が請負業者に業務を委託する必要性を高めることになった。

このように、米軍のなかで請負業務が拡大した背景には、軍事科学技術の発展、総兵力政策の導入、政府機能の民営化さらには支援機能の転換という動きがあった。しかし、第三期に米軍が請負業者に委託した業務の幅・量は依然として限定的なものに留まっている。これは、米軍が中・長期的な視点に立って請負業者を管理してこなかったためである。

請負業者を中・長期的な視点に立って管理しなかったことを受けて、米軍では請負業者を活用する際に様々な問題が浮上することとなった。請負業者の活用を巡る問題点は湾岸戦争においても表面化している。国防総省が議会に提出した湾岸戦争最終報告書は、請負業者が「砂漠の盾」及び「砂漠の嵐」の両作戦で戦闘支援（ＣＳ）や戦務支援

（ＣＳＳ）の各機能に大きく貢献したことについて言及する一方で、その問題点についても指摘している。報告書では、①請負業者を動員する計画が時折不適切であったため請負業者のニーズや資格が十分に検討されなかったこと、②作戦地域に入るための遵守事項を監視する調整官を中央軍（ＣＥＮＴＣＯＭ）が設けなかったこと等の問題点が指摘された。また、これらの問題点を受けて、報告書は、請負業者との契約担当者の管理責任や請負業者を派遣する際のガイドラインを明確にする必要性があることを提唱している＊38。

このように、米軍が湾岸戦争時に請負業者を中・長期的な視点に立って管理しなかったことは、軍がこの時期においても依然として請負業務を軍の補完的役割を担うものとして捉えていたことを示している。

一九九一年四月に湾岸戦争が終結すると、米軍のなかで外部委託の動きが本格化することになった。この背景には、一九八〇年代に増大した財政及び貿易赤字を早急に削減する必要があったことも影響している＊39。

陸軍や議会では、請負業者の活用を巡って本格的に検討されるようになった。陸軍では湾岸戦争時の反省に基づき中・長期的視野に立って請負業者を統制して活用することの重要性が認識され、ソマリア侵攻時（一九九二年）には兵站業務民間補強計画（ＬＯＧＣＡＰ）が導入されることになった＊40。ＬＯＧＣＡＰは請負業者が陸軍の要請に基づき世界のどの地域においても陸軍を直ちに支援できるように、平時から陸軍と契約を締結する大規模な兵站支援計画である＊41。一方、一九九三年には、議会が各軍種における業務の重複を是正することを目的として「軍隊の役割と任務に関する委員会」（ＣＲＭ）を設立している＊42。このＬＯＧＣＡＰ及びＣＲＭが、米軍による請負業者の活用を急増させる直接的な契機となっている。

米軍は湾岸戦争前後頃から機会を捉えてＰＭＳＣの重要性について指摘してきた。国防総省は先の総兵力政策を肯定的に捉える動きをみせており、一九九〇年には議会に対して総兵力政策の導入が国防総省の文官、請負業者、ホスト・ネーション・サポート（ＨＮＳ）提供国の活用を向上させているとも報告している＊43。

一九九五年六月、統合参謀本部は「動員計画のための統合ドクトリン」を発表し、請負業者を米軍の総兵力政策の一部として再確認した上で、最も効果的な戦力を構築することの重要性について強調することになった＊44。このドクトリンは二〇〇六年一月及び二〇一〇年三月に改定されることになったが、改訂版においても同様のことが記されている＊45。

また、二〇〇二年には、マイヤーズ（Richard B.Myers）統合参謀本部議長は、タリバン体制崩壊後にアフガニスタン軍を訓練するための手段として、ＰＭＳＣを活用することについて検討していると言明した＊46。この発言は、大統領府が一九九九年一二月に発表した「新世紀における国家安全保障戦略」を受けて言及されたものである＊47。

一方、二〇〇二年当時、ラムズフェルド（Donald H.Rumsfeld）国防長官は、大統領及び議会に提出した年間報告書（二〇〇二年）のなかで、「二一世紀の戦争では、これまで以上に国力を構成するあらゆる要素を活用する必要がある」と記し、請負業者の活用を含めた総合的な対処の重要性について指摘している＊48。

その後、陸軍では民営化の動きが促進されることになった。二〇〇三年、ホワイト（Thomas E. White）陸軍長官は、米軍の作戦においてＰＭＳＣを活用することについて支持し、「第三の波」（The Third Wave）と呼ばれる民営化政策を推進して陸軍におけるＰＭＳＣへの依存を更に高めようと試みた。この「第三の波」計画が推進されれば、二一万四、〇〇〇人の軍人及び文官の職に影響を及ぼし、また、世界各地に展開する米陸軍の六人に一人の職が影響を受けると指摘されることもあった＊49。

一方、ホワイトはイラク戦争開始一年前から陸軍におけるＰＭＳＣへの依存の拡大及びその管理体制について懸念を表明していた。ホワイトは、各国防次官に宛てた覚書（二〇〇二年三月）のなかで、冷戦終結後の一一年間で実施された陸軍の軍人及び文官の削減規模が請負業者への依存の拡大という形で埋め合わせられていると言及している＊50。これは、一九九三年当時米軍総兵力約一七〇万人のうち二四万五、〇〇〇人余りの軍人が非戦闘的活動に従事し＊51、二〇〇二年には政府職員七〇万人よりも多い年間七三万四、〇〇〇人の請負業者が米軍の活動を支援していた状況を踏まえた発言である＊52。一方、ホワイトは、同覚書のなかで、陸軍にはＰＭＳＣを効果的に管理するために必要な情報が不足しているとも指摘している＊53。

「第三の波」はホワイト陸軍長官の辞任により二〇〇三年四月に一時中断を余儀なくされたが、その後再び推進された。二〇〇四年四月、陸軍は議会に対して陸軍が一二万四、〇〇〇人から六〇万五、〇〇〇人の請負業者を保有している可能性があると証言している。また、同年一〇月には、陸軍は陸軍省における主要ポスト以外の職（non-core）、すなわち陸軍の文官が従事する半分以上の一五万四、九一〇の職、また軍人の従事する五万八、七二七の職を請負業者に委託すると発言している＊54。また、二〇〇四年九月、ラムズフェルド国防長官は、上院軍事委員会において軍人が軍事的知識や機能を必要としない五万以上の職に従事しているとして、これらの職を毎年一万の割合で国防総省の文官及び請負業者に実施させる必要があると証言している＊55。一部の報道では、国防総省が後方支援の職をＰＭＳＣに委託することにより、第一線の兵士を二万人増加できたと指摘されている＊56。

請負業者を活用することの重要性は、米国の人的資源戦略にも反映されている。国防科学委員会（ＤＳＢ）の報告書（二〇〇〇年二月）では、米軍の兵力構成にあたり、軍人、文官及び請負業者を総合的に捉える必要性について指摘して、総兵力の観点から米軍の抱える人的資源上の問題点を明らかにする必要があると提唱している。また、同報告書は、総合的な見地に立って軍事的機能を文官または請負業者に委託することの重要性についても指摘している＊57。一方、国立行政アカデミー（ＮＡＰＡ）は、米軍のなかで民営化が推進されこれまで伝統的に軍人が実施してきた非戦闘的活動が文官及び請負業者に移行されたことに伴い、米軍兵力の計画及びその管理を総合的に捉える必要性があると指摘した。また、同機関は、米軍兵力を構成する各要素（軍人、文官、請負業者）において大きな欠陥が生じることになれば、米軍の任務達成に深刻な影響を及ぼすことになるとも警鐘を鳴らしている＊58。

このように、米軍における請負業務は、政府機能の民営化の動きのなかで本格的に推進されていった。そして、米軍はＬＯＧＣＡＰや「第三の波」などの施策を通じてＰＭＳＣへの依存を次第に深めることになった。湾岸戦争以降、政府機能の民営化の動きは、米軍の規模縮小、米軍の従事する作戦環境の変化（作戦数及び任務の拡大）、さらには高度な軍事科学技術を要する兵器システムの拡大といった要素とともに、米軍のなかで請負業務を本格化させる重要な要因となっている。

しかし、請負業務が本格化したこの時期においても、同業務の管理・監督が制度化されたわけではなかった。そして、第４章でみるように、二一世紀に入りイラク及びアフガニスタンでは米軍はＰＭＳＣを計画的に活用することができなかった。これらのことは、米軍の総兵力構想のなかで請負業者の位置付けが名ばかりのものであったことを示している。換言すれば、ＰＭＳＣは米軍の作戦のなかで容易に切り離すことのできない必要不可欠な存在として捉えられていなかったのである。

総じて、米軍はこれまで請負業務の基盤が醸成される期間（独立戦争から湾岸戦争終結まで）においてもまた請負業務が本格化する期間（湾岸戦争終結以降）においても請負業者をあくまでも軍の作戦を支援する補助的な存在として捉えてきたといえる。つまり、作戦形態及び作戦規模を問わず、これまで軍人が軍の作戦において主動的な役割を果たしてきたのである。

両作戦形態のなかでＰＭＳＣを総合的に捉えることの重要性

冷戦終結以降、作戦形態の主体が安定化作戦に移行するなか、各国の軍では今でも通常戦への対処を重視した防力整備を図ろうとする傾向が根強く残っている。地上部隊もその例外ではなく、なかでもその傾向は陸軍において強い。このことは国防予算及び兵力構成だけでなく、教育訓練にも反映されている。各国において通常戦への対処が重視されるのは、これまで通常戦に必要な兵器を製造してきた自国の防衛産業を守る必要性があるほか、軍が諸職種連合作戦を遂行する上で必要な能力（情報伝達・共有能力、調整能力など）や、軍が戦闘行動を遂行する際に必要な能力（各部隊の機動力、火力など）が安定化作戦に従事することで損なわれる危険性があるためである＊59。

無論、通常戦及び安定化作戦は基本的に異なる作戦形態である。通常戦では、味方部隊の損害の局限化を図りながら、敵部隊の撃滅や敵国の軍需産業の破壊によってその戦意をなくさせ降伏させることが軍の役割である。そのためには軍事力を最大限に活用することは当然のことである。これは、現地住民の防護や現地政府の正当性の確保に重点を置いて軍事力を最小限に行使することが求められる安定化作戦とは、性質が異なるものである。また、表3に見るように、兵站支援の分野では、通常戦と安定化作戦（対反乱作戦）は様々な点において相違がある＊60。

安定化作戦と通常戦にはこのような相違点があるなか、両者には作戦遂行上五つの共通点があることにも留意しておく必要がある。その第一は、軍において小部隊の指揮・統制能力を向上させる必要性が高まっていることである。すなわち、安定化作戦では、軍は現地住民の民心を獲得するために反乱分子から現地住民を防護することが求められている。このため、軍は一度反乱分子を排除した地域が再び反乱分子によって支配されることがないように小部隊に分かれてその地域を確保する必要がある。米軍が二〇〇七年以降重視してきた「地域の掃討・確保、信頼の醸成」(clear, hold, build）は、まさに現地住民を反乱分子から防護して民心を獲得するために遂行された作戦であった。また、安定化作戦では、軍人は様々な作戦形態に直面することになる。かつてクルーラック（Charles Krulak）米海兵隊総司令官が指摘したように、近年軍人は「三区画紛争」(the three-block conflict）に巻き込まれるケースが多く、市街地の僅か三区画のなかで人道支援活動（避難民に対する食糧・被服の支給）、平和維持活動（対抗勢力の引き離し）及び対反乱作戦（反乱分子との戦闘行動）をほぼ同時に従事せざるを得なくなっている＊61。このように、安定化作戦において軍人が「地域の掃討・確保、信頼の醸成」に努める一方、「三区画紛争」にも対処していくには、小部隊指揮官の指揮・統制能力を向上させて部隊が小規模で行動できるように準備していくことが重要になっている。

一方、通常戦においても軍は、従来よりも増して小部隊で行動することが求められるようになってきている。米軍の場合、将来通常戦に対応するため二一世紀に入り陸軍の作戦基本単位をこれまでの師団単位から旅団以下の単位に縮小することになった。また、軍は派遣地域への迅速な展開を重視して機動性の高い軽量な兵器や車両を導入する一

表3 通常戦及び安定化作戦（対反乱作戦）における兵站支援の比較（抜粋）

	通　常　戦	安定化作戦（対反乱作戦）
任　務	・戦闘部隊の戦闘能力を維持及び醸成 ・明確な組織及び構造をもって機動部隊を支援 ・戦闘部隊に対して直接支援を実施 ・兵站部隊は戦闘部隊に対する兵站支援を重視して作戦の維持に専念(部隊を重視)	・通常戦と同じ事項を遂行するほか、対反乱作戦特有の兵站幹線を支援 ・固定部隊及び機動部隊双方を支援 ・作戦環境の形成に決定的な影響を及ぼす任務に従事
敵	・敵部隊は支援部隊を保有 ・我から奇襲を受けやすい ・我の兵站部隊に対する攻撃を追求	・反乱分子は非標準的かつ隠密な兵站手段を活用 ・我からの奇襲が限定的 ・敵にとって我の兵站支援活動を確認することが容易 ・我の兵站部隊や防護能力の少ない対象に対する攻撃を重視
地　形	・作戦地域が明確 ・敵戦闘部隊の撃滅を重視 ・制約事項が少ない ・近接した地域を支援 ・比較的安全な後方連絡線を活用して部隊を支援	・作戦環境を特定することが困難 ・現地住民への支援を重視 ・作戦は長期間を要する一方、成果を出す時間が少ない ・作戦地域が隣接しており、部隊は分散して活動 ・前線はない ・複数の後方連絡線の能力を拡大することが必要だが、困難 ・補給連絡線が脆弱
味方部隊・支援能力	・軍人は危険を問わず作戦環境に対応 ・請負業者は安全な地域においてのみ活動	・軍人が活動することが往々にして相応しい ・請負業者の適否は状況による ・任務や環境の影響が大きく、現地経済への影響の考慮が重要
活用時間	・派遣周期が早い ・主要な戦闘を追求	・作戦が長期化 ・兵站支援の計画策定に関してしばしば権限移譲が必要
民生的考慮	・敵を撃滅する上で、第二次的に考慮	・勝利の決定的な要素になり得る ・兵站計画の上で重要な要素になり得る

資料源：米陸軍教範『対反乱作戦』

方、軍の情報収集・伝達能力を向上させている。このことは軍が通常戦においても小規模の部隊で作戦ができるようになっており、小部隊の指揮・統制能力を向上させる必要性が高まっていることを示している。

そして、軍が小部隊で活動する必要性が高まっていることは、兵站所要が増大していることを示している。一九七〇年代前半以降、正規軍の支援機能の多くが予備戦力に移行したことを踏まえると、この兵站所要の増大は正規軍にとって大きな課題になっていることを示しているといえよう。

第二は、現地文化及び慣習の尊重を巡る問題である。安定化作戦では現地住民の民心を獲得するために現地文化や慣習を尊重することが極めて重要になっている。それを尊重することの重要性は、二〇一〇年「四年毎の国防計画の見直し」(QDR)や、国防総省指針においても表れている＊62。イラク及びアフガニスタンでは、安定化作戦の開始当初に米軍が現地の文化及び慣習を軽視して民心が離反するような行動を遂行していたが、その後これらを尊重した作戦要領に転換している。また、米軍は「イラク人優先政策」や「アフガン人優先政策」を導入したが、これにより多くの現地住民を雇用できるように努めており、現地経済の活性化にも寄与しようとしている。

一方、通常戦においても現地文化や慣習を尊重していくことの重要性が増しているといえる。確かにこれまで通常戦では現地の文化や慣習の要素は見落とされる傾向にあった。これは、通常戦においては相手国の戦力破砕やその領土占領が軍事力行使の主要目的となっているからである。その基本姿勢は今後通常戦においても変わることはないであろう。しかし、通常戦ではこれまでにも当該住民が敵国民であっても国際法上非戦闘員として保護対象に位置付けられてきた。しかも、今日無人攻撃機の誤射などによって無垢の住民が殺害されることに対して批判が高まっている。つまり、戦闘行動を主体とする通常戦においても、安定化作戦と同様に現地の文化・慣習を尊重していくことの重要性が高まっている。このことは、通常戦においても地域専門官及び通訳の所要が増大していることを示している。

第三は、統一性の問題である。安定化作戦では、軍が自国軍以外の政府機関やその他の派遣国軍と努力を結集(unity of effort)していくことが重要な鍵となる。二一世紀に入りイラク及びアフガニスタンでは、安定化作戦開始当初、努力の結集が十分に図られていなかったことが表面化することになった。その後、この問題は徐々に改善され、米軍と米軍以外の政府機関、また米軍とその他の派遣国軍との連携が強化されるようになった。

一方、これまで通常戦では、前述のように、相手国の戦力を破砕することやその領土を占領することによって、自国の意思を相手国に強要するという政治目的のために軍事力が行使されてきた。これは、軍事力行使の本質であり、変わることはない。一方、今日軍事科学技術の発展によって軍はこれまで以上に目標を限定して攻撃することが可能になっている。このことは、軍が必ずしも相手国の戦力破砕や領土占領を軍事的に追求しなくても、相手国の指揮中枢系統を破壊さえすれば自国の政治目的を達成できることを示している。また、今日通常戦への対処のなかで軍事力以外の要素の重要性が高まっている。すなわち、通常戦においても軍以外のアクターの重要性が向上しており、軍がこれまで以上にそのアクターと努力を結集していく重要性が高まっている。

第四は、兵站支援を巡る問題である。安定化作戦では、一般的に作戦地域が広大で作戦期間も長いため、戦闘部隊に対する兵站所要は膨大なものになっている。また、安定化作戦では、第一線地域と後方地域との垣根がなくなりつつあり、戦闘部隊と支援部隊の活動範囲だけでなく、軍とそれを支援する請負業者の活動範囲も曖昧になってきている。このことは、これまで主として後方地域で兵站支援に従事していた請負業者が第一線地域でも兵站支援に従事するようになっていること、また軍が兵站支援を自ら実施することの意義がこれまでよりも相対的に薄まってきていることを示している。

一方、通常戦においても同様のことがいえる。通常戦でも、軍事科学技術の発展に伴い作戦地域が広大化し、兵站所要が拡大している。また、第一線地域と後方地域の区分も曖昧になってきている。

そして第五は、兵力構成の在り方を巡る問題である。すなわち、軍は安定化作戦と通常戦を区別してそれぞれ別々の部隊がそれぞれの作戦を実施するわけでない。米軍もその例外ではなく、安定化作戦及び通常戦の両作戦形態に柔軟に対応できるように各部隊を編成しようとしている。このことは、二〇〇五年に米軍が安定化作戦への対処を通常戦と同様に軍の主要任務に格上げした後も、安定化作戦に特化した専門部隊を構築することに対して消極的であったことが物語っている。さらに、軍の兵力基盤（人事、教育訓練、装備品）は、安定化作戦及び通常戦の双方を対象として構築されている。すなわち、今日の軍事科学技術の発展に伴い、数々のハイテク兵器が開発されているが、これらの兵器は戦闘行動を主体とする通常戦に限定して活用されるものではない。イラク及びアフガニスタンでみられるように、これらの兵器は非戦闘的活動を主体とする安定化作戦においても活用されている。

これまで述べてきたように、安定化作戦と通常戦は基本的に異なる作戦形態である。しかし、両者には作戦遂行上共通点もある。このことは、軍の遂行する安定化作戦に及ぼすＰＭＳＣの影響力が、通常戦においても影響し得ることを示している。

ＰＭＳＣを巡っては、これまで安定化作戦の枠組みの中で議論されることが大半を占めていた。そこでは、ＰＭＳＣを安定化作戦及び通常戦の枠組みのなかで総合的に捉えて議論されることは稀であった。それは、通常戦はもとより安定化作戦においても米軍がＰＭＳＣの位置付けやＰＭＳＣに委託すべき業務の規模や分野について明らかにできていないからである＊63。また通常戦と安定化作戦が全く性質の異なる作戦形態として理解されていること、さらに冷戦終結以降通常戦が生起する蓋然性が相対的に低下したと認識されていることもその背景にあろう。しかし、ＰＭＳＣを安定化作戦の枠組みに限定して捉えるべきではない。ＰＭＳＣは安定化作戦及び通常戦の枠組みのなかで総合的に捉えることが重要となってきている。

本書は、二一世紀以降米軍がイラク及びアフガニスタンで推進した安定化作戦においてＰＭＳＣの及ぼす影響力の広さとその意義について明らかにしていこうとするものである。これまでみてきたように、安定化作戦と通常戦の間で共通点があることは、ＰＭＳＣの影響力及びその意義が安定化作戦に留まらないことを示している。

第2節　恒久化しつつあるＰＭＳＣ産業

民間による軍事請負業務の歴史は長い＊64。このため、軍事請負業務がなくなることはないであろう。その一方、今日イラクやアフガニスタンでみられるような、大規模かつ危険性の高い安定化作戦は、特殊な事例であるとの指摘が一部にある＊65。この指摘は、イラク及びアフガニスタン両国の安定化作戦終了以降、ＰＭＳＣが産業として低迷していくことを示唆するものである。

それでは、ＰＭＳＣはイラク及びアフガニスタンで推進されている安定化作戦の終了をもって衰退していくような一時的な産業なのであろうか。それとも、ＰＭＳＣはその作戦終了後も発展していく恒久的な産業なのであろうか。本節では、これまでＰＭＳＣが活用されてきた状況とその規制の状況の両側面から考察し、ＰＭＳＣが今後も発展していく産業なのか否かについて明らかにする。

１．変容を繰り返すＰＭＳＣ

本項では、ＰＭＳＣの活用という側面からＰＭＳＣの発展性について分析していく。ＰＭＳＣを巡っては、用語や概念区分に統一見解が確立されていないことやＰＭＳＣの情報公開が限定的であることなど、データが必ずしも完全かつ正確でないことに注意を払う必要がある。このような限界があるなか、ＰＭＳＣの拡大状況、業務形態及び契約形態を分析することで、ＰＭＳＣ産業の発展性について明らかにすることができる。

ＰＭＳＣの拡大

ＰＭＳＣ産業の拡大状況を判断する指標として、ＰＭＳＣの企業数及びその従業員数、ＰＭＳＣが活動する国・地域、そしてＰＭＳＣ産業の収益がある。

ＰＭＳＣの拡大を示す第一の兆候は、ＰＭＳＣの企業数や従業員数が増加傾向にあることである。冷戦終結前後に誕生した当時、ＰＭＳＣの企業数はエグゼクティヴ・アウトカムズ社（南ア）をはじめ数社に限定されていた＊66。その後、世界各地で安定化作戦が推進されたことに伴い、その数は年々増加している。二〇〇二年には九〇社以上に急増し＊67、二〇〇四年には数百以上にも上っているとの指摘もある＊68。

警護・警備業務に従事するＰＭＳＣの企業数をみても、その数が増大していることが分かる。イラクでは戦争終結後の二〇〇四年五月に約六〇社のＰＭＳＣが活動していた＊69。二〇〇六年三月には一八一社のＰＭＳＣが活動している＊70。また、警護・警備業務に従事するＰＭＳＣの企業数が増加していることは、イラク政府に登録されているＰＭＳＣの推移から理解することもできる。二〇一〇年六月には八二社のＰＭＳＣが登録していたが、二〇一〇年一二月にはその数は一〇〇社に増加している＊71。

一方、ＰＭＳＣ従業員の人員数も増加している。このことは、湾岸戦争以降米軍が活用してきたＰＭＳＣ従業員（警護・警備及び非警護・非警備）の規模から理解することが分かる。湾岸戦争（一九九一年）で米軍の活用したＰＭＳＣは九、二〇〇人に過ぎなかった（軍人とＰＭＳＣ従業員の比率は五四：一）＊72。これに対して、イラクではその活用規模はピーク時（二〇〇七年一二月）に一六万人を超えている（同一：一）＊73。その後、米軍の派遣部隊の規模の減少に伴ってＰＭＳＣの活用規模も減少したが、二〇一一年三月の段階でＰＭＳＣの活用規模は派遣部隊の規模の一・五倍近くになっている（同〇・七：一）＊74。

アフガニスタンでは、ピーク時（二〇一二年三月）には一二万人近くのＰＭＳＣが米軍によって活用されることになった（同〇・八：一）＊75。イラクの場合と同様、アフガニスタンでもその後米軍の派遣規模の減少に伴ってＰＭＳＣの活用規模も減少しているが、二〇一三年三月の段階でＰＭＳＣの活用規模は派遣部隊の二倍近くになっている（同〇・六：一）＊76。

これらのことから、二一世紀に入り米軍がイラクやアフガニスタンでいかに多くのＰＭＳＣを活用しているかが分かる。また、イラクでは米軍が活用するＰＭＳＣのなかでも、非警護・非警備業務に従事するＰＭＳＣが全体の約九〇％を占めている＊77。

また、警護・警備業務に従事するＰＭＳＣ従業員も増加している。イラクでは、戦争終結後の二〇〇四年五月にはＰＭＳＣ従業員が約二万人活動していた＊78。その数は二〇〇五年七月には約二万五、〇〇〇人に増加し＊79、さらに二〇〇六年三月には約四万八、〇〇〇人に倍増したとの指摘もある＊80。

米軍に限ってみても、警護・警備業務に従事するＰＭＳＣ従業員が増加していることが分かる。イラクでは米軍はピーク時（二〇〇九年六月）に一万五、〇〇〇人以上のＰＭＳＣを警護・警備業務に従事させている＊81。アフガニスタンの場合、ピーク時（二〇一一年三月）に一万九、〇〇〇人近くのＰＭＳＣを雇用している＊82。

一方、イラク及びアフガニスタンでは、現地治安情勢の悪さに伴い、派遣国軍以外のアクターもＰＭＳＣに警護・警備業務を委託している。米国際開発庁（ＵＳＡＩＤ）は、二〇〇八年度にイラクで九〇一人、アフガニスタンで三、八一八人のＰＭＳＣを活用することになった。二〇〇九年度上半期には、その数はそれぞれ一、〇一〇人及び四、〇八七人に増加している＊83。

ＰＭＳＣの拡大を示す現象の第二は、ＰＭＳＣが活動する国・地域が拡大していることである。一九八九年にはアフリカ大陸に限られていたＰＭＳＣの活動地域は、二〇〇〇年代前半にはアフリカ大陸のみならず、アジア、南北アメリカ、欧州、中東、旧ソ連邦の世界各地に広がりを見せている＊84。二〇〇二年にはその活動地域は一一〇ヶ国に上っているとの指摘もある＊85。

一方、ＰＭＳＣのなかには一国のみならず複数の国・地域で同時進行的に活動している企業も少なくない。ＫＢＲ社（米）は、米軍の大規模兵站支援計画（ＬＯＧＣＡＰ、ＣＯＮＣＡＰ、ＢＳＣ）に従事しており、米軍の展開する地域で活動している＊86。また、コントロール・リスク・グループ（ＣＲＧ）社（英）は、アフガニスタン及びイラクのほか、サウジアラビア、エジプト、ロシア、中国において活動している*87。

このように、ＰＭＳＣの企業数やその従業員数が急増し、またＰＭＳＣの活動する国・地域が拡大していることとは対照的に、ＰＭＳＣを本拠地に置く国の数はさほど増加していないことは注目に値する。ＰＭＳＣが本拠地を置く国は、米・英・仏のほか、南アフリカ共和国、イスラエル、オーストラリア、カナダなど主として先進国である。なかでも、米英両国それぞれに本拠地を置くＰＭＳＣが多い*88。このように、ＰＭＳＣの本拠地が先進国に集中していることは、これらの国々におけるＰＭＳＣの国内産業の動向によって、ＰＭＳＣ産業全体が大きく左右されることを示している。

ＰＭＳＣの拡大傾向を示す現象の第三は、ＰＭＳＣ産業全体の収益が増大していることである。尤も、その収益を巡っては、統一した見解はない。一九九七年当時、ＰＭＳＣの収益が五五六億ドル（一九九〇年）からその四倍の二、〇二〇億ドル（二〇一〇年）に急騰するとの予測もあった*89。また、二〇〇四年にはその収益がすでに一、〇〇〇億ドルに達したとの指摘がある*90。二〇〇五年九月にはストックホルム国際平和研究所（ＳＩＰＲＩ）がＰＭＳＣの収益が今後五年間で二、〇〇〇億ドル（二〇一〇年）に倍増するとも予測していた*91。一方、二〇一〇年一〇月には国際安定化作戦協会（ＩＳＯＡ）のブルックス（**Doug Brooks**）会長は、ＰＭＳＣの収益が年間二〇〇億ドルに過ぎないと指摘している*92。

このように、ＰＭＳＣ産業全体の収益を巡っては様々な見解があるなか、米英系のＰＭＳＣの収益は多い。その収益はＰＭＳＣ産業全体の七〇％以上を占めるとの指摘もある*93。また、ＰＭＳＣ各社はイラク戦争を機にその収益を大幅に伸ばしている。例えば、イラク戦争開始前では三、五〇〇万ドルに過ぎなかった英国系のＰＭＳＣの収益は、戦争終結後にはその五倍以上の二〇億ドルにも達している*94。また、ＰＭＳＣの平均株価については、一九九〇年代にＰＭＳＣのダウ・ジョンズ平均株価が倍増したとの指摘がある*95。

一方、一部のＰＭＳＣが犯罪行為に関与したことで、他のＰＭＳＣの事業に悪影響を与えることになったことも明らかになっている＊96。

これまでみてきたように、ＰＭＳＣ産業が拡大していることは、ＰＭＳＣの企業数及びその従業員数が増加し、ＰＭＳＣの活動地域が拡大し、そしてＰＭＳＣ産業全体の収益が増大していることから確認できた。また、ＰＭＳＣ産業の拡大が一時的な現象でないことは、二〇〇二年の段階で英政府も議会も認めているところである＊97。しかし、その拡大が一時的な現象であるか否かについて明らかにするためには、ＰＭＳＣ産業が拡大するようになった背景について簡単に整理する必要がある。

ＰＭＳＣ産業が一九九〇年前後以降に拡大した背景には、国際安全保障環境の変化に伴い、ＰＭＳＣの需要及び供給が増大したことがある。ＰＭＳＣの需要を巡る変化の第一は、冷戦体制の崩壊によって生じた「力の空白」により国際安全保障環境が不安定になったことである。冷戦構造によって保たれていた秩序が崩壊して、世界各地では地域紛争が頻発することになった。冷戦終焉から二一世紀が始まるまでの期間に生起した紛争一一一件のうち、純然たる国内紛争は九五件（紛争の約九〇％）にも上る＊98。地域紛争が急増したのは、①これまで冷戦時代に介入していた国家や国際・地域機構が冷戦終結後にこれらの地域から撤退したことや、②現地政府の統治能力が低いことの二点によるところが大きい。冷戦時には米ソや国連等の支援によって初めて反政府運動を鎮圧することができた現地政府は、その積極的な介入がない冷戦終結後の状況において反政府運動を抑圧できなくなっていた。この地域紛争の増大をもたらした環境の変化こそがＰＭＳＣをはじめとする非国家的主体の必要性を増大させる大きな要因の一つになっている＊99。

第二は、地域紛争において軍事行動の形態が変化したことである。軍事行動の形態は、戦車や戦闘機等の大型兵器を主体とした正規戦から自動小銃等の小火器を主体とした非正規戦へ移行していった。このことは、陸戦法規の適応を困難にしたばかりでなく、非国家的主体が地域紛争に介入できる敷居を低下させ、地域紛争の泥沼化を招くことになった。また、各地域紛争の泥沼化は、ＰＭＳＣのような非国家的主体がその地域に介入できる機会を更に増大させる結果となっている。

　第三は、世界各国において政府機能の民営化の動きが推進されたことを受けて、各国の軍においても軍事機能の外部委託の動きが促進されたことである。このことに加えて、冷戦終結後に世界各地の正規軍の規模が大幅に縮小されたことは、軍事機能の外注化を更に促進させる結果となっている。また、米英両国なかでも米国が多くのＰＭＳＣを活用していることは、米英両国に本拠地を置くＰＭＳＣを増大させる契機の一つにもなっている。

　一方、冷戦終結における国際安全保障環境の変化は、ＰＭＳＣの需要だけでなく、その供給をも増大させている。第一に、冷戦終結に伴い世界各地で正規軍の規模が大幅に縮小された結果、失業軍人が大量に市場に溢れ出ることになった＊[100]。英外務省（ＦＣＯ）も指摘するように、正規軍の削減とＰＭＳＣの急騰の因果関係は、必ずしも明確ではない＊[101]。しかし、アパルトヘイト政策の終焉に伴い、南アフリカ共和国軍の規模が縮小されたことでエグゼクティヴ・アウトカムズ社（南ア）が誕生したことは事実である＊[102]。また、旧ソ連軍兵士の場合、これまでに何万人に上る者がすでにＰＭＳＣで活動しており、そのうち一万二、〇〇〇人がＰＭＳＣに正式に登録して活動していることも確認されている＊[103]。

　第二は、一九八九年の傭兵違法化の動きを受けて傭兵が益々活動の場を失った結果、多くの傭兵が新たにＰＭＳＣに従事するようになったことである＊[104]。国連傭兵問題特別報告者（UN Special Rapporteur on Mercenaries）のバレストロス（Enrico Ballesteros）は、これまで傭兵として活動してきた者が今後国際・国内紛争に関与できるように、または直接戦闘行動に従事できるように、警護・警備や軍事顧問としてＰＭＳＣに雇用の場を求める傾向が強いと指摘している＊[105]。

　これまでみてきたように、ＰＭＳＣ産業は、冷戦終結後の国際安全保障環境の変化に伴い一九九〇年代から今日にかけて二〇年間以上の歳月をかけて徐々に拡大していった。このことは、ＰＭＳＣが何も二一世紀に入りイラクやアフガニスタンにおいて突如急騰した現象ではないことを改めて示している。

ＰＭＳＣの業務の多様化

ＰＭＳＣ産業の発展性は、ＰＭＳＣの業務形態からも明らかにすることができる。近年ＰＭＳＣに求められる業務は多様化している。これは、ＰＭＳＣの業務内容及び業務量が拡大する一方、ＰＭＳＣが作戦地域内で活動する範囲も広大化し、さらにＰＭＳＣ自体の専門性及びその従業員の能力・資質が多様化していることから理解することができる。

業務の多様化を示す第一の現象は、ＰＭＳＣに委託される業務内容及び業務量が拡大していることである。一九九〇年代半ば頃までＰＭＳＣに求められた業務は、兵站支援や一部の兵器システムの管理に限られていた。しかし、その業務内容は今ではこれらの業務に留まらない。この傾向は米軍の作戦を支援するＰＭＳＣにおいて顕著に表れている。例えば、一九九二年から一九九五年にかけてソマリアでは、ＢＲＳ社（米）が米軍から輸送、兵員への給食、洗濯、遺体洗浄の業務を委託されていた。一九九〇年代半ばのコソヴォでは、同社はこの他土木工事、宿営地の運営・維持、道路の修理、車両整備、装備品の維持管理、危険物取扱い、消防、郵便等の業務を委託されている*106。また、二〇〇一年以降、ブラックウォーター社（米）が中央情報局（ＣＩＡ）の依頼を受けてアフガニスタン及び周辺地域でアルカイダ等のテロ狩りを一部支援していたとの指摘もある*107。また、二〇〇〇年代前半には、情報通信や情報分析などのハイテク・業務を提供するＰＭＳＣも現れている。軍の心理戦にも従事するＰＭＳＣもある。さらに、これまで一部の「ＰＭＳＣ」が限定的ではあったものの戦闘行動に従事することもあった*108。

一方、米軍がＰＭＳＣに委託する業務の幅が拡大したことに伴い、その量も大幅に増大することになった。これは、米陸軍のＬＯＧＣＡＰに代表される大規模兵站支援計画の契約方式によるところが大きい。ＬＯＧＣＡＰは費用報酬契約（cost-plus-award）という契約方式を採用している。これは米軍がＰＭＳＣに対して支払う費用以外に一定の報酬額を保証する制度である。報酬額は最低限費用の一％と規定されており、ＰＭＳＣは業務内容によっては一九％まで受け取ることができる。一方、ＰＭＳＣは無限提供回数・無限提供量（ＩＤＩＱ）と称される義務を負っている。すなわち、ＰＭＳＣは米軍の要求に基づき契約品目の業務内容を制限なく提供することが求められている。

ＰＭＳＣの業務が多様化していることを示す第二の現象は、ＰＭＳＣの活動地域も広大化していることである。つまり、ＰＭＳＣが活動する範囲が従来の後方地域から第一線地域へと拡大している。この傾向は二一世紀に入り顕著に表れている。図2は、米軍が一九九〇年代前半から二〇〇〇年代にかけてＰＭＳＣに委託した業務の幅及びＰＭＳＣの活動地域が拡大したことを示した概念図である。横軸は時間的流れ、縦軸は米軍がＰＭＳＣを活用する地域（第一線地域、後方地域）を表示している。一九九〇年代前半以降、伝統的・非伝統的活動の両側面において米軍がＰＭＳＣに委託した業務の幅は次第に拡大している。また、米軍がＰＭＳＣを活用した地域は、時代の推移とともに後方地域から第一線地域に徐々に拡大している。

このように、ＰＭＳＣの業務内容及び業務量が拡大し、ＰＭＳＣが活動地域も広大化するなか、軍がＰＭＳＣに委託する業務内容はその活動地域の特性に応じて異なっている。米軍の場合、比較的治安情勢が安定したバルカン半島では、主として給食、洗濯、ゴミ処理、電力提供、給水、建物・道路建設、消火等の兵站支援にＰＭＳＣを活用している。一方、アフガニスタンのように治安情勢が不安定な環境では、上記の兵站支援のほか、アパッチ（Apache）攻撃ヘリコプターや化学・生物兵器探知装置の整備といった兵器システムの管理業務をＰＭＳＣに委託している＊109。これは、米軍が治安情勢の不安定な地域においてもＰＭＳＣを積極的に活用していることを示すものである。

尤も、米軍は軍の業務をすべてＰＭＳＣに委託しているわけではない。米軍は作戦に重大な影響を及ぼすような業務についてはこれまで通り軍人自らが実施している。また、米軍は国防総省の文官の警護のほかに、米軍と行動を共にする国防総省以外の米政府職員や米軍の作戦を直接的に支援するＰＭＳＣ従業員の警護についても従事している。このように、米軍がその作戦を直接的に支援するＰＭＳＣ従業員を警護するのは、ＰＭＳＣ従業員の国際法上の身分

図２ 米軍におけるPMSCの業務内容及び活動地域の拡大状況（概念図）

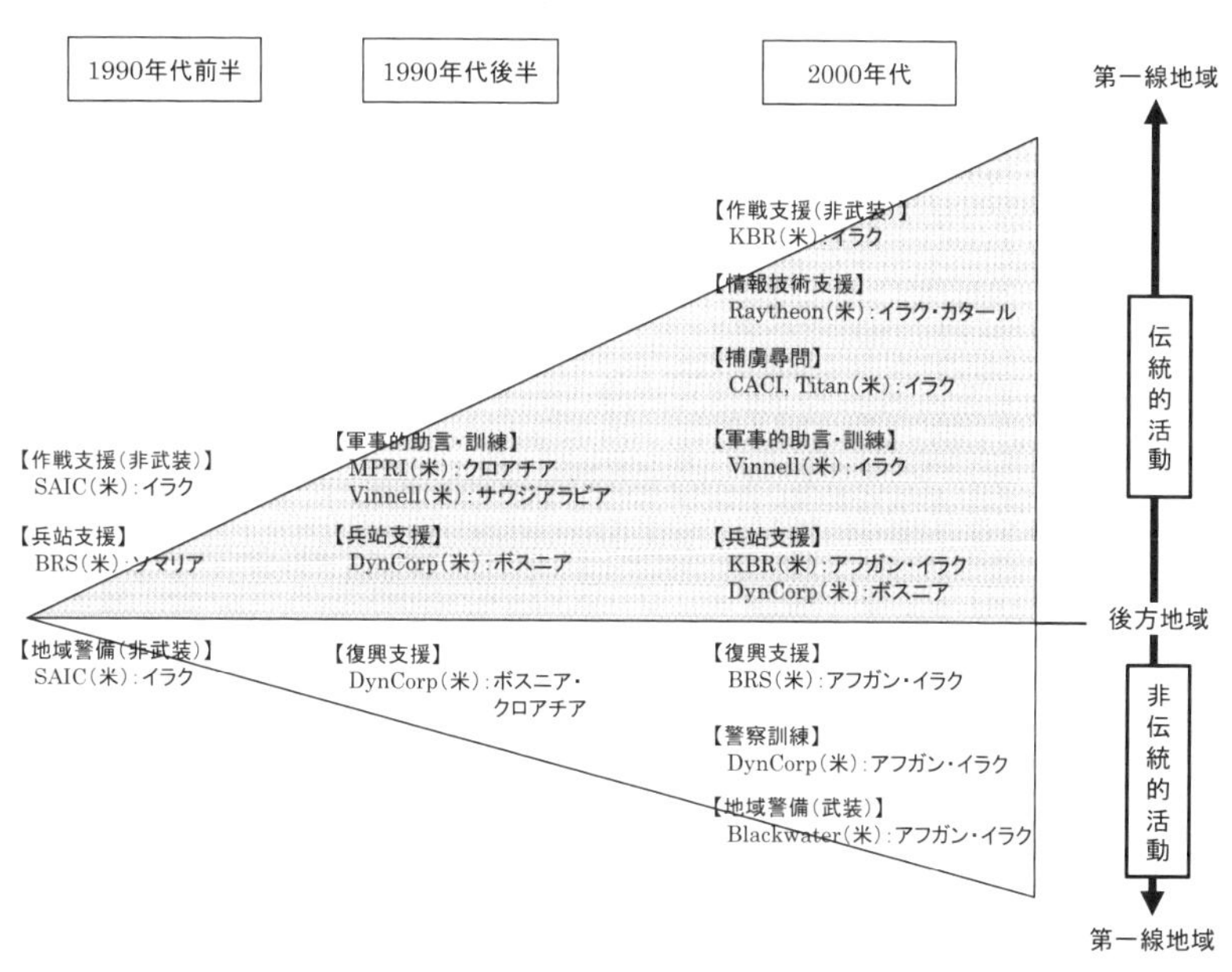

※筆者作成

を確保するためであると、中央軍（ＣＥＮＴＣＯＭ）の高官は述べている*110。

ＰＭＳＣの業務が多様化していることを示す第三の現象は、ＰＭＳＣ自体の専門性及びその従業員の能力・資質が多様化していることである*111。元来、ＰＭＳＣが提供する業務は一様ではなく、その専門性はＰＭＳＣそれぞれ異なっていた。例えば、ＫＢＲ社やＭＰＲＩ社（米）のように、兵站支援から軍事訓練まで幅広い業務を実施するＰＭＳＣもあれば、限定した業務に従事するＰＭＳＣもあった。ブラックウォーター社（米）は、元海軍特殊部隊（ＳＥＡＬＳ）出身者が集まって設立されたＰＭＳＣであり、要人警護や施設警備に特化している*112。また、ＳＡＩＣ社（米）は港湾警備を専門としている。英国系のＣＲＧ社やアーマー・グループ（ArmorGroup）社のように、警護・警備業務を専門とする一方で*113、情報活動のほかリスク分析といった危機管理業務を専門とするＰＭＳＣもある*114。

一方、今日ＰＭＳＣの多くが従来の専門分野だけでなく、それ以外の業務も提供するようになっている。先にみたように、ＢＲＳ社及びその後身のＫＢＲ社は、ソマリア、コソヴォ、アフガニスタンにおいて次々と提供する業務を拡大している。

ＰＭＳＣの専門性の多様化は、より良い業務を雇用主に提供できるという利点を有している。その一方、不利点もある。例えば、ＰＭＳＣが提供する業務の質的格差が拡大している。また、専門性の多様化は、ＰＭＳＣを企業別または業務別に区分することやＰＭＳＣと防衛産業業者を区分することを一層困難にしている。その結果、ＰＭＳＣの規制がさらに困難な状況になっている＊[115]。

さらに、専門性の多様化は、ＰＭＳＣ従業員の能力や資質の格差も拡大させている。米国のブラックウォーター社やクロール（Kroll）社のように、元特殊部隊出身者や軍経験者を主体に構成されるＰＭＳＣがある一方で＊[116]、軍事的知識・技能の低い従業員によって構成されているＰＭＳＣもある。アブ・グレイブ刑務所では、イラク人捕虜を尋問したＣＡＣＩ社（米）従業員の三五％が、捕虜を尋問するための事前訓練を受けていなかったことが判明している＊[117]。イラクではまた、かつて北アイルランドでテロ活動に加担していた元英陸軍の兵士や、アパルトヘイト時代に政治活動家の住宅六〇棟以上を爆撃した経験を持つ元南アフリカ共和国兵士が、ＰＭＳＣ従業員として雇用されていたとも指摘されている＊[118]。

一方、同じＰＭＳＣのなかでも従業員の能力及び資質は同じではない。警護・警備業務に従事するＰＭＳＣは元特殊部隊出身者によって設立されることが多いものの、このようなＰＭＳＣにおいても高度の軍事的知識・技能を有している者は少数の経営陣に限定されている。その他の従業員は軍事的知識や技能に乏しい場合が多い。

また、ＰＭＳＣ従業員の能力及び資質の格差の拡大に関連して、一九九〇年代後半以降ＰＭＳＣが契約内容を確実に履行しない事例や犯罪に加担する事例も発生している。雇用者側がＰＭＳＣを国際法・国内法上合法の範囲内で活用しようとしても、すべてのＰＭＳＣが必ずしも合法的な活動を実施しているわけではないのである。契約内容の不履行はイラクにおいても散見された。例えば、二〇〇〇年代前半以降イラクで活動した米国系ＰＭＳＣのうち一〇社が米政府との契約内容を履行しなかったとして、合計三億ドルの契約違反金を米政府に支払ったことが明らかになっている＊[119]。この他、経費の水増し請求やPMSCが兵士に対して汚染水を供給したという問題も明るみに出ている＊[120]。一方、PMSCが犯罪に加担した事例も発生している。これにはPMSCが組織ぐるみで犯罪行為に走る事例と＊[121]、企業の経営方針に反してPMSC従業員が独自で犯罪に加担する事例がある＊[122]。

このように、PMSCの格差に伴い様々な問題が浮上している。しかし、今日PMSCに求められる業務内容や業務量が拡大し、またPMSCが作戦地域内で活動する範囲も広大化していることは、PMSCが恒久化する方向にあることを示している。

PMSCの契約形態の複雑化

PMSCが拡大しその業務が多様化するなか、その契約形態は複雑化している。PMSCの契約形態が複雑になっているのには、いくつかの要因がある。その第一は、PMSCを活用する雇用者が一九九〇年代に入り急速に増大し、多様化したことである。これまで一国の中央政府がPMSCを雇用することが多かった＊[123]。しかし、今日各国政府機関や国際機関のほか、民間企業（多国籍企業を含む）、非政府組織（NGO）、個人といった非国家的主体もPMSCを雇用している。

そして、PMSC側も雇用者を限定して契約を締結しているわけではない。その多くは、本拠地を置く政府機関に限らず、国内外複数の雇用者とも契約を締結している＊[124]。

第二の要因は、PMSCが統廃合を繰り返すことによって、一つのPMSCが巨大化また国際化していることである。なかでも、二〇〇〇年代後半に入り、G４S社（英）の巨大化・国際化は著しい。二〇一一年、G４S社の従業員の規模は六五万七、〇〇〇人、またその収益は七五億英ポンドに上っており、世界一二五か国において活動している＊[125]。また、PMSCの合併は一国に留まらない。G４S社（英）は英国以外の企業も買収している＊[126]。

一方、PMSCの巨大化・国際化が問題視されることもある。例えば、PMSCの巨大化に伴い、PMSCが各国の政府機関に政治的圧力をかける恐れがあるとの指摘もある＊[127]。また、このことはPMSCの国際的・国内的規制を困難にしている一つの要因にもなっている。

第三の要因は、PMSCそのものの国際化に加えて、その従業員も国際化していることである。PMSCの企業数が急騰するなか、PMSCは様々な国から従業員を採用するようになっている。PMSCがその本拠地を置く国から従業員を雇用する事例はむしろ少なく、その従業員のほとんどが現地または第三国から雇用されている＊[128]。一九九〇年代にはBRS社（米）がソマリアで現地人二、五〇〇人を雇用して、同国における最大の雇用者であった＊[129]。また、世界各地で活動するPMSC従業員の少なくとも二五%が現地で採用されているとの指摘もある＊[130]。二一世紀以降、米軍がイラクやアフガニスタンで活用したPMSC従業員の大半が現地人または第三国人である（第6章）。また、PMSC従業員の国際化に伴いPMSC従業員の俸給も多様化している。つまり、その俸給は国籍や軍歴に応じて異なっており一様でない。イラクではグリーン・ベレー等の米特殊部隊出身者は一ヶ月に三万ドルを稼いでいる。これに対して、元南アフリカ共和国の軍人、ネパール人グルカ兵、クルド人のペシ・マーガ（pesh merga）の俸給は低く、一ヶ月にそれぞれ四、〇〇〇ドル、一、〇〇〇ドル、二五〇ドルを稼ぐに過ぎない＊[131]。また、現地人の俸給は米国人の四%程度であるとの指摘もある＊[132]。

二〇〇〇年代前半以降、現地治安情勢の悪化に伴いPMSC従業員の俸給が急増していることも、契約形態を複雑にしている要因になっている。例えば、二〇〇三年に一、〇〇〇ドルに過ぎなかったグルカ兵の俸給が、翌年には二、〇〇〇ドルに倍増したと一部で報道されている＊[133]。

PMSC従業員の俸給が一部で高騰するなか、各国では軍特にその特殊作戦部隊の人材流出を懸念する声がある。この問題を受けて、米特殊作戦軍（USSOCOM）では新たな俸給体系や教育等の恩給制度を導入して人材流出を防止しようと試みることになった。そのなかには、特殊部隊に再入隊し六年間の勤務を終了した者に対して、一五万ドルの俸給を付与する制度もある＊134。一方、軍人とＰＭＳＣ従業員との俸給格差が原因となって、両者の関係が一部で悪化しているとの指摘もある＊135。

ＰＭＳＣの契約形態を複雑にする第四の要因は、ＰＭＳＣの業務がしばしば再委託され、多層化していることである。二〇一五年一月現在、ＰＭＳＣの多くが政府機関のほか多数の非国家的主体と契約を締結しているが、契約を締結したＰＭＳＣがその契約内容をそのまま実施するケースは少ない。多くの場合、業務の依頼を受けたＰＭＳＣは、その業務を子会社または他のＰＭＳＣに委託している。ＰＭＳＣのなかには自社の従業員の警護や施設の警備のために、他のＰＭＳＣを雇用している事例もある。イラクではＫＢＲ社及びベチテル・インターナショナル・システムズ（Bechtel International Systems Inc. Iraq）社（英）が、自社の従業員の警護のためにアーマー・グループ社（英）と契約を締結している＊136。また、エリニス（Erinys）社（英）は、イラクの石油関連施設やパイプラインを警備するために一万四、五〇〇人の武装ＰＭＳＣを追加雇用している＊137。

ＰＭＳＣの契約形態を複雑にする第五の要因は、ＰＭＳＣが従事する業務内容が装備品（ハードウェア）中心のものから業務（サービス）中心のものに変化していることである。業務中心のものは一般的に複雑で、軍が容易に遂行できないものが多い。一九八四年当時、米軍が請負業者と契約した品目のうち三分の二の品目が装備品によって占められていた。しかし、一九九〇年代前半には業務と装備品の比率が同等になっている。さらに、二〇〇三年になると業務の割合は過半数を超えるようになった（五六％）＊138。また、米軍では業務関連に充当される経費が、一〇年間で八二三億ドル（一九九六年度）から一、四一二億ドル（二〇〇五年度）に約倍増している＊139。

このように、ＰＭＳＣの雇用者が多様化し、またＰＭＳＣが統廃合を繰り返すなかＰＭＳＣの従業員が国際化し、さらには業務が多層化して業務内容が移行している。

本項では、ＰＭＳＣが産業として拡大し、またＰＭＳＣの業務が多様化しており、さらにはＰＭＳＣの契約形態が複雑化していることが明らかになった。この現象は、今後ＰＭＳＣが産業として発展していく上で必要な基盤が醸成されていることを示している。端的に言えば、ＰＭＳＣの活用という側面からＰＭＳＣは恒久化しつつある。

2．困難を極めるＰＭＳＣの規制状況

一九九〇年代後半以降、ＰＭＳＣを巡っては様々な問題点を露呈している。これを受けて、各国ではＰＭＳＣの活動そのものを規制しようとする動きが一部である。しかし、その動きは国際的には進展していない。また、ＰＭＳＣの国内的規制に対する各国の姿勢は一様ではない。それでは、なぜＰＭＳＣは国際・国内的にも規制することが困難になっているのであろうか。本項では、規制という側面からＰＭＳＣの発展性について考察していく。

進展しない国際的規制

国家は自国の民間企業の行為について責任を負っている。このため、国家は当該行為が民間企業によって実施されたという理由をもって、その国際的義務から免れることはできない＊140。このことに関して異議を唱える有識者はいないであろう。

二〇一五年一月現在、ＰＭＳＣの活動を国際的に規制できる具体的かつ効果的な枠組みは確立されていない。ＰＭＳＣは、ジュネーヴ条約共通第三条または国際人道法全般によって規制されるという指摘が一部であるものの＊141、ＰＭＳＣ産業がこれまで実際に規制されたことはない。

ＰＭＳＣを国際的に規制する枠組みが確立されていないことを受けて、これまで各国では傭兵を禁止するジュネーヴ条約第一追加議定書などの国際法をＰＭＳＣの規制に準用できるか否かについて検討されてきた（第6章）。しかし、傭兵を禁止した国際法をＰＭＳＣに準用することに対して各国とも懐疑的な立場を示してきた。このため、ＰＭＳＣ

を傭兵として国際的に禁止できる状況にはない＊142。また、一九九〇年代後半以降、ＰＭＳＣを巡って様々な問題が表面化しても、各政府、国連、各地域機構はＰＭＳＣを規制できるように新たな国際法を制定しようとする動きをみせていない。有識者のなかには、傭兵及びＰＭＳＣを区別することなく両者を一纏めに取り扱うこと自体、ＰＭＳＣの規制を困難にしていると指摘する者もいる＊143。

ＰＭＳＣの国際的規制を困難にしている最大の要因は、それを国際的に規制することのマイナスの影響力の方が大きいからである。より正確にいえば、ＰＭＳＣを国際的に規制することにプラスの効果があっても、国際社会が規制できないのである。それには二つの理由がある。その第一は、ＰＭＳＣを活用することが各国の国家安全保障に多かれ少なかれプラスの効果をもたらしている点である。ＰＭＳＣが国家安全保障に及ぼす効果の良否については有識者の間で統一した見解が確立されていないものの、米英両国ではＰＭＳＣを活用することの重要性が認識されている。また、第7章でみるように、二一世紀以降米国では軍人及び国防総省の文官と共に請負業者（ＰＭＳＣを含む）を米軍の総兵力を構成する重要な柱の一つとして名実ともに位置付けようとする動きがある。

理由の第二は、ＰＭＳＣを国際法によって規制するにしてもＰＭＳＣの何を規制できるかということが不明確な点である。先にみたように、ＰＭＳＣの定義付けは決して容易なことではなく、ＰＭＳＣと防衛産業業者との垣根も曖昧になってきている（第1章）。また、これまで傭兵の定義をＰＭＳＣに適用しようとする動きがあっても、ジュネーヴ条約第一追加議定書等の定める傭兵の定義が非現実的であることを理由にそれを適用することは望ましくないと指摘されることもあった＊144。さらには、今日、ＰＭＳＣに委託される業務内容の多様化やＰＭＳＣの専門性の多様化が進行していることに伴い、規制すべきＰＭＳＣを明確に区分することが困難な状況にある。

尤も、ＰＭＳＣを国際的に規制することにマイナスの効果だけがあるわけではない。英政府はＰＭＳＣを規制することのマイナスの影響について認識しながらも、それが自国の軍事産業の育成に有用であるとも認識している。具体的には、①政府が自国産業に対して指針を提示できること、②政府が自国のＰＭＳＣを規制することで自国産業が世界各国から尊敬され、また取引先として活用されるようになることの二点を指摘している＊145。一方、政府及び議会は、評判の良い（reputable）ＰＭＳＣと評判の悪い（disreputable）ＰＭＳＣを区別して取り扱うことの重要性についても認識している。すなわち、政府も議会も、政府が良好なＰＭＳＣの活動を支援する一方、悪質なＰＭＳＣを可能な限り排除する必要があると指摘している＊146。

温度差がある国内的規制

ＰＭＳＣを規制する手段として、国内法は国際法よりも効果的な一面を持っている。これは、国家が暴力を「独占的」に管理する権限を有しているためである。国家に暴力を「独占的」に管理する権限があることは、自国軍を支援するＰＭＳＣの活動やＰＭＳＣの規制についても国家が責任を保有していることを示している。しかし、今日ＰＭＳＣの多くが国外で活動していることに加え、統廃合を繰り返して巨大化・国際化していることで、各国はＰＭＳＣを国内的に規制することが困難になってきている。

一方、各国は国外で活動する自国のＰＭＳＣを国内法等の国内的手段をもって規制しようとする際に三つの問題点に直面している＊147。その第一は、国外における司法管轄権の問題である。ＰＭＳＣが国外において活動する場合、そのＰＭＳＣは基本的に自国の国内法によってではなく、派遣先の国内法により拘束される。すなわち、各国は既存の国内法をもって国外で活動する自国のＰＭＳＣの行動を規制できないのである。また、仮に各国政府が国外の司法管轄権の問題を克服できたとしても、国外で活動するＰＭＳＣを管理・監督することは各国にとって大きな金銭的な負担となる。

第二は、ＰＭＳＣをどの程度規制するべきか、その基準を決定することが困難なことである。自国のＰＭＳＣをあまりにも厳格に規制すれば、自国のＰＭＳＣが国際的競争力を失うばかりでなく、ＰＭＳＣの国外流出を招く危険性がある。無論、ＰＭＳＣに対する規制の基準を逆に緩和しすぎると、ＰＭＳＣを効果的に規制できなくなる。

第三は、ＰＭＳＣを国内的手段によって規制することの効果が曖昧な点である。国内的規制はただ単にこれまで合法的に活動してきたＰＭＳＣに対して合法的な地位を与え、また非合法的な活動を実施してきたＰＭＳＣに対しては非合法のレッテルを貼ることに過ぎない可能性もある。

このように、ＰＭＳＣの国内的規制に関して問題点があるなか、各国はどのような立場をとっているであろうか。ＰＭＳＣの活動を国際的に規制しようとする動きがこれまで表面化していないこととは対照的に、ＰＭＳＣを国内的手段をもって直接的にまたは間接的に規制しようとする動きが一部にある。この規制の動きは、自国民または自国民以外の者がＰＭＳＣ産業に携わることを禁止しているものではなく、ＰＭＳＣの活動そのものを規制しようとするものである。

尤も、ＰＭＳＣの国内的規制に対する各国の姿勢は一様ではない。二〇一五年一月現在、国内法やその他の規則をもってＰＭＳＣを直接的に規制しようと試みる国もあれば、既存の国内法の改正または準用によってＰＭＳＣを間接的に規制することを検討している国もある。一方、ＰＭＳＣを一部で活用しながら直接的にもまた間接的にも規制しようと試みようとしない国もある。

米国及び南アフリカ共和国は、ＰＭＳＣを直接的に規制しようと試みている国である。米国は国内法や軍規則によって自国及び自国以外のＰＭＳＣの活動を直接的に規制しようとしている（第7章）。また、南アフリカ共和国も、国内法によって自国のＰＭＳＣが自国以外の政府機関等と契約することを規制している。

一方、ＰＭＳＣの活動を直接的な手段をもって規制せず、既存の国内法を改正または準用することでＰＭＳＣの活動を間接的に規制しようとしている国もある＊148。なかには、民間警備会社を対象にした国内法が整備している国もあるが（英国、オランダ、ドイツ、ベルギー）、それは国外で活動するＰＭＳＣを対象とするものではない＊149。また、日本のようにＰＭＳＣを一部で活用しながらＰＭＳＣを直接的にもまた間接的にも規制していない国もある。日本にも警備業法があるが、これは国外で活動するＰＭＳＣを規制するものではない。

このように、ＰＭＳＣの規制が国際的にもまた国内的にも困難な状況にあるなか、二〇〇八年にモントリュー文書（Montreux Document）が合意された。この文書はＰＭＳＣを規制できる基盤を確立したという点において大きな発展であるといえよう。しかし、この文書には拘束力がない上、あくまでもＰＭＳＣの自主的規制を目的としている。この文書はまた、ＰＭＳＣを違法化するものでもない。このことは、ＰＭＳＣの規制がいかに困難であるかを示している。

一方、今日ＰＭＳＣ自身がその活動を律して信頼性のある産業として発展していこうとする動きがある。ＰＭＳＣの統括団体である国際安定化作戦協会（ＩＳＯＡ）では、ＰＭＳＣ側がその活動の透明性（transparency）及び説明責任（accountability）を向上させていくことの重要性について再三に亘り強調されている＊150。これは、今後ＰＭＳＣが産業として発展していく上で自らを律していこうという強い意思の表れである。

第2項では、ＰＭＳＣに対する規制が国際的にも国内的にも困難な状況にあることからＰＭＳＣを容易に排除できないこと、また、ＰＭＳＣ自身も活動の透明性と説明責任を向上させようとしていることが分かった。このことは、ＰＭＳＣの規制という側面からもＰＭＳＣが恒久化しつつあることを示している。

本章のまとめ

本章の目的は冷戦終結後の新たな安全保障環境におけるＰＭＳＣの位置付けについて明確にすることにあった。第１節では、軍事力に「新たな役割」が求められるなか、安定化作戦及び通常戦の両作戦形態のなかでＰＭＳＣを総合的に捉える必要があることを示した。

第２節では、冷戦終結以降、ＰＭＳＣ産業が拡大・多様化・複雑化して変容していること、またＰＭＳＣの規制が国際的・国内的にも困難な状況にあることが明らかになった。一方、ＰＭＳＣが自らその活動の透明性及び説明責任を向上させて信頼性のある産業として発展していこうとしていることも分かった。これらのことは、イラクやアフガニスタンの安定化作戦以降もＰＭＳＣが産業として恒久化する方向にあることを示している。すなわち、ＰＭＳＣを巡る動きはイラク及びアフガニスタン両国で推進されている安定化作戦の終了をもって衰退していくような一時的な現象ではない。

総じて、ＰＭＳＣは、産業として恒久化しつつあるなか、イラクやアフガニスタンで推進された安定化作戦以降も軍の作戦に影響を及ぼし得る存在になっている。そして、ＰＭＳＣが安定化作戦と通常戦の両作戦形態を取り巻く作戦環境にあることは、ＰＭＳＣの影響力が必ずしも軍の遂行する安定化作戦に留まらないことを示している。

注

1　ＰＭＳＣの源泉は一九四一年にスターリング（David Stirling）によって創設された英国陸軍特殊空挺部隊（Special Air Service：SAS）であり、最初に設立されたＰＭＳＣが一九六七年に創設されたウォッチドッグ・インターナショナル（WatchDog International）社であるとの指摘がある。“History of Private Military Companies,” *SourceWatch*, November 18, 2006. しかし、ＰＭＳＣが世の中で認知されたのは一九八九年に設立されたエグゼクティヴ・アウトカムズ（Executive

Outcomes）社（南ア）の誕生以降である。このため、本書ではＰＭＳＣの誕生を冷戦終結前後とした。

2 破綻国家の危険性については、二〇〇二年の米国家安全保障戦略及び９／11委員会報告書が指摘している。The White House, *The National Security Strategy of the U.S. of America* (September 2002); *The 9/11 Commission Report: Final Report of the National Commission on Terrorist Attack upon the U.S.* (New York, NY: W.W. Norton and Company, 2004). 一方、ローガン及びプレブルのように、破綻国家の危険性を否定する議論もある。Logan, Justine and Christopher Preble, "Failed States and Flawed Logic: The Case against a Standing Nation-Building Office," *CATO Institute Policy Analysis*, no.560 (January 11, 2006).

3 van Creveld, Martin, *The Transformation of War* (New York: The Free Press, 1991), pp.124-156.

4 Münkler, Herfried, *The New Wars* (Cambridge, UK: Polity Press, 2002).

5 Kaldor, Mary, *New and Old Wars: Organized Violence in a Global Era, 2nd Edition* (Cambridge: Polity, 2006).

6 Shaw, Martin, *The New Western Way of War: Risk-Transfer War and its Crisis in Iraq* (Cambridge, UK: Polity Press, 2005).

7 Smith, General Rupert, *The Utility of Force: The Art of War in the Modern World* (London: Penguin Books, 2006).

8 Dandeker, Christopher, "From Victory to Success: The Changing Mission of Western Armed Forces," in Jan Angstrom and Isabelle Duyvesteyn (eds.), *Modern War and the Utility of Force: Challenges, Methods and Strategy* (Abingdon, Oxon: Routledge, 2010), pp.16-38.

9 Egnell, Robert, *Complex Peace Operations and Civil-Military Relations: Winning the Peace* (Abingdon, Oxon: Routledge, 2009), pp.11-13.

10 Dannatt, General Sir Richard, Chief of General Staff of the British Army, *Transformation in Contact*, speech given at the Institute of Public Policy Research (IPPR), January 19, 2009.

11 House Committee on Foreign Affairs (HCFA), *Report on Iraq to the House Committee on Foreign Affairs*, 110th Congress, 2nd Session (April 9, 2008), p.52.

12 Powell, General Colin, “U.S. Forces: Challenges Ahead,” *Foreign Affairs*, vol.71, no.5 (Winter 1992-1993), pp.32-45.

13 Tyson, Ann Scott, “Gates Warns of Militarized Policy: Defense Secretary Stresses Civilian Aspects of U.S. Engagement,” *The Washington Post*, July 16, 2008.

14 Reveron, Derek S. (ed.), *America's Viceroys: The Military and U.S. Foreign Policy* (New York, NY: Palgrave Macmillan, 2004).

15 van Creveld, *The Transformation of War*, pp.124-156.

16 Brodie, Bernard, *War and Politics* (NewYork, NY: Macmillan, 1973).

17 Mueller, John, *The Remnants of War* (New York: Cornell University Press, 2004).

18 U.S. Department of the Army, *Stability Operations*, FM3-07 (October 6, 2008), p.1-1.

19 Congressional Budget Office (CBO), *Making Peace while Staying Ready for War: The Challenges of U.S. Military Participation in Peace Operations* (December 1999).

20 Ryan, Michael C., “Military Readiness, Operations Tempo (OPTEMPO) and Personnel Readiness Tempo (PERSTEMPO): Are U.S. Forces Doing Too Much?” *CRS Report for Congress*, 98-41 F (January 14, 1998).

21 Powell, “U.S. Forces,” pp.32-45.

22 U.S. Government Accountability Office, “Reserve Forces: Actions Needed to Better Prepare the National Guard for Future Overseas and Domestic Missions,” GAO-05-21 (November 10, 2004).

23 Ucko, David, “Innovation or Inertia: The U.S. Military and the Learning of Counterinsurgency,” *Orbis* (Spring 2008), pp.290-310; Watson, Brian G., “Reshaping the Expeditionary Army to Win Decisively: The Case for Greater Stabilization Capacity in the Modular Force,” *Strategic Studies Institute* (August 2005); Congressional Budget Office (CBO), *Options for Restructuring the Army* (May 2005).

24 Bruner, Edward F., “Military Forces: What Is the Appropriate Size for the U.S.?” *CRS Report for Congress*, RS21754 (May 28, 2004), pp.4-6.

25 Flournoy, Mich?le A. and Tammy S. Schultz, “Shaping U.S. Ground Forces for the Future,” *Center for a New American Security* (June 2007).

26 Nagl, John A., “Institutionalizing Adaptation: It’s Time for a Permanent Army Advisor Corps,” *Center for a New American Security* (June 2007).

27 U.S. Army Corps of Engineers, *Logistics Civil Augmentation Program: A Usage Guide for Commanders*, EP 500-1-7 (December 5, 1994), p.2.

28 独立戦争勃発当時、米軍の規模は一万六、〇〇〇人であり、英軍約一万人を上回っていた。また、米軍は多くの民兵（militia）とともに戦っていた。そして、独立戦争が米本土において戦われたため、米軍は地の利を活用して英軍よりも多くの民間力を活用することができた。しかし、米軍は十分な訓練を受けておらず、火薬や兵器も不足していた。その上民兵は信頼できる存在ではなかった。

これに対して、英軍は、米軍やその同盟国等（米国の独立支持者、仏蘭西及び一部の現地インディアン）に比して兵力規模の面で劣っていたものの、軍として組織化されており、また開戦当時制海権を把握していた。また、英軍は、米国の独立反対者（loyalist）のほかに、ドイツ人の傭兵（Hessians）三万人を雇用して兵力を増強していた。

29 Woods , LTC Steven G., “The Logistics Civil Augmentation Program: What Is the Status Today?” *U.S. Army War College Strategy Research Paper* (May 3, 2004), p.2.

30 Nagle, James F., *A History of Government Contracting* (Washington D.C.: George Washington University Press, 1999), p.119.

31 Ibid., p.134.

32 Mohlin, Marcus, *The Strategic Use of Military Contractors - American Commercial Military Service Providers in Bosnia and Liberia: 1995-2009*, National Defence University, Department of Strategic and Defence Studies, Series 1: Strategic Research No.30 (Helsinki: National Defence University, 2012), p.75.

33 U.S. General Accounting Office, *Competitive Sourcing: Greater Emphasis Needed on Increasing Efficiency and Improving*

Performance, GAO-04-367 (February 27, 2004), p.4.

34 Woods, "The Logistics Civil Augmentation Program," p.2.

35 U.S. General Accounting Office, *DoD Force Mix Issues: Greater Reliance on Civilians on Support Roles Could Provide Significant Benefits*, GAO/NSIAD-95-5 (October 19, 1994), p.10.

36 U.S. Executive Office to the President, Office of Management and Budget, *Performance of Commercial Activities*, Circular No. A-47 (Revised) (May 29, 2003).

37 U.S. General Accounting Office, *Base Operations: Challenges Confronting DoD as It Renews Emphasis on Outsourcing*, GAO/NSIAD-97-86 (March 11, 1997), p.2.

38 U.S. Department of Defense, *Final Report to Congress: Conduct of the Persian Gulf War* (April 1992), p.604.

39 戦略防衛構想（ＳＤＩ）による国防費の大幅な拡大や小さな政府を目指した大規模な減税政策は、米国の財政赤字を拡大させる大きな要因になった。また、高金利政策が導入されるとドル高が進行して過剰消費の動きが起こり、輸入の増大に伴い米国の貿易赤字も併せて拡大していった。この経済的窮地から脱却するための一つの方策として実施されたのが軍事力の削減であった。

40 米陸軍においてＬＯＧＣＡＰが初めて提唱されたのは一九八五年であったが、ソマリア侵攻まで導入されなかった。なお、ＬＯＧＣＡＰのような大規模な兵站支援計画は陸軍以外においても導入されている。海軍では海軍建設力増強契約（ＣＯＮＣＡＰ）、空軍では空軍契約増強計画（ＡＦＣＡＰ）と呼称されているものである。この他に、バルカン半島における米軍の活動を長期間支援するバルカン支援契約（ＢＳＣ）がある。一九九九年以降、米軍はＢＳＣの契約に基づきバルカン半島において米国のＫＢＲ社から大規模な兵站支援を受けている。Greenfield, Victoria A. and Frank Camm, "Risk Management and Performance in the Balkans Support Contract," *RAND Corporation* (2005), p. 4.

41 U.S. Army Corps of Engineers, EP 500-1-7, p.3.

42 Bradley Graham, "Consensus Is Building to Privatize Defense Functions," *The Washington Post*, March 20, 1995.
　この他、軍隊の民主的統制ためのジュネーヴ・センター（ＤＣＡＦ）は、米軍によるＰＭＳＣ活用の直接的契機になったのは、国家安全保障分野及び情報分野の民営化の承認した大統領命令（Executive Order）第一二三三三号であると指摘している。しかし、この大統領命令の主目的は、イラン・コントラ・スキャンダルの反省を踏まえて、政府機関内の情報共有を促進することであったので、本書ではこの意見を採用しなかった。Geneva Centre for the Democratic Control of Armed Forces Working Group on Private Military Companies, "Private Military Firms," *DCAF Fact Sheet* (May 2004), p.9.

43 GAO/NSIAD-95-5, p.10.

44 U.S. Joint Chief of Staff, *Joint Doctrine for Mobilization Planning*, Joint Publication 4-05 (June 1995).

45 U.S. Joint Chief of Staff, *Joint Mobilization Planning*, Joint Publication 4-05 (January 11, 2006), p.I-5; U.S. Joint Chief of Staff, *Joint Mobilization Planning*, Joint Publication 4-05 (March 22, 2010), p.I-5.

46 Avant, Deborah D., "Privatizing Military Training," *Foreign Policy in Focus*, vol.5, no.17 (June 2000), p.2.

47 この報告書は、世界に民主主義を普及するための方策の一環として、米軍が外国の軍隊に対して軍事訓練を実施することの重要性について指摘している。The White House, *A New Security Strategy for a New Century* (December 1999), p.11.

48 U.S. Secretary of Defense Donald H. Rumsfeld, *Annual Report to the President and the Congress* (2002), p.30.

49 Isenburg, David, "A Fistful of Contractors: The Case for a Pragmatic Assessment of Private Military Companies in Iraq," *British American Security Council Research Report 2004.4* (September 2004), pp.19-20.

50 Green, Alan, "Early Warning: The U.S. Army can hardly be surprised by its problems with contractors in Iraq," *iwatchnews*, May 5, 2004.

51 1994 DoD Manpower Requirements Report による（GAO 報告書から引用）。GAO/NSIAD-95-5, p.18.

52 UK House of Commons, Foreign Affairs Committee, *Private Military Companies :Ninth Report of Session 2001-02* (London: Stationery Office, August 1, 2002), p.6 (paragraph 8).

53 Green, "Early Warning."

54 Isenburg, David, *Shadow Force: Private Security Contractors in Iraq* (Westport, CT: Praeger Security International, 2009), pp.17-18.

55 Ibid., p.18.

56 アイゼンバーグが米紙サンディエゴ・トリビューン のクローリー（James W. Crawley）の話として引用したものを活用した。Isenburg, "A Fistful of Contractors," p.20; Crawley, James W., "Conversion of Military Jobs Set to Boost Front and Bottom Lines," *San Diego Union- Tribune*, May 24, 2004.　一方、ペッケンパーによると、ホワイトは、二〇〇二年三月、陸軍がＰＭＳＣを有効に活用するための基本的な情報が欠如していることに警鐘を鳴らし、ＰＭＳＣに関して情報を収集するように命じたが、陸軍はそれから二年経った二〇〇四年の段階においてもその情報を収集していなかった。Peckenpaugh, Jason, "Army Contractor Count Stymied by Red Tape," *GovExec.com*, June 3, 2004.

57 U.S. Office of the Under Secretary of Defense for Acquisition, Technology and Logistics, *The Defense Science Board Task Force on Human Resources Strategy* (February 2000).

58 U.S. 2000 National Academy of Public Administration, *Civilian Workforce 2020: Strategies for Modernizing Human Resources Management in the Department of the Navy* (August 18, 2000).

59 CBO, *Making Peace while Staying Ready for War.*

60 U.S. Army and Marine Corps, *Counterinsurgency*, FM3-24, No.3-33.5 (December 2006), p.8-2.

61 Krulak, General Charles C., "The Three Block War: Fighting in Urban Areas," *Vital Speeches of the Day*, speech delivered to the National Press Club, Washington, D. C., October 10, 1997, pp.139-141.

62 米軍の場合、国防総省指針第五一六〇・四一Ｅ号（二〇〇五年）を受けて現地の言語及び文化に関する教育を重視するようになっている。U.S. Department of Defense, *Defense Language Program (DLP)*, DoDD5160.41E (October 21, 2005).

63 米軍がＰＭＳＣの位置付け及び委託すべき業務の分野や規模について明らかにできていないのは、ＰＭＳＣに委託せずに政府機関が遂行すべき「政府固有の機能」（inherently governmental functions）の具体的な定義も内容も定められていないためである。二〇一一年八月、イラク・アフガンスタン有事契約委員会は米政府に対して「政府固有の機能」を明確にするように指摘している。Commission on Wartime Contracting in Iraq and Afghanistan (CWC), *Transforming Wartime Contracting: Controlling Costs, Reducing Risks*, Final Report to Congress (August 2011), pp.41-43.

64 第1章でみたように、民間軍事請負業務の一つの形態である傭兵は、歴史的に最も古い職業の一つであるといわれている。

Schreier, Fred and Marina Caparini, "Privatising Security: Law, Practice and Governance of Private Military and Security Companies," *Geneva Centre for the Democratic Control of Armed Forces (DCAF) Occasional Paper*, no. 6 (March 2005), p.1.

65 Brooks, Doug and Matan Chorev, "Ruthless Humanitarianism: Why Marginalizing Private Peacekeeping Kills People," in Andrew Alexandra, Deane-Peter Baker and Marina Caparini (eds.), *Private Military and Security Companies: Ethics, Policies and Civil-Military Relations* (Abingdon, Oxon: Routledge, 2008), p.123.

66 当時、エグゼクティヴ・アウトカムズ社のほかに、ハリバートン社（米：一九一九年設立）、コントロール・リスク・グループ社（英：一九七五年設立）、ディフェンス・システムズ・リミテッド（ＤＳＬ）社（英：一九八一年設立）、ＭＰＲＩ社（米：一九八七年設立）等があった。

67 van Niekerk, Phillip, "Making a Killing: The Business of War," *International Consortium of Investigative Journalists/ Center for Public Integrity (ICIJ/CPI)* (October 28, 2002), p.1.

68 DCAF Working Group on Private Military Companies, "Private Military Firms," p.9.

69 この数字は、イラクの連合国暫定当局（ＣＰＡ）による。イラクにおけるＰＭＳＣの活動に関するＣＰＡの報告書の内容は、二〇〇四年五月四日付の前米国防長官ラムズフェルド（Donald H.Rumsfeld）と米下院議員スケルトン（Ike Skelton）との手紙のやり取りのなかで明らかになっている。一方、ＰＭＳＣに関する数字は、ＰＭＳＣをどのように定義するかによって大きく変化する。ＣＰＡは、二〇〇四年六月二六日付の覚書第一七号のなかで、ＰＭＳＣの類似語として民間警備会社（ＰＳＣ）を次のように定義している。"'Private Security Company' means a private business, properly registered with the Ministry of Interior (MOI) and the Ministry of Trade (MOT) that seeks to gain commercial benefits and financial profit by providing security services to individuals, businesses and organizations, governmental or otherwise." Coalition Provisional Authority, *Registration Requirements for Private Security Companies (PSC)*, CPA Memorandum no.17 (June 26 2004), p.1.

70 Director of the Private Company Association in Iraq の分析による。U.S. Government Accountability Office, "Rebuilding Iraq: Actions Still Needed to Improve Use of Private Security Providers," Statement of William M. Solis, Director Defense Capabilities and Management, Testimony Before the Subcommittee on National Security, Emerging Threats, and

International Relations, Committee on Government Reform, GAO-06-865T (June 13, 2006), p.2.

71 そのうちイラク系企業は五六社から七二社に増加し、国外企業は二六社から二八社に増加している。また、アフガニスタンでは二〇一〇年一二月の段階で五二社が登録していたが、二〇一〇年六月から変化が見られない。Schwartz, Moshe, "The Department of Defense's Use of Private Security Contractors in Iraq and Afghanistan: Background, Analysis, and Options for Congress," *CRS Report for Congress*, R40835 (May 13, 2011), pp.3-4.

72 Congressional Budget Office (CBO), *Contractors' Support of U.S. Operations in Iraq*, no.3053 (August 2008), p.13.

73 Schwartz, Moshe and Jennifer Church, "Department of Defense's Use of Contractors to Support Military Operations: Background, Analysis, and Issues for Congress," *CRS Report for Congress*, R43074 (May 17, 2013), p.25.

74 Ibid.

75 Ibid., p.24.

76 Ibid.

77 Schwartz, Moshe and Joyprada Swain, "Department of Defense Contractors in Afghanistan and Iraq: Background and Analysis," *CRS Report for Congress*, R40764 (May 13, 2011), pp.27-28.

78 この数字は、イラクの連合国暫定当局（ＣＰＡ）による。

79 米国防総省の分析による。U.S. Government Accountability Office, "Rebuilding Iraq: Actions Needed to Improve Use of Private Security Providers," GAO-05-737 (July 28, 2005), p.8.

80 Director of the Private Company Association in Iraq の分析による。GAO-06-865T, p.2.

81 Schwartz, R40835, p.22.

82 Ibid.

83 U.S. Government Accountability Office, "Contingency Contracting: DOD, State, and USAID Continue to Face Challenges in Tracking Contractor Personnel and Contracts in Iraq and Afghanistan," GAO-10-1 (October 1, 2009), p.13.

84 Singer, Peter W., *Corporate Warriors: The Rise of the Privatized Military Industry* (Ithaca, NY: Cornell University Press,

2003), pp. 9-17; Avant, Deborah D., *The Market for Force: The Consequences of Privatizing Security* (Cambridge, UK: Cambridge University Press, 2005), pp.7- 22.

85 van Niekerk, "Making a Killing," p.1.

86 U.S. Government Accountability Office, "Military Operations: DOD's Extensive Use of Logistics Support Contracts Requires Strengthened Oversight," GAO-04-854 (July 19, 2004), p.8.

87 UK House of Commons, "Private Military Companies," *Daily Hansard*, December 2, 2005.

88 Whyte, Dave, "Lethal Regulation: State-Corporate Crime and the United Kingdom Government's New Mercenaries," *Journal of Law and Society*, vol.30, no.4 (December 2003), p.588.

89 Holmqvist, Caroline, "Private Security Companies: The Case for Regulation," *SIPRI Policy Paper*, no.9 (January 2005), p.7.

90 ホルムキストが二〇〇四年五月に実施したシンガーとのインタビューによる。Ibid., p.7.

91 ホルムキヴィストがスペースウォー社とのインタビューで答えている。"Private Security Industry Set to Double by 2010: Expert," *spacewar.com*, September 13, 2005.

92 筆者とのインタビュー（二〇一〇年一〇月二〇日）による。なお、二〇一〇年一〇月に国際平和作戦協会（ＩＰＯＡ）は国際安定化作戦協会（ＩＳＯＡ）に改名されている。

93 Center for Media and Democracy, "Private Military Corporations," *SourceWatch*, December 8, 2006.

94 Murphy, Clare, "Iraq's Mercenaries: Riches for Risks," *BBC News Online*, April 4, 2004.

95 シューマッハーが活用した Pittsburgh Post-Gazette のデータによる。Schumacher, Gerald, *A Bloody Business: America's War Zone Contractors and the Occupation of Iraq* (U.S.A: Zenith Press, 2006), p.20.

96 例えば、ブラックウォーター社従業員が関与したとされるニソア広場事案（二〇〇七年九月）を受けて、その事案に無関係なＰＭＳＣ（アーマー・グループ社）が契約を解除され、その株価が四〇％下落することもあった。Spearin, Christopher, "The International Private Security Company: A Unique and Useful Actor?" in Jan Angstrom and Isabelle Duyvesteyn (eds.), *Modern War and the Utility of Force: Challenges, Methods and Strategy* (London and New York: Routledge, 2010), p.46.

97 UK Foreign and Commonwealth Office (FCO), *Private Military Companies: Options for Regulation, 2001-02* (London: Stationery Office, February 12, 2002), pp.12-14 (paragraphs 25-31); UK House of Commons, Foreign Affairs Committee, *Private Military Companies*, pp.6-7 (paragraph 10).

98 Nye, Jr., Joseph S., *Understanding International Conflicts: An Introduction to Theory and History*, fifth edition (New York etc.: Pearson Education, Longman Classics in Political Science, 2005), p.153.

99 Singer, *Corporate Warriors*, pp.49-60.

100 一九八七年から一九九六年までの間、各国で正規軍が削減された規模は合計六〇〇万人にも上っている。Spearin, Christopher, "Private Security Companies and Humanitarians: A Corporate Solution to Security Humanitarian Spaces?" *International Security*, vol.8, no.1 (2001), pp.27-28.

101 FCO, *Private Military Companies*, p.12 (paragraph 25).

102 Ibid.

103 UK House of Commons, Foreign Affairs Committee, *Private Military Companies*, p.6 (paragraph 7).

104 一九八九年には「傭兵の募集、使用、資金供与及び訓練を禁止する国際条約」が採択された。

105 FCO, *Private Military Companies*, p.10 (paragraph 21).

106 Singer, *Corporate Warriors*, pp.142-146.

107 Leander, Anna, "Risk and the Fabrication of Apolitical, Unaccountable Military Markets: the Case of the CIA 'Killing Program,'" *Review of International Studies*, vol. 37, issue 5 (December 2011), pp.2253-2268.

108 一九九〇年代にエグゼクティヴ・アウトカムズ社（南ア）は、アンゴラ及びシエラレオネにおいて戦闘行動に参加することがあった。それ以降、ＰＭＳＣが実際に戦闘行動に参加した事例や、ＰＭＳＣがこれから戦闘行動や作戦支援に直接的に携わろうとする事例は限定されると、英政府は指摘している。FCO, *Private Military Companies*, p.11 (paragraph 24).

109 U.S. General Accounting Office, "Military Operations: Contractors Provide Vital Services to Deployed Forces but Are Not Adequately Addressed in DOD Plans," GAO-03-695 (June 24, 2003), p.7.

110 GAO-05-737, pp.10-11. なお、これ以外の人員（米軍と行動を共にしない米国政府職員や米軍の活動を直接的に支援しないＰＭＳＣ従業員の警護）について米軍は関与していない。

111 このＰＭＳＣの専門性について疑問を投げかける者がいる。例えば、アヴァントは、ＰＭＳＣの従業員が退役軍人によって占められると、米国防総省、米国務省、米議会に対するＰＭＳＣのロビイングに影響力を与える虞があると指摘している。Avant, "Privatizing Military Training," p.4.

112 ブラックウォーター社は、イラクにおいて連合国暫定当局（ＣＰＡ）長官のブレマー（Paul Bremer）や後任のネグロポンテ（John Negroponte）を警護するために、警護人員の他にヘリコプターを二機派遣している。

113 コントロール・リスク・グループ社及びアーマー・グループ社は、英政府職員等を警護するために、英政府と二、〇〇〇万英ポンドの契約を締結したことが指摘されている。Australian Strategic Policy Institute, "War and Profit: Doing Business on the Battlefield," *ASPI Strategy* (March 2005), p.20. 一方、イラクでは両社が米英両政府の職員や施設の警護・警備も担当している。

114 Ibid., p.13.

115 第1章でみたように、請負業務を巡る用語にはＰＭＳＣ、ＰＭＦ、ＭＳＰ、ＰＳＣなどがあり、これまで数々の有識者によって細分化されてきた。しかし、ＰＭＳＣの専門性の多様化が進行していくにつれ、これらの細分化は不適切なものになってきている。

116 クロール社（米）のイラク責任者であるライト（Aldwin Wright）によれば、同社のセキュリティ・チームの指導者になるためには米軍または英軍特殊部隊において豊富な経験を積んでいることが必要であり、また、その他の従業員についても海外における作戦行動の経験を含め最低限六年間の軍隊経験を有していることが要求されている。Roberts, Marta, "Working in a War Zone," *Security Management Online*, November 2004.

117 Singer, Peter W., "Outsourcing War," *Foreign Affairs*, vol.84, no.2 (March/April 2005), p.125.

118 Ibid.

119 Kelley, Matt, "10 Contractors in Iraq Penalized," *Associated Press*, April 26, 2004.

120 Cray, Charlie, "Cheney's Halliburton Loses Its Iraq Cash Cow," *privateforces.com*, July 31, 2006.

121 ＰＭＳＣが組織ぐるみで犯罪行為に加担するケースとしては、サンドライン・インターナショナル社（英）や死の商人の例がある。サンドライン・インターナショナル社（英）は、一九九〇年代後半に国連決議に違反してシエラレオネ政府に対して武器を密輸していた。また、死の商人が組織ぐるみでアフリカ大陸の各地で武器を密輸して民族の大量虐殺に加担していた。死の商人の代表例としては、バウト（Victor Bout）、ミニン（Leonid Minin）、ムッシュ・ジャック（"Monsieur Jacques"）を挙げることができる。van Niekerk, "Making a Killing"; Verloy, Andre, "Making a Killing: The Merchant of Death," *International Consortium of Investigative Journalists/ Center for Public Integrity (ICIJ/CPI)* (November 20, 2002).

122 ＰＭＳＣ従業員が独自で犯罪に加担する犯罪の多くは、武器の密輸や横流しのほか、殺人、虐待、強姦、売春、人身売買等の人権侵害に関わるものが多い。ボスニアでは、一九九〇年代後半に米国のダインコー（DynCorp）社の従業員八人が、強姦、売春、人身売買に関わったとして辞職に追い込まれた。Human Rights Advocates, "The Role of Military Demand in Trafficking and Sexual Exploitation," *Commission on the Status of Women, 50th Session* (February 24, 2006), p.11.

　イラクのアブ・グレイブ刑務所では、ＣＡＣＩインターナショナル社とタイタン（Titan）社の従業員が、米兵とともにイラク人捕虜への虐待に関与している。Isenburg, "A Fistful of Contractors, pp.51-67.

　また、イラクではザパタ・エンジニアリング（Zapata Engineering）社（米）の従業員一九人が、自動小銃を無差別に乱射したとして米海兵隊に逮捕されている。Schumacher, *Bloody Business*, p.16.

123 ＰＭＳＣは、米国や英国のような先進国によって雇われることもあれば、コンゴ共和国やシエラレオネのような破綻国家によって雇われることもある。

124 例えば、ヴィネル・コーポレーション（Vinnell Corporation）社は、外国政府と初めて契約を締結した米国系ＰＭＳＣであり、一九七〇年代半ばには、サウジアラビアの石油資源を守るためにサウジアラビア政府と七、七〇〇万ドルの契約を締結している。一方、冷戦終結後、米国系のＫＢＲ社及びカーライル・グループ（Carlisle Group）社は、英豪両政府に対して軍事支援を実施している。Avant, The Market for Force, p.148.　一方、イージス・ディフェンス・サービス（Aegis Defence Services）社（英）は、二〇〇四年五月に在イラク多国籍軍に採用され、PMSCを統括する業務に従事している。Walker, Clive and Dave

Whyte, "Contracting out War?: Private Military Companies, Law and Regulation in the United Kingdom," *International and Comparative Law Quarterly*, vol.54 (July 2005), p.654.

125 Ｇ４Ｓ社のホームページ。

126 Ｇ４Ｓ社は、二〇〇八年にはアーマー・グループ社（英）、ＧＳＬ社（英）、ロンコ社（米）、また二〇〇九年にはセキュラ・モンデ社（英）、シャイル・ムール社（英）、オールスター社（米）、アデスタ社（米）、さらに二〇一〇年にはスカイコム社（ＮＺ）、二〇一一年にコッツウォルド社（英）、ムント・セントラル・ホランド社（蘭）などを次々に買収している。

127 Grossman, Elaine M., "Possible Interrogation Contractor Influence Cited in Senate Vote," *Inside the Pentagon*, June 24, 2004.

128 オーストラリア戦略政策研究所（ＡＳＰＩ）は、ＰＭＳＣ従業員の出身国は三〇ヶ国にも上ると指摘している。Australian Strategic Policy Institute, "War and Profit," p.20.

129 Singer, *Corporate Warriors*, p.143.

130 Isenburg, "A Fistful of Contractors," p.16.

131 Pan, Esther, "Iraq: Military Outsourcing," *Council on Foreign Relations* (May 20, 2004), p.3.

132 U.S. Government Accountability Office, "Contingency Contracting: Improvements Needed in Management of Contractors Supporting Contract and Grant Administration in Iraq and Afghanistan," GAO-10-357 (April 12, 2010), p.13.

133 Weisman, Jonathan and Robin Wright, "Funds to Rebuild Iraq Are Drifting Away from Target: State Department to Rethink U.S. Effort," *washingtonpost.com*, October 6, 2004.

134 Australian Strategic Policy Institute, "War and Profit," pp.21-23.

135 イラクでは、俸給格差に対する軍人の妬みが原因になって両者の関係を一部悪化させている。この他、治安情勢の悪化に伴い軍人及びＰＭＳＣ従業員の双方が極度の緊張状態に陥っていることもその要因として指摘されている。Porteus, Lisa, "Contractor 'Shadow Army' Adds to Iraq Stress," *FOX NEWS*, August 17, 2005.

136 アーマー・グループ社の資料による。

137 Kinsey, Christopher, "Regulation and Control of Private Military Companies: The Legislative Dimension," *Contemporary Security Policy*, vol.26, no.1 (April 2005), p.84.

138 Makinson, Larry, "Outsourcing the Pentagon: Who Benefits from the Politics and Economics of National Security?" *Center for Public Integrity* (September 29, 2004), p.5.

139 U.S. Government Accountability Office, "Defense Acquisitions: DOD Needs to Exert Management and Oversight to Better Control Acquisition of Services," Statement of Katherine V. Schinasi, Managing Director Acquisition and Sourcing Management, Testimony before the Subcommittee on Readiness and Management Support, Committee on Armed Services, U.S.. Senate, GAO-07-359T (January 17, 2007), p.2.

140 Institute for International Law and Justice, "Regulating the Private Commercial Military Sector," *New York University School of Law Workshop Report* (December 1-3, 2005), p.5.

141 Matziorinis, Nicholas, "Private Military Companies: Legitimacy and Accountability," *McGrill Management* (April 20, 2004); Institute for International Law and Justice, "Regulating the Private Commercial Military Sector,"p.5.

142 英政府は、ジュネーヴ条約第一追加議定書第四七条で規定される傭兵の定義が非現実的であると認識している。FCO, *Private Military Companies*, p.7 (paragraph 6).

143 Percy, Sarah, *Regulating the Private Security Industry*, Adelphi Paper 384, The International Institute for Strategic Studies (Abingdon, Oxon: Routledge, 2006), p.50.

144 FCO, *Private Military Companies*, p.7 (paragraph 6).

145 Ibid., p.21 (paragraph 64).

146 Ibid., p.5; House of Commons, Foreign Affairs Committee, *Private Military Companies*, p.7 (paragraph 12).

147 Percy, *Regulating the Private Security Industry*, pp.36-40.

148 イタリア、ウクライナ、英国、オーストラリア、オランダ、カナダ、ギリシャ、スイス、スウェーデン、スペイン、デンマーク、ドイツ、ノルウェー、フィンランド、フランス、ポルトガル、ロシアがこれに該当する。FCO, *Private Military Companies*,

pp.39-43.

149 Verpoest, Karen and Maaten van Dijck, "Inventory and Evaluation of Private Security Sector Contribution," *Assessing Organized Crime* (August 31, 2005), pp. 6-7.

150 このことは、筆者が参加した二〇一〇年度国際安定化作戦協会（ＩＳＯＡ）年次大会（二〇一〇年一〇月）を通じて確認できた事項である。

第３章
米軍の戦略的行動を反映した視座

本書は、軍事科学的見地から米軍の作戦に及ぼすＰＭＳＣの影響力の広さとその意義について検証していくものである。これを明らかにするために、米軍が軍事力を行使する際の基本的要素、すなわち国家の外交政策の推進（軍事力行使の目的）、軍の即応性の発揮（軍事力行使の対応要領）、軍事作戦の正当性の発揮（軍事力行使の道義・合法的基盤）の三つの視点に着目していく。第３章では、まずこの三つの視点が反映されている戦力投射（power projection）の概念に着目することの意義について明らかにする。じ後、三つの視点それぞれにおけるＰＭＳＣの捉え方について明確にしていく。

第１節　米軍の戦力投射に着目することの意義

１．戦力投射の重要性

これまで国家特に大国の地位にある国家は、歴史的に政治・外交力、軍事力、経済力、価値観など国家を形成するあらゆるパワーを行使して自国の影響力を国際的に拡大しようとしてきた＊1。そして国家が行使するパワーの中心的要素は、時代によって大きく変化してきた。ローマ帝国、アレキサンダー大王、チンギス・カンの時代には主として陸軍力が発揮されており、帝国主義時代には西・英・仏・独を中心にその海軍力が大きな影響を及ぼしてきた。そして、二〇世紀前半には国家の総合力が重要な要素となり、後半には核兵器が国家の影響力を促進する大きな要素になった。その間、軍事力以外の要素なかでも経済力や価値観の重要性が相対的に拡大している。

国家が自国の影響力を拡大していく上で、軍事力が依然として重要な要素を占めていることに異論を唱える者はいないであろう。第2章でみたように、冷戦終結後の国際安全保障環境の変化を受けて、戦争の目的や軍事作戦の成果を評価する指標が変化したことなど、軍事力に「新たな役割」を見出す動きがある。また、軍事力の強制外交的側面に着目する者もいる*2。しかしながら、これらの議論はいずれも軍事力の重要性を否定するものではない。

軍事力が国家の影響力を拡大していく上で重要な要素であり続ける限り、それを直接的に行使する軍が重要な役割を担うことは自明である。なかでも米軍のように外征軍として活動する軍は、国際的に大きな影響力を及ぼしている。米軍の場合、建国以来数百回に亘り世界各地に派遣されてきた*3。その間、通常戦を一一回戦っており、それ以外は今日安定化作戦と呼称される作戦に従事してきた*4。また、米軍はこれまでに部隊の前方展開を積極的に実施して、その軍事的プレゼンスを継続的に発揮してきた。二一世紀初頭にはブッシュ政権下で米軍の前方展開が一時期縮小されることもあったが、オバマ政権は米軍の前方展開の重要性について再認識するに至っている*5。

戦力投射は、軍が国外に派遣されて軍事力を行使する際の特色を表した概念である。軍事力が国際安全保障のなかで依然として重要な役割を果たすなか、今日外征軍として積極的に軍事的プレゼンスを発揮している米軍の影響力の大きさを踏まえれば、米軍の戦力投射に着目することは重要な意味を持つ。

2. 戦力投射の定義

それでは、戦力投射は具体的にどのように捉えることができるであろうか。これまでにも戦力投射に着目した研究は数多くある。そして、戦力投射を巡ってはこれまで様々な形で定義されてきた。例えば、ブレア（Dennis Blair）は戦力投射を「軍事力を行使またはその脅威を及ぼすことで、離隔した地域から政治的影響力を発揮すること」と定義している*6。ブレアの定義が示すように、実際、派遣国軍は自国の政治目的を達成すなわち外交政策を推進するために国外に派遣されてきた*7。無論米軍もその例外ではない。米軍は、米英戦争、米墨戦争、米西戦争、両世界大戦、朝鮮戦争、ヴェトナム戦争、湾岸戦争など、二一世紀にアフガニスタンやイラクに軍事介入するまでにも数多くの戦争に従事してきた。いずれの事例においても米軍は自国の外交政策を推進するために派遣されている。

このように、戦力投射を国家の外交政策の推進という視点から捉えることは重要である。しかし、ブレアの定義は戦力投射の概念を狭く捉えすぎている。なぜなら、派遣国軍は国家の政治的影響力を拡大するという目的のために推進されるものの、その目的を達成するためには軍が派遣される際の対応要領や道義・合法的基盤の要素も重要となるからである。すなわち、派遣国軍が戦力投射を効果的に実施するためには、派遣国軍は自国の外交政策の目的を達成することに加えて、それを適宜かつ迅速に実施すること（軍の即応性の発揮）、またその行動が諸外国から受け入れられること（軍事作戦の正当性の確保）が重要な要素となる。

実際、米国でもこれまで米軍を国外に派遣する際にはその即応性が重要な要素として捉えられてきた。米国では、独立戦争以降一九五〇年代にかけて、動員の遅延、軍事産業体制の不備、兵員募集と軍需産業との整合性の欠如など様々な問題が指摘されてきた*8。また、冷戦時には対ソ戦の可能性を踏まえて米軍が高い即応性を保持することが常に要求されていた。一九七〇年代から一九八〇年代前半においては、ヴェトナム戦争終了後の軍事費削減に伴い米軍の空洞化（hollow forces）が懸念され、軍の即応性が問題視された*9。そして、冷戦終結後には、ソ連崩壊に伴い米軍の即応性に対する意識が低下していることが問題となっている*10。

一方、戦力投射の効果を持続していくためには、軍事力行使の道義・合法的基盤つまり軍事作戦の正当性を確保することが重要な要素となる。そしてこれまで米軍が国外に派遣された際には、必ずその正当性を確保することが政府にとって重要な関心事項の一つになっていた。一九五〇年の朝鮮戦争勃発時には、トルーマン政権は米軍を国連軍の指揮下で行動させることでその行動の正当性を確保した。一九六〇年代には、ケネディ政権がキューバに対するソ連のミサイル設置に対抗するために、米国による単独行動を国連に承認させることで正当性を確保した。また、ヴェトナム戦争の際には、各米政権がドミノ理論を用いることで米軍介入の正当性を確保しようとした。一九九〇年代には、ブッシュ政権がイラク軍をクウェートから排除することを国連加盟国に支持させることで正当性を確保した。クリントン政権はバルカン半島に軍事介入する際に国連からの支持を獲得できなかったが、米軍がＮＡＴＯ主導の連合軍の指揮下で行動することで正当性を確保している。

このように考えると、戦力投射は、ブレアが指摘するように外交目的という側面だけで捉えられるものではない。米軍の統合教範では、戦力投射を「国家が危機への対応、抑止への貢献、また地域の安定化を図るために、離隔した各地域に対してまたはこれらの地域から軍を迅速かつ効果的に派遣・持続できるように、国力の構成要素（政治、経済、情報、軍事）の全てまたはその一部を行使できる能力」として定義している*11。この定義は、派遣国軍が軍事力を行使する際の基本的要素、すなわち国家の外交政策の推進（軍事力行使の目的）、軍の即応性の発揮（軍事力行使の対応要領）及び軍事作戦の正当性の確保（軍事力行使の道義・合法的基盤）という三つの視点を的確に捉えている。このことを踏まえ、本書では統合教範で規定されている戦力投射の定義を活用していく。

一方、本書では「戦略」を重要な概念として捉えている。かつてクラウゼヴィッツは「戦略」を「戦争目的を達成するために交戦すること」と定義した。そして、「戦略理論」は軍が交戦する行動または軍が交戦する際に必要な手段（すなわち戦闘部隊）を対象とするものとして捉えた*12。クラウゼヴィッツの提唱する「戦略」及び「戦略理論」を安定化作戦の文脈で捉えた場合、個々の軍事作戦やその軍事作戦に従事する部隊がその対象となろう。

しかし、本書はＰＭＳＣの戦略的意義について検証する際、個々の軍事作戦や部隊規模の観点から「戦略」を捉えていない。本書では、部隊の大小を問わずＰＭＳＣが部隊の軍事作戦全体に及ぼす影響力の広さという観点から「戦略」を捉えている。これは、ＰＭＳＣが米軍の戦力を現場レベル（作戦・戦術的次元）で自由自在に増強できる存在（フォース・マルチプライアー）に留まる存在ではないことを明らかにすることが本書の目的としているからである。本書が軍事力を行使する際の基本的要素に着目して、国家の外交政策の推進（軍事力行使の目的）、軍の即応性の発揮（軍事力行使の手段）、さらには軍事作戦の正当性（軍事力行使の道義・合法的基盤）という観点からＰＭＳＣの影響力の広さとその意義について検証する所以はここにある。

第２節　軍事力を行使する際の基本的要素とＰＭＳＣ

それでは、軍事力を行使する際の三つの基本的要素は、具体的にどのように捉えることができるであろうか。本節では、派遣国軍が軍事力を行使する際の基本的要素（三つの視点）に関する基本的考え方と、各視点におけるＰＭＳＣの捉え方について明らかにしていく。

１．国家の外交政策の推進（軍事力行使の目的）

軍事力が国家の政治目的を達成するために効果的な役割を果たしていることは、これまでにもしばしば指摘されてきた。例えば、ブレッチマン（Barry M. Blechman）は、一九四六年から一九七五年までの二一五件の事例を検証して、軍事力の示威的活用が外交政策の目的を達成するための効果的な手段であることを明らかにしている*13。そして、第2章でみたように、軍事力が国家の政治目的を達成するために効果的な役割を果たしていることは、冷戦終結後に国際安全保障環境が変遷しても変わりはない。すなわち、軍事力が政治目的を達成するための一手段として活用されるというこれまで長年に亘り定着してきたクラウゼヴィッツの戦争観が、冷戦終結に伴い適用できなくなったわけではない。冷戦終結後においても軍事力は依然として国家の政治目的を達成するための重要な手段として用いられている。

派遣国軍が安定化作戦に従事する際にも、軍事力は政治目的を達成するために行使される。一九九〇年代前半には、パウエル統合参謀本部議長は米国が軍事力を行使する際にはそれが外交及び経済の諸政策と一貫している必要があると言及した*14。この指摘は、軍事力が外交政策の推進という政治目的を達成するために重要な役割を果たし続けていることを示したものである。また、二一世紀に入りイラクやアフガニスタンでは米軍が安定化作戦に積極的に従事するようになったが、安定化作戦は「米国の国益と価値観を発展できるような秩序の構築を支援するために推進するもの」として明確に位置付けられている*15。

外交政策におけるＰＭＳＣの捉え方

前述のように、軍事力が自国の外交政策を推進する際に効果的な役割を果たすことはこれまでにも指摘されてきた。しかし、軍が派遣先で活用するＰＭＳＣが自国の外交政策に及ぼす影響について詳細に検証した研究はほとんどない。唯一の例外がモリンの研究である*16。

それでは、派遣国軍が自国の外交政策を推進する際に活用するＰＭＳＣをどのように捉えることができるであろうか。この問題は、三つの側面から捉えることができる。第一の側面は、派遣国軍が諸外国に派遣される際にどのような制約を受けるかということである。派遣国軍が直面する制約には、政治的なものと軍事組織的なものの二つがある。

一つ目の制約事項は、派遣国軍の派遣規模を巡る政治的問題である。すなわち、派遣国が自国の軍を派遣する際には、無制限に部隊を派遣できるわけではない。軍が派遣される場合、国内事情（自国の議会による兵力制限）や国外事情（現地政府の要請）からしばしば兵力の上限（force cap）が設定される。一方、派遣国軍が戦闘終了後に安定化作戦に従事する際には、努めて低姿勢のプレゼンス（low profile）を保持することが重要な鍵となる。すなわち、派遣国軍は可能な限り展開規模を最小限に留める一方、努めて軍事力を行使することなく非軍事的手段を活用することが求められる。これは、現地では派遣国軍の駐留が現地国の主権そのものを侵害するものとして認識される傾向にあるからである。派遣国軍が派遣規模の極限化を図ることは、派遣国軍の活動に正当性を確保する上でも重要な要素となる。

二つ目の制約事項は、派遣国軍の部隊編成を巡る軍事組織上の問題である。派遣国が部隊を派遣する際、その作戦に必要な部隊が常時備わっているわけではない。すなわち、冷戦終結まで戦闘行動を主体とした通常戦への対処を重視して兵力整備を推進してきた各国軍にとって、非戦闘的活動が主体となる安定化作戦に従事することは軍事組織的にも容易なことではない。なかでも、冷戦後の「平和の配当」の影響を受けて、各国軍は戦闘部隊を支援する戦闘支援部隊（ＣＳ）や戦務支援部隊（ＣＳＳ）の不足に陥りやすい状況にある。

このようなことを踏まえると、派遣国軍がＰＭＳＣを活用する際には、ＰＭＳＣが派遣国軍の直面する政治的・軍事組織的制約事項をいかに克服できるかという観点から捉えることができる。

第二の側面は、派遣国軍が自国の外交政策を推進する際にどのような影響力を及ぼすことができるかという点である。無論、派遣国軍が現地に派遣される際には軍事的影響力のほか政治的影響力を及ぼすことが多い。米軍のように国際的影響力の大きい軍であればなおさらのことである。このことを踏まえると、派遣国軍がＰＭＳＣを活用する際には、ＰＭＳＣがどのような形で派遣国軍の軍事的及び政治的影響力を促進できるかという観点から捉えることができる。

第三の側面は、第一・第二の側面と関連して、派遣国軍が自国の外交政策を推進する際に、ＰＭＳＣを活用することで作戦の継続性を保持できるかということである。すなわち、これは派遣国軍にとってＰＭＳＣによる支援の継続性が確証されているかという問題である。また、これは派遣国軍がＰＭＳＣを活用することで部隊にとってどの程度の負担を強いられることになるかという問題でもある。そして、第5章でみるように、支援の継続性を巡る問題は、軍の即応性とも深く関連する問題でもある。

このように、派遣国軍が自国の外交政策を推進するなかで、それを支援するＰＭＳＣを三つの側面から捉えることができる。

外交政策を巡るＰＭＳＣの判断基準

第4章では、米軍が自国の外交政策を推進していくで、ＰＭＳＣが米軍の作戦に及ぼす影響について明らかにしていく。その判断基準は、上記で明確にしたＰＭＳＣの捉え方に基づいて定める。すなわち、①米軍の直面する政治的・軍事組織的制約に対するＰＭＳＣの克服状況（克服の有無）、②米軍が現地で政治的・軍事的影響力を発揮する際に果たすＰＭＳＣの影響力の大きさ（影響の有無）、③米軍が派遣国軍として求められる低姿勢のプレゼンスに果たすＰＭＳＣの影響力の大きさ（影響の有無）、④ＰＭＳＣによる継続的な支援に対する信頼性の有無、⑤軍の戦闘行動に及ぼすＰＭＳＣの影響、⑥ＰＭＳＣを巡る安全確保問題に伴う軍の負担の有無といった要素を判断基準として定めて検証していく。

2．軍の即応性の発揮（軍事力行使の対応要領）

これまでみてきたように、主権国家が軍事力を行使する目的は自国の外交政策を遂行することにある。しかし、国家が効果的に軍事力を行使するためには、軍が任務を達成できるような態勢を事前に構築し、軍が派遣される際には部隊を作戦地域に適宜かつ迅速に派遣する必要がある＊17。また、部隊が任務を達成するまで作戦を継続的に遂行できる態勢を確立しておくことも必要となる＊18。そして、作戦終了後には、軍が将来再び軍事力を効果的に行使できるようにその態勢を再構築することが求められる。

即応性を巡っては、これまでにも様々な形で定義付けられてきた。米統合教範第一・〇二号では、即応性を「米軍が戦闘を遂行することで国家軍事戦略の目的を達成できる能力」と定義して、「部隊の即応性」（戦域指揮官が付与された任務を遂行するために必要な能力を提供できる能力）及び「統合の即応性」（戦域指揮官が付与されるために戦闘部隊及び支援部隊を統合かつ調和できる能力）に区分している＊19。また、陸軍では、即応性を「部隊が編成時に計画された任務を達成できる能力」と定義している＊20。ここでは、部隊の即応性と、即応性が戦場で部隊の任務達成に寄与できる効果の大きさに区分している＊21。また、議会予算局報告書によれば、米統合教範（一九八六年）では即応性はかつて「部隊を迅速に派遣し、有事当初から部隊が計画通りに作戦を遂行できる能力」と定義されていた＊22。

このように即応性が様々な形をもって定義されるなか、即応性が具体的にどのようなものかについて必ずしも明確ではない。なかには、ベッツ（Richard Betts）のように、即応性が軍事的に極めて重要な要素であるものの、それが具体的に何かについて理解している者はほとんどいないと指摘する者もいる＊23。実際、アスピン（Les Aspin）国防長官は議会報告（一九九四年）のなかで、即応性を「（兵士を）戦域に動員・派遣してそれを戦闘行動に従事できるまでの所要時間、また兵士が戦闘行動に従事した際に達成すべき軍事的任務、そして兵士が戦闘行動に従事しなければならない所要時間」と定義したが＊24、それに先立ち「即応性を定義付ける簡単な方法がないことが一番の問題である」と指摘している＊25。

即応性の概念

国家が軍事介入する際に直面する重要な課題は、どのくらいの規模の部隊をいつまでに派遣し、作戦遂行間では部隊をどのように運用し、そしてその部隊をいつどのような形で撤退できるかというものである。この課題には、時間的要素が深く関連している。

即応性を巡る問題は、概念的に二つの視点から捉えることができる。その一つは、作戦遂行上必要な派遣部隊の大きさと、派遣部隊がその能力を最大限に発揮する際の効率性という観点から捉えることである*26。前者は、軍がいかに早く作戦遂行上必要な派遣部隊の規模を確保するかという「構造上の即応性」(structural readiness)を巡る問題である。これは速度と部隊規模の関係を定めた問題である。一方、後者は、軍がいかに早く派遣部隊の能力の最大化を図れるかという「作戦遂行上の即応性」(operational readiness)を巡る問題である。これは、速度と効率性の関係を巡る問題である。ここでいう効率性とは、費用対効果(コスト)に限定したものではない。即応性の問題は費用対効果以外の要素(部隊の士気・団結・規律及び訓練練度、または装備品の管理状況など)とも深く関連している。

即応性を巡る二つ目の視点は、軍が作戦を遂行する上で与えられた時間的要素と軍の保有する軍事力の大きさの関係から即応性を捉える見方である。ベッツの指摘するように、この見方は更に二つの視点から捉えることができる*27。第一は、軍が特定時期に実際に保有している軍事力の大きさと、軍が作戦遂行上必要となる軍事力の大きさの関係から即応性を捉える見方である。つまり、この見方はある特定時期における軍事力の需要と供給の関係に着目した見方である。第二は、軍が実際に保有する軍事力の大きさと、軍が潜在的に保有している軍事力の大きさの関係から即応性を捉える見方である。この見方は軍が現行任務を遂行する上で保有している軍事力の大きさと、軍が将来任務を遂行する上で獲得しておかなければならない軍事力の大きさの関係に着目した見方である(現在と将来における軍事力の需要と供給を巡る問題)。

即応性の概念を上記の二つの視点から捉えたものを整理したものが表4である。前述のように、即応性を巡る二つの視点にはそれぞれ二つの下部視点があることから、ツー・バイ・ツーの関係で四つのケースに分類できる。第一・第二のケースは、特定時期における即応性の観点からそれぞれ構造上の即応性及び作戦遂行上の即応性を示したもの

表４　即応性の概念区分

	構造上の即応性	作戦遂行上の即応性
特定時期における即応性	〈ケース１〉 【作戦開始前】（平時） ・軍が有事の際に必要な部隊規模を迅速に展開できる態勢を構築 【作戦遂行間】（有事） ・部隊の展開、作戦遂行、撤退の各段階で必要な部隊規模を迅速に確保 【作戦終了後】（平時） ・将来戦において必要な部隊規模を迅速に展開できる態勢を再構築	〈ケース２〉 【作戦開始前】（平時） ・軍が有事の際に部隊の能力を最大限に発揮できる態勢を構築 【作戦遂行間】（有事） ・部隊の展開、作戦遂行、撤退の各段階で部隊の能力の最大化を迅速に発揮 【作戦終了後】（平時） ・将来戦において必要な部隊の能力を迅速に発揮できる態勢を再構築
現在と将来の関係における即応性	〈ケース３〉 【作戦開始前～作戦遂行間】 ・有事に必要な部隊規模を継続的に展開 【作戦遂行間】 ・部隊の展開から作戦遂行への移行時、作戦遂行から撤退への移行時に必要な部隊規模を迅速に確保 【作戦遂行間～作戦終了後】 ・将来戦において必要な部隊規模を迅速に展開できる態勢を再構築	〈ケース４〉 【作戦開始前～作戦遂行間】 ・有事に必要な部隊の能力を継続的に確保 【作戦遂行間】 ・作戦遂行時における継戦能力を維持 【作戦遂行間～作戦終了後】 ・自己完結性及び政府本体の機能を維持

※筆者作成

である。いずれのケースにおいても、作戦開始前（平時）、作戦遂行間（有事）、作戦終了後（平時）の三つの作戦段階から即応性を捉えることができる。第一のケースは、特定時期における構造上の即応性を示したものである。作戦開始前（平時）では、軍は有事の際に必要な部隊規模を迅速に展開できる態勢を平時に構築することが求められる。有事になると、軍は部隊の展開、作戦の遂行及び撤退の各段階において必要な部隊規模を迅速に確保することが求められる。作戦終了後（平時）では、軍は将来戦で部隊規模を迅速に展開できる態勢を再構築することが求められる。第二のケースは、特定時期における作戦遂行上の即応性を示したものである。このケースは、第一のケースと同様に三つの段階に区分できるが、その焦点は第一のケースと異なり部隊の能力の最大化を迅速に図ることにある。

一方、第三・第四のケースは、現在と将来の関係から構造上の即応性及び作戦遂行上の即応性を捉えたものである。いずれのケースも第一・第二のケースと同様に三つの作戦段階から即応性を捉えることができる。第一・第二のケースが特定時期における即応性を示したものであるのに対し、第三・第四のケースは現在と将来の関係から即応性を示したものである。

ここで示した四つのケースは、即応性を概念的に区分したものである。従って、軍が実際に即応性を発揮する際にはこの四つのケースのように明確に区分できないであろう。しかし、この整理区分は、即応性を巡る問題を理解する上では有益である。なかでも、構造上及び作戦遂行上の即応性を特定時期の視点のみから捉えるのではなく、現在と将来の関係から捉えることは重要な意味を持つ。なぜなら、軍は初動対処時及び作戦遂行時といった特定の時期において即応性を求められると同時に、「政府固有の機能」を巡る問題（第5章）が提起するように、現在と将来の関係においても即応性を継続的に確保する必要があるためである。

一方、即応性を巡る問題は、兵站支援と密接な関連がある。歴史的に軍は、必要な物資を現地で獲得（obtain）する要領、派遣国軍自ら携行（carry）する要領、そして派遣国軍に追送（send）する要領といった三つの方法で兵站支援を実施してきた*28。この際、兵站支援を迅速に実施することが作戦の成否に大きく影響してきた。兵站支援が戦争に果たす重要性については、クラウゼヴィッツも理解していた。著書『戦争論』のなかで、「作戦上の要求は極めて重要なものであり、補給及び整備の分野でも準備を適切にすることが必要になっている」と記し、戦争が組織化しまた政治目的に則って遂行されるにつれ、兵站支援が軍のあらゆるレベルで重要になってきていると指摘している*29。

尤も、兵站支援はこれまでとかく軽視されてきたとの指摘もある。それは、戦略や戦術と異なり兵站支援が軍の作戦のなかであまりにも当たり前のものとして理解されてきたためである*30。しかし、近年軍事科学技術の発展に伴い、軍事作戦において兵站支援の所要はこれまで以上に高まっており、それを適切に遂行できるか否かによって作戦の成否に大きく影響を及ぼすようになってきている。実際、湾岸戦争において兵站作戦を担当したパゴニス（William Pagonis）中将は、大規模な兵站支援を遂行する上でリーダーシップが重要な要素であることを指摘している*31。また、大規模な兵站支援を遂行する際には、集権的に計画を立案し、実施段階では分散管理することが重要であるとも主張している*32。

これに先立ち、一九五〇年代後半にはエクレス（Henry Eccles）海軍准将がパーキンソンの法則を準用して戦闘部隊の規模縮小とは裏腹に支援部隊の規模は制御できるものではなく雪だるま式に拡大していく（logistical snowball）と指摘することもあった*33。しかし、兵站支援は大規模であれば良いというものではない。いかなる規模の兵站支援を遂行する際にもそれを効果的に実施するためには、構造上の即応性と作戦遂行上の即応性を確保することが重要となる。

一方、軍事科学技術の発展に伴い輸送能力が向上していることを受けて、地理的近接性を巡る課題が即応性に及ぼす影響が以前よりも少なくなっているといえよう。しかし、そのような状況においても派遣国軍が作戦地域周辺に兵站支援体制を構築できない場合には、軍の即応性に及ぼす影響は大きい。

即応性におけるＰＭＳＣの捉え方

軍の即応性の発揮と外部委託には密接関係がある。このことは米軍も認識している。一九九六年四月、ホワイト（John P. White）国防副長官は、上院軍事委員会即応性小委員会の席で「外部委託の主要目的は戦闘力の実効性の維持・向上を図ることにある。外部委託を推進することで軍の近代化のために必要な予算を確保し、また軍の即応性を維持し、さらには戦闘員に対する支援の効率性と質の向上を図ることができる」と発言し、外部委託することで軍の即応性を維持できることを明確にしている＊34。

それでは、派遣国軍が即応性を発揮する際、それを支援するＰＭＳＣをどのように捉えることができるであろうか。この問題は、三つの側面から捉えることができる。第一は、軍がどのような国内外情勢のなかで即応性を発揮しようとしているのかという問題である。即応性を巡る問題は、安全保障環境が有事であるか平時であるかによって大きく左右される。例えば、有事の場合、軍は軍事力を直ちに行使できるような状態にすることが急務となる。一方、平時では、軍は有事に比して即応性の態勢を確立する時間的余裕がある。無論、軍事力の抑止的機能を発揮するためには平時においても軍の即応性を確保しておく必要がある。しかし、平時において軍の即応性を過大に確保することになれば、国家は国際的に深刻な安全保障ディレンマの問題に直面することになろう。また、国内的にも国家の財政的負担を圧迫する可能性がある。

第二の側面は、派遣国軍はどのような形で即応性を発揮し、また即応性を発揮する際にはどのような阻害要素に直面するかという問題である。一般に、自国軍が即応性を発揮するためには、状況に適応できる程度の部隊の大きさを確保することが求められる。しかし、部隊が即応性を発揮する際には必要な部隊規模だけを確保しても不十分であろう。先にみたように、部隊が組織としてその能力を発揮するためには部隊の能力を最大限に発揮させるような状態を構築する必要があるからだ。

また、この課題は軍がどのレベルで即応性を発揮しようとするのかという問題とも関連している。すなわち、作戦・戦術レベルの即応性と戦略レベルの即応性を巡る問題は、同一のものではない。軍が効果的に作戦を遂行するためにはすべてのレベルで即応性を求められるが、それぞれのレベルで重視される要素は必然的に異なっている。例えば、作戦・戦術レベルでは、支援部隊は戦闘部隊が作戦地域で個々の作戦を遂行できるように必要な兵站支援（物資の補給、整備など）を迅速に実施できる手段を確保・維持することが必要となる。これに対して戦略レベルでは、軍の作戦全般に必要な兵站支援体制を制度的に確立しておく必要がある。これは、作戦地域に留まる問題ではない。

一方、どのような形で即応性を発揮するにしても、その発揮を阻害する要因を常に考慮しておく必要がある。端的に言えば、即応性を巡る問題は、国内事情に起因するのかそれとも国際的なものなのか、または、軍自体に起因する問題なのかそれとも軍以外の要因のものなのかという問題である。

第三の側面は、派遣国軍は即応性を発揮しようとする際に、その短期、中期、長期的影響は何かという問題である。有事の際には、軍はまず短期的（部隊の展開時）に即応性を発揮することが求められる。また、中期的（作戦遂行時及び部隊撤退時）には、軍は作戦の長期化に伴いその即応性を持続していくことが必要となる。さらに長期的（作戦終了以降）には、軍が将来戦に備えて必要な部隊規模及び能力を迅速に確保できるようにすることが求められる。この際、短期的に軍の即応性を発揮するために必要以上の資源を投入したことで、中・長期的に軍の即応性が阻害させる可能性もあることに注意を払う必要がある。

このようなことを踏まえると、軍の即応性に及ぼすＰＭＳＣの影響力は、ＰＭＳＣがどのような国内外情勢の下で活用されるか、またＰＭＳＣがどのような形で軍の即応性を促進・阻害するか、さらにはＰＭＳＣが時期区分に応じてどのような影響を及ぼすかという観点から捉えることができる。すなわち、ＰＭＳＣが派遣国軍の即応性を確保するために、どの時期にどの程度の規模のＰＭＳＣが必要となるのか、また、軍がその機能をＰＭＳＣに委託することで自らの即応性に及ぼす短期的、中期的、長期的影響は何かということを明らかにしていくことが重要な課題となる。

即応性を巡るＰＭＳＣの判断基準

第５章では、米軍が軍の即応性を発揮していく上で、ＰＭＳＣが米軍の作戦に及ぼす影響力について明らかにしていく。その判断基準は上記で明確にしたＰＭＳＣの捉え方に基づき、短期（部隊の展開時）、中期（作戦遂行時及び部隊撤退時）及び長期（作戦終了以降）の時間区分に応じて定める。すなわち、短期的影響に関しては、①部隊の受け入れ態勢を整えるための所要時間、②軍がＰＭＳＣに委託する業務所要の変化状況、③軍の負担軽減の有無について考察する。また、中期的影響については、①軍がＰＭＳＣに委託する業務所要の変化状況、②軍の負担軽減の有無、③軍の撤退に伴うリスクの増減を明らかにする。そして、長期的影響に関しては、①「政府固有の機能」の明確化の有無、②ＰＭＳＣの活用に伴う費用対効果の有無について着目していく。また、本章では併せて部隊の士気に及ぼすＰＭＳＣの影響や、ＰＭＳＣを巡る構造的特色及び契約構造の影響といった作戦・戦術的側面についても分析していく。これは、これらの要素も軍の即応性に影響を及ぼし得るからである。

3．軍事作戦の正当性の確保（軍事力行使の道義・合法的基盤）

これまで、派遣国軍が外交政策の目的を達成するためには構造上の即応性と作戦遂行上の即応性の双方を発揮する必要があることについて述べてきた。しかし、それだけでは不十分である。なぜなら、派遣国軍は自国の外交政策の目的が達成されるまで戦力投射の効果を持続する必要があるからだ。この際、重要となるのが軍事作戦の正当性を巡る問題である。

米軍が軍事作戦を遂行する際にその正当性が重要な要素となることは、ウォルト（Stephen Walt）の言葉が最も的確に表している。すなわち、「米国の国力は、それが正当なものとして捉えられ、また、他の社会がそれを米国だけのものではなく自分たちのためにも活用されていると信じたときに最も効果を発揮する」のである＊35。

正当性の概念

軍事力を行使する際の正当性を巡っては、これまで必ずしも統一した見解があるわけではない。それは、その正当性を図る基準がこれまで歴史的にも地域的にも大きく異なってきたからであろう。一四〇〇〜一五五九年では戦争は王位獲得のために正当なものとして認識されていた。主権国家の基盤が確立された時代（一六四八～一七八九年）では、戦争は国力増強のために正当なものとして捉えられた。ナショナリズムの時代（一七八九～一九一七年）では、戦争は国家の独立・繁栄のために正当なものとして認識されることになった。また二〇世紀半ば頃には、宗主国からの独立が正当なものとして認識されている。そして二〇世紀後半には、戦争を正当化する原則が変遷し、正当性を政治的・経済的な費用対効果から捉えるよりも、物事の良し悪しといった道義的観点から捉えられるようになっている＊36。二〇〇六年四月の国連安保理決議第一六七四号では「保護する責任」について確認されたが、この決議は内政不干渉原則に優先させて道義的観点から派遣国の正当性について規定したものである。

安定化作戦の正当性を巡っては、これまで法律、倫理、政治力学、実行の可能性（practicality）、実効性など、様々な側面から捉えられてきた＊37。しかし、安定化作戦が通常戦よりも複雑な特性を有していることを踏まえれば、その正当性を断片的に捉えることは適切ではないであろう。ましてそれを所与のものとして自然法や客観的根拠のなかに求めるべきものでもない。実際、安定化作戦は、通常戦と異なり次の四つの複雑な様相を有している。第一に、安定化作戦ではそれに関与するアクターがその政治目的を達成できるような条件を醸成することに成功しなければならない。第二に、安定化作戦では、作戦に付与された権限（authority）と現地国の同意（consent）の関係が流動的である＊38。第三に、安定化作戦では、作戦の目的及び論理的根拠（rationale）と、介入国の国益の関係が曖昧である＊39。そして、第四は、安定化作戦では、政治目的を達成するための手段を正当化することが困難である＊40。このような特質を踏まえると、安定化作戦では、正当性といった要素が作戦に関与するアクターの相関関係やその活動の過程において流動的に形成されていくものとして捉える必要がある。

安定化作戦の正当性は、作戦に正当性を付与する基盤的要素、その活動の成果及びその活動に対する支持という三つの要素の相関関係という側面から捉えることができる。このように三位一体の概念として捉えた正当性の考え方は、一九九二年にガウ（James Gow）によって提唱されており、その後青井千由紀氏によって発展された。そして、青井が指摘するように、冷戦終結後における安定化作戦の成否は、この三つの要素が確立されていたか否か、またこれらの要素の間で均衡が図られていたか否かによって大きく左右されていくものとして捉えることができる＊41。

正当性におけるＰＭＳＣの捉え方

本書では、軍事介入の正当性を三位一体（正当性を巡る基盤的要素、活動の成果及び活動に対する支持）の観点から捉えることの重要性を認識して、その枠組みを活用してＰＭＳＣの影響力について分析していく。これは、青井も指摘するように、イラク及びアフガニスタンでは、その他で推進された安定化作戦（リベリア、ソマリア、ボスニア、ルワンダ）と同様に、この三つの要素が派遣国軍が遂行する作戦の正当性に影響を及ぼしているからである。その上、イラク及びアフガニスタンでは、米軍は未曽有の規模でＰＭＳＣを活用しておりその業務内容の幅も広い。また、米軍とそれを支援するＰＭＳＣは同一の業務内容を同じ地域で活動しており、双方が独立して行動しているわけではない。これらのことを踏まえると、ＰＭＳＣが米軍の作戦に及ぼす影響をこの三位一体の枠組みから捉えることの意義は大きいといえる。

青井によれば、正当性の基盤的要素は、軍事作戦の正当性の論理的根拠を示すものである。これには、法律、規則、規範または声明発表の形で表れる。またその基盤的要素は、道義的な側面を有する場合や、政治力学的な側面を有する場合がある。一方、活動の成果は、軍事作戦における活動の達成度を示している。これは、派遣国軍が軍事作戦を遂行することでどの程度目的を達成したかという形で表れる。そして、活動に対する支持は、軍事作戦が他のアクターからどのように評価されるかというものである。それは、軍事作戦に対する支持または不支持という形で表れる＊42。

ＰＭＳＣという観点から軍事作戦の正当性を捉える場合、それはＰＭＳＣがこの三つの要素にどのような形で影響を及ぼすかという観点から捉えることができる。これには三つの側面がある。第一は、ＰＭＳＣが派遣国軍の基盤的要素を向上させているのか、それとも悪化させているかという問題である。この問題は、派遣国軍及びＰＭＳＣそれそれの基盤的要素の視点から捉えることが重要である。なぜなら、両者の基盤的要素は本質的に異なるものの、派遣国軍がＰＭＳＣと同一地域で同一の非戦闘的活動を実施していることで、それぞれの基盤的要素が影響し合うからである。

第二は、派遣国軍による活動の成果に対してＰＭＳＣがどの程度貢献するかという問題である。尤も、派遣国軍がＰＭＳＣと一体感を増していることで、派遣国軍の活動成果とＰＭＳＣの活動成果を明確に区分することは困難である。このため、この問題は、派遣国軍がどの程度ＰＭＳＣに依存しているかという観点（ＰＭＳＣの活用規模の大きさ及び委託する業務内容の広さ）から捉えることができる。

第三は、派遣国軍の活動に対する支持に対して、ＰＭＳＣがそれを高めているのか、または低下させているかという問題である。この問題は、派遣国軍を支援するＰＭＳＣに対して、現地政府・住民、派遣国軍及び議会、その派遣国軍と共同作戦をする諸外国軍がどのような評価をしているか（支持しているか否か）という観点から捉えることができる。

正当性を巡るＰＭＳＣの判断基準

第６章では、米軍が軍事作戦の正当性を確保していく上で、ＰＭＳＣが米軍の作戦に及ぼす影響力について明らかにしていく。派遣国軍が軍事作戦の正当性を確保するために必要な上記三つの要素に基づき、それぞれ判断基準を設定する。具体的に、基盤的要素については、米軍及びＰＭＳＣの基盤的要素の状況（基盤的要素の確立の有無）、また活動成果では、米軍がＰＭＳＣを活用する規模及びＰＭＳＣに委託する業務分野の変化状況、現地住民の雇用状況、そして活動の支持状況を巡っては、現地政府及び住民、米軍及び議会、さらに米軍と密接に作戦を遂行する英軍の評価（米軍及びそれを支援するＰＭＳＣの活動に対する支持の有無）を判断基準とする。

本章のまとめ

本書は、軍事科学的見地から米軍の作戦に及ぼすＰＭＳＣの影響力の広さとその意義について検証していくものである。これを明らかにするために、本書では米軍が軍事力を行使する際の基本的要素、すなわち国家の外交政策の推進（軍事力行使の目的）、軍の即応性の発揮（軍事量行使の対応要領）、軍事作戦の正当性の発揮（軍事力行使の道義・合法的基盤）の三つの視点に着目していく。

この三つの視点は相互に関連している。このため、三つの視点を明確に区分することはできない。しかし、本章で示したように、これら三つの視点は概念的に軍の作戦に個々に影響を及ぼすものとして捉えることができる。このことを踏まえ、本書では各視点に軽重をつけず、それぞれに判断基準に基づきＰＭＳＣの影響力について分析していく。

注

1 パワーは「本来他者が実施するはずのなかったことを行わせまたは行わせない能力」と定義することができる。Saul Newman, “Power,” in Darity, William A., Jr. (chief ed.), *International Encyclopedia of the Social Sciences, Second Edition, vol.6* (New York: Macmillan Reference USA, 2008), pp.412-414.

2 Art, Robert J. and Patrick M. Cronin (eds.), *The United States and Coercive Diplomacy* (Washington, DC: United States Institute of Peace Press, 2003).

3 Grimmett, Richard F., “Instances of Use of United States Armed Forces Abroad, 1798-2010,” *CRS Report for Congress*, R41677 (March 10, 2011).

4 U.S. Department of the Army, *Stability Operations*, FM3-07 (October 6, 2008), p.1-1.

5 Flournoy, Mich?le and Janine Davidson, “Obama’s New Global Posture: The Logic of U.S. Foreign Deployment,” *Foreign Affairs*, vol.91, no.4 (July/August 2012), pp.54-63.

6 Blair, Dennis C., "Military Power Projection in Asia," in Ashley J. Tellis, Mercy Kuo, and Andrew Marble (eds.), *Strategic Asia 2008-09: Challenges and Choices* (Seattle, WA: The National Bureau of Asian Research, 2008), p.393.

7 Ibid., pp.393-397.

8 Betts, Richard K., *Military Readiness: Concepts, Choices, Consequences* (Washington D.C.: The Brookings Institution, 1995), pp.5-19.

9 Office of the Under Secretary of Defense for Acquisition and Technology, *Report of the Defense Science Board Task Force on Readiness* (June 1994), p.i.

10 Congressional Budget Office (CBO), *Trends in Selected Indicators of Military Readiness, 1980 through 1993* (March 1994).

11 Joint Chiefs of Staff, *Department of Defense Dictionary of Military and Associated Terms*, Joint Publication 1-02 (November 8, 2010, As Amended Through May 15, 2011), p.258.

12 Clausewitz, Carl von, Michael Howard and Peter Paret (eds.), *On War: Indexed Edition* (Princeton, NJ: Princeton University Press, 1976), p.177.

13 Blechman, Barry M., "Global Power Projection - The U.S. Approach," in Uri Ra'anan, Robert L. Pfaltzgraff, Jr., and Geoffrey Kemp (eds.), *Projection of Power: Perspectives, Perceptions and Problems* (Hamden, CT: Archon Books, 1982), p.184.

14 Powell, General Colin, "U.S. Forces: Challenges Ahead," *Foreign Affairs*, vol.71, no.5 (Winter 1992-1993), pp.32-45.

15 U.S. Department of Defense, *Military Support for Stability, Security, Transition, and Reconstruction (SSTR)* Operations, DoDD 3000.5 (November 28, 2005).

16 モリンは現地治安部隊に対する教育訓練においてＰＭＳＣが及ぼす戦略的影響について検証している。ここでモリンは米軍が米国の外交政策を推進する際にＰＭＳＣが果たす役割を、①低姿勢なプレゼンスの保有、②新たな地域における米国の影響力の保持、③米軍の戦闘力の増強及び米軍の不足・欠如する機能の付与、④当該地域からの米軍撤退の環境の作為及び米軍と諸外国軍との相互運用性の向上、そして ⑤外国軍のなかに米軍人を投入できる機会の提供という五つの観点から検証している。Mohlin,

Marcus, *The Strategic Use of Military Contractors - American Commercial Military Service Providers in Bosnia and Liberia: 1995–2009*, National Defence University, Department of Strategic and Defence Studies, Series 1: Strategic Research No.30 (Helsinki: National Defence University, 2012).

17 Joint Chiefs of Staff, *Deployment and Redeployment*, Joint Publication 3-35 (May 7, 2007), p.I-8.

18 Ibid., p.I-7.

19 Joint Publication 1-02, p.273.

20 U.S. Army War College, *How the Army Runs: A Senior Leader Reference Handbook 2009-2010* (March 2009), p.121.

21 Camm, Frank and Victoria A. Greenfield, *How Should the Army Use Contractors on the Battlefield? Assessing Comparative Risk in Sourcing Decisions* (Santa Monica, CA: RAND Corporation, 2005), p.189.

22 CBO, *Trends in Selected Indicators of Military Readiness*, p.1. 統合教範（一九八六年一月）では、即応性が軍事力を構成する四本柱の一つとして位置付けている。他の三つの要素には、兵力構成（部隊の数、規模及び構造）、近代化（部隊、兵器システム及び装備品の技術的高度化）、継続性（派遣日数で表される部隊の派遣能力）がある。

23 Betts, *Military Readiness*, pp.4, 24.

24 Ibid., p.25.

25 U.S. Secretary of Defense Les Aspin, *Report on the Bottom-Up Review* (October 1993), p.70.

26 Betts, *Military Readiness*, pp.39-42.

27 Ibid., pp.28-29.

28 Kress, Moshe, *Operational Logistics: The Art and Science or Sustaining Military Operations* (Boston, MA: Kluwer Academic Publishers, 2002), pp.10-11.

29 Clausewitz, *On War*, p.330.

30 van Crevald, Martin, *Supplying War: Logistics from Wallenstein to Patton, Second Edition* (New York, NY: Cambridge University Press, 2004), pp.1-2.

31　Pagonis, LTG William G., *Moving Mountain: Lessons in Leadership and Logistics from the Gulf War* (Boston, MA: Harvard Business School Press, 1992).

32　Ibid., pp.210-213.

33　Eccles, Rear Admiral Henry E., *Logistics in the National Defense* (Harrisburg, PA: The Stackpole Company, 1959), pp.102-114.　ここでエクレスは、兵站支援の即応性を確保するためには、戦闘部隊指揮官及び兵站支援部隊指揮官の認識、兵站支援部隊と戦闘部隊の均衡、的確な兵站計画の策定、兵站支援組織における効果的・効率的な業務の実施、物的即応性の確保、兵站支援に関する訓練の実施の六要素の重要性について指摘している。Ibid., pp.290-301.

34　Senate Committee on Armed Services (SCAS), Subcommittee on Readiness, *Depot Maintenance Policy*, Statement of Dr. John P. White, Deputy Secretary of Defense (April 17, 1996), pp.7-8.

35　Walt, Stephen M., "In the National Interest: A Grand New Strategy for American Foreign Policy," *Boston Review* (February/ March 2005).

36　Bjola, Corneliu, *Legitimising the Use of Force in International Politics: Kosovo, Iraq and the Ethics of Intervention* (Abingdon, Oxon: Routledge, 2009), p.4.

37　Aoi, Chiyuki, *Legitimacy and the Use of Armed Force: Stability Missions in the Post-Cold War Era* (Abingdon, Oxon: Routledge, 2011), p.13.

38　Ibid., p.7.

39　Ibid., pp.8-9.

40　Ibid., p.9.

41　Ibid., pp.12-16.

42　Ibid., p.14.

第2部

イラク及びアフガニスタンにおける事例検証

第４章
米国の外交政策に寄与するＰＭＳＣの役割と課題

国家が自国の軍を国外に派遣して軍事力を行使する目的の一つとして、自国の外交政策の推進がある。このことは、米軍のように外征軍として行動する軍隊に特に強く求められることである。米軍の各戦域軍が世界各地で米国の外交政策に影響力を及ぼしてきたことは、これまでにも指摘されてきた*1。このことを踏まえれば、米軍がＰＭＳＣを活用する場合には、ＰＭＳＣが米国の外交政策に寄与することを求められることは当然のことである。しかし、米軍が自国の外交政策を推進していく上でＰＭＳＣが軍の作戦に及ぼす影響力については、これまで必ずしも明確にされてこなかった。これは、米軍や軍事科学においてＰＭＳＣの役割が現場レベル（作戦・戦術的次元）で捉えられる傾向があったと同時に、その他の学問分野ではＰＭＳＣの軍事的役割の重要性について十分に認識されてこなかったためである。

本章では、イラク及びアフガニスタンにおいて米軍が自国の外交政策を推進していく際、ＰＭＳＣが米軍の作戦に及ぼす影響力について明らかにしていく。ここでは、①米軍の直面する政治的・軍事組織的制約に対するＰＭＳＣの克服状況（克服の有無）、②米軍が現地で政治的・軍事的影響力を発揮する際に果たすＰＭＳＣの影響力の大きさ（影響の有無）、③米軍が派遣国軍として求められる低姿勢のプレゼンスに果たすＰＭＳＣの影響力の大きさ（影響の有無）、④ＰＭＳＣによる継続的な支援に対する信頼性の有無を判断基準として分析していく。併せて、軍の戦闘行動に及ぼすＰＭＳＣの影響やＰＭＳＣを巡る安全確保問題についても考察する。

第１節　米軍の影響力を促進するＰＭＳＣの戦略的役割

二一世紀以降、イラク及びアフガニスタンでは、数多くのアクターが平和構築に従事している。これには、各国政府だけでなく国際機関や非政府組織（ＮＧＯ）といった非国家的主体が、治安維持や復興支援活動さらには人道支援活動にも積極的に取り組んでおり、平和構築を成功させようと努めている。軍事的には、多くの派遣国軍がこれまで伝統的に実施してきた戦闘行動に加え、非戦闘的活動にも従事するようになっており、安定化作戦においてその役割を拡大させている。なかでも米軍は一九九〇年代にバルカン半島で安定化作戦に従事したときよりもはるかに大規模な部隊をイラク及びアフガニスタンに派遣している。しかし、イラク及びアフガニスタンでは、米軍は安定化作戦開始当初から政治的及び軍事組織的な制約に直面するようになった。

それでは、米軍の活動を支援するＰＭＳＣは米軍の直面する政治的制約及び軍事組織的制約を克服できているのであろうか。また、ＰＭＳＣは米軍がイラクやアフガニスタンにおいて発揮しようとしている政治的・軍事的影響力に貢献しているのであろうか。

１．ＰＭＳＣの活用による政治的・軍事組織的制約の克服

二〇〇一年一〇月のアフガン紛争及び二〇〇三年三月のイラク戦争は、米軍における軍事革命（ＲＭＡ）の特色を最大限に活用した戦争の様相を呈している。その特色は、米軍の派遣規模を制限する一方で、小規模精鋭の特殊部隊、卓越した情報能力、精密な火力及び迅速な機動力を活用することで、現地国の重要なインフラの破壊を最小限に留め

ながら敵部隊を迅速かつ正確に打ち負かしたことにある。しかし、イラク及びアフガニスタンでは、米政府がこのような軍事革命の特色を全面的に作戦に反映させようとした余り、軍は作戦開始当初から部隊の派遣規模を政治的に制限されることとなった。その結果、米軍は戦闘終結以降遂行された安定化作戦において十分な兵力規模を確保できない状況に陥ることになった。また、米軍は軍事組織的にも安定化作戦に必要な兵力構成（特に支援機能）を十分に確保できない状況にも直面するようになった。

本項でみるように、米軍が安定化作戦開始当初から直面していた政治的制約（派遣規模の上限設定）及び軍事組織的制約（支援部隊の不足）を克服する上で、ＰＭＳＣは重要な役割を果たしている。

派遣規模の上限設定の克服

派遣国軍が作戦に必要な兵力規模を確保する上で、ＰＭＳＣは寄与することができる。それは、部隊の派遣規模に上限（force cap）が設定されるなか、派遣国軍が自国軍の支援部隊に代わってＰＭＳＣを非戦闘的活動に従事させることで、より多くの戦闘部隊を派遣できるからである。

イラク及びアフガニスタンでは、米軍は安定化作戦開始当初から様々な問題に直面することになった。なかでも、米軍にとって深刻な課題となったのが作戦に必要な兵力規模を量的にもまた質的にも確保できなかったことにある。周知のとおり、イラクでは、ラムズフェルド（Donald H. Rumsfeld）国防長官に代表される新保守主義者（ネオコン派）の意向が強く反映され、戦争開始前から米軍の派遣規模が一二万五、〇〇〇人に大幅に制限されることになった。その規模は、シンセキ（Eric Shinseki）米陸軍参謀総長の主張した五〇万人を大きく下回るものである。一方、イラク戦争開始前、政府内では戦後の復興計画の策定も大幅に遅れていた。ブッシュが戦後復興計画の根拠となる国家安全保障大統領指針（ＮＳＰＤ）第二四号を発令したのは、イラク戦争開始まで六〇日にも満たない時期（二〇〇三年一月二〇日）のことであった。また、当時国防総省が戦闘終了後の安定化作戦に従事できるような準備ができていなかったとも指摘されている*2。このように、米軍は派遣規模の制限及び戦後復興計画の遅れを受けて、安定化作戦開始当初から必要な兵力規模を確保できず、治安維持への対応も後手に回ることになった。

尤も、米軍が政治的理由から部隊の派遣規模を制限されることは見新しいことではない。米軍はこれまでにも諸外国に軍を派遣する際に政治的制約から兵力規模に上限が設定されてきた*3。例えば、一九九〇年代には、米軍はコソヴォで派遣兵力をNATOの派遣兵力の一五%に制限された*4。ボスニアでは、米軍は当初の派遣規模二万人(一九九五年)を四、四〇〇人(二〇〇〇年七月)に削減されることになった*5。また、二一世紀に入りフィリピンでは米軍の展開兵力は現地政府との合意に基づき六六〇人に制限されることになった*6。しかし、米軍がイラクやアフガニスタンで直面した派遣規模の縮小は、米軍にこれまでになく深刻な影響を及ぼすこととなった。このことは、二〇〇七年一月にブッシュ大統領が新戦略を打ち出して米軍の増派を図るまで、イラクの治安情勢が悪化の一途を辿ったことから明らかである。

安定化作戦に必要とされる兵力規模を巡っては、様々な諸説があり定説があるわけではない。軍がその作戦を効果的に遂行するには、部隊が展開する地積、人口密度、活用できる兵力規模、部隊の派遣周期、安定化作戦を遂行するために特別に召集される部隊、作戦期間や戦闘烈度、軍の代替兵力、現地治安部隊の状況など様々な要素が影響している*7。また、軍関係者も認めるように、軍事作戦というものは数値化が可能な科学的要素が一部反映されるものであるものの、究極的には数値化できない要素から成り立つ術(art)である*8。従って、作戦に必要な兵力規模を一概に特定の数値をもって規定することは必ずしも適切なことではない。実際、派遣地域を統治する際に必要な最小兵力を巡っては、一九九五年以降歴史的な事例を用いて様々な分析がなされている。なかには現地住民一、〇〇〇人あたり兵士一〇人という比率(一〇〇:一)を必要最小兵力とする指摘もある*9。

このように兵力規模を巡って様々な諸説があるなか、現地住民一、〇〇〇人に対して兵士二〇人の比率(五〇:一)が一般的に活用されることが多い*10。この基準は、英軍が北アイルランド及びマレーシア紛争(一九四八年〜一九六〇年）で培った経験に基づくものであり、現在米英それぞれの軍教範においても記されている＊11。この基準に則ると、イラクでは人口約三、〇〇〇万人に対して六〇万人の兵力が必要であったことになる。しかし、実際、米軍がイラクでの安定化作戦当初に展開した兵力規模は一二万五、〇〇〇人（二四〇：一）であった。これは米軍が計算上大幅な兵力不足に陥っていたことを示している。米軍に次ぐ第二の規模をイラクに派遣した英軍も、その規模は四万五、〇〇〇人に過ぎない。

本書の目的は米軍の作戦におけるPMSCの影響力の広さとその意義について明確にすることであり、安定化作戦において必要な兵力規模を定めることではない。しかし、兵力規模の上限を定めた政治的制約が提示する課題の一つは、米軍がイラク及びアフガニスタンで推進した安定化作戦においてPMSCの支援なしには作戦を遂行できない状況に直面していたという点である。

これまでにも米軍はPMSCを活用することで展開兵力の不足を補完してきた。これは、PMSCが米軍の兵力制限の対象になっていないためである。例えば、一九九〇年代にはボスニアやコソヴォでも米軍は派遣兵力の不足を補完する形でPMSCを活用してきた＊12。ボスニアでは、米陸軍は一〇〇社以上のPMSCと契約を締結しており＊13、その規模は二万人に達している＊14。しかし、イラク及びアフガニスタンにおけるPMSCの存在意義は、一九九〇年代のPMSCに比して比較できないほど大きいものであるといえる。このことは、第6章でみるように、米軍が両国で活用したPMSCの規模から理解することができる。例えば、イラクの場合、米軍がピーク時（二〇〇七年一二月）にPMSCを活用した規模（一六万三、五九一人）は派遣兵力（一六万五、七〇〇人）に匹敵するものであり、ときには部隊の派遣規模を上回ることもあった。アフガニスタンでも多くのPMSCが活用されており、ピーク時（二〇一二年三月）には米軍の派遣規模（八万八、二〇〇人）を大きく上回っている（一一万七、二二七人）。米軍がイラクやアフガニスタンで活用したPMSCの規模は、これまで米軍が建国以降参加した軍事作戦のなかでも突出している。

PMSCの重要性については、米軍高官の発言から明確に読み取ることができる。警護・警備業務に従事する武装

ＰＭＳＣを巡っては、二〇〇七年一月にペトレイアスが在イラク多国籍軍（ＭＮＦ‐Ｉ）司令官の任命を受けた際、上院軍事委員会で「警護・警備業務に従事する数万人の請負業者及びイラク治安部隊が施設（米軍を含む米政府関連施設）を警備してその安全を確保しているお陰で、我々はその業務を遂行しないで済んでいる」と言及している＊15。また、同司令官は「彼らがいなければ我々は極めて大きな負担を強いられることになった。彼らのお陰で我々の負担は軽減されることになった」とも発言している＊16。二〇〇九年一月にはゲーツ国防長官が上院軍事委員会において「アフガニスタンでは、警護・警備能力が必要である。彼ら（武装ＰＭＳＣ）は車列を警護し、米軍施設の一部を警備している」と言及している＊17。これらの発言は、警護・警備業務に従事するＰＭＳＣが米軍において重要な役割を果たしていることを示すものである。

支援部隊の不足の補完

ＰＭＳＣは軍の派遣規模の制約を克服しているばかりではない。ＰＭＳＣは派遣国軍における戦闘部隊と非戦闘部隊の比率（tooth-to-tail ratio）も改善することができる＊18。イラクでは、米軍は作戦開始当初から軍事組織上の制約に直面していたことを受けて安定化作戦に必要な兵力構成を確保できない状況にあった。イラク戦争開始当初、米軍は小規模の精鋭部隊と最新鋭の兵器をもって作戦目的を迅速・確実に達成するという軍事革命の特色を反映させる形で戦闘部隊（combat force）を主体に兵力を構成していた。このため、戦闘後の安定化作戦では、作戦に必要な工兵及び憲兵のほか、民生支援や心理作戦に従事できる兵力、つまり戦闘部隊を支援する戦闘支援部隊（ＣＳ）や戦務支援部隊（ＣＳＳ）が不足するという問題に直面することになった。戦闘終了宣言（二〇〇三年五月一日）当時、イラクに展開した米陸軍のなかに占める支援部隊の規模は計三万七、三五〇人であり＊19、これは米軍総数（一五万人）の約二五％を占めるに過ぎない。二〇〇五年一月には支援部隊の規模は増加したが、それでも展開兵力全体の三六％に留まっている＊20。

一方、第5章で詳述するように、イラク及びアフガニスタンでは、米軍は非戦闘的活動を遂行する際に必要な人材、特に整備や通訳に従事する人材を十分に獲得できない状況にも陥ることになった。整備能力については、今日軍事科学技術の発展に伴い米軍が能力的に高度な兵器システムの管理業務に従事できなくなっていることが影響している。このことはまた、一九九〇年代半ば以降、米軍のなかでそのような高度な整備能力を保有するよりも外部委託した方が費用対効果上得策であるという認識が浸透していることも影響している＊21。また、当時米軍では通訳不足の問題も深刻化していた。二〇〇七年二月当時、米軍は四〇以上の異なった言語及び方言に対処するために通訳要員約一万一、〇〇〇人を確保する必要があった＊22。これは、これまでの通訳所要と大きく異なっている＊23。

米軍が支援部隊の不足に陥っていたことは、正規軍において支援部隊が削減されてきたことからも理解することができる。冷戦終結以降米軍はそれまで冷戦時に活用できたホスト・ネーション・サポートの恩恵を受容できなくなっていた。また、イラクやアフガニスタンの治安情勢が悪化したことで米軍は戦闘部隊を重視せざるを得なくなっていた。そして、一九七〇年前半にエイブラムス・ドクトリンに基づき、米軍のなかの戦闘支援及び戦務支援の諸機能の多くが正規軍から予備戦力に転換されたことも影響している。このことを受けて、陸軍の予備戦力のなかに占める陸軍全体の支援部隊の比率は、民生支援九八％、心理作戦九八％、憲兵五九％、工兵四六％、医療三五％になった＊24。このことは、正規軍のなかに戦闘支援及び戦務支援の機能が十分に含まれていないことを意味するものである。

支援部隊の不足問題は、米軍が予備戦力の募集目標を達成できていなかったことからも理解できる。表5は、イラク戦争開始以降（二〇〇四年から二〇一〇年）、正規軍及び予備戦力（沿岸警備隊を除く）の募集目標とその実績を取り纏めたものである。正規軍では、二〇〇四年以降毎年募集目標が概ね達成されていたのに対して、予備戦力なかでも陸軍州兵・予備、海軍予備及び空軍州兵では二〇〇四年から二〇〇七年にかけて募集目標が達成されていなかったことが分かる。特に二〇〇五年及び二〇〇六年では、その傾向が顕著に表れている。

尤も、表5はＰＭＳＣが予備戦力の人的不足をすべて補完していたことを示すものではない。なぜなら、予備戦力

表５ 正規軍及び予備戦力（沿岸警備隊は除く）の募集状況

		正規軍				予備戦力					
		陸軍	海兵隊	海軍	空軍	陸軍州兵	陸軍予備	海兵隊予備	海軍予備	空軍州兵	空軍予備
2004	目標	77,000	30,608	39,620	34,080	56,002	32,275	8,087	10,101	8,842	7,997
	実績	77,586	30,618	39,871	34,361	48,793	32,699	8,248	11,246	8,276	8,904
	率	100.8	100.0	100.6	100.8	87.1	101.3	102.0	111.3	93.6	111.3
2005	目標	80,000	32,917	37,635	18,900	63,002	28,485	8,538	12,600	10,361	8,162
	実績	73,373	32,961	37,703	19,222	50,219	23,859	8,350	9,788	8,859	9,942
	率	91.7	100.1	100.2	101.7	79.7	83.8	102.1	87.9	86.2	113.0
2006	目標	80,000	32,301	36,656	30,750	70,000	36,032	8,024	11,180	9,380	6,607
	実績	80,635	32,337	36,679	30,889	69,042	34,379	8,056	9,722	9,138	6,989
	率	100.8	100.1	100.1	100.5	98.6	95.4	100.4	86.9	97.4	105.8
2007	目標	80,000	35,576	37,000	27,801	70,000	35,505	7,256	10,602	10,690	6,834
	実績	80,407	35,603	37,361	27,801	66,652	35,734	7,959	10,627	9,975	7,110
	率	100.5	100.1	101.0	100.0	95.2	100.6	109.7	100.2	93.3	104.0
2008	目標	80,000	37,967	38,419	27,800	63,000	37,500	7,628	9,122	8,548	6,963
	実績	80,517	37,991	38,485	27,848	65,192	39,870	7,628	9,134	10,749	7,323
	率	100.7	100.1	100.2	100.2	103.5	106.3	100.0	100.1	125.8	105.2
2009	目標	65,000	31,400	35,500	31,980	56,000	34,598	7,194	7,743	9,500	7,863
	実績	70,045	31,413	35,527	31,983	56,071	36,189	8,805	7,793	10,075	8,604
	率	107.8	100.1	100.1	100.0	100.1	104.6	122.4	100.7	106.1	109.4
2010	目標	74,500	28,000	34,140	28,360	60,000	26,000	8,043	6,654	6,430	9,135
	実績	74,577	28,041	34,180	28,493	57,204	26,810	10,077	6,669	6,983	9,604
	率	100.1	100.1	100.1	100.5	95.3	103.5	125.3	100.2	108.6	105.1

資料源：米議会調査局報告書（RL32965）＊25

の全部隊がイラク及びアフガニスタンに派遣されていたわけではないからである。しかし、イラクやアフガニスタンでは、米軍が安定化作戦開始当初から派遣部隊の不足に陥っていたことや、予備戦力の募集目標が一〇〇％を満たした後も米軍がＰＭＳＣを活用し続けていたことは、とりわけ予備戦力が特に不足した時期（二〇〇五年〜二〇〇六年）にＰＭＳＣが大きな役割を果たす状況にあったといえる。

一方、軍事組織上の問題の深刻さは、米軍が一部において部隊本来の任務を変更せざるを得なかったことからも理解できる。例えば、安定化作戦においてニーズがなかった陸軍砲兵部隊などは、部隊本来の戦闘任務を変更され、安定化作戦に従事することが求められた＊26。また、海軍及び空軍からも安定化作戦に必要な戦力がイラク及びアフガニスタンに投入されており、問題の深刻さを窺うことができる＊27。

このように米軍が軍事組織上の問題に直面するなか、ＰＭＳＣは米軍に対して幅広い能力を提供することで陸軍の兵力構成を補完する役割を果たしている。例えば、二〇〇五年一月当時、イラクに派遣された陸軍は、司令部二四％、戦闘部隊四〇％、戦闘支援・戦務支援部隊三六％をもって構成されていた。その後、陸軍はＰＭＳＣを活用することでその戦闘支援・戦務支援の機能を強化できるようになっている。マッグラフ（John J. McGrath）の研究は、戦闘支援・戦務支援の機能が三六％から六一％にまで大幅に拡大していることを示している＊28。

ここで重要なことは、米軍も認識しているように、米軍を支援するＰＭＳＣの業務内容及び能力が、軍の戦闘支援部隊（ＣＳ）や戦務支援部隊（ＣＳＳ）とほぼ同等のものであるということである＊29。またこれらの能力のなかには、高度の兵器システムの整備能力のように、米軍が不足または欠如しているものもある＊30。

２．現地における政治的・軍事的影響力の保持

二〇〇一年九月の米国同時多発テロ事案を受けて、米国はアフガニスタン（二〇〇一年一〇月）及びイラク（二〇〇

三年三月）にそれぞれ軍事介入した。その目的は軍事的にアフガニスタン及びイラク両軍の撃破であり、また外交的にはアフガニスタン及びイラク両政権の体制変換にあった。米軍が軍事革命に基づいて最新の軍事科学技術を駆使してアフガニスタン及びイラク両政権を早期に崩壊させ、しかも米軍死傷者を最小限に抑えることができたことを踏まえれば、米国は軍事的にもまた外交的にも大きな成果を挙げたといえる。

しかし、米国にとって問題の源泉は、多くの有識者も指摘するように、アフガニスタン及びイラク政権崩壊後の米国の対応である。特にイラクでは、戦闘終了後の安定化作戦において兵力が圧倒的に不足していたことが、大きな問題点であった。このことは米政府当局による当初の見積とは裏腹に戦闘終了後に現地の治安情勢が悪化したことで事態の深刻さを窺うことができる。また、アフガニスタン及びイラクでは、国防総省が主担当部署になったことも、米軍の兵力不足に拍車をかけることになった。すなわち、軍は現地国民の安全確保（武装勢力の排除や国境警備等）に加え、シビル・コントロール（civil control）の確立（治安維持、司法改革の支援等）、生活必需品の確保、現地統治体制の確立の支援、経済・インフラ開発の支援にも積極的に従事することが求められるようになったのである＊31。

それでは、イラクやアフガニスタン両国において米軍が発揮しようとしていた政治的・軍事的影響力にＰＭＳＣは寄与できていたのであろうか。下記にみるように、軍がＰＭＳＣとの一体感を向上させて活動していたこと、またＰＭＳＣが現地治安部隊の育成に寄与していたこと、さらには関係機関に対する警護・警備の重要性が拡大するなかＰＭＳＣが米軍の代わりにその業務を遂行したことで、米軍は軍事的にもそして政治的にもその影響力を一層発揮できるようになっていた。

軍とＰＭＳＣとの一体化の向上

二一世紀に入り米軍がイラク及びアフガニスタンにおいてＰＭＳＣを活用した規模とその業務の幅は、過去に例をみないほど大きい（第6章）。ピーク時（二〇〇八年九月）に中央軍（ＣＥＮＴＣＯＭ）が作戦戦域全体で活用していたＰ

ＭＳＣの規模は二六万六、六七八人に達しており＊[32]、そのなかでイラク及びアフガニスタンで活用されたＰＭＳＣは二三万一、六九八人（中央軍全体の約八七％）に上っている。これはイラク及びアフガニスタン両国に派遣された米軍一八万三〇〇人よりも五万人以上も多い規模である＊[33]。また、二〇一一年三月の段階では、米軍のイラク撤退に伴いＰＭＳＣの規模も減少しているが、それでも部隊の派遣規模一四万五、四六〇人を上回る一五万四、五九二人のＰＭＳＣが米軍の作戦を支援している＊[34]。そして、ＰＭＳＣが従事する業務内容は、基地支援、警護・警備、通訳、輸送、建設、補給・整備、通信、現地軍・警察の育成など多岐に亘っている。一部では、米軍の情報分析にもＰＭＳＣが従事している＊[35]。

一方、米軍の作戦を支援していたＰＭＳＣの規模は、米軍部隊の派遣規模とともに増減する傾向にある（正比例の関係）。つまり、米軍がＰＭＳＣの活用実績を取り纏め始めた二〇〇七年九月以降、イラクでは部隊の撤退に伴いＰＭＳＣの規模も減少することになった。また、アフガニスタンでは部隊の増派に伴いＰＭＳＣが増加している。このように、米軍とそれを支援するＰＭＳＣの規模が正比例の関係にあることは、ＰＭＳＣが単に米軍に代わって非戦闘的活動に従事していることを示しているのではない。それは、米軍とＰＭＳＣが密接な関係にあり、ＰＭＳＣが米軍の非戦闘的活動において極めて重要な役割を果たしていたことを示している。これは、部隊の縮小に伴いＰＭＳＣの規模が増大した一九九〇年代のボスニアの状況とは大きく異なるものである。ボスニアでは、ＰＭＳＣが米軍の縮小に伴い軍人に代わって非戦闘的活動に従事していた＊[36]。

また、米軍の活用するＰＭＳＣは米軍から独立した形で行動していたわけではない。ＰＭＳＣは、米軍と同一の業務内容を米軍と同じ活動地域で活動しているのである。これは、一九九〇年代にバルカン半島でＰＭＳＣが米軍に代わって現地軍の育成に全面的に従事したときよりも、ＰＭＳＣが米軍と一体となって行動していることを示している＊[37]。

ＰＭＳＣが米軍との一体感を増していることは、米軍も認識していた。国防長官の覚書（二〇〇八年三月）では、世界規模で展開されるテロとの戦いにおいて米軍がこれまで以上に国防総省の文官や請負業者と行動を共にすることが要求されているとして、文官及び請負業者と努力を結集していくことが必要不可欠であると指摘されている＊38。

米軍との一体感を増すなか、ＰＭＳＣは米軍の作戦そのものにも影響を及ぼすようになってきている。二〇〇四年三月、イラクのファルージャでは、ブラックウォーター社の従業員四人が現地の武装勢力によって殺害されてその死体が橋梁から吊るされ国際社会を驚愕させたが、これを受けて米第一海兵遠征軍約一、三〇〇～二、〇〇〇人が積極的に対処することとなった＊39。この際、多国籍軍作戦副部長キミット（Mark Kimmitt）准将は「我々は意図的に精密かつ圧倒的な勢力をもって対処する」と強い決意を表明したが＊40、自国民とはいえ民間のＰＭＳＣ従業員四人が殺害されたことを受けて、米海兵隊がこれほどまで積極的に報復作戦に挑むことは、海兵隊の作戦のなかでも稀なケースであるといえる。また、二〇〇七年五月には、イラク財務省で英国系ＰＭＳＣの従業員四人とコンピュータ専門家一人が誘拐されたが、このときも米軍はイラク軍とともに積極的に捜索活動を実施している＊41。

一方、米軍がイラク及びアフガニスタンでＰＭＳＣに委託した業務内容は、非戦闘的活動に限定されており、戦闘行動ではない。これは、戦闘行動を外部委託することや請負業者を傭兵として活用することが国防総省の施策として明確に禁止されているからである＊42。実際、第6章でみるように、イラクやアフガニスタンでは、警護・警備業務に従事するＰＭＳＣの一部が一連の銃撃事案に関与したとき、特に大きく問題視されることになった。

尤も、米軍はこの警護・警備業務を戦闘行動として位置付けているわけではない。米軍がＰＭＳＣに委託する業務内容を非戦闘的活動に限定していることは、一九九〇年代にシエラレオネ及びアンゴラ両政府が請負業者を戦闘行動に直接従事させて傭兵的な役割を担わせた状況と一線を画していることを示している。つまり、今日米軍は国際・国内法上違法な傭兵とは異なる形でＰＭＳＣを活用しようとしているのである。

このように、米軍がＰＭＳＣを大規模かつ広範囲な分野に活用していたこと、また米軍の兵力規模とＰＭＳＣの活用規模が正比例の関係にあり米軍とＰＭＳＣとの一体感が向上していたこと、さらには米軍が非戦闘的活動に限定して国際法・国内法上合法の範囲内でPMSCを活用していたことは、米軍が自国の外交政策を推進する上でPMSCが重要な役割を果たしていることを示すものである。

現地治安部隊の育成への寄与

米軍がイラク及びアフガニスタンで推進した安定化作戦のなかで、特に重視された活動の一つが、現地治安部隊（軍および警察）の育成（FID）であった。それは、米軍だけでなく米国務省や司法省も推進していたシビル・コントロールの確立（治安維持、司法改革の支援等）という大きな枠組みのなかで実施されていたものである。このため、現地治安部隊の育成に及ぼすPMSCの影響力について明らかにしていくには、米軍以外に国務省や司法省も対象として考察していく必要がある。

二〇〇三年六月、陸軍は連合国暫定当局（CPA）に代わってヴィネル社（Vinnell Corporation）と総計四、八〇〇万ドルの一年契約を締結することになった。その内容は、最終的に四万四、〇〇〇人規模の「新生イラク軍」（NIA）を創設するにあたり最初の段階として当初九個大隊（三個旅団）計九、〇〇〇人の将兵を育成することにあった＊43。ここで、ヴィネル社はイラク軍に対する訓練業務をMPRI社に、新兵の募集業務をSAIC社に委託している＊44。一方、陸軍は、ヴィネル社との契約とは別に、新生イラク軍に対する兵站支援を実施するために、既存のLOGCAPの下で三、〇〇〇万ドルの契約を締結することになった＊45。

新生イラク軍育成の当初の目標は、二〇〇六年八月までの三年間で必要な人員を募集して訓練することにあった。この目標はイラク政府に権限が移譲される直前に二〇〇四年五月にまで前倒しされることになったが、PMSCはその目標を達成している。実際、新生イラク軍を構成する最初の大隊兵士約七〇〇人に対する訓練（九週間）は二〇〇三年八月にキルクシュ（Kirkush）で開始され、一〇月には終了している＊46。

PMSCが現地治安部隊の育成に貢献するなか、PMSCがその活動に従事することに対して悲観的な見方をする声もある。例えば、イラクで連合国軍事支援移譲チーム（ＣＭＡＴＴ）を統括したイートン（Paul Eaton）少将は、「兵士の育成は兵士が担う必要がある。民間人に対して兵士の仕事を実施するよう要求することはできない」と述べて、ＰＭＳＣ従業員がイラク軍を育成することについて疑問視している*47。実際、イラク軍の育成を巡っては、問題が表面化している。例えば、二〇〇三年一二月には、同年一〇月に訓練を終了した九〇〇人のうち過半数の約四八〇人が治安維持任務に就く前に軍を離脱している*48。また、二〇〇四年四月のファルージャでの戦闘の際には、新生イラク軍兵士が反乱分子の攻撃に対処することを拒否している*49。同年八月には、登録されていたイラク治安部隊二二万五、〇〇〇人のうち三万人以上の兵士が「幽霊隊員」（行方不明者）になっていたとの指摘もある*50。

一方、アフガニスタンでも、現地治安部隊の育成を巡ってＰＭＳＣの問題が浮上することになった。例えば、米国務省に雇用されたダインコー社（DynCorp）は、アフガニスタン各地に設立された地域訓練センター（ＲＴＣ）の運営を担当してアフガン警察の育成に従事した。しかし、警察官がＲＴＣで訓練を受けてもＲＴＣ卒業後の人事管理が不適切であったために、多くの警察官が卒業後に地元に戻って軍閥に加入するという事態になった。また、現地治安部隊の育成に従事したダインコー社の従業員が米国内の州警察経験者のなかから採用されていたために、アフガニスタンの実情に見合った教育訓練が実施されないという問題も生起している。さらには、同社の従業員が契約内容に固執する余り日々変化する治安部門改革（ＳＳＲ）のニーズに柔軟に対応できない状況もあった*51。

このような問題があるなか、ＰＭＳＣが現地治安部隊の育成に寄与していないと結論付けることは間違いである。それには三つの理由がある。第一は、二〇〇三年春の段階で米軍には軍独自でイラク治安部隊の育成に従事できるほどの兵力を保有していなかったことである。現地治安部隊の育成についてはこれまで伝統的に特殊部隊が従事してきた。しかし、特殊部隊は当時すでにイラクだけでなく、アフガニスタン、フィリピン、コロンビアで任務を遂行しており、イラク治安部隊の育成に新たに従事できる余力がなかった。一方、米軍の通常部隊（特殊部隊以外の一般部隊）には、そもそもイラク治安部隊なかでもイラク警察を育成できる能力を保有していなかった。つまり、かつてＣＭＡ

TTの幕僚長の任にあったキネル（Fredrick Kienle）大佐も指摘しているように＊52、米軍がイラク治安部隊の育成にPMSCを活用した背景にはそれに従事できる戦力を軍が保有していなかったためである。

このことは、PMSCが米軍兵力の不足を単に増強していることを示すものではない。現地警察の育成に関して言えば、それはむしろPMSCが現地警察を育成する能力を保有していない通常部隊に代わってその育成に従事していることを示している。すなわち、PMSCは米軍の戦力を一部で代替しているのである。このことは、PMSCの役割がただ単に量的に拡大しているのではなく、質的にも変化していることを示唆している。

第二の理由は、現地治安部隊の育成を巡る問題の原因が必ずしもPMSC側にはないことである。イラクでは、現地治安部隊の育成を担ったヴィネル社が、現地治安情勢の早期回復という米政府の要請を受けて、イラク軍に対する訓練目的を対外防衛のものから対内防衛のものに移行せざるを得なかった。また、CPAが二〇〇三年五月にイラク軍を解体したことで力の空白を形成され、治安情勢が悪化することになった。

そして、現地治安部隊を育成するための予算も不足していた。例えば、あるCPAの特別顧問によれば、イラク軍の新兵には当初一ヶ月七〇ドルの俸給しか支払われていなかった＊53。フセイン政権崩壊後における中流階級の俸給が一ヶ月二〇〇ドルであったことを踏まえれば、軍人の多くが離脱したことも驚くに値しない＊54。イラク警察も同様に一ヶ月一二九ドルの俸給しか支払われていなかった＊55。

さらには、イラク警察の教育訓練を担当した国務省隷下の国際麻薬対策・法執行局（INL）及び司法省隷下の国際犯罪捜査訓練支援計画（ICITAP）に十分な人員が投入されていなかったことも大きな障害になっていた＊56。元イラク内務省・イラク警察庁上級顧問バーク（Gerald Burke）によると、活動開始当初イラク警察の教育訓練のためには六、〇〇〇人の人員が必要とされたが、その規模は一、五〇〇人に制限されることになった＊57。また、イラクでは当初顧問団六人が派遣されたに過ぎなかった。その後新たに二四人が派遣されることになったが、これらの人員がイラクに到着するまでに六ヶ月を要している＊58。

これらの事象は、現地治安部隊の育成を巡る問題の原因が必ずしもＰＭＳＣ側にはなかったことを示している。問題は、むしろ現地情勢の推移や米政府機関の人的・財政的不足にあった。

第三の理由は、警察訓練の軍事化が推進されたこと、すなわち米軍が国務省及び司法省に代わって現地警察の育成に従事するようになったことで、警察官として必要な訓練を十分に実施できなくなったことである。バークによると、イラクでは米軍が軍事的なスキルや戦術を重視した訓練を実施する傾向にあり、人権問題や容疑者・犯罪者の取り扱いなど警察官として必要な訓練を実施することについて十分な配慮が施されなかった＊59。

また、二〇〇四年には米軍とイラク内務省が治安情勢の悪化に対処するために新たに公共治安維持大隊（Public Order Battalions）という「第三の兵力」を設立することになった。しかし、現地住民やＮＧＯによると、この「第三の兵力」が深刻な人権侵害や拷問、さらには誘拐にも関与していたと指摘されている＊60。

アフガニスタンでは、二〇〇九年以降、国防総省が国務省に代わりアフガン警察を育成する主担当部署になった＊61。しかし、アフガン警察の育成にＰＭＳＣを活用することの利点や不利点を分析することや、アフガニスタン以外の地域で実施されてきた現地警察の育成要領について国防総省が掌握していなかったことなど、問題点が表面化している＊62。

一方、アフガン警察が派遣軍の兵士を殺害するという事案（green-on-blue incidents）も発生している＊63。二〇一二年にはアフガン治安部隊の要員が国際治安支援部隊（ＩＳＡＦ）軍兵士を殺害する事案が急増している。このことを受けて、同年八月以降在アフガニスタン米軍（ＵＳＦＯＲ‐Ａ）はアフガン地方警察の新人警官に対する訓練を中断させて、一万六、〇〇〇人の地方警官に対する身元の再調査に乗り出すことになった＊64。

このように、イラク及びアフガニスタンでは現地治安部隊の育成問題特に警察訓練を巡る問題の原因は、一方的にＰＭＳＣ側にあるのではなかった。そして、米軍、国務省、そして司法省が現地治安部隊を育成できる人員も能力も保持していなかったことを踏まえれば、ＰＭＳＣがその育成について重要な役割を担っていたと結論付けることができる。

関係機関に対する警護・警備の重要性の拡大

イラク及びアフガニスタンでは、国務省及び司法省も現地治安部隊（特に警察）の育成に従事することになったが、現地治安情勢の悪化に伴い、職員及び施設の警護・警備の強化が求められるようになった。これは、復興事業に従事した米国際開発庁についても同様である。そして、この警護・警備業務においてＰＭＳＣは重要な役割を果たすことになった。

国務省の場合、警備・警護業務を外部委託することが初めて検討され始めたのは、在ベイルート米国大使館爆破事件（一九八三年四月）発生後のことである。一九八六年に外交治安対テロ法（The Diplomatic Security and Anti-Terrorism Act）が設立されると、国務省は警護・警護のために請負業者を本格的に活用することになった＊65。国務省は世界各地に一、五〇〇人規模の特別捜査官（special agents）を展開させているが、その規模は警護・警備業務を十分に遂行できるほど大きいものではない＊66。このため、イラクやアフガニスタンでは、国務省は世界要人警護業務計画（ＷＰＰＳ）に基づき警護・警備業務にＰＭＳＣを従事させるようになっている。

表６は、警護・警備のために国務省が活用したＰＭＳＣの規模を示したものである＊67。イラクでは、その規模が年々増加傾向にあったことを示している。

一方、イラクでは米軍の撤退以降、国務省はＰＭＳＣの活用規模の増大を図っている。二〇〇八年八月、国務省は二〇一一年末までに警護・

表６　国務省が活用した警護・警備業務に従事するPMSCの規模の推移

	イラク	アフガニスタン
2001	0	0
2002	0	121
2003	0	286※
2004	244	289※
2005	879	141
2006	1,330	119
2007	1,320	119
2008	1,451	119

※米国人のみであり、現地人及び第三国人は含まない

警備業務のためにＰＭＳＣの規模を倍増して七〇〇〇人にまで増員することを明らかにしている＊68。

このように、米軍以外の米政府機関は警護・警備のためにＰＭＳＣを活用することになったが、このことで米軍に求められていた警護・警備の所要は軽減されることになった。このことは、米軍高官の発言においても表れている。先のように、二〇〇七年一月には、ペトレイアス在イラク多国籍軍（ＭＮＦ－Ｉ）司令官が上院軍事委員会で「警護・警備業務に従事する数万人の請負業者及びイラク治安部隊が施設（米軍を含む米政府関連施設）を警備してその安全を確保しているお陰で、我々はその業務を遂行しないで済んでいる」と言及する一方＊69、「彼ら（警護・警備業務に従事する武装ＰＭＳＣ）がいなければ我々は極めて大きな負担を強いられることになった。彼らのお陰で我々の負担は軽減されることになった」とも発言している＊70。そして、ＰＭＳＣが米軍の代わりにその業務を遂行することで、米軍は戦闘任務に専念できるようになっている（後述）。


第１節では、米軍がＰＭＳＣを活用することで安定化作戦開始当初に直面していた政治的制約や軍事組織上の制約を克服できるようになったことが明らかになった。同時に、現地治安部隊の育成を通じてＰＭＳＣが米軍の政治的・軍事的影響力を発揮する上で寄与していることも明らかになった。その間、ＰＭＳＣは国務省及び司法省の職員や関連施設の警護・警備業務に従事することで、米政府全体の活動を促進することにもなった。これらのことを踏まえれば、米軍を含め米政府がその政治的・軍事的影響力を促進する上でＰＭＳＣが重要な役割と影響力を果たしていると結論付けることができる。

また、米軍が直面していた政治的制約や軍事組織上の制約を克服すの上で、また米軍が政治的・軍事的影響力を発揮する上でＰＭＳＣが寄与していたことは、ＰＭＳＣの役割がいまや量的なものに留まらないことを示している。すなわち、それは質的にも変化し始めていることを示唆している。

第2節　米軍の戦略的課題を克服できないＰＭＳＣ

第1節でみたように、米軍はＰＭＳＣを活用することで安定化作戦開始当初に直面していた政治的制約や軍事組織上の制約を克服し、米軍の政治的・軍事的影響力を促進するという重要な役割を果たすことになった。一方、米軍は安定化作戦を推進していく際に派遣国軍として低姿勢のプレゼンス（low profile）を維持することが求められている。同時に、米軍にとってＰＭＳＣが軍の活動を継続的に支援し続けることが極めて重要な要素となる。それでは、ＰＭＳＣは米軍の駐留姿勢にどのような影響を及ぼしているのであろうか。また、ＰＭＳＣによる支援は確実に継続されるものなのであろうか。

1．低姿勢のプレゼンスを維持できない軍のディレンマ

冷戦終結以降、派遣国軍は世界各地で推進される安定化作戦において大きな役割を果たしてきた。そのような状況のなか、派遣国軍は努めて低姿勢のプレゼンスを保持することが重要な要素となっている。すなわち、派遣国軍は可能な限り展開規模を最小限に留め、また軍事力を努めて行使せず非軍事的手段を活用することが求められている。これは、派遣国軍の駐留が被派遣国の主権そのものを侵害するものとして現地政府及び住民に認識される傾向にあるからである。一方、派遣国軍の視点に立つと、派遣の規模や期間を縮小することで自国軍の犠牲を最小限に抑えることもできる。派遣国軍が低姿勢のプレゼンスを維持して安定化作戦に従事することの利点は、これまでにも指摘されてきた*71。

イラク及びアフガニスタン両国でも、派遣国軍は派遣の規模や期間を最小限に留めることが求められていた。なかでも今日唯一の超大国として国際社会全体に大きな影響力を及ぼす米国が自国軍を派遣する場合には、その規模と期

間について特に慎重に考慮しなければならない。なぜなら、米国はこれまで「自国の安全保障上の究極的な保証人」（ultimate guarantor of its security）として、政治力、軍事力、経済力、さらには民主主義の価値観を駆使して国際的影響力を拡大してきたが、それは決して国際社会から全面的に支持されてきたものではないからである＊72。また、米国の軍事力の及ぼす影響力は大きく、それが誤って行使された場合には計り知れない反響を呼ぶことになる＊73。米軍が国際社会に及ぼす影響力の大きさは、仮に安全保障上軍事力の重要性が相対的に低下したとしても変わることはない。

一方、どの派遣国軍にとっても安定化作戦を遂行する場合には、その派遣規模及び期間を巡ってディレンマに陥ることになる。なぜなら、派遣国軍が安定化作戦を遂行するためには、低姿勢のプレゼンスを維持しなければならない一方で、通常ある程度の派遣規模と期間を必要とするからである。つまり、安定化作戦は小規模の部隊をもって一朝一夕で成功できるものではないのである。そのディレンマを解消する手段の一つとしてＰＭＳＣなど自国軍以外のアクターがあることは、これまでにも指摘されてきた。モリンが指摘するように、一九九〇年代のボスニアでは、米軍は現地部隊を育成する際にＰＭＳＣを活用することで派遣国軍としての低姿勢のプレゼンスを維持することができた＊74。

しかし、二一世紀に入りイラク及びアフガニスタンでは、米軍はＰＭＳＣを活用しても低姿勢のプレゼンスを維持できず、ディレンマに陥っている。その最大の原因は、下記にみるように、米軍がＰＭＳＣを無計画に活用したことで米軍の派遣規模に匹敵するＰＭＳＣを活用することになったためである。また、この問題は現地住民が米軍とその活動を支援するＰＭＳＣを同一視して区別できないことで深刻化している。

無計画に活用されたＰＭＳＣ

イラク及びアフガニスタンでは、米軍が無計画にＰＭＳＣを活用していたことが明らかになった。実際、二〇〇九年一月、ゲーツ国防長官が上院軍事委員会の公聴会の席で「二〇〇三年以降、イラクでは請負業者が様々な形で行き当たりばったり活用された結果、数多くの請負業者が活用されることになった」と述べている*75。また、「我々は、請負業者を監督することやそれをどのように活用していくかについて一貫した戦略を保有することはなかった。我々は、請負業者に対してどのような業務を実施させ、どのような業務を実施させてはならないのかについて意識的に判断することもなかった。この結果、請負業者への依存を高めることになってしまった。……我々はとりわけ戦闘環境や戦闘訓練の場に応じて請負業者を包括的に、また一貫した考えを持って活用してこなかった。そのことについてまず考えなくてはならない」とも言及して、これまで米軍が適切にＰＭＳＣを活用・規制してこなかったことについて認めている*76。

これまでにも国防総省は、軍が作戦計画を策定する際にはできるだけ早い段階からＰＭＳＣを対象とした作戦請負支援業務（ＯＣＳ）の内容をその計画のなかに反映するように規則で定めてきた。国防総省指示第三〇二〇・三七号（一九九〇年）では、「作戦上極めて重要な」(mission essential) 請負業務を特定して作業指示書に反映すること*77、また請負業務が継続的に実施されるように「作戦上極めて重要な」請負業務に関する計画及びその不測事態対処計画を策定することを義務付けている*78。また、国防総省指示第三〇二〇・四一号（二〇〇五年）では「作戦上極めて重要な」という表現が削除され、代わりに「作戦遂行上固有」(operational specific) という表現が活用されたことで請負業務の表現がトーンダウンしているものの、請負業務に関する施策やその業務所要を作戦計画・命令のなかに具体的に定めることを規定している*79。また、同指示は作戦計画・命令に反映される兵站支援について調整し、不測事態対処計画を策定することを義務付けている*80。

これらの内容は、すでに統合教範第四‐〇号（二〇〇〇年）や陸軍教範第三‐一〇〇・二一号（二〇〇三年）において反映されており、後の統合教範第四‐一〇号（二〇〇八年）にも反映されることになった*81。また、二〇〇六年以降、国防総省は、請負業者の役割を作戦計画に反映することの重要性について認識して、作戦請負支援業務の別紙

（別紙W）を各戦闘軍の作戦計画のなかに入れるように規定するようになった＊82。

一方、米監査局も二〇〇三年以降請負業務を巡る問題を指摘して、請負業者の活用方法や役割について軍の不測事態対処計画のなかに具体的に反映することの重要性について提示してきた＊83。

このように、国防総省も監査機関も請負業務の内容を軍の作戦計画・命令に反映することの重要性を規定してきた。しかし、イラク及びアフガニスタンでは、これらの規定が確実に遂行されていなかった。米監査局の調査によると、二〇〇三年当時、イラクでは中央軍がLOGCAPの特別契約のなかで包括的に計画を立案していなかったことが明らかになっている。在イラク米軍（USF-I）を対象とした特別契約第五九号では、食堂や居住施設などの業務所要が計画のなかにすべて反映されていなかった。また、戦域及び師団レベルでもLOGCAPについて詳細な計画が立案されなかったのである＊84。

このことに加えて、部隊が派遣された後には契約内容が何度も改定されることになった。特別契約第五九号では、一年以内に七回改訂されることになった。一方、在クウェート米軍を対象とした特別契約第二七号では、四ヶ月間（二〇〇二年九月～二〇〇二年一二月）で一八回の改訂が必要になった。この他、一か月に五回も契約内容が改訂されたものもある＊85。さらに、当初米軍が熟練した計画担当者がアクセスできない秘区分にLOGCAPを指定していたために、その熟練者が計画策定に携わることができなくなっていたことも判明している。また、保全上、請負業者が計画立案の段階に参加できない状況もあった＊86。

このような問題を受けて、二〇〇五年以降国防総省はPMSCを計画的に活用できるように様々な施策を講じている。これらの施策は、兵力構成という側面から請負業者の重要性について規定している。国防総省指針第一一〇〇・四号（二〇〇五年二月）では、これまでの基本方針では記述されていなかった請負業者について明記された。また、兵力構成を検討する際には、正規軍だけでなく、予備戦力、米国及び米国外の民間人、国防総省以外の米政府機関、請負業者及び現地支援の要素をすべて考慮する必要があることや、「政府固有の機能」を外部委託してはならないことも明記された＊87。

また、国防総省指示第一一〇〇・二二号（二〇〇六年九月）においては、兵力構成を検討する際の基準やリスク管理に関する方針を定められ、軍及び国防総省の文官がＰＭＳＣに委託できる業務内容を明確にしようとする試みがなされるようになった。また、軍の指揮・統制、戦闘行動、法務、警察行動などの機能をＰＭＳＣに委託できない「政府固有の機能」として位置付けることになった。さらに、軍の作戦上のリスクを軽減するために一定の条件下で警護・警備や尋問をＰＭＳＣに委託できることが定められた＊88。

この二つの国防総省指針・指示は、ＰＭＳＣの役割について言及していないが、兵力構成におけるＰＭＳＣの重要性について再認識している点で大きな意義がある。

一方、改訂版の国防総省指示第一一〇〇・二二号（二〇一〇年四月）では、ＰＭＳＣに委託できる業務内容、特に警護・警備業務に関する内容の充実が図られている＊89。さらに、改訂版の国防総省指示第三〇二〇・四一号（二〇一一年一二月）では、戦域外支援請負業務及びシステム管理支援請負業務の二者を業務認定及び契約管理委任（ＴＢＣ／ＣＡＤ）とともに部隊派遣に関する部隊派遣時系列データ（ＴＰＦＤＤ）のなかに含めることが明確に規定され、ＰＭＳＣを組織的に運用しようという動きが浮上している＊90。

このようにＰＭＳＣを計画的に活用しようとする動きがあるなか、作戦請負支援業務の別紙（別紙Ｗ）を巡る問題は、二〇一〇年三月の段階においても解決されていなかった。問題の第一は、国防総省の指針・指示の内容が具体化されずに作戦請負支援業務の別紙のなかにそのまま記述されていたことである。つまり、部隊がその特性や作戦環境等に応じて必要としていた請負業務について別紙のなかに具体的に規定されていなかった。これには、①部隊の規模や能力に関する情報の不足、また、②国防総省指針・指示の示す内容を別紙Ｗに反映させるべき具体的な要領や策定期限が定められていなかったことがその原因となっている。第二の問題は、作戦請負支援業務に関する詳細な内容が作戦計画の本文のなかの関連箇所や、別紙Ｗ以外の関連別紙（例えば、通信や情報）にすべて反映されていなかったことである。第三の問題は、作戦幕僚（作戦立案の主担当者）が、作戦請負支援業務の責任が自身にあるのではなく兵站幕僚にあるとして、兵站幕僚が作戦請負支援業務について定める責任を負っていると認識する傾向にあったことである。その結果、作戦幕僚が作戦請負支援業務の前提事項となる諸要素について認識していなかったことが判明している＊[91]。

一方、請負業務が米軍の作戦計画のなかに的確に反映されていなかったという問題点は、米軍がアフガニスタンに部隊を増派した際にも表面化することになった。二〇〇九年一二月、オバマ大統領はアフガニスタンに米軍三万人を増派することを発表したが、ＰＭＳＣの活用に関しては限定的にしか計画されていなかったことが議会証言において明らかになっている。すなわち、在アフガニスタン米軍（ＵＳＦＯＲ‐Ａ）はＬＯＧＣＡＰの活用規模が増大していることについて認識していたものの、米軍増派に伴い業務所要の増大が予想される請負業務についてその全体像を十分に把握できていなかったことが明らかになっている＊[92]。また、統合教範では兵站幕僚が請負業務所要の決定、請負業務の管理、請負業務支援計画（contracting support plan）の策定の責任を保有していることが規定されていたが＊[93]、在アフガニスタン米軍の兵站幕僚がその責任について十分に認識していなかったことも明らかになっている＊[94]。

このように、米軍がイラクやアフガニスタンで請負業務を計画的に活用できていなかったことは、米軍が軍の派遣規模を効果的に削減できない状況にあったということを示している。つまり、米軍が軍人の代わりにＰＭＳＣを活用して派遣国軍としての低姿勢のプレゼンスを維持しようとしても、それができなかったのである。

実際、イラク及びアフガニスタンでは、米軍の派遣規模の増減に応じてＰＭＳＣの活用規模もほぼ同等の傾向を見せている。イラクでは、前在イラク米大使クロッカー（Ryan C. Crocker）がイラク軍の将軍たちが政治的問題に関与しない程度に米軍のプレゼンスを維持する必要があると指摘した＊[95]。しかし、米軍の派遣規模の縮小に応じてＰＭＳＣの活用規模も同様の割合で減少していたことは、米軍が低姿勢のプレゼンスを維持していく上でＰＭＳＣが貢献できていなかったことを示している。一方、アフガニスタンでは米軍の派遣規模の増大に応じてＰＭＳＣの活用規模も増加したが、これもPMSCが米軍の低姿勢のプレゼンスの維持に寄与できていなかったことを示すものである。

このように、PMSCの無計画性を巡る問題が米軍のなかで依然として解決されていなかったことは、米軍がPMSCを活用することの政治的、軍事的、財政上のリスクを十分に考慮できていなかったことを示すものでもある。このことは、イラク・アフガニスタン有事請負業務委員会の報告書のなかで明確に指摘されている*96。

軍事介入の長期化に反発を強める現地住民

イラクでは、二〇〇七年の米軍増派の影響を受けて治安情勢が一部改善されることになった。しかし、治安情勢の不安定化は続いており、米軍は早期に撤退できない状況にあった。そして、安定化作戦が長期化していくに伴い、現地住民の反発が強まることになった。イラクで実施された世論調査の結果は、米軍をはじめとする派遣国軍のプレゼンスに対する批判やイラクからの即時撤退を求める声が年々拡大していることを示している。

派遣国軍のプレゼンスを巡っては、二〇〇四年二月当時にイラク国民の五一%がその駐留に対して反対していた。その比率は二〇〇五年一一月に六五%に上昇し、米軍増派直後の二〇〇七年三月には七八%にまで拡大することになった*97。

また、米軍をはじめ派遣国軍の即時撤退を求める声も年々拡大している。二〇〇五年一一月、派遣国軍の即時撤退を求めるイラク国民は二六%に留まっていた。しかし、その比率は二〇〇七年三月には三五%に拡大し、二〇〇七年八月にはイラク国民の約半数（四七%）が派遣国軍の即時撤退を求めている。この数値は派遣国軍の撤退をイラクの治安回復まで待つことを望む国民三四%（二〇〇七年八月）を上回る結果となっている*98。なかでもスンニー派がシーア派及びクルド族に比して派遣国軍の即時撤退を求める声が強い*99。

一方、米国及びイラク両政府間で米軍撤退完了時期を二〇一一年一二月に定められたが、この決定よりも早い撤退を求める声も多い。二〇〇九年二月に実施された世論調査では、イラク国民の四六%が予定よりも早く米軍が撤退することを希望しており、合意事項に基づく撤退時期に賛同する者（三五％）を上回っている*100。

このように、現地の治安情勢が不安定な状況にあるなか、米軍の派遣期間の長期化に反対する現地住民が増大している。これは、米軍が派遣期間を巡るディレンマ（duration dilemma）に陥っていることを示しているといえる。このディレンマは、治安情勢と派遣国軍の派遣期間を巡る問題である。つまり、派遣国軍が治安情勢が悪化することを恐れて派遣期間を長期化させることになれば現地住民の反発を招き、治安情勢が再び悪化することになる。他方、現地住民から反感を受けることを恐れて派遣国軍が過早に撤退することになれば、治安情勢が再び悪化する危険性がある。

イラクでは、米軍はＰＭＳＣを活用してもこのディレンマを解消できない状況にあった。それは、第6章でみるように、現地住民が米軍とＰＭＳＣを同一視して両者を区別できない傾向にあったことが一因になっている。

2．払拭されない支援の継続性を巡る懸念

独立戦争以来、米軍はこれまで請負業者を活用して軍事作戦を推進してきた。二一世紀に入りイラク及びアフガニスタンで展開された安定化作戦では、米軍は過去に例をみないほど大規模かつ広範囲に軍の業務をＰＭＳＣに委託している。その間、ＰＭＳＣは危険な作戦環境下でもその特性を活かして軍に対して継続的な支援を実施できることを示してきた。二〇〇九年六月から二〇一一年三月にかけて、イラク及びアフガニスタン両国で犠牲になったＰＭＳＣ従業員（現地人、第三国人、米国人）の数は、同時期における米軍の犠牲者数を上回ることになった*101。また、アフガニスタンで警護・警備業務に従事したＰＭＳＣに限って言えば、ＰＭＳＣの犠牲者は米軍の犠牲者よりも比率が高い*102。前述のように、警護・警備業務に従事したＰＭＳＣが重要な役割を果たしてきたことは、二〇〇七年一月にペトレイアス、また二〇〇九年一月にゲーツ国防長官がそれぞれ指摘してきた。このように、ＰＭＳＣが犠牲を伴っても活動を継続していたことや、米軍高官がＰＭＳＣの重要性について指摘していたことは、ＰＭＳＣが米軍にとっ

て信頼できる存在であったことを示す裏付けになっているといえる。

しかし、ＰＭＳＣを巡っては、その信頼性すなわちＰＭＳＣが軍に対して継続的に支援できる存在なのかという問題が常に横たわっている。この請負業務の継続性を巡る議論はいまに始まったことではない。国防科学委員会報告書（一九八二年）では、板門店での樹木伐採事案（一九七六年八月）を例に挙げてこれまで請負業者が危機や有事においても継続的に業務を遂行してきたとして請負業務の信頼性を損なう根拠はないと指摘している。その一方、報告書は、請負業者による継続的な業務遂行を確証する枠組みがないとしてその早急な整備が必要であることについても言及している＊103。

また、国防総省監査官報告書第八九‐〇二六号（一九八八年）は、危機的状況または敵対状態において軍の作戦に必要不可欠な業務（emergency-essential services）を請負業者に委託する場合にはそれが継続的に遂行される保証はないと言及している。そして、同報告書は、軍が実施しなければ「戦争遂行の妨げとなる業務」（war-stopper services）を明確にする一方、軍が活動の継続性を確保できるように不測事態対処計画を策定することを条件に軍が請負業者に委託できる業務内容を明確にする必要性があることを指摘している＊104。

それでは、国防総省内に潜在的に存在する請負業務の継続性への懸念は、どこに起因しているのであろうか。その第一は、軍と異なりＰＭＳＣ従業員は生命の危険を冒してまで軍に対して支援することが求められていないためである。陸軍教範では、脅威が増大してＰＭＳＣが委託された業務を遂行できなくなったことで作戦全体に影響を及ぼすことが予測される場合には請負業務を活用しない方が適切であると指摘し、ＰＭＳＣに対して支援の継続を強要できないことを示唆している＊105。実際、湾岸戦争で敵ミサイル攻撃の可能性が増大したとき、米国系のＰＭＳＣ従業員が米軍の作戦区域から離脱している＊106。同様に、二〇〇三年にベチテル（Bechtel）社が米国際開発庁（ＵＳＡＩＤ）と契約を締結してイラクにおいて復興事業に従事することになったが、三年間で従業員五二人が殺害されたほか、多くの事業が破壊工作にあった。このことを受けて、同社は再契約を断念している＊107。

このように、米軍はPMSCを活用する際にはその支援の継続性を確約できないというリスクを常に負っている。このリスクを軽減しようとして国防総省はこれまでにも幾度となく対策を施してきた。その一つが作戦遂行上必要不可欠な業務の明確化を定めた規則の発令である。国防総省指示第三〇二〇・三七号(一九九〇年)は、国防総省監査官報告書第八九‐〇二六号の提言内容を反映させたものである。先にみたように、ここでは、「作戦上極めて重要な」(mission essential)請負業務を特定して作業指示書に反映することや*108、請負業務が継続的に実施されるように「作戦上極めて重要な」請負業務に関する計画やその不測事態対処計画を策定することを義務付けている*109。また、新旧の業務内容をすべて毎年点検して軍の作戦に必要不可欠な業務内容を決定し、それを喪失した場合に備えて派遣部隊への支援に及ぼす影響について毎年評価してその結果を作戦計画や不測事態対処計画に反映するように義務付けている。また、「作戦上極めて重要な」請負業務の支援を継続的に受けられなくなる可能性があるときには、①軍人、文官または現地住民の支援を受けるか、②他から「作戦上極めて重要な」請負業務の支援を受けられるように予め不測事態対処計画を策定しておくか、または、③請負業務の中断によるリスクを受け入れるかの三つの選択肢を規定している*110。このことは、国防総省が請負業務を活用することのリスクについて十分に把握していたことを示している。国防総省指示第三〇二〇・三七号は、請負業者を活用する際に実施すべき全般的事項について明らかにした点において意義がある。しかし、同指示では、国防総省監査官報告(第八九‐〇二六号)が提言したように、軍が実施しなければ「戦争遂行の妨げとなる業務」について明確にされなかった。

この問題を受けて、国防総省監査官は、一九九一年に国防総省監査官報告(第九一‐一〇五号)を作成し、国防総省指示第三〇二〇・三七号を改定するよう提言している。ここでは、監査官の調査した一九五件の請負業務のうち三四%にあたる六七件の業務内容が緊急性の有する必要不可欠な業務にあたると指摘する一方で、請負業者への依存度が米軍規模の縮小に伴い増大する可能性があると指摘している。また、この監査官報告では国防総省指示第三〇二〇・三七号の欠点を指摘して、「戦争遂行の妨げとなる業務」を今一度明確にする必要があると問題提起することになった。このことに加え、緊急性を有する必要不可欠な業務の内容の数を毎年報告できる枠組みを構築し、さらにこのような業務に従事する請負業者の安全を確保するための処置を明確にするように進言している＊111。

これを受けて、国防総省は、国防総省指示第三〇二〇・三七号を改訂し、業務所要が確実に達成されていることを確認できる手順を確立することや、業務の中断が許容できないほどのリスクにつながる危険性があるか否か判断することなどについて義務付けた。また、請負業者が戦域に投入される前に実施すべき事項（請負業者の責任に関する事前訓練など）について規定することになった。しかし、ここでも作戦上緊急性を有する必要不可欠な業務内容が具体的に明記されることはなかった。その後、約一〇年間に亘り請負業務に関して国防総省全体を規定するような指針・指示が発令されることはなかった。

イラク戦争後の安定化作戦では、請負業務による支援の継続性を巡る問題が再び浮上することになった。国防総省指示第三〇二〇・四一号（二〇〇五年一〇月）では、必要不可欠な業務を継続するために、計画の策定を定めている。具体的には、①不測事態対処作戦において継続的に遂行しなければならない業務内容を決定すること、②危機的状況下において必要不可欠な業務を確実に継続できるように不測事態対処計画を策定すること、③必要不可欠な業務に従事する請負業者が継続的に業務を遂行し、または、それに代わる請負業者を獲得できるように計画を策定すること、④必要不可欠な業務を遂行する請負業者に対して戦域に留まるよう説得することを規定している。しかし、同指示においても、必要不可欠な業務内容に関して具体的に定めた記述はない。

このように、一九八〇年代後半以降国防総省は、支援の継続性を確証できる枠組みの一つとして作戦遂行上必要不可欠な業務内容を特定するよう規定してきた。しかし、二〇一五年一月現在、国防総省は作戦遂行上必要不可欠な業務内容を特定するまでに至っていない。その間、この問題は、米監査局（二〇〇三年六月）やイラク・アフガニスタン有事請負業務委員会（二〇〇九年六月）の報告書のなかで再三指摘されてきた＊112。また、二〇〇八年一月には、米上院国土安全保障及び政府事業小委員会においても指摘されている＊113。二〇年以上に亘り、軍が作戦遂行上必要不可欠な業務内容を明確にできないことを受けて、ＰＭＳＣによる支援の継続性に対する懸念はいまもなお払拭されていないといえる。

第2節でみたように、米軍はＰＭＳＣを大規模かつ広範囲な分野に活用することで、二つの側面で戦略的な弊害に直面することになっている。それは、米軍が派遣国軍としての低姿勢のプレゼンスを維持できないことであり、また米軍が依然としてＰＭＳＣによる支援の継続性を巡る懸念を払拭できない状況にあることである。この問題は、イラク及びアフガニスタン以外の安定化作戦においてどの派遣国軍も直面し得る共通の問題でもある。

第3節　作戦遂行を左右するＰＭＳＣの作戦・戦術的影響

第1節及び第2節では、米軍が自国の外交政策を推進する上でＰＭＳＣが戦略的に大きな影響を及ぼしていることが明らかになった。それでは、ＰＭＳＣの役割を限定的（作戦・戦術的）に捉えた場合、ＰＭＳＣは軍の作戦にどのような影響を及ぼすのであろうか。つまり、米軍がこれまで強調してきたようにＰＭＳＣが戦力の増強という役割（フォース・マルチプライアー）を果たすなか、米軍に負担はないであろうか。本節では、当初ＰＭＳＣが軍の戦力を増強している状況について確認した後、ＰＭＳＣを巡る安全確保問題（ＰＭＳＣの安全確保及びＰＭＳＣからの安全確保）について考察していく。

1．軍の戦闘行動への専念を可能にするＰＭＳＣ

イラク及びアフガニスタンでは、米軍は安定化作戦開始当初から戦闘行動に従事させる兵力を不足していた。このような状況のなか、軍はＰＭＳＣを軍の非戦闘的活動に活用することで戦闘任務に専念できるようになっている＊114。つまり米軍はＰＭＳＣを活用することで兵力比率（tooth-to-tail ratio）を高め、戦闘任務に従事できるようになっている。

具体的に、米軍はＰＭＳＣを軍人に代わって基地警備に従事させることで軍人が戦闘任務に専念できるようになっている。このことは、イラク復興特別監査官室（ＳＩＧＩＲ）の報告書においても反映されている。例えば、米軍は四〇件のうち一九件で基地警備業務をＰＭＳＣに委託している。タジ（Taji）基地では、ＰＭＳＣを九〇〇人以上活用して、軍人四〇〇人を他の任務に活用することができた。同様に、ブッカ（Bucca）基地では、ＰＭＳＣを四一七人活用して、軍人約三五〇人を戦闘任務に充当することができている。また、ハマー（Hammer）前方作戦基地でも、ＰＭＳＣを一二四人活用することで軍人一〇二人を戦闘任務に充当している＊115。

四〇件のうち残りの二一件においては、当時警備業務の所要が増大したことを受けて、ＰＭＳＣを新たに増強することになった。フサンニヤ（Hussaniyah）前方基地では、米軍の兵力規模が四倍に増加したことを受けて、基地警備を強化する必要性が高まり、新たにＰＭＳＣ従業員を活用することになった。同報告書は、ＰＭＳＣを活用できなかった場合には、米兵が基地警備に従事せざるを得なくなり、その結果現地軍の育成が阻害される恐れがあったことを指摘している。また、ショカー（Shoker）基地では、グルジア兵が急遽撤退したことで、その代替としてＰＭＳＣが基地警備に従事することになったことも同報告書は指摘している＊116。

また、二〇〇八年七月当時、イラクではＰＭＳＣ約一万一、〇〇〇人が米軍及び国務省の人員警護及び施設警備に従事していた（米軍及び国務省は、それぞれ九、九五二人及び一、四〇〇人のＰＭＳＣを活用）。その間、ＰＭＳＣは、在イラク多国籍軍（ＭＮＦ-Ｉ）司令官、陸軍工兵隊（ＡＣＥ）の兵員、イラク国内に物資を輸送していた一万九、〇〇〇以上の車両を警護する一方、軍事施設も警備している。また、国務省に対しては、大使をはじめ政府職員や来訪者の警護、大使館その他の施設の警備に従事している。この警護・警備業務を仮に米兵がＰＭＳＣに代わって実施した場合には、新たに九個旅団規模の兵力が必要になると、国防総省が指摘している＊117。

このことを踏まえれば、ＰＭＳＣは米軍に代わって警護・警備業務に従事することで数多くの軍人を戦闘任務に従事させることができているといえる。

ＰＭＳＣの重要性は、国防総省高官の覚書や議会証言のなかでも強調されている。国防副長官の覚書（二〇〇七年九月）は、ＰＭＳＣがイラク及びアフガニスタンで人員、車列、施設の警護・警備業務に従事することで、米軍の戦闘任務に寄与していると明記している＊118。また、二〇〇九年一月、ゲーツ国防長官は上院軍事委員会で「アフガニスタンでは、警護・警備能力が必要である。彼らは車列を警護し、米軍施設の一部を警備している」と言及し、警護・警備業務に従事する武装ＰＭＳＣがアフガニスタンにおいてもこれまで重要な役割を果たしてきたことを指摘している＊119。

2．軍の負担を増大させるＰＭＳＣの安全確保問題

第1項でみたように、米軍が強調するようにＰＭＳＣは確かに戦力の増強に寄与している。しかし、ＰＭＳＣは米軍にとってマイナスの側面もある。下記の分析が示すように、ＰＭＳＣが自衛能力を保有していないこと、またＰＭＳＣからの安全確保の重要性が増大していることを受けて、米軍の負担が増大している。このことは、ＰＭＳＣが軍の戦力を増強するという役割を相殺しかねない存在でもあることを示している。

ＰＭＳＣの自衛能力の欠如

ＰＭＳＣは軍の不足または欠如している機能を多く保有している。今日イラク及びアフガニスタンでは、ＰＭＳＣは高度な兵器システムの整備や通訳など、軍に対して高需要・低供給といった貴重な機能を提供している。

一方、ＰＭＳＣには危険環境下で自らの安全を確保できるような能力を保有していない。実際、現地ではＰＭＳＣ従業員が「狙われやすい目標」となっており、死傷者が急増している。イラクでは、武装勢力がＰＭＳＣを攻撃することで米軍を同国から撤退させようと工作しているとの指摘もあった＊[120]。また、ＰＭＳＣが武器を保有する際には、様々な要件が課せられており、即座に自衛できる状態にはない＊[121]。

ＰＭＳＣの自衛能力が欠如していることを受けて、米軍はＰＭＳＣ従業員の生命の危険性が増大する際にはその支援を受けられなくなるというリスクを負っている。例えば、クウェートで生物・化学兵器が使用される可能性が高くなった際、ＰＭＳＣ従業員に代わり米海兵隊隊員が自ら部隊食を準備することになった＊[122]。米軍もこのリスクを認識しており、このリスクを軽減しようとしてＰＭＳＣ従業員の安全確保のために部隊防護（force protection）を実施している。米軍がＰＭＳＣ従業員の安全を確保することは指揮官の責任であり、このことは米軍教範のなかに明確に規定されている＊[123]。

ＰＭＳＣの安全確保を巡っては、これまで様々な規則で規定されてきた。例えば、国防総省指針第二〇〇〇・一二号（一九九九年及び二〇〇三年）は、テロ対処及び部隊防護（Ａｔ／ＦＰ）に関する基本方針を規定している＊[124]。

国防総省指示第三〇二〇・四一号（二〇〇五年一〇月）は、戦闘司令官が必要に応じＰＭＳＣ従業員の安全を確保することを義務付けている。この指示では、従業員が安全確保に必要な手段を確保できない場合、または従業員が安全確保のために必要な手段を手頃な価格で取得できない場合、さらに脅威が高まり軍事的手段以外に従業員の安全を確保できない場合に備えて、司令官がＰＭＳＣ従業員の安全確保のために必要な計画を策定することを規定している。従業員を防護する際には、国防総省の文官を防護する場合と同等の水準で防護するように規定している。また、司令官が必要と認めた場合には、従業員は自衛武器を保有・携行することができる。この際、ＰＭＳＣ従業員には個人調達した武器を保有・携行することは認められていない。

同指示によれば、現場の部隊指揮官が必要と判断した場合には、上級司令官の了承を受けてＰＭＳＣ従業員に対して個人防護装備品（化学防護服、防弾チョッキ）を派遣前に配布することができる。緊急時には「政府固有の機能」に抵触する機能でない限り、部隊指揮官がＰＭＳＣ従業員に対してその業務を実施させることができることも規定されている。また、部隊指揮官はＰＭＳＣ従業員のセキュリティ・アクセスを取り消し・停止し、特定施設への立ち入りを制限することができる。一方、契約担当官にはＰＭＳＣ従業員に対する防護基準を契約内容のなかに記載することが義務付けられている＊[125]。

尤も、米軍が各基地において実際にＰＭＳＣ従業員の安全確保のためにどのくらいの規模の部隊を充当しているかについて確認することはできない。それが要人警護及び基地警備に直接影響を及ぼす重要事項であることを踏まえれば、当然のことである。しかし、米軍が部隊やＰＭＳＣ従業員の安全確保を重視していることは、部隊防護に充当されている米軍の規模全体から理解することができる。例えば、統合参謀本部タスク・フォースによると、イラクに展開した米軍一四万六、五二五人のうち部隊防護（警護・警備）に従事した米兵はその約二〇％に当たる二万八、一三一人に上っている（二〇〇八年度三／四半期）＊[126]。この規模は、同時期に部隊防護に従事したＰＭＳＣ従業員八、八二四人（ＰＭＳＣ全体一七万九、〇七一人の約五％）に比べ三倍も多い。

一方、イラクではこれまで現場指揮官がＰＭＳＣに関して十分な事前訓練を受けていなかったために、現地で予想以上の米兵をＰＭＳＣの安全確保のために活用することになったことも明らかになっている＊[127]。

ＰＭＳＣ従業員の安全を確保することに加え、米軍には孤立したＰＭＳＣ従業員を救出することも義務付けられている。米軍兵士、国防総省の文官及び米軍に同行する請負業者は「米軍関係者」(DoD Personnel) として位置付けられており、その生命及び幸福を守ることは国防総省の最大優先事項の一つとして規定されている＊[128]。

これまでも国防総省は、孤立した米軍関係者の救出について定めてきた。国防総省指示第二三一〇・三号（一九九七年六月）及び同指針第二三一〇・二号（二〇〇〇年一二月）では、軍が個人救出対応組織（Personnel Recovery Response

Cell）を通じて孤立した人員を救出する義務があることを定めている＊129。また、国防総省指針第三〇〇二・〇一E号（二〇〇九年四月）では、米軍関係者に対して必要な訓練を施し、必要な装備を提供してその個人を守るとともに、米軍関係者が敵対勢力に確保され、または孤立するような危険な状況に陥らないよう必要な処置を講じることを義務付けている＊130。

実際、米軍はイラクでPMSC従業員を救出することになった。ファルージャで発生したブラックウォーター社四人の殺害事案に対する米軍の対応がこれにあたる（二〇〇四年三月）＊131。二〇〇七年五月にイラク財務省で英国のPMSC従業員及びコンピュータ専門家計五人が誘拐されたときも米軍はイラク軍とともに積極的に捜索活動を実施している＊132。また、PMSC従業員が連合国暫定当局（CPA）関係者一行を誘導した視察場所において火災が発生した際には、作戦地域を担当していた第二機甲騎兵連隊がその一行の行動について事前に通報を受けていなかったために、別の地域（ナジャフ）で作戦を遂行していた同連隊隷下の部隊が急遽作戦を中断させてその一行を救出することもあった＊133。

このように、PMSC従業員に自衛能力がないなか、米軍はPMSCの安全確保と孤立したPMSC従業員の救出という責任を負っている。イラクでは、米軍がPMSC従業員を救出した事例はさほど多くなかったものの、PMSCの安全確保には常時従事していた。

PMSCからの安全確保の重要性の増大

米軍はPMSCを活用する際にその従業員の安全確保に努めていたが、それと同時に、PMSC従業員からの安全も確保しなければならない状況にあった。PMSCからの安全確保は、国防総省にとり長い間課題とされてきた。サウジアラビアのホバル・タワー（Khobar Tower）爆破事件（一九九六年六月）で米兵一九人が殺害された際、国防総省及び中央軍は、米軍基地の安全確保を強化しようとして、これまで部隊防護の施策や要領を取り決め、そのリスクの軽減を図ろうとしてきた＊[134]。また、米駆逐艦コール（Cole）号襲撃事案（二〇〇〇年一〇月）では、燃料の再補給業務に従事していたＰＭＳＣ従業員が関与していたとの疑いがあり、米軍の活動を支援するＰＭＳＣ従業員も米軍施設や米兵に対して危害を及ぼす可能性があることが改めて認識されるようになっている＊[135]。

米軍がイラク及びアフガニスタンでＰＭＳＣを活用することの利点は様々あるなか、ＰＭＳＣは米軍にとってリスクにもなっている。イラクでは、ＰＭＳＣ従業員が米軍施設に関する重要な情報を外部の敵対勢力に提供しようとして米軍施設を調査している可能性があると疑う米軍高官もいた＊[136]。実際、ＰＭＳＣ従業員のなかに敵対勢力にとって有力な情報を保有していた者がいたことが判明している＊[137]。また、従業員のなかに窃盗や闇市場に関与していた者もいたことが指摘されている＊[138]。

一方、アフガニスタンでも、警護・警備業務に従事していたＰＭＳＣ従業員が米兵を攻撃する事案（white-on-blue incidents）や、反乱分子の攻撃を支援する事案が発生している。二〇一一年三月にはアルガンダブ（Argandab）渓谷のフロンテナク（Frontenac）前方作戦基地でツンドラ・セキュリティ・グループ（Tundra Security Group）社に雇用された従業員が米兵二人を射殺し、四人を負傷させるという事案が発生した＊[139]。これに先立ち、二〇〇九年一〇月には反乱分子がキーティング（Keating）戦闘哨所を攻撃して米兵八人を殺害し、二二人を負傷させている。この際、警護・警備業務に従事していたアフガン人が身を隠していたことが明らかになっている＊[140]。一方、現地請負業者に加え、現地治安部隊が米軍に対して攻撃する事案も発生している＊[141]。

一部のＰＭＳＣが米軍に対してリスクをもたらすなか、国防総省は二〇〇四年以降ＰＭＳＣ従業員特に現地人及び第三国人の身元調査を強化しようとして、様々な施策を講じている。例えば、現地及び第三国の従業員が米軍基地や施設に出入りする際には荷物検査を実施し、米軍に危険を及ぼすような物品（爆弾、携帯電話、カメラ）の保有状況を確認するようになった。また、軍はＰＭＳＣ従業員が米軍基地から出る際にも検査を実施することを定められ、禁止された物品を保有している場合は逮捕・抑留している。また、基地及び施設内では、米兵が現地や第三国のＰＭＳＣ

従業員を誘導するよう義務付けられるようになった。ＰＭＳＣ従業員に対して、ヒュミントを専門とする米軍関係者が事前に面接するよう定めた米軍基地もあった。指揮官のなかには、他の施設に出入りするＰＭＳＣ従業員を自分の管轄下にある施設に立ち入ることを禁じた者もいた＊142。また、ＰＭＳＣ従業員には識別章を常時身に着けることが義務付けられるようになった。しかし、第６章でみるように、身元調査を巡っては制度上の限界があり、この問題が容易に改善されない状況にある。

それでは、実際米国の外交政策に及ぼすＰＭＳＣの影響力について米政府はどのように認識しているであろうか。その答えは明確ではない。警護・警備業務に従事するＰＭＳＣに限って言えば、ＰＭＳＣは米国の外交政策に対して正負双方の影響を及ぼしていると認識する軍人及び国務省職員が多い。ランド研究所の調査（二〇〇三～二〇〇八年）では、イラクでＰＭＳＣとの交流経験があった軍人及び国務省職員のうちそれぞれ過半数以上の者が、ＰＭＳＣの持つ二面性について認識していることが明らかになっている（軍人六二％、国務省職員六七％）＊143。しかし、この調査は警護・警備以外の業務に従事しているＰＭＳＣも含めた調査ではないため、ＰＭＳＣ全体の影響力を示すものではないことに留意する必要がある。

本章のまとめ

本章では、米軍が自国の外交政策の推進を図る上でＰＭＳＣが重要な役割を果たしており、その結果米軍がより一層安定化作戦に従事できるようになっていることが明らかになった。冷戦終結の国際安全保障環境の変化に伴い軍の任務が拡大したことを受けて、米軍は戦闘行動だけでなく積極的に非戦闘的活動にも従事するようになった。しかし、一九七〇年代以降正規軍の支援機能（戦闘支援及び戦務支援）が予備戦力に転換されたことで、米軍は作戦開始当初から投入される正規軍の支援機能を補完させる必要性が高まっていた。また、二一世紀初頭、イラク及びアフガニスタンで安定化作戦を遂行する際、米軍は戦闘行動（治安維持やテロ狩り）に従事できる軍人の規模を制限されていた。このような状況のなか、米軍はＰＭＳＣを活用することで、政治的制約（派遣規模の上限）及び軍事組織的制約（支援部隊の不足）を克服できるようになっている。さらには、米軍はＰＭＳＣとの一体化を向上させる一方、国務省や司法省とともに現地治安部隊の育成に従事するにあたりＰＭＳＣを活用することで軍として一層政治的・軍事的影響力を保持できるようになっている。

一方、米軍がＰＭＳＣを無計画に活用していることや、現地住民が米軍とＰＭＳＣを同一視する傾向があることで、米軍は派遣国軍として必要な低姿勢のプレゼンスを維持することができず、米軍駐留に対する批判が一部で高まったことも明らかになった。また、安全確保を巡っては、ＰＭＳＣが米軍の負担を一部増大させている。

ＰＭＳＣを巡る問題は、ＰＭＳＣの活用規模及び業務内容が大きくなれば必然的にＰＭＳＣの影響力も大きくなるというものではない。実際、英軍では、ＰＭＳＣの役割が量的に拡大してもＰＭＳＣの影響力は限定的（作戦・戦術的）なものに留まっている。本章では、二一世紀に入りイラク及びアフガニスタンの安定化作戦において、世界最強を誇る米軍が自国の外交政策を推進していく上でＰＭＳＣが大きな影響力を及ぼす存在になっていることが分かった。このことは、米軍がＰＭＳＣの支援なしには自国の外交政策を十分に推進できなくなっていることを示している。また、これは、ＰＭＳＣが単に現場レベル（作戦・戦術的次元）で軍の戦力を増強できる役割を担う存在ではなくなっていることを示すものでもある。

注

1 Reveron, Derek S. (ed.), *America's Viceroys: The Military and U.S. Foreign Policy* (New York, NY: Palgrave Macmillan, 2004).

2 Berger, Samuel R. and Brent Scowcroft (co-chaired), "In the Wake of War: Improving U.S. Post-Conflict Capabilities," *Report of an Independent Task Force, Council on Foreign Relations* (2005), pp.9-10.

3 派遣規模は、派遣国の政治・社会情勢や政策、被派遣国の国内法、ホスト・ネーション・サポート（ＨＮＳ）をはじめとする派遣国と被派遣国との合意によって決定される。

4 U.S. General Accounting Office, "Military Operations: Contractors Provide Vital Services to Deployed Forces but Are Not Adequately Addressed in DOD Plans," GAO-03-695 (June 2003), p.8.　一方、ボスニアでは大統領予備戦力召集命令により予備戦力の派遣規模が四、三〇〇人に制限された。U.S. General Accounting Office, "DOD Reserves Components: Issues Pertaining to Readiness," Statement of Richard Davis, Director, National Security Analysis, National Security and International Affairs Divison, Testimony before the Subcommittee on Readiness, Committee on Armed Services, U.S. Senate, GAO/T-NSIAD-96-130 (March 21, 1996), p. 5.

5 U.S. General Accounting Office, "Contingency Operations: Army Should Do More to Control Contract Cost in the Balkans," GAO/NSIAD-00-225 (September 2000), p.5.

6 GAO-03-695, p.8.

7 McGrath, John J., "Boots on the Ground: Troop Density in Contingency Operations," *Global War on Terrorism Occasional Paper* 16, Fort Leavenworth, Kansas, Combat Studies Institute Press (2006), pp.95-102.

8 Ibid., p.iii.

9 クインリヴァンは、現地住民一、〇〇〇人に対して兵士一～四人、兵士四～一〇人、また兵士一〇人以上の比率を占めた事例が歴史的にあると指摘している。Quinlivan, James T., "Force Requirements in Stability Operations," *Parameters* (Winter 1995), pp.59-69.　また、マグラフは、歴史的に現地住民一、〇〇〇人に対して兵士一三・二六人の比率が必要であると指摘している。McGrath, "Boots on the Ground," p.106.

　ブラウン及びランド研究所は、現地住民一、〇〇〇人に対して兵士一〇人（一〇〇：一）の比率を指摘している。Brown, John S., "Numerical Considerations in Military Occupations," *Army*, vol.56 (April 2006); Jones, Seth G., Jeremy M. Wilson,

Andrew Rathmell, and K. Jack Riley, *Establishing Law and Order after Conflict* (Santa Monica, CA: RAND Corporation, 2005).

マレーシア紛争及びイラクでの安定化作戦を事例とした研究では、兵力比率二〇：一が依然として有効であると指摘されている。Kozelka, Major Glenn E., "Boots on the Ground: A Historical and Contemporary Analysis of Force Levels for Counterinsurgency Operations," *School of Advanced Military Studies, U.S. Army Command and General Staff College* (May 2009).

10 Quinlivan, James T., "Burden of Victory," *RAND Objective Analysis* (Summer 2003).

11 U.S. Army and Marine Corps, *Counterinsurgency*, FM3-24, No.3-33.5 (December 2006), p.1-13; UK Ministry of Defense, *Counter Insurgency*, British Army Field Manual, vol.1 part 10, Army Code 71876 (October 2009), p.4-7.

12 これらの地域において、米陸軍は、基地の営門や周辺の警備をＰＭＳＣに委託し（ボスニアの場合）、また、陸軍の消防活動を民間の消防業者に従事させている（コソヴォの場合）。GAO-03-695, p.8.

13 GAO/NSIAD-00-225, p.5.

14 Congressional Budget Office (CBO), *Contractors' Support of U.S. Operations in Iraq*, no.3058 (August 2008), p.13.

15 Senate Committee on Armed Services (SCAS), *Nominations of LTG David H. Petraeus, USA, to Be General and Commander, Multinational Forces-Iraq* (January 23, 2007), p.17.

16 Ibid., p.28.

17 Senate Committee on Armed Services (SCAS), *Hearing to Receive Testimony on the Challenges Facing the Department of Defense* (January 27, 2009), p.12.

18 Congressional Budget Office (CBO), *Logistics Support for Deployed Military Forces* (October 2005), p.24.

19 その内訳は、工兵一万七、二三〇人、憲兵一万四〇〇人、医療七、二八〇人、民生支援一、八〇〇人、心理作戦六四〇人である。Binnendijk, Hans and Stuart E. Johnson (eds.), *Transforming for Stabilization and Reconstruction Operations* (Washington D.C.: National Defense University Press, 2004), p.79.

20 McGrath, John J., "The Other End of the Spear: The Tooth-to-Tail Ratio (T3R) in Modern Military Operations," *The Long War Series Occasional Paper 23*, Fort Leavenworth, Kansas, Combat Studies Institute Press (2007), pp.50-51.

21 GAO-03-695, p.9.

22 U.S. Government Accountability Office, "Military Operations: DOD Needs to Address Contract Oversight and Quality Assurance Issues for Contracts Used to Support Contingency Operations," GAO-08-1087 (September 26, 2008), pp.12-13.

23 一九九九年四月当初、陸軍は世界各地で通訳要員として一八〇人のＰＭＳＣ従業員を雇用するに留まっており、その費用は一、九〇〇万ドルであった。しかし、二〇〇四年九月には、その費用は四億九六〇万ドルまで増加し、その後、世界全体における通訳業務の所要人数も九、三一三人から一万一、一五四人に増加している。二〇〇八年四月には、その費用は約五倍の二二億ドルに高騰している。Ibid.

24 Binnendijk and Johnson, p.79.

25 二〇〇五年から二〇一一年にかけての米議会調査局の報告書を取り纏めたもの。Kapp, Lawrence, "Recruiting and Retention: An Overview of FY2009 and FY2010 Results for Active and Reserve Component Enlisted Personnel," *CRS Report for Congress*, RL32965 (June 22, 2005), (January 20, 2006), (February 7, 2008), (November 30, 2009), (January 14, 2011).

26 U.S. Government Accountability Office, "Military Readiness: Impact of Current Operations and Actions Needed to Rebuild Readiness of U.S. Ground Forces," Statement of Sharon L. Pickup, Director Defense Capabilities and Management, Testimony Before the Armed Service Committee, House of Representatives, GAO-08-497T (February 14, 2008), pp.4-5.

27 Ibid., p.7.

28 McGrath, "The Other End of the Spear," pp.52-53.　なお、マッグラフ氏の研究では、兵站支援（logistics）と生活支援（life support）に区分しているが、本書では研究の目的（兵力構成）上、兵站支援及び戦務支援の代わりに戦闘支援及び戦務支援に区分した。

29 U.S. Department of the Army, *Contractors on the Battlefield*, FM 3-100.21(100-21) (January 3, 2003), p.1-6.

30 CBO, *Logistics Support*, p.23.

31 U.S. Department of the Army, *Stability Operations*, FM3-07 (October 6, 2008), pp.3-1 to 3-19.

32 Under Secretary of Defense for Acquisition, Technology, and Logistics (USD-AT&L), *Contracting in Iraq and Afghanistan and Private Security Contracts in Iraq and Afghanistan* (November 19, 2008), p.1.

33 二〇〇八年九月の段階で米軍がイラク及びアフガニスタンで活用したＰＭＳＣの規模は、それぞれ一六万三、四四六人及び六万八、二五二人である。一方、その時の米軍の派遣規模は、それぞれ一四万六、八〇〇人及び三万三、五〇〇人であった。Schwartz, Moshe and Joyprada Swain, "Department of Defense Contractors in Afghanistan and Iraq: Background and Analysis," *CRS Report for Congress*, R40764 (May 13, 2011), pp.28-29.

34 二〇一一年三月当時、イラク及びアフガニスタンで米軍が活用したＰＭＳＣの規模は、それぞれ六万四、二五三人及び九万三三九人であった。一方、当時米軍の派遣規模はそれぞれ四万五、六六〇人及び九万九、八〇〇人であった。なお、中央軍の作戦区域全体では、部隊の派遣規模二一万四、〇〇〇人に対して一七万三、六四四人のＰＭＳＣが活用されている。Ibid., p.6.

35 U.S. Government Accountability Office, "Military Operations: Implementation of Existing Guidance and Other Actions Needed to Improve DOD's Oversight and Management of Contractors in Future Operations," Statement of William M. Solis, Director Defense Capabilities and Management, Testimony Before the Committee on Homeland Security and Governmental Affairs Subcommittees, U.S. Senate, GAO-08-436T (January 24, 2008), p.2.

36 GAO-03-695, p.8.

37 MPRI社（米）がクロアチア軍を育成していた。

38 Secretary of Defense, *USMJ Jurisdiction Over DoD Civilian Employees, DoD Contractor Personnel, and Other Persons Serving With or Accompanying the Armed Forces Overseas During Declared War and in Contingency Operations*, Memorandum (March 10, 2008).

39 Arraf, Jane et.al., "Marines, Iraqis Join Forces to Shut Down Fallujah, *CNN*, April 5, 2004; McCarthy, Roy, "Uneasy Truce in the City of Ghosts," Guardian, April 24, 2004.

40 Coalition Provisional Authority Briefing with Brigadier General Mark Kimmitt, Deputy Director for Coalition Operations

and Dan Senor, Senior Advisor, CPA, April 1, 2004; "The Dark Road Ahead," Newsweek *U.S. Edition*, April 12, 2004.

41 Peev, Gerri, "Warning of Security Lapses in Iraq as Hunt for Abducted Britons Goes On," *Scotsman*, May 31, 2007.

42 U. S. Government, *Federal Register*, vol.73, no.62 (March 31, 2008), pp.16764-16765.

43 House Committee on Armed Services (HCAS), Subcommittee on Oversight and Investigations, *Stand Up and Be Counted: The Continuing Challenges of Building the Iraqi Security Forces* (June 2007), p.13.

44 Ibid., p.93.

45 Ibid., p.8.

46 Coalition Provisional Authority, "First Battalion of New Iraqi Army Graduates Will Work Along Side Coalition Forces to Protect Their Nation," *Press Release*, October 4, 2003; HCAS, *Stand Up and Be Counted*, p.8.

47 HCAS, *Stand Up and Be Counted*, p.13.

48 Cha, Ariana Eunjung, "Iraqi Army Recruits Abandon Battalion/ More Than Half Quit Days before Mission," *The Washington Post*, December 13, 2003.

49 HCAS, *Stand Up and Be Counted*, p.13.

50 Cordesman A.H., "US Policy in Iraq: A 'Realist' Approach to its Challenges and Opportunities," *Center for Strategic and International Studies* (August 6, 2004), p.11.

51 House, Tim, "An Analysis of Security Secure Reform," *Defence Research Paper*, UK Defence Academy, Joint Command Staff College (2007), p.33; Kinsey, Christopher, *Private Contractors and the Reconstruction of Iraq: Transforming Military Logistics* (Abingdon, Oxon: Routledge, 2009), p.58.

52 Kienle, Col. Fredrick, U.S. Army, "Creating an Iraqi Army from Scratch: Lessons for the Future," *American Enterprise Institute for Public Policy Research National Security Outlook* (May 2007).

53 Catan, Thomas and Stephen Fidler, "The Military Can't Provide Security," *Financial Times*, September 29, 2003.

54 Calbreath, Dean, "Iraqi Army, Police Fall Short on Training," *The San Diego Union Tribune*, July 2, 2004.

55 Spearin, Christopher, "A Justified Heaping of the Blame? An Assessment of Privately Supplied Security Sector Training and Reform in Iraq - 2003-2005 and Beyond," in Stoker, Donald (ed.), *Military Advising and Assistance: From Mercenaries to Privatization, 1815-2007* (Abingdon, Oxon: Routledge, 2008), p.229.

56 ＩＮＬは現地における警察訓練を担当していたのに対して、ＩＣＩＴＡＰは訓練場での座学を担当していた。

57 Burke, Gerald, prepared testimony to the House Committee on Armed Services, Subcommittee on Oversight and Investigations before the hearing on *Contracting for the Iraqi Security Forces,* 110th Congress, 1st Session (April 25, 2007), p.3.

58 House Committee on Armed Services (HCAS), Subcommittee on Oversight and Investigations, *Hearing on Contracting for the Iraqi Security Forces*, 110th Congress, 1st Session (April 25, 2007).

59 Burke, G., prepared testimony to the House Subcommittee on Oversight and Investigations, p.4.

60 Ibid.

61 U.S. Government Accountability Office, "Afghanistan Security: Department of Defense Effort to Train Afghan Police Relies on Contractor Personnel to Fill Skill and Resource Gaps," GAO-12-293R (February 23, 2012), p.1.

62 Ibid., pp.8-10.

63 Nordland, Rod, "3 NATO Soldiers Killed by Afghan Security Officers," *The New York Times*, March 26, 2012.

64 Vogt, Heidi, "Attacks Lead U.S. to Halt Some Afghan Training," *ArmyTimes*, September 2, 2012.

65 Senate Committee on Homeland Security and Government Affairs (HAGA), *Hearing on An Uneasy Relationship: U.S. Reliance on Private Security Firms in Overseas Operations*, Testimony of Patrick F. Kennedy, Under Secretary for Management, Bureau of Management (February 27, 2008), p.6.

66 Ibid.

67 Senate Committee on Homeland Security and Government Affairs (HAGA), *Hearing on An Uneasy Relationship: U.S. Reliance on Private Security Firms in Overseas Operations*, Question for the Record Submitted to Under Secretary Patrick

F. Kennedy by Senator Joseph Lieberman (#2) (February 27, 2008).

68 Gordon, Michael, “Civilians to Take U.S. Lead as Military Leaves Iraq,” *The New York Times*, August 18, 2010.

69 SCAS, *Nominations of LTG David H. Petraeus*, p.17.

70 Ibid., p.28.

71 Camm, Frank and Victoria A. Greenfield, *How Should the Army Use Contractors on the Battlefield? Assessing Comparative Risk in Sourcing Decisions* (Santa Monica, CA: RAND Corporation, 2005), p.37.

72 Walt, Stephen M., “In the National Interest: A Grand New Strategy for American Foreign Policy,” *Boston Review* (February/ March 2005).

73 Ibid.

74 Mohlin, Marcus, *The Strategic Use of Military Contractors - American Commercial Military Service Providers in Bosnia and Liberia: 1995–2009*, National Defence University, Department of Strategic and Defence Studies, Series 1: Strategic Research No.30 (Helsinki: National Defence University, 2012).

75 SCAS, *Hearing to Receive Testimony on the Challenges Facing the Department of Defense*, p.28.

76 Ibid., p.29.

77 U.S. Department of Defense, *Continuation of Essential DoD Contractor Services During Crisis*, DoDI 3020.37 (November 6, 1990), p.4.

78 Ibid., p.2.

79 U.S. Department of Defense, *Contractor Personnel Authorized to Accompany the U.S. Armed Forces*, DoDI 3020.41 (October 3, 2005), p.9.

80 Ibid., p.2.

81 Joint Chiefs of Staff, *Doctrine for Logistic Support of Joint Operations*, Joint Publication 4-0 (April 6, 2000), p.V-3; FM 3-100.21(100-21), pp.2-3 to 2-4; Joint Chiefs of Staff, *Operational Contract Support*, Joint Publication 4-10 (October 17,

2008), p.III-16;

82 U.S. Government Accountability Office, "Warfighter Support: Continued Actions Needed by DOD to Improve and Institutionalize Contractor Support in Contingency Operations," Statement of William M. Solis, Director Defense Capabilities and Management before the Subcommittee on Defense, House Committee on Appropriations, GAO-10-551T (March 17, 2010), p.25.

83 GAO-03-695, pp.11-18.

84 U.S. Government Accountability Office, "Military Operations: DOD's Extensive Use of Logistics Support Contracts Requires Strenghtened Oversight," GAO-04-854 (July 19, 2004), pp.18-19.

85 Ibid., p.19.

86 Ibid., p.18.

87 U.S. Department of Defense, *Guidance for Manpower Management*, DoDD 1100.4 (February 12, 2005), p.3.

88 U.S. Department of Defense, *Guidance for Determining Workforce Mix*, DoDI 1100.22 (September 7, 2006), pp.14-24.

89 U.S. Department of Defense, *Policy and Procedures for Determining Workforce Mix*, DoDI 1100.22 (April 12, 2010), pp.19-21.

90 U.S. Department of Defense, *Operational Contract Support* (OCS), DoDI 3020.41 (December 20, 2011), pp.2, 13-14.

91 GAO-10-551T, pp.24-27.

92 Ibid., p.19.

93 Joint Chiefs of Staff, Joint Task Force Headquarters, Joint Publication 3-33 (February 16, 2007), pp.C-4 to C-15.

94 GAO-10-551T, p.19.

95 Gordon, "Civilians to Take U.S. Lead as Military Leaves Iraq."

96 Commission on Wartime Contracting in Iraq and Afghanistan (CWC), *Transforming Wartime Contracting: Controlling Costs, Reducing Risks*, Final Report to Congress (August 2011).

97　"Ebbing Hope in a Landscape of Loss Marks a National Survey of Iraq," *ABC/BBC/NHK Poll-Iraq: Where Things Stand*, March 19, 2007, p.6.

98　"Iraq's Own Surge Assessment: Few See Security Gains," *ABC/BBC/NHK Poll-Iraq: Where Things Stand*, September 10, 2007, p.3.

99　二〇〇七年三月、スンニー派のなかで多国籍軍の即時撤退を求める者は五五％、シーア派のなかでは二八％、またクルド族のなかで一一％であった。二〇〇七年八月には、その数値はスンニー派で七二％、シーア派で四四％、クルド族で八％になっている。Ibid., p.26.

100　"Dramatic Advances Sweep Iraq, Boosting Support for Democracy," *ABC/BBC/NHK Poll-Iraq: Where Things Stand*, March 16, 2009, p.36.

101　CWC, *Transforming Wartime Contracting*, p.31.　一方、イラク（二〇〇三年三月～二〇〇四年一一月）では、ＫＢＲ社の犠牲者の割合が戦務部隊の犠牲者の割合の七分の一であり、高くなかったとの指摘がある。また、戦闘部隊の犠牲者数の割合との比較では、ＫＢＲ社の割合の方が約二〇分の一になっている。CBO, *Logistics Support*, pp.13-16.

102　アフガニスタンでは、二〇〇九年六月から二〇一〇年四月までの間、警護・警備業務に従事するＰＭＳＣの犠牲者数は二六〇人であった（同時期における米軍犠牲者数は三二四人）。警護・警備業務に従事するＰＭＳＣ及び米軍の規模を考慮すると、ＰＭＳＣの犠牲者の割合は米軍に比して四・五倍になっている。Schwartz, Moshe, "Department of Defense's Use of Private Security Contractors in Iraq and Afghanistan: Background, Analysis, and Options for Congress," *CRS Report for Congress*, R40835 (June 22, 2010), p.12.
　一方、二〇〇九年六月から二〇一〇年一一月までの間、警護・警備業務に従事するＰＭＳＣの犠牲者数は三一九人であった（同時期における米軍犠牲者数は六二六人）。警護・警備業務に従事するＰＭＳＣ及び米軍の規模を考慮すると、ＰＭＳＣの犠牲者の割合は米軍に比して二・七五倍になっている。Ibid., p.9.

103　Office of the Under Secretary for Research and Engineering, *Report of the Defense Science Board Task Force on Contactor Field Support during Crisis* (October 1982), pp.13-15.

104 Office of the Inspector General, Department of Defense, *Retention of Emergency-Essential Civilians Overseas During Hostilities*, Audit Report No. 89-026 (November 7, 1988).

105 FM 3-100.21(100-21), pp.1-28, 2-17.

106 Ferris, Stephen, P. and David M. Keithy, “Outsourcing the Sinews of War: Contractor Logistics,” *Military Review*, vol. 81, no.5 (September/October 2001), p.76.

107 Baker, David R., “Bechtel Pulling Out after Three Rough Years of Rebuilding Work,” *San Francisco Chronicle*, November 1, 2006.

108 DoDI 3020.37, p.4.

109 Ibid., p.2.

110 Ibid., pp.4-5.

111 Office of the Inspector General, Department of Defense, *Civilian Contractor Overseas Support During Hostilities*, Audit Report No. 91-105 (June 26, 1991).

112 GAO-03-695, p.15; Commission on Wartime Contracting in Iraq and Afghanistan (CWC), *At What Cost? Contingency Contracting in Iraq and Afghanistan*, Interim Report (June 2009), pp.22-23.

113 GAO-08-436T, p.7.

114 CBO, Logistics Support, p.24.

115 Office of the Special Inspector General for Iraq Reconstruction (SIGIR), *Need to Enhance Oversight of Theater-Wide Internal Security Service Contract*, SIGIR-09-017 (April 24, 2009), p.6.

116 Ibid.

117 U.S. Government Accountability Office, “Rebuilding Iraq: DOD and State Department Have Improved Oversight and Coordination of Private Security Contractors in Iraq, but Further Actions Are Needed to Sustain Improvements,” GAO-08-966 (July 2008), p.1.

118 Deputy Secretary of Defense, *Management of DoD Contractors and Contractor Personnel Accompanying U.S. Armed Forces in Contingency Operations Outside the United States, Memorandum* (September 25, 2007).

119 SCAS, *Hearing to Receive Testimony on the Challenges Facing the Department of Defense*, p.12.

120 米紙シアトル・タイムズにおいて記載された米紙ワシントン・ポストのプリーストの記事内容を引用。Priest, Dana, "Militia Attack Repelled by Private Security Firm," *Washington Post*, April 06, 2004.

121 U.S. Department of Defense, *Private Security Contractors (PSCs) Operating in Contingency Operations*, DoDI 3020.50 (July 22, 2009); DoDI 3020.41 (October 3, 2005).

122 CBO, *Logistics Support*, p.25.

123 FM 3-100.21(100-21), p.6-2.

124 一九九九年の指針は問題点が多い。例えば、国防次官（調達・技術・兵站担当）の責任が規定されたものの、不明確なものであった。また、その他の関係機関の責任については規定されていない。U.S. Department of Defense, *DoD Antiterrorism/ Force Protection (AT/FP)* Program, DoDD 2000.12 (April 13, 1999). 改訂版では、米軍全体で請負業者の部隊防護に取り組むことが規定されている。 U.S. Department of Defense, *DoD Antiterrorism (AT) Program*, DoDD 2000.12 (August 18, 2003).

125 DoDI 3020.41 (October 3, 2005), pp.3, 13-16.

126 CJS Task Force, "Dependence on Contractor Support in Contingency Operations: Phase II An Evaluation of the Range and Depth of Service Contract Capabilities in Iraq," presentation by CAPT Pete Stamatopoulos, Supply Corps, US Navy JS J-4, Logistics Services Division.

127 U.S. Government Accountability Office, "Military Operations: High-Level DOD Action Needed to Address Long-Standing Problems with Management and Oversight of Contractors Supporting Deployed Forces," GAO-07-145 (December 18, 2006), p.29.

128 U.S. Department of Defense, *Personnel Recovery in the Department of Defense*, DoDD 3002.01E (April 16, 2009), p.2.

129 U.S. Department of Defense, *Personnel Recovery Response Cell*, DoDI 2310.3 (June 6, 1997); U.S. Department of Defense,

Personnel Recovery, DoDD 2310.2 (December 22, 2000).

130 DoDD 3002.01E, p.2.

131 ファルージャでは、米第一海兵遠征軍約一、三〇〇～二、〇〇〇人が積極的に対処することとなった。Arraf, Jane et.al., “Marines, Iraqis Join Forces to Shut Down Fallujah, *CNN*, April 5, 2004; McCarthy, Roy, “Uneasy Truce in the City of Ghosts,” *Guardian*, April 24, 2004.

132 Peev, “Warning of Security Lapses in Iraq as Hunt for Abducted Britons Goes On.”

133 U.S. Government Accountability Office, “Rebuilding Iraq: Actions Needed to Improve Use of Private Security Providers,” GAO-05-737 (July 28, 2005), p.22.

このようにＰＭＳＣの救出に関する事例があるなか、米軍が実際にＰＭＳＣ従業員を救出した事例は多くない。ランド研究所によると、イラクでＰＭＳＣ従業員との交流があった米兵のなかで実際にＰＭＳＣを救出するために即応対処部隊（ＱＲＦ）を出動させた経験のあった者は二〇%に満たない。Cotton, Sarah K., Ulrich Petersohn, Molly Dunigan, Q. Burkhart, Megan Zander-Cotugno, Edward O’Connell and Michael Webber, *Hired Guns: Views about Armed Contractors in Operation Iraqi Freedom* (Santa Monica: RAND Corporation, 2010), pp.48-49.

134 U.S. Government Accountability Office, “Military Operations: Background Screening of Contractor Employees Supporting Deployed Forces May Lack Critical Information, but U.S. Forces Take Steps to Mitigate the Risk Contractors May Pose,” GAO-06-999R (September 22, 2006), p.1.

135 Ibid., p.2.

136 Ibid.

137 Ibid.

138 Ibid.

139 CWC, *Transforming Wartime Contracting*, p.53.

140 Ibid.

141 Ibid., pp.53-54.

142 GAO-06-999R, pp.7-8.

143 Cotton et al., *Hired Guns*, pp.53-56.

第5章
米軍の即応性を向上させるＰＭＳＣとその限界

　軍が軍事力を行使する際には、その即応性を向上させることが不可欠な要素となる。それは、作戦を遂行する上で主動性を確保することが極めて重要となるからである。一方、軍の即応性を巡る問題は軍機能の外部委託とも密接な関係がある。このことは米軍も認識している*1。

　第2章では、即応性が概念的に軍の部隊規模を迅速に図る「構造上の即応性」(structural readiness)と、部隊の能力の最大化を迅速に図る「作戦遂行上の即応性」(operational readiness)に区分できることを指摘した。また、時間的要素の観点から、ある特定時期における即応性と、現在と将来の関係における即応性に区分できることについても指摘した。すなわち、即応性とは一般的に認識されているように単に短期的な観点から着目した初動対処能力だけを意味するものではない。それは作戦を継続的に実施するために必要な継戦能力といった中期的な要素や、作戦が終了して次の作戦を遂行するために必要な軍事力の再構築能力といった長期的な要素を意味するものでもある。

　第5章の目的は、イラク及びアフガニスタンで遂行された安定化作戦において米軍が発揮しようとした即応性に及ぼすＰＭＳＣの影響について明らかにすることにある。本章では、短期(部隊の展開時)、中期(作戦遂行時及び部隊撤退時)及び長期(作戦終了以降)といった時間的区分に応じてＰＭＳＣの影響力について考察していく。判断基準はそれぞれの時間的区分に応じて設定する。

具体的に、短期的影響については、①部隊の受け入れ態勢を整えるための所要時間、②軍がＰＭＳＣに委託する業務所要の変化状況、③軍の負担軽減の有無、また、中期的影響については、①軍がＰＭＳＣに委託する業務所要の変化状況、②軍の負担軽減の有無、③軍の撤退に伴うリスクの増減、そして、長期的影響については、①「政府固有の機能」の明確化の有無、②ＰＭＳＣの活用に伴う費用対効果の有無に着目していく。また本章では、併せて部隊の士気、ＰＭＳＣを巡る構造的特色及び契約構造といった作戦・戦術的側面からもＰＭＳＣについても明らかにしていく。これは、これらの要素が上記の戦略的要素に関連しているからである。

第1節　ＰＭＳＣが寄与する短期・中期的な役割

それでは、ＰＭＳＣは米軍の即応性にどのような影響を及ぼしているのであろうか。とりわけ、ＰＭＳＣは軍の即応性を向上させているのであろうか。それとも、逆に即応性を低下させているのであろうか。本節では、短期的（部隊展開時）に米軍が初動対処していく上で、また中期的（作戦遂行時）に米軍が継続的に作戦を遂行していく上で、ＰＭＳＣが及ぼす影響について分析していく。ここでは、ＰＭＳＣの特性に応じて、戦域外支援請負業務（external support contracts）、戦域内支援請負業務（theater support contracts）及びシステム支援請負業務（systems support contracts）に区分して検証する＊2。なお、部隊撤退時の中期的要素については、次節で記述していく。

1．軍の初動対処を高めるＰＭＳＣ

ＰＭＳＣが軍の初動対処にどのような影響を及ぼすかについて判断することは容易なことではない。二一世紀に入っても主動性や奇襲といった軍事的要素が作戦の成否を決定付ける重要な鍵であり続けるなか、軍の初動対処能力が高度な機密事項の一つであることを踏まえれば、それは当然のことである。

しかし、軍の初動対処能力そのものが公表されていなくても、米軍の活用する請負業務の特性や米軍がＰＭＳＣに委託する業務所要の変化状況をみることで、米軍の初動対処に及ぼすＰＭＳＣの影響について理解することができる。

戦域外支援請負業務

戦域外支援請負業務の代表的な支援体制として兵站業務民間補強計画（ＬＯＧＣＡＰ＊3）がある。ＬＯＧＣＡＰは、陸軍が一九九二年のソマリア侵攻以来活用している大規模な兵站支援計画である。ＬＯＧＣＡＰは、請負業者が陸軍の要請に基づき世界各地から陸軍部隊を迅速に支援できるように平時から陸軍と契約を締結するものである。ＬＯＧＣＡＰの目的は、世界各地の民間力を活用して軍の不測事態対処作戦を支援し、また軍の戦闘支援部隊（ＣＳ）及び戦務支援部隊（ＣＳＳ）が不足する場合にはそれを増強することにある＊4。また、ＬＯＧＣＡＰは元来陸軍が接受国からの支援（ホスト・ネーション・サポート）を受けられない場合に活用する、いわば最終手段として位置付けられている＊5。一方、ＬＯＧＣＡＰは陸軍の支援体制のなかで最も高額なものになっている＊6。

陸軍はソマリア侵攻以降、ルワンダ、ハイチ、サウジアラビア、クウェート、イタリア、バルカン半島など、これまで世界各地でＬＯＧＣＡＰを活用してきた＊7。陸軍がＬＯＧＣＡＰを頻繁に活用するようになっているのは、軍が米本土から必要な支援部隊を迅速かつ十分に派遣できない状況にあるためである。つまり、軍はＬＯＧＣＡＰなしには大規模な戦力を迅速に現地に展開できる能力を保有していない。具体的には、第一に正規軍において支援機能が不足している。通常、米軍が地上部隊を派遣する場合、特殊部隊の後に正規軍を派遣する。しかし、一九七〇年代のエイブラムス・ドクトリンに基づき、正規軍の支援機能の多くが予備戦力（州兵及び予備役）に転換されることになった。このことを受けて、今日正規軍は作戦開始当初から独自で活用できる十分な支援機能を保有していない。とりわけ正規軍は基地の建設や運営といった支援機能を欠いている。二一世紀に入り米軍がイラク及びアフガニスタンで軍事作戦を開始したときも、陸軍の支援機能の多くは予備戦力が提供していた。

第二に、冷戦時代のように米軍は米本土以外の地域から派遣部隊に必要な支援を迅速に実施できない状況にある。すなわち、冷戦終結後の国際的な軍縮の動きを受けて、軍は十分なホスト・ネーション・サポートを享受できなくなった。しかも、二一世紀に入りブッシュ政権がこれまで海外展開していた米軍の規模を大幅に縮小したことで、米軍は本土から部隊を派遣せざるを得ない状況になっていた。このような状況下では、米軍が本土から支援物資を作戦地域に輸送するために空中・海上輸送を活用しなければならないが、この場合必然的に輸送物資の規模が制約されるとともに、多大な時間を要することになる。

そして第三に、予備戦力の動員態勢が影響している。米軍が予備戦力を動員する際には、派遣前に健康診断（医療・歯科検査）を受けさせることが義務付けられている。しかし、そのための所要時間が大きく予備戦力の動員が遅れる要因の一つになっている＊8。

一方、LOGCAPは、作戦に必要な支援物資を軍に迅速に提供することができる。これは、LOGCAPによって所望の支援物資を作戦地域やその周辺地域で迅速に調達できるからである。LOGCAPでは、請負業者は軍の要請後直ちに二万人規模の部隊を五つの基地に受け入れて軍を一八〇日間支援することが求められている。具体的には、請負業者は陸軍からの要請一五日後に一日一、三〇〇人の兵士を受け入れて支援し、また要請三〇日後には四つの前方基地と一つの後方基地で計二万人の部隊を収容して一八〇日間支援しなければならない。また、オプションとして五万人の部隊を三六〇日間支援することを求められることもある＊9。このため、陸軍は自前の支援機能を米本土から現地に派遣するよりもLOGCAPを活用した方が大規模な部隊を迅速に展開できる体制を整えることが可能になっている。

実際、イラク及びアフガニスタンでは、陸軍はLOGCAPを活用することで部隊の展開に必要な時間を短縮できるようになった。イラク戦争（二〇〇三年）では、陸軍が大隊規模の予備戦力を現地に派遣するまで動員後一五八日、それ以下の部隊についても動員後約六〇日を要することになった*10。これに対して、イラク戦争に先立ちLOGCAPによって業務を請け負ったKBR社は、クウェート市南西のアリフジャン（Arifjan）米軍基地を九週間で七、〇〇〇人規模の部隊を収容できるように拡張している*11。このことからも、LOGCAPの果たした役割の大きさを理解することができる。

また、LOGCAPは安定化作戦開始直後においても陸軍に大きく寄与することになった。例えば、イラクでは、第一〇一空挺師団が定められた期限内で自隊の居住施設を設営できる能力を保有していなかった。このことを受けて、LOGCAPが活用されることになった*12。

このように、LOGCAPが軍によって活用されるのは、LOGCAPが大規模な部隊を迅速に受け入れられる態勢を平時の段階から整えることができるからである。一方、イラクでは空軍もLOGCAPと同様の空軍契約増強計画（AFCAP）を活用することになった。これは、空軍が現地で大量の支援物資を直接調達する際に必要な契約担当者を事前に確保できなかったためと指摘されている*13。

イラク及びアフガニスタンでは、PMSCはLOGCAPに基づき部隊の展開時から米軍の作戦を支援することになった。具体的に、PMSCは、飛行場の管理、弾薬の供給・備蓄、通信・情報業務、装備品の整備、燃料補給、輸送のほか、基地支援業務（給食、給水、洗濯など）及び生活支援業務（厚生施設の維持・管理）など様々な活動を実施している*14。このことは、LOGCAPが陸軍の展開能力の向上に大きく寄与して、軍の初動対処能力を向上させていることを示している。すなわち、米軍はLOGCAPによって部隊の受け入れ態勢を迅速に整え、作戦遂行上必要な部隊規模を迅速に確保できるようになっている（構造上の即応性）。同時に、米軍はLOGCAPを活用することで派遣部隊が現地到着直後からその能力を最大限に発揮できる態勢を整えることが可能になっている（作戦遂行上の即応性）。

戦域内支援請負業務

安定化作戦を成功に導くためには、現地住民との交流を深めてその民心を努めて早期に獲得をすることが鍵となる。それには、作戦開始当初から現地住民との交流を積極的に図らなければならない。そのなかで重要な役割を果たすのが通訳業務である。通訳業務が安定化作戦で重要な役割を果たすことは、米軍教範においても明確に記されている*15。

しかし、イラク及びアフガニスタンでは、作戦開始当初から米軍は現地住民との交流を図るために必要な通訳要員が不足していた。このため、陸軍は通訳要員の不足を補完するために外部委託せざるを得ない状況にあった。陸軍が通訳要員の不足に陥った理由は二つある。それは、第一に陸軍が一九九〇年代に軍備縮小を余儀なくされるなか通訳要員を大幅に削減したこと、第二に陸軍が二一世紀に入りアラビア語の通訳業務の所要を正確に予期できなかったことにある*16。

通訳業務の所要が増大していたことは、その費用の推移から確認することができる。一九九九年当時、一、九〇〇万ドルに留まっていた通訳費用は、二〇〇四年九月にはその二〇倍強の四億ドルにまで増大することになった*17。そして、後述のように、その所要は安定化作戦の長期化に伴いさらに増大することになった。

このように、米軍は作戦開始の早期の段階から通訳業務をPMSCに大きく依存せざるを得ない状況にあった。このことは、PMSCが米軍の不足していた通訳業務の能力を補完する一方、軍が現地住民との交流を図る上で、PMSCが部隊の能力を最大限に発揮できるような態勢を整えていたことを示している。すなわち、PMSCは米軍が作戦遂行上の即応性を向上させていく上で重要な役割を果たしている。

システム支援請負業務

近年軍事科学技術の発展に伴い、様々な兵器が高度化している。その水準は年々向上しており、兵器システムの高度化は米軍が作戦を遂行する上で重要な役割を果たしている。その一方、兵器システムの高度化によってその管理業務は複雑化している。

イラク及びアフガニスタンでは、米軍は作戦開始当初から高度な兵器システムの管理業務を外部委託せざるを得ない状況にあった。理由の第一は、そもそも米軍にそのような兵器システムを管理できるような能力がなかったことである。一九九〇年代半ばにはすでに、軍自らが兵器システムの管理業務に従事するよりも外部委託した方が得策であると認識されるようになっていた。陸軍偵察機ガードレール（Guardrail）の場合、その整備は費用対効果を理由にその導入当初から完全に請負業者に委託されることになった。陸軍関係者によると、軍は自らが同機の整備を手掛ける能力を育成するよりも外部委託した方が費用対効果上得策であると判断していた＊18。

一方、二一世紀に入ると米軍の兵器システムは軍事革命の影響を受けて益々高度化したことで、その管理業務も更に複雑化することになった。イラク及びアフガニスタンでは、米軍は装輪装甲車ストライカー（Stryker）や無人攻撃機プレデター（Predator）など最新のハイテク・デジタル指揮統制システムを搭載した兵器を活用するようになったが、これらはいずれも高度な整備能力を要するものである。

実際、イラクでは、二〇〇二年五月に陸軍がストライカーを二コ戦闘旅団に配属したが、展開当初からその管理をPMSCに外部委託することになった＊19。陸軍関係者によれば、これは、ストラーカーを整備する上で必要な技能を陸軍が保有していなかったためである＊20。

高度な兵器システムの管理能力の不足は、空軍においてもみられた。例えば、議会は二〇〇二年度に無人攻撃機プレデター六〇機の追加発注のため一六〇億ドルに上る予算を認めたが、空軍にはそれを管理できる人員が一、四〇九人も不足していたことが明らかになった。これを受けて、空軍はその管理業務をPMSCに委託せざるを得なくなっている＊21。また、空軍では米国内の米軍基地と周辺の電話通信システムを統合するための人員がいなくなったことで、派遣地域で同様の業務を遂行できる軍人がいなくなっていた＊22。

さらに、海軍でもPMSCへの依存が拡大している。海軍では作戦を遂行する際に民間通信システムを活用していたが、これを実施していたのがＰＭＳＣである。これは海軍には民間システムを管理できる人員を育成していなかったためであることが海軍関係者の証言で明らかになっている＊23。

このように、米軍においては兵器システムの管理業務が外部委託されるようになったことで自身の管理業務の能力は益々低下または欠如するようになっている。

第二の理由は、兵器システムの開発が完了する前にそのシステムを戦場に投入する必要性が高まっていることである。イラクでは、陸軍史上初めて編成されたデジタル師団（第四歩兵師団）が派遣されたが、そのシステムはまだ開発段階にあった。このため、部隊はそれを運用するために必要な訓練を事前に実施できなかった。同師団ではＰＭＳＣ従業員一八三人が支援することになったが、そのうち約一／三の人員が、開発段階のハイテク・デジタル指揮統制システムに携わることになった＊24。

同様に、空軍がイラクで導入した無人攻撃機プレデターも開発段階にあった。当時、空軍は同機搭載のデータ・リンク・システムを管理できる人員を訓練していなかったことから、その管理業務を外部委託することになった＊25。

このように、ＰＭＳＣを活用したシステム支援請負業務は、作戦開始当初から米軍の作戦に重要な役割を果たしてきた。そして、システム支援請負業務の重要性は、国防総省指示においても明記されている。一九九〇年一一月にはシステムの支援請負業務が米軍にとって「極めて重要な請負業務」（essential contractor service）の一つとして位置付けられている（国防総省指示第三〇二〇・三七号＊26）。このことは、国防総省指示第三〇二〇・四一号（二〇〇五年一〇月）及びその改定版（二〇一一年一二月）においても反映されている＊27。また、米軍がシステム支援請負業務を重視していることは、米軍教範においても記されている＊28。

一方、システム開発の特性（長期に亘る研究開発）により、軍はシステム支援請負業者と平時の段階から長期に亘り継続的に交流するようになっている。これは、双方が信頼関係を構築していく上で重要な役割を果たしており、米軍も認識しているところである＊29。このような信頼関係の構築は、有事においてのみ活用されるその他の請負業務の形態（とりわけ戦域内支援請負業務）では醸成されにくい。

総じて、短期的に（部隊展開時）、ＰＭＳＣは軍の初動対処能力を高めている。戦域外支援請負業務は、部隊規模を迅速に確保できる受け入れ態勢を整えており（構造上の即応性）、またそのことで軍が能力の最大化を迅速に図ることに寄与している（作戦遂行上の即応性）。一方、戦域内支援請負業務も、米軍が安定化作戦開始当初に不足していた能力（とりわけ通訳業務）を補完して、軍が現地住民との交流を図る上で、ＰＭＳＣが部隊の能力を最大限に発揮できるような態勢を整えている（作戦遂行上の即応性）。システム支援請負業務は、平時の段階から軍と密接な連携を保持しながら、作戦開始当初から米軍の不足する高度な兵器システムの管理に従事しており、軍の初動対処能力を向上させている（作戦遂行上の即応性）。

２．継続的な軍事作戦を可能にするＰＭＳＣ

安定化作戦は、通常戦と異なり、通常長期間に亘り実施される傾向にある。イラク及びアフガニスタンの場合もその例外ではない。イラクでは、米軍は二〇〇三年五月に戦闘が終結してから戦闘部隊が撤収する二〇一〇年八月まで七年間に亘り部隊を派遣してきた。また、アフガニスタンでも、二〇〇一年一〇月から今日に至るまで一五年間近くに亘り部隊を派遣してきた。その間、米軍は両国においてときには部隊の増派も実施している。

安定化作戦の長期化に伴い、ＰＭＳＣは米軍が軍事作戦を継続的に遂行していく上で重要な役割を果たすようになっている。このことは、本項でみるように、軍がＰＭＳＣに委託する業務所要が増大していること、また予備戦力の負担が作戦開始当初から大きかったことから確認することができる。

戦域外支援請負業務

イラク及びアフガニスタンでは、安定化作戦の長期化に伴い支援の所要が増大することになった。LOGCAPの業務所要もその例外ではない。このことは、基地支援業務の経費やLOGCAPに従事するPMSC従業員の比率において表れている。

第一に、陸軍がPMSCに委託した基地支援業務の経費が大幅に増大することになった。二〇〇三年二月当初、その額は二、五四〇万ドルと見積もられていたが、二〇〇八年八月にはその約六倍の一億四、七八〇万ドルにまで増大している。その原因は、中央軍前方司令部及び中央特殊作戦軍（SOCCENT）の各司令部が基地に設立されたこと、部隊の増派に伴い厚生施設が拡大されたこと、そして基地内に新たに消防署が設立されたことにある。厚生施設を巡っては、毎週三〇〇人以上の米兵を支援できるように医療物資の供給作業や、事務作業のための人員が増加されることになった＊30。また、消防署の設立・運営のために、四年間で新たに一、〇七〇万ドルの経費がかかっている＊31。

第二に、PMSC全体のなかに占めるLOGCAP関連のPMSC従業員の比率が高い。イラクでは、LOGCAPの下で活動したPMSC従業員は、同国で米軍を支援するPMSC従業員全体（約一一万人）の半数以上（約五二％）を占めている（二〇〇九年度四／四半期）＊32。また、米軍がPMSC関連のデータを本格的に取り始めた二〇〇七年九月以降、米軍がピーク時に活用したPMSCの規模は、基地支援業務だけで九万人を上回っている（二〇〇八年九月）＊33。この時期、イラクに派遣された米軍の規模が一四万六、八〇〇人であったことを踏まえると、いかに多くのPMSCが基地支援業務に従事していたかが分かる。

アフガニスタンでも、米軍がLOGCAPに依存する比率は年々高まっている。例えば、二〇一〇年度二／四半期にLOGCAPを支援したPMSC従業員の比率は、同国で米軍を支援するPMSC従業員全体（一一万二、〇九二人）の一五％（一万六、八三一人）であった。その比率は二〇一二年度四／四半期（二〇一二年九月）にはPMSC全体（一〇万九、五六四人）の三七％（四万五五一人）にまで増加している＊34。

戦域内支援請負業務

作戦が継続するなか、基地警備及び通訳の所要も増大している。二〇〇三年二月、陸軍はイラク自由作戦を推進するために在カタール・セイリア（As Sayliyah）米軍基地の警備業務を外部委託することになった。この契約（九ヶ月の基本期間と四年間のオプション期間）の当初の見積額は、八、〇三〇万ドルであったが、二〇〇八年八月には当初の見積額よりも三〇％高い一億五八〇万ドルにまで増加することになった。

その原因は、各司令部が基地内に設立されたことを受けて、基地の警備所要が増加したためである。例えば、警備員四人とPMSC従業員の身元調査を実施するための審査員四人を補充した基地があった（二五万五、二六七ドル）。また、米軍基地の監視塔における監視を二四時間体制に強化した基地もある（一四万五、三二七ドル）。さらに、警備のための車両点検システムを運用できる人員を増員させた基地もあった（三五万九、六八五ドル）＊35。

一方、イラク及びアフガニスタンでは、米軍の増派に伴い通訳要員の所要も増大した。二〇〇七年二月、米軍は四〇以上の異なった言語や方言に対処できるように通訳要員を約一万一、〇〇〇人確保する必要があった＊36。実際、米軍の通訳業務に従事したPMSCは、八、八九九人から一万七一四人に増加している＊37。

その間、通訳要員の所要はイラクやアフガニスタン以外の地域でも拡大することになった。二〇〇八年四月当時、通訳要員は九、三一三人から一万一、一五四人に増加しており、その費用も二〇〇四年九月のものに比べてその約五倍の二二億ドルにまで高騰している＊38。

システム支援請負業務

イラク及びアフガニスタンでは、作戦の長期化に伴い、高度な兵器システムの管理業務の所要も増大することになった。その業務所要の増大は、南西アジア地域全体を対象とした第五陸軍事前集積（APS-5＊39）、世界整備補給業務（GMASS＊40）、装輪装甲車ストライカー損耗補修業務において表われている。

二〇〇二年以来、PMSCはクウェートなどの周辺国においてイラク戦争の準備を支援してきたが、本格的な戦闘が終了した後も引き続き装備品の受け入れ業務や整備業務に従事することになった。二〇〇二年から二〇〇五年にかけて、APS－5関連の予算は、一億九、五六〇万ドルに達している。またAPS－5の契約内容のなかに車両の車輪組立工場を設立することが追加されたことで、新たに六四〇万ドルの予算が投入されることになった。さらには、陸軍事前集積において装備品の再整理業務も必要となったが、これをPMSCに委託することになった。これを受けて、四年間で一億六〇〇万ドルの費用が充当されることになった＊41。

GMASSにおいても、業務所要は増大している。二〇〇四年一〇月、陸軍はイラク及びアフガニスタン両国の安定化作戦を支援するため、GMASSに基づき、クウェートで装備品の整備及び物資の供給をPMSCに委託することになった。

また、現地治安情勢の悪化及び安定化作戦の長期化に伴い、装備品の修理所要が増大することになった。二〇〇五年九月には、車両のタイヤの組立・修理業務、また二〇〇六年五月には高機動車（HMMWV）の改造業務が新たに契約に加えられ、業務所要が更に増大することになった。二〇〇四年の予算（二億一、八二〇万ドル）は、二〇〇七年九月には二倍以上（五億八、一五〇万ドル）に増大している＊42。

作戦の長期化に伴い、装輪装甲車ストライカーの損耗補修業務の所要も増大した。先にみたように、ストライカーは最新のハイテク・デジタル指揮統制システムを搭載しており、その管理業務にはPMSCの存在が必要不可欠な状況にある。ストライカーの業務所要の増大は、補修費用及び補修車両数において確認することができる。二〇〇五年九月当初、戦闘損耗によるストライカーの補修費用は六四〇万ドルであったが、二〇〇八年四月にはその約一五倍（九、五一〇万ドル）にまで増大している。また、二〇〇五年九月、ストライカーの補修車両数は一一両であったが、その数日後には二六両に増大している。

一方、一ヶ月間で補修できる能力も拡大している。二〇〇五年九月、軍は当初四五日毎に二両のストライカーを補修していたが、二〇〇六年二月には一ヶ月で四両の割合で補修できるようになった。また、二〇〇七年七月には毎月六両の車両を補修できるようになっている＊43。

このような状況は、米軍がシステム支援請負業者の支援なしには作戦を継続できなくなっていることを示している。一方、後述するように（第6章）、米軍では通信業務においても多くのＰＭＳＣ従業員が活用されており、そのなかでも米国人の従業員がその大半に従事している＊44。

ＰＭＳＣが米軍の継続的な作戦遂行に寄与していることは、安定化作戦開始当時に予備戦力が直面していた負担の大きさからも理解することができる。これは、予備戦力の動員日数及び装備品において表れている。第一に、作戦の長期化に伴い、予備戦力の動員規模が拡大したことに加え、その動員日数も拡大することになった。これは、湾岸戦争時における予備戦力の動員日数と比較すると一目瞭然である。すなわち、「砂の盾作戦」及び「砂の嵐作戦」で予備戦力が動員された日数は、平均一五六日であった（一九九〇年～九一年）。これに対して、二一世紀初頭の作戦（「高貴な鷲作戦」「不朽の自由作戦」「イラクの自由作戦」）で予備戦力が動員された日数は、その倍以上の平均三一九日（二〇〇三年一二月三一日）にも上っている＊45。また、二〇〇七年一月には、予備戦力における非志願兵の累計派遣期間の制限が撤廃されたことで、予備戦力に対する負担は更に高まっている（第2節）。

第二に、予備戦力の装備品も不足していた。陸軍の方針では「最初に戦う部隊」（"first to fight" units）に対し、優先的に最新兵器を付与することが定められている。冷戦終結後の計画では、陸軍州兵を正規軍の後に派遣することが前提となっていた。このため、これまで陸軍州兵には作戦に必要な装備品を確保できる時間が十分にあると認識されていた。しかしイラク及びアフガニスタンの場合、陸軍州兵が待機命令を受領した際に各部隊は十分な数の装備品を保有していなかった。また、その装備品は、正規軍と共有できるような近代的なものではなかった＊46。

これまでみてきたように、軍がＰＭＳＣに委託した業務所要が増大していたこと、また予備戦力の負担が作戦開始当初から大きかったことは、米軍が継続的に作戦を遂行していく上でＰＭＳＣが大きく寄与していたことを示すものである。

実際、二〇一一年一二月に改定された国防総省指示（第三〇二〇・四一号）では、作戦地域において戦域外支援請負業務、戦域内支援請負業務及びシステム管理支援請負業務との調和・統合を図ることや、戦域外支援請負業務及びシステム支援請負業務の二者を業務認定及び契約管理委任（ＴＢＣ／ＣＡＤ）及び部隊派遣に関する部隊派遣時系列データ（ＴＰＦＤＤ）の対象に含めるよう明確に規定されることになった＊47。また、ＬＯＧＣＡＰのような戦域外支援請負業務や、兵器システムの管理に従事するシステム支援請負業務が平時から整備されていることを踏まえれば、作戦終了後に米軍が次の戦いに迅速に対処できる体制を構築する上でＰＭＳＣが大きな役割を果たしているといえる。

一方、ＰＭＳＣが軍の即応性に重要な役割を果たしているという指摘に対して、疑問視する米軍関係者もいる。二〇〇八年三月、下院軍事委員会傘下の即応性小委員会では、米軍の作戦（通常戦を含む）のなかに請負業務を確実に反映できるように、即応性に関する定期報告書のなかに請負業務の活用と役割を反映させるよう提案があった＊48。この際、ベル（Jack Bell）国防副次官（兵站・物的即応性担当）はこれについて否定的な見解を示している＊49。

第2節　ＰＭＳＣを巡る米軍の中期・長期的な課題

第1節では、米軍が部隊の展開時及び作戦遂行時に即応性を発揮する上でＰＭＳＣが大きく寄与していることが分かった。それでは、ＰＭＳＣは米軍の即応性を阻害するようなことはないのであろうか。本節では、当初中期的視点

（作戦遂行時及び部隊撤退時）から、軍の負担軽減の有無の状況や軍の撤退に伴うリスクの状況について明らかにしていく。じ後、長期的（作戦終了以降）に、本来外部委託してはならない「政府固有の機能」が明確にされているかについて、またＰＭＳＣが費用対効果に及ぼす影響について明らかにしていく。

１．容易に解消されない作戦の長期化の影響

米軍にとって軍の負担軽減を図ることは重要である。作戦の長期化に伴い、部隊や兵士個人の作戦周期や派遣回数が増大することになれば、なおさらのことである。しかし、本項でみるように、米軍はＰＭＳＣを活用しても軍の負担を容易に軽減することができない状況にある。また、軍撤退時の複雑な作戦環境において、ＰＭＳＣを巡ってリスクもある。これらのことは、ＰＭＳＣが常に軍の即応性を向上できるような万能薬ではないことを示している。

増大し続ける軍の負担

作戦の長期化に伴い、米軍はＰＭＳＣに大きく依存するようになった。しかし、米軍では、人事、装備品、訓練において問題も表面化しており、米軍がＰＭＳＣを活用することで軍の即応性に関わる問題を完全に解決できたわけではない。

第一に、人事を巡っては軍人の派遣周期（兵士が作戦に従事する頻度）が短縮されたことに加え、特定の部隊に対する負担が増大することになった。兵士の派遣周期については、これまで国防総省の基本方針として正規軍に対しては三年間のうち一年間現地に派遣することを定め、予備戦力（州兵及び予備役）に対しては六年間のうち一年間派遣することに留めてきた。しかし、多くの部隊は基本方針で定められた派遣周期よりも頻繁に派遣されている[*50]。

一方、特定の階級にある人員や特技者に対する負担も増大することになった。例えば、司令部勤務及び現地治安部

隊の育成に従事する任務が拡大したことに伴い、将校及び上級下士官の需要が非常に高まった。また、工兵、民生支援、輸送に従事する兵士や憲兵の需要も高くなっている＊51。

これらの問題点を受けて、国防総省は、正規軍の派遣期間、予備戦力の動員周期、部隊の任務を変更するなど、様々な人事施策を講じている。正規軍については、陸軍はイラクにおける派遣期間を当初の六ヶ月から一二ヶ月、さらにその後一五ヶ月に延長し、一定の派遣周期を確保しようとした。また、各軍種は兵士の離職を阻止するための離職防止施策（stop-loss policies）を導入している。

また、国防総省は予備戦力の動員周期についても変更せざるを得なくなった。これまで国防総省は予備戦力の累計動員期間を二四ヶ月に制限していた。二〇〇七年一月の新施策では、その累計派遣期間の制限が撤廃されることになった。その代わり、新施策では、予備戦力の一回の派遣期間が一二ヶ月と規定され、テロとの戦いに再動員される場合（非志願兵の場合）には五年間の間隔が設けられることになった。しかし、国防総省は、短期的には予備戦力の再動員に際して設けられた五年間の派遣期間の制限を遵守できないとも言明している＊52。

さらに、国防総省は、派遣回数の少ない部隊の任務を変更して米兵の負担を緩和しようと試みた。例えば、派遣回数の少ない職種部隊は、再訓練を受けた後に派遣回数の多い職種部隊に代わって現地に派遣されている。イラクでは、正規軍の砲兵部隊が人員・車列の警護・警備業務や輸送業務に従事したほか、正規軍及び予備戦力の需品部隊のうち本来燃料補給を実施していない部隊が長距離に亘る大規模な燃料補給業務も実施するようになっている＊53。

また、陸軍及び海兵隊は、数多くのＰＭＳＣを活用するだけでなく、他軍種からも支援を受けることになった。イラク及びアフガニスタンでは、海・空軍は、これまで陸軍及び海兵隊が実施してきた任務を遂行するようになっている。二〇〇七年七月の議会証言では、海・空軍が工兵部隊、治安部隊、従軍牧師のほか、民生支援、情報、医療、通信、兵站、爆破処理に従事できる人員を現地に派遣していることが指摘された。また、海・空軍の兵士は、現地治安部隊の訓練も支援している＊54。

これらの人事施策を導入することにより、軍は任務を遂行できるようになっている。しかし、派遣期間の延長や非志願兵の動員間隔の短縮が、新兵の募集や兵士の在職率に及ぼす長期的影響が明らかでないなど、人事施策の効果も不透明である＊55。このことは、米軍がＰＭＳＣを大規模に活用しても、米軍の人事上の問題を必ずしも解決できないことを示している。

第二の装備品についても問題が山積している。特にイラク及びアフガニスタンにおいて安定化作戦が劣悪な作戦環境のなかで実施されたことに伴い、装備品の損耗が深刻化することになった。これらの装備品のなかには、元々二〇年間以上活用されてきたものもあった。これを受けて、陸軍及び海兵隊では、損耗した装備品を修理・交換して現行及び将来の作戦に使用できるような状態にまで回復させることが重要な課題の一つになっていた。

一方、派遣部隊が定数通りの装備品を保持できたのに対して、派遣準備にある部隊は現有装備品の不足という問題に直面していた。この問題を受けて、陸軍は、非派遣部隊の装備品を派遣準備部隊に転用せざるを得なくなった。また、陸軍の予備戦力も、現有装備品を派遣部隊に転用させた結果、予備戦力の非派遣部隊の装備品が不足するという状況に直面することになった。このため、非派遣部隊は高い即応体制を保持できなくなっていた＊56。

二〇〇六年一二月には、陸軍は事前集積船の装備品を転用することで、二コ戦闘旅団を創設することを決定した。この結果、陸軍は派遣周期の負担を一部軽減できるようになった。しかし、事前集積船の装備品がなくなると、新たに派遣が予定されていた部隊は、現有装備品を自ら輸送するか、または必要な装備品が集積・輸送されるまで待機しなければならない状況に直面することになった。しかし、いずれの選択肢も部隊の展開完了時間を遅延することになる＊57。このように、ＰＭＳＣは必ずしも米軍の装備品の問題を解決できるような万能薬ではない。

第三の訓練においても、米軍は多くの問題に直面している。二一世紀に入り、米軍とりわけ陸軍及び海兵隊は、現行作戦に対処するために安定化作戦を対象とした訓練を重点的に実施してきた。米監査局によると、二〇〇四年二月以降、陸軍訓練センター（ＮＴＣ）で実施された訓練は、すべてイラク及びアフガニスタンの安定化作戦を対象としたものである。本来であれば、部隊は戦闘行動を対象とした訓練を実施した後に、通常戦及び安定化作戦の両作戦形態を対象としたフルスペクトラム作戦にも対応できるように訓練内容を段階的に拡大していくことが求められていた。しかし、当時各部隊は安定化作戦を対象とした訓練を重点的に実施していたためにフルスペクトラム作戦を実施できない状況にあった。また、派遣間隔が短くなったことを受けて、派遣部隊はフルスペクトラム作戦を対象とした訓練を更に実施できなくなっていた。陸軍参謀長によれば、部隊がフルスペクトラム作戦に必要な訓練を万遍なく実施するためには一八か月の派遣間隔が必要となる＊58。しかし、イラク及びアフガニスタンに派遣される部隊には、実際の派遣のほかに派遣準備や派遣後における「回復」に時間を費やす必要があり、フルスペクトラム作戦に必要な訓練を十分に実施できるような時間を付与されたわけではなかった。

米軍がフルスペクトラム作戦に必要な訓練を十分に実施できない状況にあったことは、マレン（Michael G. Mullen）統合参謀本部議長も認識していた。二〇〇八年二月、マレンは下院軍事委員会において米軍が自国の死活的な国益を阻害するすべての脅威に対処できると言明しながらも、その一方で現行の作戦周期がフルスペクトラム作戦に必要な訓練に及ぼす影響について懸念を表明している＊59。

米軍は訓練時間以外についても問題に直面していた。例えば、ＮＴＣでは通常戦に代わり安定化作戦に必要な訓練が重点的に実施されていたことで、通常戦に必要な訓練がＮＴＣよりも小規模な訓練場で実施せざるを得なくなっていた。このことを受けて、部隊は通常戦に必要な大規模な訓練や厳しい条件下での訓練を実施できなくなった。また、訓練時間に制約が設けられるなか派遣準備部隊に対する訓練が重視されたことを受けて、派遣される予定のなかった部隊は、協同機動訓練や戦闘訓練など通常戦に必要な訓練を実施することも、また安定化作戦を対象とした訓練を実施することもできなくなった＊60。

さらに、米軍がＰＭＳＣを活用することで、本来軍人自らが従事することで得られるはずであった戦場経験を積む機会も失っているという指摘もある。例えば、現場指揮官によれば、車両整備などの兵站支援に従事する米兵たちが緊迫状況下で任務を遂行できる機会を失うことになった＊61。第6章で詳述するように、実際、イラクでは米軍の兵站支援全体の約八三％をPMSC従業員が実施している（二〇〇八年度三／四半期）。

イラク及びアフガニスタンでは、米軍は派遣部隊とほぼ同規模のPMSCを活用してきた。またその活用範囲は広範囲な分野に及んでいる。しかし、これまでみたように、軍がPMSCを大規模かつ広範囲に活用しても、安定化作戦の長期化に伴う様々な問題（人事、装備品、訓練）を解決することができていない。

軍の撤退を巡る複雑な作戦環境

二〇〇九年一月、米・イラク両政府間で締結された安全保障協定（Security Agreement）が施行された。また、二月にはオバマ大統領は、二〇一〇年八月三一日までに在イラク多国籍軍（MNF‐I）の任務をこれまでの戦闘任務（イラク自由作戦）からイラク政府やその治安部隊への支援（新たな夜明け作戦）に変更すると宣言した。これを受けて、在イラク米軍（USF‐I）は、第一段階として二〇一〇年八月三一日までに米軍部隊の規模を五万人にまで削減し、第二段階として二〇一一年一二月三一日までに部隊の撤退及び装備品の撤収を完了することになった。

軍が撤退する際に直面する課題は複雑である。仮に軍が独自で撤退したとしても、部隊の撤退や装備品の撤収だけでなく、現地政府や残存する政府機関への権限移譲など様々な課題に直面することになる。米軍のように、軍が大規模かつ広範囲の分野にPMSCを活用することになれば、軍の撤退に伴う課題はさらに複雑なものとなる。実際、米軍がイラクから撤退した際に直面した作戦環境は複雑なものになった。

その作戦環境には四つの特色があった。第一は、米軍撤退の規模が第二次世界大戦以降最大のものになっていたということである。米軍の撤退は大きく二段階に実施されたが、第二段階の撤退（二〇一〇年八月～二〇一一年一二月）は第一段階の撤退（二〇一〇年六月から八月）よりも複雑なものになった。それは、第二段階では、第一段階よりも数多くの装備品を撤収する必要があったことに加えて、より少ない兵力で大規模な米軍基地を閉鎖・移譲することが求められたからである。第二段階では、米軍は米兵約四万六、〇〇〇人と五万七、〇〇〇人以上のＰＭＳＣ従業員を撤退させ、また、第一段階よりも四倍も多くの装備品を撤収し、さらには米軍基地を閉鎖またはイラク政府に移譲することが求められることになった＊62。

第二の特色は、数多くの関係機関が従事したことである。米軍撤退の際には、中央軍（ＣＥＮＴＣＯＭ）のほか、陸軍中央軍（ＡＲＣＥＮＴ）、輸送軍（ＵＳＴＲＡＮＳＣＯＭ）、特殊作戦軍（ＵＳＳＯＣＯＭ）、国防兵站局（ＤＬＡ）、第一戦域支援軍（ＴＳＣ）、陸軍補給統制本部（ＡＭＣ）、空軍中央軍（ＵＳＣＥＮＴＡＦ）が関与することになった＊63。また、撤退に移行する際、米軍は、食堂の運営、軍事車両の補修、輸送物資の車両及び運転手の提供、飛行場の整備などの業務をＰＭＳＣに引き続き委託する必要があった。二〇一一年五月三〇日の段階で、イラクには六万一、〇〇〇人のＰＭＳＣが活動していた。そのうち約五二％の請負業者がＬＯＧＣＡＰの下で活動している。

第三の特色は、米軍の撤退に際し様々な種類の請負業務が絡み、請負業務の管理・監督を複雑にしていたことである。すなわち、請負業務には、米軍の派遣規模の削減に伴い減少した請負業務と、装備品の搬送や警護・警備など米軍の撤退に伴い一時的に増加した請負業務があった。また、基地支援業務（給食、給水、洗濯）及び生活支援業務（厚生施設の維持・管理）などＬＯＧＣＡＰを通じて提供される請負業務と、基地警備業務などＬＯＧＣＡＰ契約の対象でない請負業務があった。

そして、第四は、二〇〇九年の米大統領声明（アフガニスタンにおける米軍規模三万人の増派）を受けて、米軍がイラクからの撤退とアフガニスタンへの増派を同時並行的に推進することになったことである。

米軍の撤退に伴い作戦環境が複雑化するなか、米軍はＰＭＳＣを巡って二つの課題に直面することになった。第一は、請負業務の移行に伴う支援の継続性を巡る問題である。すなわち、部隊の撤退に伴い、米軍は既存の請負業務を中止して新たに請負業務を委託しなければならず、請負業務が中断されかねない危機に直面することになった。例えば、二〇一〇年、装備品の整備を担当していた在クウェート陸軍大隊は、労働スト、業務の中断、死傷者を伴う事故などに直面することになった。これらの事案は、同大隊が大規模な整備業務を移行する必要があったこと、また当時大隊が第一段階の撤退作業を遂行しながらアフガニスタンへの部隊増派に伴う作業を実施することが求められたこと、そしてクウェートでの陸軍装備品の事前集積を推進する必要があったことが影響している＊64。米監査局によると、このことを受けて同大隊では数回に亘りアフガニスタンで使用される予定であった装備品を予定期日までに輸送できなくなったこともあった＊65。

一方、支援の継続性を巡っては、米軍の請負業務を受け継ぐことになった米国務省側にも問題があった。すなわち、国務省には請負業務の管理・監督を確実に実施できるような経験も専門的知識も有していなかった＊66。

第4章でみたように、ＰＭＳＣによる支援の継続性に対する懸念は、米軍のなかでこれまでに長らくあった。米軍撤退に伴う複雑な作戦環境は、その懸念を更に増大させる結果となったのである。

米軍が直面した第二の課題は、請負業務の削減及びＰＭＳＣの「動員解除」を巡る問題である。二〇一〇年一一月まで中央軍はＰＭＳＣの雇用を停止する際に必要な統一した規定を策定していなかった。このため、イラクでは、多くの問題が浮上することになった。例えば、ＰＭＳＣが使用施設を完全に閉鎖しなかったこと、その従業員が装備品を放棄していたこと、ＰＭＳＣが従業員（特に第三国人）を本国に送還しなかったこと、またＰＭＳＣがイラクから撤退する際に必要なビザを獲得しなかったこと、さらにはＰＭＳＣが米政府から提供された政府所有の装備品を返還しなかったこと、そしてＰＭＳＣが米軍基地・施設に出入りする際に必要な識別章を返納しなかったことなどの問題が浮上することになった＊67。

これを受けて、米軍は部隊の撤退を促進するために請負業務の削減及び請負業者の「動員解除」に関して様々な対策を講じるようになった。例えば、戦域レベルでは、二〇一一年三月、中央軍・統合戦域支援請負業務軍（Ｃ－ＪＴ

ＳＣＣ）は、在イラク米軍（ＵＳＦ－Ｉ）の指示の下、請負業務室（Contracting Fusion Cell）を設立した。在イラク米軍は、個別命令のなかで請負業務室に対し、在イラク米軍基地すべてにおける請負業者の「動員解除」の状況について報告を取り纏め、また請負業者の「動員解除」を監視・分析・報告し、さらに各部隊に対して指導方針を示してその活動を支援するよう命じることになった＊68。

一方、部隊レベルでは、米軍施設の管理責任を有する主管機関（mayor cells）が、部隊のほか、地域請負業務センター（Regional Contracting Centers）や国防契約管理局（ＤＣＭＡ）などの請負業務機関、さらにはＰＭＳＣとも調整して、請負業務を削減または終了できる時期を取り決めることになった＊69。また、部隊のなかには、請負業務の削減を図りながら、主要な業務の継続性を確保するために特定の業務を現地のＰＭＳＣに委託している。これは、現地のＰＭＳＣに対して宿泊施設などの生活支援を提供することや、契約終了に伴い従業員を本国へ送還する必要がなかったためである。しかし、米軍が現地のＰＭＳＣを雇用する際には、その従業員の経験・能力の不足、米国の質的基準に関する理解不足、業務の遂行状況を確認できる統制過程の不在など問題があり、請負業務の管理・監督を強化する必要があった＊70。しかし、後に見るように、請負業務の管理・監督を巡っては様々な問題が孕んでいる（第７章）。

米軍撤退に伴うＰＭＳＣの問題は、議会でも指摘されている。例えば、二〇〇九年一月、マキャスカル（Claire McCaskill）上院議員は、イラク及びアフガニスタンからの米軍撤退に伴うＰＭＳＣの取扱いについて問題視している。同氏は、米軍がイラクから撤退するに際して「請負業者の撤退に関して誰が責任を有しているのか。……米軍の正規軍を撤退させるにあたって、誰が契約終了の責任を負っているのか。ボスニアでの教訓を確実に活かすためにイラクではどのようなことが実施されているのか。……アフガニスタンで同じような過ちを繰り返さないためにどのようなことを実施しているのか」と述べている＊71。

本項でみたように、米軍はＰＭＳＣを活用しても軍の負担を容易に軽減できない状況にあった。また、米軍撤退時には、ＰＭＳＣを巡って様々なリスクに直面することになった。これらのことは、ＰＭＳＣが米軍の即応性を向上させる万能薬では必ずしもないことを示している。

２．ＰＭＳＣへの長期的依存を巡る懸念

「政府固有の機能」（inherently governmental functions）は、政府が自ら実施すべきものである。その機能は本来外部委託してはならない。一方、「政府固有の機能」を明確にすることは、政府が必要不可欠な業務を確実に統制していく上で極めて重要な要素となる。それは軍においても同様である。一方、軍が費用対効果上ＰＭＳＣを活用することとは民営化の意義そのものであり重要なことである。

しかし、本節でみるように、「政府固有の機能」は容易に明確にできるものではない。また、ＰＭＳＣを活用することの費用対効果は明確ではない。このことは、将来の作戦において軍が初動対処や作戦の継続性を確保するために必要な体制を事前に整備することの難しさを示している。

「政府固有の機能」の喪失

「政府固有の機能」を巡る問題はいまに始まったことではない。公共利益の定義を巡っては、憲法の施行以来これまで長らく議論されてきた＊72。

二一世紀に入り、米軍がイラク及びアフガニスタンで大規模かつ広範囲の分野にＰＭＳＣを活用したことで「政府固有の機能」を巡る問題が重要な課題として捉えられるようになった。実際、二〇〇〇年代半ば以降、軍がその機能を外部委託することについて議会で懸念されるようになった＊73。二〇〇六年度国防権限法（ＮＤＡＡ）では、国防総省の文官がもっと軍の非戦闘的活動に従事できるようにその基本方針や手順を定めることが義務付けられるようにな

った＊74。

国防総省指示第一一〇〇・二二号（二〇〇六年九月）では、米軍の機能を「政府固有の機能」、「営利目的の機能であるものの民間が実施すべきでない機能」(commercial but exempt from private sector performance)、「営利目的の機能であり民間が実施すべき機能」(commercial and subject to private sector performance) に区分して、ＰＭＳＣに委託できる業務内容を明確にしようと試みている＊75。また、同指示では、軍の指揮・統制、戦闘行動、法務、警察行動などの機能をＰＭＳＣに委託できない「政府固有の機能」として位置付ける一方で、軍のリスクを軽減するために一定の条件下で警備・警護や尋問もＰＭＳＣに委託できることを定めている＊76。この指示は、二〇一〇年四月に改訂され、ＰＭＳＣに委託できる業務内容、特に警護・警備業務について制限が加えられることになったが、このようにＰＭＳＣに委託できない「政府固有の機能」の範囲を拡大しようとする動きが進んでいる＊77。

「政府固有の機能」を巡る問題が厄介なのはその定義が複数あることである。今日、「政府固有の機能」は、連邦調達規則（ＦＡＲ）や連邦業務棚卸改革法（ＦＡＩＲ）（一九九八年）など四つの法律で定義されているほか、行政管理予算局（ＯＭＢ）の一九九二年政策書簡第九二‐一号（じ後民営化政策(Circular A-76)の改訂で差し替え）のなかでも規定されている＊78。また、「政府固有の機能」は、国防総省指示第一一〇〇・二二号（二〇〇六年）及びその改訂版（二〇一〇年）においても規定されている＊79。しかも、「政府固有の機能」に関連して、「政府固有の機能に密接に関連する機能」(functions closely associated with the performance of inherently governmental functions) や、「極めて重要な機能」(critical functions) という用語もある。このような状況を受けて、行政管理予算局隷下の連邦調達政策室（ＯＦＰ）は、二〇一〇年三月三一日に政策提案書簡（proposed policy letter）を発令し、当該機能が「政府固有の機能」であるか、また政府職員が「政府固有の機能に密接に関連する機能」や「極めて重要な機能」を実施できる場合について定めようとしている。同書簡では、連邦業務棚卸改革法の定義を採用しているものの、「政府固有の機能」の定義が今後オバマ政権下で改訂されるかについては不明である。

このように「政府固有の機能」を巡って様々な定義があることで、各米政府機関はどのような業務が外部委託してはならない「政府固有の機能」であるかについて未だ統一基準を設けることができない状況にある。また、その判断基準も明確ではない。二〇〇八年二月には、政府全体の情報機能を巡って懸念が表明されることになった＊80。これまで情報活動及び諜報活動は「政府固有の機能」として位置付けられてきた。しかし、二〇〇六年の段階ではすでに国家情報局長が各情報機関の職員規模の上限設定を受けて、「政府固有の機能ぎりぎりの業務」(borderline inherently governmental) を請負業者に実施させざるを得ない状況にあると言及している。

「政府固有の機能」を巡っては、米軍において同様な状況にある。実際、二〇〇九年度国防権限法（ＮＤＡＡ）では、武装ＰＭＳＣを活用することの適否を巡る判断を戦域司令官に委ねることが規定されたが（第八三二号）、ここでは軍として統一した判断基準を設けないことが確認された。

一方、警護・警備業務をＰＭＳＣに委託する行為が、「政府固有の機能」を喪失し兼ねないとして問題視する動きもある。二〇〇九年一月、レヴィン (Carl Levin) 上院議員は、アフガニスタンにおいて警護・警備業務に従事するＰＭＳＣの活用や規制の在り方を巡り疑問を呈している。ここで、同氏は、①ＰＭＳＣが武器を使用して政府関連施設や人員を警護・警備する場合、ＰＭＳＣが実施してはならない「政府固有の機能」はどの程度あるのか、②ＰＭＳＣに対する管理・監督を正しく実施するための要件は何か、さらには、③武装ＰＭＳＣに適用される戦争法関連規則は何か、と問題提起をしている＊81。

それでは、「政府固有の機能」について統一した定義がないことは、米軍にとって何を意味するものであろうか。作戦を遂行する際、軍は軍人、文官及び請負業者の能力を最大限に活用することが求められている＊82。しかし、「政府固有の機能」が決定されていないことは、米軍の能力の最大化を迅速に図れる兵力を構成することが困難であることを示している。イラクでは中央軍が軍の作戦計画にＰＭＳＣの活用要領を反映しなかったことが明らかになった。このことは、軍がPMSCをどの場面でどの程度活用すべきかについて明らかにしないまま作戦を遂行していたことを示すものである。PMSCが無計画に活用されてきたことはゲーツ国防長官が議会で認めていることでもある*83。長期的な観点からみると、「政府固有の機能」について統一した定義がないことは、軍が初動対処や作戦の継続性を確保するための体制を事前に整備することができず、作戦に必要な部隊の規模やその能力の最大化を迅速に図れないおそれがあること、すなわち構造上の即応性及び作戦遂行上の即応性を低下させかねないことを示している。

「政府固有の機能」の喪失を巡る問題は、PMSCへの過剰依存問題が表面化したことを受けて注目されることになった。米軍がPMSCに必要以上に活用しているのではないかというPMSCへの過剰依存問題は、ニソア広場事案（二〇〇七年九月）以降、政府や議会で重要な課題の一つになっている。

PMSCへの過剰依存問題は、二〇一〇年QDRにおいても指摘されている。ここでは、軍のなかで果たす請負業務の重要性を認識しつつも、「国防総省は今後五年間で軍の支援任務に従事する請負業者の規模を総兵力の三九％という現行の水準から二〇〇一年以前の二六％の水準まで引き下げる」必要があるとして、米軍がこれまで過度に請負業務に依存してきたことを指摘している*84。また、ゲーツ国防長官は、各関連機関の長に宛てた覚書のなかで、米軍が過度に請負業者に依存してきたことを認め、請負業務の活用を含め総兵力の在り方について早急に検討していくことの重要性について指摘している*85。

一方、「政府固有の機能」を巡る問題に関連して、現場では軍が業務をどの程度PMSCに依存することになるかについて明確にできない状況にあった。例えば、二〇〇三年六月の段階では、すでに米軍がPMSCを無計画に活用したことで現場指揮官がその全体像を把握できず、請負業務の管理・監督を適切に実施できないという状況に陥っていたことが判明している*86。また、二〇〇六年一二月には、部隊指揮官が派遣前の事前訓練においてPMSCへの依存する程度を把握できず、その結果現地に到着するまでPMSC従業員を誘導する際に必要な兵力規模を決定できなかった*87。二〇〇七年以降、米軍はデータ・ベース「派遣前・作戦間統一追跡システム」（SPOT）を導入することでＰＭＳＣの全体像の把握に努めてきたが、テクニカルな問題も浮上したことで、その全体像を正確に把握できない状況にあった＊88。

ＰＭＳＣを巡る費用削減の神話

請負業務の問題を巡っては、軍が請負業者に業務を委託した方が軍人自らがそれを実施するよりも費用対効果上（コスト）有利であるとこれまでにもしばしば議論されてきた。このことは、ランド研究所の報告書＊89（二〇〇五年）や議会予算局（ＣＢＯ）の報告書（二〇〇五年）においても指摘されてきた。なかでも、議会予算局は、軍人が軍の非戦闘的活動を遂行した場合、その短期的な費用はＬＯＧＣＡＰを活用した場合と同等となるものの、長期的にはＬＯＧＣＡＰよりも九〇％高値になると結論付けた。すなわち、二〇年間で比較した場合、軍人は非戦闘的活動を実施するにあたり七八四億ドルの費用が必要となるのに対して、ＬＯＧＣＡＰは四一四億ドルに留まるとして、三七〇億ドルの経費削減が可能となる＊90。

これに対して、請負業務の費用対効果上の優位性を疑問視する声もある。なかには、議会予算局の算出したＬＯＧＣＡＰの費用が過小に見積られているとの指摘がある。ここでは具体的に、①議会予算局の算出にはＬＯＧＣＡＰを管理・監督するために必要な費用が考慮されていないこと、②イラクでは業務所要の増大に伴い議会予算局の算出よりもＬＯＧＣＡＰの価格が増大していること、③戦域における労働力の賃金が増大していること、④議会予算局の算出の基準となったＬＯＧＣＡＰⅢでは請負業務の報奨金が三％であったのに対して、ＬＯＧＣＡＰⅣでは報奨金が一〇％に設定されていることの問題点に言及されている＊91。また、米監査局（ＧＡＯ）は、米軍の支援体制のなかでもＬＯＧＣＡＰが最も高額な支援体制であることを指摘している＊92。

一方、米軍のなかで請負業務に係る費用が拡大していることについて懸念がある。例えば、イラクでは現地の治安情勢の悪化に伴い、ＰＭＳＣの活用規模が大幅に増大することになった。また、警護・警備業務の所要が増大した結果、復興費の急騰を招くことになった。イラク復興特別監査官室（ＳＩＧＩＲ）の報告書（二〇〇七年一月）によると、イラクでは警護・警備費が費用全体のなかで七・六％から一六・七％を占めている（平均一二・五％）＊93。ＳＩＧＩＲはこれまでにも再三に亘り、警護・警備費の過小評価が重大な問題点になっていると言及しており、さらにはその費用の増大が復興プロジェクト全体の費用をも高騰させ、その結果復興プロジェクトを遅延させる原因にもなっていると指摘している＊94。また、復興費を高騰させる要因として警護・警備費を追跡調査することの必要性が認識されていないことも問題になっている＊95。警護・警備費の増大を受けて、陸軍及び空軍は二〇〇七年一月及び二〇〇六年三月にそれぞれ覚書を発出して請負業務に係る費用を抑えることを隷下部隊に要求している。海軍では覚書を発簡しなかったものの、請負業務に係る費用の問題が懸念材料の一つであることを指摘している＊96。

請負業務の費用対効果を巡っては賛否両論があるなか、この問題は単純に議論できるものではない。その理由は四つある。その第一は、軍人と請負業者、または政府機関の文官と請負業者の費用について比較する際、その業務内容が大きく影響する点である。すなわち、当該業務が「政府固有の機能」でない場合には、軍人または文官と請負業者を比較することについて意味がある。しかし、当該機能が「政府固有の機能」である場合には、その費用がどんなに高くても軍人または文官が実施しなければならないのである。アブ・グレイブ刑務所の事案を巡っては、捕虜の尋問がそもそも請負業務に委託すべき活動であったか否かについて問題になっている。

第二は、請負業務の費用対効果を決定付ける要因が、請負業務を契約する際の価格だけではないことである。費用対効果に影響を及ぼす要因には、契約価格のほかに、①不測事態対処作戦の期間、②人員の活動周期、③現地の労働市場などがある＊97。そして、イラク及びアフガニスタンでは、現地及び第三国のＰＭＳＣ従業員に対して支払われる労働賃金の低さが、契約価格の低下をもたらす大きな要因であった＊98。換言すれば、請負業務はある一定条件下においてのみ、軍や文官よりも費用対効果上有利であるに過ぎない。単純に請負業務が軍や文官よりも費用対効果上有利であるとは限らないのである。

第三は、通常、軍は効率性（efficiency）よりも実効性（effectiveness）を重視して作戦を遂行していることである。イラク及びアフガニスタンでは、米政府高官たちが請負業務の成果を評価する際に契約価格を考慮していなかったことが問題視された＊99。その評価に際し契約価格を考慮しなかったこと自体問題であるが、軍はそもそも費用対効果を重視して作戦を遂行するわけではない。実際、国防総省指示では、兵力構成を検討する際には作戦遂行上のリスクといった要素が契約価格よりも重要であることが明記されている。例えば、国防総省指示第一一〇〇・二二号（二〇〇六年九月）では、兵力構成を決定する際、最も安価な選択肢を選択することの必要性について定めているものの、作戦上のリスクの方がその費用よりも重要であると明確に定めている＊100。また、国防総省指示第一一〇〇・二二号の改訂版（二〇一〇年四月）でも、作戦上のリスクの要素が契約価格よりも重要であることが規定されている。ここでは、軍が最も安価な選択肢を選択するよう定めた前指示の規定が削除されている。また、改訂版では、兵力構成を決定する際、軍人、文官、請負業者のなかでどれが最も安価であるかという前提に立って判断してはならないことが規定されている＊101。

一方、軍では様々な兵器システムが重複する形で構築されていることも、軍が効率性よりも実効性を重視していることを示している。軍が重複した兵器システムを構築する理由は、作戦遂行上様々な不測事態を考慮しなければならない上、兵器システムの機能停止という最悪の事態を回避する必要があるためである。実際、米海兵隊大佐によると、海兵隊の保有する五つの火力支援システムが一度にすべて機能停止に陥ったこともあった＊102。

第四は、自国軍や政府機関の文官が実施すべき「政府固有の機能」は国によって異なっていることである。例えば、英軍は米軍と異なり警護・警備業務を「政府固有の機能」として位置付けており、それを外部委託することに対して消極的である。一方、米軍は警護・警備業務を必ずしも「政府固有の機能」として位置付けていない。すなわち、請負業務を巡る費用対効果の議論は、国家がいかに「政府固有の機能」を定めるかによって大きく異なるといえる。

このように、請負業務の費用対効果を巡る問題は単純に結論付けられるものではない。一方、請負業務の費用を必要以上に削減することと請負業務の無駄を省くことは、決して同一のものではないことに注意を払う必要がある。つまり、作戦の実効性を阻害するほどむやみに請負業務の費用を削減すべきではない。削減すべきは、請負業務の水増し請求や業務不履行など、無駄に遂行される請負業務である。イラク・アフガニスタン有事請負業務委員会は、イラク及びアフガニスタン両国でこれまで一〇年間で総額三一〇億ドル～六〇〇億ドルに上る経費が無駄に活用されてきたと指摘している*103。

これまでみたように、軍は作戦を遂行する上で費用対効果（コスト）よりも実効性を重視して行動する。このことを踏まえれば、ＰＭＳＣを活用することの費用対効果を単純に議論することは無意味であるといえる。本来、議論の焦点は、軍とＰＭＳＣの費用対効果を比較するのではなく、①軍が必ず従事すべき「政府固有の機能」は何であるかということ、②軍が請負業務を活用する際に、どの程度の政治的・軍事的・財政的リスクを背負うことができるか、そして　③軍はＰＭＳＣを活用するにあたりいかに無駄を省くかということの三点にあるべきである。

第３節　軍の即応性に及ぼすＰＭＳＣの作戦・戦術的影響

第１節及び第２節では、ＰＭＳＣが戦略レベルで軍の即応性に対して大きな影響を及ぼすことが分かった。それでは、ＰＭＳＣの役割を現場レベル（作戦・戦術的次元）で捉えた場合、ＰＭＳＣは軍の即応性にどのような影響を及ぼすのであろうか。本節では、米軍の即応性に及ぼすＰＭＳＣの作戦・戦術的影響について明らかにする。ここでは、ＬＯＧＣＡＰやＰＭＳＣ従業員との俸給の差が部隊の士気に及ぼす影響、ＰＭＳＣの行動基準やＰＭＳＣとの協力・調整関係、さらにはＰＭＳＣを巡る契約構造が軍の行動に及ぼす影響について明らかにしていく。

1．部隊の士気を左右するＰＭＳＣの存在

部隊の士気は、団結及び規律とともに、軍が作戦を遂行する上で極めて大きな影響を及ぼしている。しかし、本項が示すように、ＰＭＳＣは必ずしも米軍の作戦にプラスの効果だけをもたらしているわけではない。すなわち、ＬＯＧＣＡＰのような施策は部隊の士気の高揚に寄与する一方、米軍とＰＭＳＣとの俸給格差は部隊の士気に一部マイナスの影響を及ぼしている。

ＬＯＧＣＡＰによる士気の高揚

イラク及びアフガニスタンでは、米兵の精神的負担を軽減させようと、士気高揚施策の一環として基地内の食事や厚生施設の充実が図られてきた。これには陸軍の大規模兵站計画、ＬＯＧＣＡＰが重要な役割を果たしている。米軍において厚生業務は、「戦闘上の即応性を発揮する上で必要不可欠な任務である」と位置付けられており、その重要性は統合教範においても明確に規定されている*104。このことは、部隊が戦闘上の即応性を発揮する上で、厚生業務の充実が部隊の士気と密接に関連していることを示すものである。

元来、軍人には必需品の欠乏（privation）に耐える資質が求められる。かつてクラウゼヴィッツは、必需品の不足に耐えることは兵士に求められる最大の資質であり、軍はその資質なしに純粋な軍事的精神を保有することができないと述べている。同時に、必需品の不足は作戦環境によって規定されるべきものであり、それは一時的に留めるべきものである。クラウゼヴィッツが指摘するように、必需品は非効率的なシステムによって、または人間が生存していく上で必要最低限の食事をも提供できなくなるような抽象的な計算によって定められるようなものであってはならない*105。

しかし、イラクやアフガニスタンでＬＯＧＣＡＰが米兵に提供した業務の内容は、前例にないほど水準の高いもの

であった*106。報道記者の一人がイラクでストライカー部隊の基地を訪れた際、兵士から「二〇〇三年にイラクに派遣された兵士は体重が平均して一五ポンド減少していたが、いまでは一〇ポンド増えている」と告げられたという。イラクで多くの部隊が受けた注意事項は、即製爆弾(IED)、ロケット弾(RPG)、爆発型貫通装置(EFP)に関するものではなく、太鼓腹になることであったとの指摘もある*107。

このように過剰ともいえる業務が提供されていたことの問題点についてはブルックスISOA会長も指摘したが*108、それが部隊の士気の向上に寄与していたことも事実であろう。イラクに派遣された米軍将校も、食事や厚生施設の充実化が部隊の士気を向上させる要因の一つになっていたことを認めている*109。そして、食事や厚生施設の充実化は、米軍がLOGCAPを活用することで初めて可能になっている。

一方、米軍が戦地においてここまで食事や厚生施設の充実を図って部隊の士気を向上しなければならない背景には、作戦上の必要性(戦闘上の即応性の発揮)の他に、イラク及びアフガニスタンでの劣悪な作戦環境を受けて兵士の離職を食い止める必要性があったことにある。実際、作戦開始当初(二〇〇一年一二月~二〇〇三年一一月)、陸軍は離職防止施策(stop-loss policy)を導入して米軍将兵の離職を阻止しようと努めた。しかし、安定化作戦の長期化に伴い米兵の負担は増大し、部隊の派遣周期(operational tempo)だけでなく、将兵個人の派遣周期(personnel tempo)にも影響を及ぼすようになった。例えば、正規軍の派遣回数は増大し、その派遣期間も一二ヶ月から一五ヶ月に延長された。また、予備戦力の派遣制限も撤廃されることになった。二〇一二年三月には、アフガニスタン南部地域に駐留していた米兵が銃を乱射して現地住民一六人を殺害した事案が発生したが、米兵の精神的負担の増大が事件の一因になっているとの指摘がある*110。この兵士は、それまでイラクにすでに三回(計三年間)派遣されており、今回アフガニスタンへの派遣が四回目であった。

このような状況のなか、米軍は、兵士に対して充実した食事や厚生施設を提供することで、兵士の士気を向上させ、また兵士の離職にも歯止めをかけようとしている。イラクのアナコンダ米軍基地の広報部長は、近年兵士は戦地においても従来の包装された簡易食（ＭＲＥ）ではなく豊富な食事が提供されることを期待していると指摘して、軍に対する将兵の要求がこれまでになく高まっていることを示唆している。また同部長は、今日の志願制の下では新兵一人を訓練するにあたり当初の四年間で一〇万ドルの費用が必要であるとして、兵士の離反を阻止するために六、〇〇〇ドルの予算を投入して食事及び厚生施設の充実を図ることの意義は大きいとも指摘している＊111。これらの発言は、米軍が食事及び厚生施設を充実させることで部隊の士気を向上させ、また兵士の離反を防止しようとしていたことを示している。

尤も、兵士に対して充実した食事や厚生施設を提供することに対して疑問視する見方も一部にある＊112。また、米軍が兵士に対して充実した食事や厚生施設を提供することによって、実際兵士の離職率がどの程度防止されたかについてその効果を具体的な形で確認することはできない。兵士が軍を離職する理由には様々なものがあろう。しかし、イラクやアフガニスタンでは、米軍はＬＯＧＣＡＰを活用することなく兵士に対して充実した食事や厚生施設を提供することができなかったことも事実である。また、現実問題として米軍のなかには充実した食事や厚生施設が部隊の士気の向上に寄与しているとの認識もあった。このことを踏まえれば、ＬＯＧＣＡＰに従事したＰＭＳＣが部隊の士気向上や、兵士の離反防止に一定の役割を果たしていたと指摘することができる＊113。

ＰＭＳＣ従業員との俸給格差の弊害

ＰＭＳＣ従業員の俸給は同じではない。第2章でみたように、その俸給は従業員間で大きく異なっている。とりわけ警護・警備業務に従事する欧米諸国出身の従業員は、第三国や現地の従業員に比べて俸給が高い。また、特殊部隊出身者であればその俸給はさらに高い水準にある。

このようにＰＭＳＣ従業員の俸給には格差があるが、米軍の間では軍とＰＭＳＣ従業員との俸給格差が部隊の士気に悪影響を及ぼしていると認識される傾向にある。このことは、ランド研究所の調査報告（二〇一〇年）が裏付けている*[114]。これによると、イラクに派遣された米軍の下士官（上級曹長～伍長）たちの多くがＰＭＳＣとの俸給の違いが部隊の士気に影響を及ぼしていると認識している。その程度は、階級層及び年齢層によって異なるが、全般的に階級の低い下士官（三五歳以下）及び年齢の低い下士官（三五歳以下）の方が、階級の高い下士官（上級曹長～二等軍曹）及び年齢の高い下士官（三五歳以上）よりもＰＭＳＣとの俸給差の影響を認識する傾向にある*[115]。一方、ＰＭＳＣ従業員との俸給格差が軍の在職率や募集状況にマイナスの影響を及ぼしていると認識する軍人も多い。この傾向は、特に階級の低い将校（大尉～少尉）（調査対象者二〇人）及び年齢の低い軍人（三五歳以下）（調査対象者一一一人）において表れている*[116]。

この調査結果は、ＰＭＳＣ従業員との俸給格差と軍の在職率や募集状況の関連性を否定した米監査局の報告書の結果と異なるものになっている*[117]。一方、ＰＭＳＣとの俸給格差が軍の在職率にマイナスの影響を及ぼしていることは、ランド研究所以外の研究も結論付けている*[118]。食事及び厚生施設の充実化が部隊の士気に重要な役割を果たしている状況と異なり、軍人とＰＭＳＣ従業員との俸給格差が部隊の士気や軍の離職率に及ぼす影響は必ずしも明確ではない。

2．軍の迅速な行動を阻害する構造的相違と契約構造

軍とＰＭＳＣは異なった特性を持っている。後述するように、米軍とＰＭＳＣとの行動基準の相違や両者間の脆弱な協力・調整関係、さらには複雑な契約構造を受けて、米軍の即応性が阻害されることもある。

行動基準の相違と脆弱な協力・調整関係

軍とＰＭＳＣの行動基準は異なっている。第一に、軍が指揮系統で行動することに対して、ＰＭＳＣの場合は契約

内容が行動の準拠になっている。このため、現場指揮官は作戦環境の変化に即応しようとしてその場でＰＭＳＣ従業員に対して業務の変更・追加を求めてもそれができないというリスクを常に負っている＊119。イラクでは、軍の指揮・統制系統とＰＭＳＣの行動の準拠の違いについて理解していなかった指揮官が契約内容以外の事項をＰＭＳＣ従業員に強要するケースがみられた。また、指揮官がＰＭＳＣ従業員に対して契約内容以外の業務を実施させた場合には新たな費用が発生し、費用対効果上でもマイナスの影響を及ぼすとも指摘されている＊120。

このリスクを解消するための有効な手段として、作戦計画策定の早い段階から請負業務を計画のなかに反映すること、また契約内容を規定する作業指示書を状況に即応できるような形で包括的に策定することがある。陸軍教範においては、不測事態対処作戦に従事する際には、計画策定過程の早い段階で業務所要を明確にするとともに、包括的な作業指示書を策定するよう規定している＊121。しかし、イラクでは、部隊の支援基盤となるＬＯＧＣＡＰが二〇〇三年五月まで計画されなかった＊122。また、状況に即応できるように、作業指示書が策定されることもなかった。このことを受けて、第4章でみたように、ＬＯＧＣＡＰの特別契約が、再三に亘り書き換えられることになった。しかし、安定化作戦のように、流動的な作戦環境下で状況に即応できるように作業指示書を包括的に規定することは、容易なことではない＊123。

行動基準の第二の違いは、軍及びＰＭＳＣ間で業務に対する姿勢が異なっていることである。これは特に警護・警備業務において表面化している。このことは、連合国暫定当局（ＣＰＡ）の顧問の一人が指摘している。同氏によれば、ＰＭＳＣ従業員の警護を受けた際にその従業員は「我々の任務は警護対象者を死守することである。その過程でイラク人を蹴散らすことになったとしてもそれは我々の知ったことではない」と発言したという＊124。このことは、二〇〇〇年代半ばから民心の獲得を重視してきた米軍の基本的姿勢と根本的に異なるものである。同氏は、米軍兵士たちがイラク住民と紅茶を飲むことやトランプをすることもあり、民心を獲得するための努力を傾注していたと指摘している。

一方、軍とＰＭＳＣの組織構造には大きな相違がある。軍事組織は厳格な階層構造をもって構成されているのに対して、ＰＭＳＣの組織は必ずしもそのようになっていない。このことは、米軍がＰＭＳＣと協力・調整を図る窓口が組織構造上明確でないことを示している。このため、両者が円滑に活動するためには、協力・調整を促進できるような共同機関が必要となる。しかし、イラクでは、安定化作戦開始当初、米軍とＰＭＳＣが協力・調整を促進できるような共同機関が設立されていなかった。そして、第2章でみたように、協力・調整問題は、ＰＭＳＣがその下請業者に業務を頻繁に委託したことで複雑化している。

イラクで米軍がＰＭＳＣとの協力・調整を促進できる共同機関、復興作戦センター（ＲＯＣ）が設立されたのは、二〇〇四年一〇月のことであった。それまで、米軍とＰＭＳＣとの調整は、専ら関係者間の個人的なつながりで実施されており、両者が組織的に協力・調整できるような状況にはなかった。また、米軍にはＰＭＳＣと協力・調整を図る際に必要な統一基準もなかった。その結果、米軍とＰＭＳＣ間の協力・調整の内容及びその深さは関係者毎様々となり、作戦遂行上混乱が生じることもあった*125。また、米軍はＰＭＳＣとの通信手段を確立できない状況にもあった*126。

米軍とＰＭＳＣ間の協力・調整不足の問題が影響して、生命に関わる事案も発生している。ファルージャでは、ブラックウォーター社従業員が反乱分子に殺害される事案が発生した（二〇〇四年三月）。前述のように、国防総省指示第三〇二〇・三七号（一九九〇年）では、米軍の作戦遂行上必要不可欠な業務内容と、それに従事するＰＭＳＣの数を明確にするよう義務付けてきた*127。しかし、ファルージャでは従業員が活動地域や時期について事前に軍と調整することなく市内に進入したために米軍から必要な警護を受けられなかった*128。

また、友軍相撃の事案も発生している。これには、米軍がＰＭＳＣ従業員を誤射した事例（blue-on-white incidents）と、逆にＰＭＳＣ従業員が米軍兵士に対して誤射した事例（white-on-blue incidents）がある*129。前者の原因は、ＰＭＳＣの車両が軍の検問所に減速することなく不用意に前進したことや、軍用車両を無理やり追い越そうとしたことにあった＊130。いずれの場合においても米軍が事前にＰＭＳＣの行動や活動地域について把握できていなかったことが直接的な原因になっている。

協力・調整不足に起因する友軍相撃の発生件数は、二〇〇四年一〇月にイラクでＲＯＣが設立され、ＰＭＳＣの車両位置が逐次データ・ベースで掌握されるようになってから減少している。しかし、ＰＭＳＣ側が軍の位置を確認できない状況にあったことや、ＲＯＣシステムを通じて他のＰＭＳＣに自己の情報が提供されることに難色を示すＰＭＳＣが同システムに加入しなかったこともあり、ＲＯＣの設立だけで問題が解決されたわけではなかった。

また、米軍とＰＭＳＣ間の協力・調整が不足したことで軍が作戦の変更を余儀なくされたり、また軍の行動が制約されるという問題も生起した。先のファルージャの事案がその例である。また、現場でＰＭＳＣ従業員の数が不足し、本来その業務を担うはずのなかった軍が逆にＰＭＳＣに代わって業務を遂行したこともあった＊131。

一方、武器の使用を巡って、米兵を対象とした交戦規定（ＲＯＥ）と、ＰＭＳＣを対象とした武器使用規定（ＲＵＦ）の内容が異なっていることで警備・警護業務の在り方にも影響を及ぼすこともあった。例えば、米兵は交戦規定に基づき脅威対象者に対して武器を使用して迅速かつ徹底的に対処することや脅威対象者を二四時間拘束することができる。これに対し、ＰＭＳＣ従業員は武器使用規定に基づき自衛目的のために脅威対象者を撃退し、その事案を報告することしかできない。このため、ハマー（Hammer）前方作戦基地では従業員がＲＵＦ違反による失職を恐れて脅威対象者に対して的確に武器を使用できない怖れがあることが危惧された。また、ＰＭＳＣを基地警備業務に活用する部隊では、武器使用の遅れによって犠牲者の発生や施設の損失など重大な結果を招く怖れがあることが指摘されてきた＊132。一方、ＰＭＳＣ（なかでも警備・警護業務に従事するＰＭＳＣ）が現地で活動している理由やＰＭＳＣの活動成果、さらにはＰＭＳＣの行動様式について、米軍が各部隊に対して情報を適切に提供するようにＰＭＳＣ側が求めることもあった＊[133]。

このように、米軍とＰＭＳＣとの行動基準及び協力・調整関係を巡る問題は、米軍の即応性を一部阻害する要因にもなっていた。これに関連して、米政府内では省庁間協力が希薄であったことも問題となった。その問題は、イラク・アフガニスタンの現地警察の育成、イラクにおける国防総省及び国務省間の権限移譲、アフガニスタンにおける主要幹線道路横断橋梁の補修工事、警護・警備業務に従事するＰＭＳＣ従業員の監視の在り方、請負業務の遂行要領の局面において表面化することになった＊[134]。

ＰＭＳＣの把握を困難にする複雑な契約構造

イラク及びアフガニスタンでは、多くのＰＭＳＣが下請業者を活用していた。例えば、二〇〇四年にＫＢＲ社が米軍とＬＯＧＣＡＰⅢを締結した際、食堂の設立、装備品の準備、給食の業務を下請業者六社に委託することになった＊[135]。しかし、この多層契約構造はＰＭＳＣの全体像の把握を一層困難にする要因になった。また、米軍だけでなくＰＭＳＣもその下請業者の行動を把握できない状況も発生した＊[136]。イラクでは、ＰＭＳＣが現地住民を雇用する際にその下請業者自身に身元調査を実施させていた事例も発生しており、議会では身元調査の信憑性が懸念されることになった＊[137]。

軍がＰＭＳＣの全体像を把握することの重要性は、これまでにも指摘されてきた。国防総省指示第三〇二〇・三七号（一九九〇年）の発令以降、国防総省は軍の作戦を遂行する上で必要不可欠な業務内容やそれに従事するＰＭＳＣ従業員の数を明確にするように義務付けている＊[138]。実際、ＰＭＳＣの従事する業務内容やＰＭＳＣ従業員の数に関して正確なデータを収集することは、現場でＰＭＳＣが有効に活用され、それが的確に管理・監督されているかについて確認する上で重要な要素となっている。すなわち、ＰＭＳＣの全体像を把握することは、ＰＭＳＣの支援する部隊が活動地域においてＰＭＳＣと確実に連携をとって活動し、また戦闘部隊がＰＭＳＣ従業員の安全を確保し、さらには、米軍がＰＭＳＣ従業員を雇用する際にその身元調査を適切に実施する上で重要である＊139。

しかし、イラクやアフガニスタンでは、ＰＭＳＣに委託した業務内容やＰＭＳＣ従業員の数について米軍がその全体像を正確に把握できない状況にあった。この問題は、二〇〇三年以降米監査局（ＧＡＯ）によって再三に亘り指摘されており＊140、現場指揮官もその問題点を指摘してきた＊141。当初特に問題になったのが、国防総省全体としてＰＭＳＣの数や業務内容を把握できていなかった点である。このため、二〇〇五年には一五年ぶりに請負業者に関する国防総省指示（第三〇二〇・四一号）が発令され、そのなかで米軍に同行するすべての請負業者の名前及び従事する業務内容を一括管理したデータ・ベースを構築するように義務付けられることになった＊142。このことを受けて、二〇〇七年一月には、ＰＭＳＣの活動状況を把握できる国防総省全体を対象にしたＳＰＯＴを導入されることになった＊143。また、二〇〇八年七月にはこのシステムを国務省及び米国際開発庁が共有できるようになり、ＰＭＳＣとの契約内容やＰＭＳＣ従業員の把握に努めるなど改善が図られるようになった。しかし、ＳＰＯＴに入力するデータ処理の問題が浮上しており＊144、米軍は二〇一〇年三月の段階においてもＰＭＳＣの全体像特に現地従業員を正確に把握できていない状況にあった＊145。

米軍がＰＭＳＣの全体像を把握できなかったことを受けて現場指揮官たちは様々な問題に直面することになった。第一は、現場指揮官がどの程度ＰＭＳＣに業務を委託できるか作戦計画に反映できなかったことである。米監査局によると、イラクでは在イラク多国籍軍が作戦計画を策定する際に請負業者に関する情報を入手できなかった。このため、その後請負業者に関する情報を収集することが部隊にとって最優先事項になった＊146。第二は、ＰＭＳＣが従事する必要不可欠な業務に関してそれを喪失した際に直面するリスクを評価できなかったことである＊147。第三は、請負業者の安全確保を確実に実施できなかったことである＊148。そして第四は、財政的に無駄が生じたことである。イラクでは、米軍がＰＭＳＣ従業員の正確な規模を把握できなかったために米軍基地を建設した際に基地を過大または過小に建設することになった＊149。また、ＰＭＳＣと契約した米軍機関の間で情報が組織的に共有されていなかったために、すでに日当を受領していたＰＭＳＣ従業員が自前で食事せず部隊の食事を無料で喫食するという事案も発生している。陸軍補給統制本部（ＡＭＣ）によると、陸軍はこの種の事案で毎年四、三〇〇万ドルの損失を被ることになった＊150。

本章のまとめ

本章では、米軍が即応性を発揮する際にＰＭＳＣが部隊に必要な能力を迅速に向上させており、軍の初動対処及び継続的な作戦の遂行に大きく寄与していることが分かった。つまり、短期的（部隊展開時）に、米軍はＬＯＧＣＡＰに代表される大規模な兵站支援においてＰＭＳＣを活用することで部隊の展開所要時間を短縮し、米軍が軍事作戦を遂行する上で必要な部隊規模を迅速に確保できるようになっている（構造上の即応性）。それと同時に、米軍は軍のなかで不足または欠如していた能力とりわけ高度の兵器システムの管理及び通訳支援をＰＭＳＣに委託することで、部隊の能力の最大化を迅速に図ることができるようになっている（作戦遂行上の即応性）。すなわち、ＰＭＳＣは部隊展開時に必要な軍の初動対処能力を高めているのである。

中期的（作戦遂行時）には、業務所要の拡大に伴い、米軍は基地支援、基地警備、通訳支援、兵器システムの管理をＰＭＳＣに委託することで部隊の能力の最大化を迅速に図ることができている。このことで、軍は継戦能力を向上させている。

また、長期的（作戦終了以降）にも、ＰＭＳＣが米軍の即応性に大きく寄与していることが分かった。すなわち、米軍は平時から継続的に活用しているシステム支援請負業務や、平時から整備されている戦域外支援請負業務（ＬＯ

ＧＣＡＰ等）によって、将来戦において軍の即応性を発揮できる体制を構築できるようになっている。

しかし、ＰＭＳＣは万能薬ではないことも明らかになった。例えば、中期的には、米軍はＰＭＳＣを活用しても軍の負担を軽減することができなかった。また、米軍撤退に伴い、作戦環境が複雑になるなか、請負業務による支援の継続性への懸念が浮上することになった。一方、長期的（作戦終了以降）には、「政府固有の機能」を明確にすることが困難な状況にあることや、米軍がＰＭＳＣを活用しても必ずしも費用対効果上有利になっていない。このため、将来戦において軍が初動対処や作戦の継続性を確保するために必要な体制を事前に整備することが難しくなっている。

米軍がＰＭＳＣを活用する際にはこのような問題点もあるなか、米軍が即応性を発揮する上でＰＭＳＣが大きな影響力を及ぼしていることは事実である。一方、ＰＭＳＣの作戦・戦術的な問題点を過大評価することで、その戦略的効果を過小評価してはならない。本章でみたように、ＰＭＳＣが米軍の即応性に及ぼす影響力は大きい。そして、それは、米軍がＰＭＳＣなしには軍の即応性を発揮することが困難になっていることを示している。

注

1 第3章で述べたように、一九九六年四月、ホワイト（John P. White）国防副長官は、上院軍事委員会即応性小委員会の席で外部委託することで軍の即応性を維持できる見解を示した。Senate Committee on Armed Services (SCAS), Subcommittee on Readiness, *Depot Maintenance Policy*, Statement of Dr. John P. White, Deputy Secretary of Defense (April 17, 1996), pp.7-8.

2 システム管理業務については、これまで陸軍教範（FM 3-100.21）で「システム請負業務」（system contracts）という用語が使用されていたが、本書では二〇〇五年及び二〇一一年の国防総省指示（第三〇二〇・四一号）で表示されている「システム支援請負業務」（systems support contracts）の用語を活用する。U.S. Department of Defense, *Contractor Personnel Authorized to Accompany the U.S. Armed Forces*, DoDI 3020.41 (October 3, 2005); U.S. Department of Defense, Operational Contract Support (OCS), DoDI 3020.41 (December 20, 2011).

3 「兵站業務民間補強計画」（ＬＯＧＣＡＰ）は、一九八五年に萌芽した米陸軍の大規模兵站計画である。その目的は米軍の不測事態対処作戦を支援するために世界各地に展開する民間企業の資源を平時の段階から事前に確保し、米軍の作戦支援能力及び兵站支援能力の不足する分野に能力を増強することにある。ＬＯＧＣＡＰは一九九二年のソマリア侵攻時に初めて活用されて以来、米軍に活用されている。また、９・11以降、イラク及びアフガニスタンで展開されているＬＯＧＣＡＰⅢ及びＬＯＧＣＡＰⅣは、これまでのＬＯＧＣＡＰとは比較にならないほど大規模なものになっている。なお、米海軍及び空軍にも類似の計画がある。

4 U.S. Army Corps of Engineers, *LOGCAP: Logistics Civil Augmentation Program, A Usage Guide for Commanders*, EP 500-1-7 (December 5, 1994), p.3.

5 U.S. Department of the Army, *Logistics Civil Augmentation Program (LOGCAP)*, AR700-137 (December 16, 1985), p.2; U.S. General Accounting Office, *Contingency Operations: Opportunities to Improve the Logistics Civil Augmentation Program*, GAO/NSIAD-97-63 (February 1997), pp.7-9.

6 U.S. Government Accountability Office, "Military Operations: DOD's Extensive Use of Logistics Support Contracts Requires Strengthened Oversight," GAO-04-854 (July 19, 2004), p.14.

7 GAO/NSIAD-97-63, p.7.

8 Congressional Budget Office (CBO), *Logistics Support for Deployed Military Forces* (October 2005), p.25.

9 EP 500-1-7, p.6.

10 CBO, *Logistics Support*, p.25.

11 Baum, Dan, "Nation Building for Hire," *New York Times Magazine*, June 22, 2003.

12 GAO-04-854, p.34. 一方、ＫＢＲ社が第一〇一空挺師団の設営を期限内に完了できなかったことや、契約内容に規定された業務内容をすべて提供できなかったことも指摘されている。 Ibid., p.25.

13 Ibid., p.34.

14 CBO, *Logistics Support*, p.8.

15 U.S. Army and Marine Corps, *Counterinsurgency*, FM3-24, No.3-33.5 (December 2006), p.C-1.

16 U.S. Government Accountability Office, "Military Operations: DOD Needs to Address Contract Oversight and Quality Assurance Issues for Contracts Used to Support Contingency Operations," GAO-08-1087 (September 26, 2008), p.6.

17 Ibid., pp.12-13.

18 U.S. Government Accountability Office, "Military Operations: Contractors Provide Vital Services to Deployed Forces but Are Not Adequately Addressed in DOD Plans," GAO-03-695 (June 24, 2003), p.9.

19 GAO-08-1087, p.16.

20 Ibid., p.30.

21 Ibid., p.29.

22 GAO-03-695, p.9.

23 Ibid.

24 Ibid., p.8.

25 Ibid.

26 U.S. Department of Defense, *Continuation of Essential DoD Contractor Services During Crisis*, DoDI 3020.37 (November 6, 1990), p.8.

27 DoDI 3020.41 (October 3, 2005), p.25; DoDI 3020.41 (December 20, 2011), p.48.

28 U.S. Department of the Army, *Contractors on the Battlefield*, FM 3-100.21(100-21) (January 3, 2003), p.1-30.

29 Ibid., pp.1-10 to 1-11.

30 GAO-08-1087, p.15.

31 Ibid.

32 U.S. Government Accountability Office, "Operation Iraqis Freedom: Actions Needed to Facilitate the Efficient Drawdown of U.S. Forces and Equipment from Iraq," GAO-10-376 (April 19, 2010), p.2.

33 Schwartz, Moshe and Joyprada Swain, "Department of Defense Contractors in Afghanistan and Iraq: Background and

Analysis," *CRS Report for Congress*, R40764 (May 13, 2011), p.27.

34 国防副次官補・計画支援担当室（ＡＤＵＳＤ-ＰＳ）資料（二〇一〇年五月）及び国防次官補代理・計画支援担当室（ＤＡＳＤ-ＰＳ）資料（二〇一二年一〇月）による。なお、国防副次官補・計画担当室は、国防次官補代理・計画支援担当室に格上げされることになった。Office of the Assistant Deputy Under Secretary of Defense for Program Support, *CENTCOM Quarterly Contractor Census Reports* (January 2012).

35 GAO-08-1087, p.16.

36 Ibid., p.29.

37 Ibid., p.13.

38 Ibid.

39 「陸軍事前集積備蓄」（Army Preposition Stock）は、陸軍が部隊を迅速に作戦地域に展開できるように装備品及び車両を世界各地に事前に集積させておく計画である。ＡＰＳは対象地域に応じて1から5に区分されている。イラク及びアフガニスタンでは、ＡＰＳ５（カタールを拠点）及びＡＰＳ３（船上集積）が活用されている。作戦の長期化に伴い、ＡＰＳ２（欧州対象）からも支援を受けている。

40 「世界整備補給業務」（Global Maintenance and Supply Services）は、陸軍が国外において装備品や車両の整備・補給を実施するための計画である。二〇〇四年一〇月以来、陸軍はイラク及びアフガニスタンの安定化作戦を支援するためＧＭＡＳＳに基づきクウェートのアリフジャン（Arifjan）基地でブラッドリー歩兵戦闘車、装甲人員輸送車、高機動車（ＨＭＭＷＶ）などの軍用車両の改造や補修を実施している。また、イラク軍の兵站部隊の教育にも携わっている。

41 GAO-08-1087, pp.13-14.

42 Ibid., pp.14-15.

43 Ibid., pp.16-17.

44 Commission on Wartime Contracting in Iraq and Afghanistan (CWC), *Transforming Wartime Contracting: Controlling Costs, Reducing Risks*, Final Report to Congress (August 2011), p.204.

45 U.S. Government Accountability Office, "Military Personnel: DOD Needs to Address Long-term Reserve Force Availability and Related Mobilization and Demobilization Issues," GAO-04-1031 (September 15, 2004), p.14.

46 U.S. Government Accountability Office, "Reserve Forces: Actions Needed to Better Prepare the National Guard for Future Overseas and Domestic Missions," GAO-05-21 (November 10, 2004), p.12.

47 DoDI 3020.41 (December 20, 2011), pp.2, 13-14.

48 U.S. Government Accountability Office, "Defense Management: DOD Needs to Reexamine Its Extensive Reliance on Contractors and Continue to Improve Management and Oversight," Statement of David M. Walker, Comptroller General of the U.S., Testimony Before the Subcommittee on Readiness, Committee on Armed Services, House of Representatives, GAO-08-572T (March 11, 2008), p.30.

49 House Committee on Armed Services (HCAS), Subcommittee on Readiness, *Hearing on Inherently Governmental-What Is the Proper Role of Government?*, 110th Congress, 2nd Session (March 11, 2008).

50 U.S. Government Accountability Office, "Military Readiness: Impact of Current Operations and Actions Needed to Rebuild Readiness of U.S. Ground Forces," Statement of Sharon L. Pickup, Director Defense Capabilities and Management, Testimony Before the Armed Service Committee, House of Representatives, GAO-08-497T (February 14, 2008), p.4.

51 Ibid.

52 Ibid.

53 Ibid., pp.4-5.

54 Ibid., p.7.

55 Ibid., pp.4-5.

56 Ibid, p.5.

57 Ibid., p.6.

58 Ibid.

59 Posture Statement of Admiral Michael G. Mullen, USN Chairman of the Joint Chief of Staff, before the 110th Congress House Armed Services Committee (February 6, 2008).

60 GAO-08-497T, p.5.

61 GAO-03-695, pp.9-10.

62 U.S. Government Accountability Office, "Iraq Drawdown: Opportunities Exist to Improve Equipment Visibility, Contractor Demobilization, and Clarity of Post-2011 DOD Role," GAO-11-774 (September 16, 2011), p.1.

63 Ibid, p.8.

64 Ibid., p.28.

65 Ibid.

66 Ibid., p.39.

67 Ibid., p.31.

68 Ibid., p.30.

69 Ibid., p.31.

70 GAO-11-774, p.32.

71 Senate Committee on Armed Services (SCAS), *Hearing to Receive Testimony on the Challenges Facing the Department of Defense* (January 27, 2009), p.32.

72 Luckey, John R., Valerie Bailey Grasso and Kate M. Manuel, "Inherently Government Functions and Department of Defense Operations: Background, Issues, and Options for Congress," *CRS Report for Congress*, R40641 (July 22, 2009), p.2.

73 U.S. Government Accountability Office, "Defense Budget: Trends in Operation and Maintenance Costs and Support Services Contracting," GAO-07-631 (May 18, 2007), pp.29-32.

74 Ibid., p.30.

75 U.S. Department of Defense, *Guidance for Determining Workforce Mix*, DoDI 1100.22 (September 7, 2006).

76 警護・警備業務については、武力の誇示（show of military force）を伴う業務、戦闘への直接支援を伴う業務、戦闘に発展する危険性のある業務、敵対行為に対して防御的反応を超える業務は、いずれも「政府固有の機能」として位置付けられることになった。また、政府の統制及び権限下にある「政府固有の機能」が請負業者に譲渡されないように武器の使用に関する規則が明記された。さらに、武器の使用に関して明確に制限されている場合には、ＰＭＳＣは警護・警備業務に従事することができるとも規定されている。一方、尋問については、基本的に「政府固有の機能」として定める。しかし、訓練を受けて審査に合格した請負業者は、尋問計画の策定に従事することや、適切な監督・監視下で尋問を実施できることが規定されている。Ibid.

77 例えば、ＰＭＳＣの支援・増強・救援を伴う警護・警備業務や、部隊が敵対行為に参加することを伴う警護・警備業務、敵対行為や敵対的な示威行動に対して攻撃的な対応を伴う警護・警備業務も、新たに「政府固有の機能」として定められることになった。U.S. Department of Defense, *Policy and Procedures for Determining Workforce Mix*, DoDI 1100.22 (April 12, 2010).

78 HCAS, *Hearing on Inherently Governmental*, pp.5-6.

79 DoDI 1100.22 (April 12, 2010); DoDI 1100.22 (September 7, 2006).

80 U.S. Government Accountability Office, "Intelligence Reform: GAO Can Assist the Congress and the Intelligence Community on Management Reform Initiatives," Testimony of David M. Walker, Comptroller General of the United States, Testimony before the Subcommittee on Oversight of Government Management, the Federal Workforce, and the District of Columbia, Committee on Homeland Security and Governmental Affairs, U.S. Senate, GAO-08-413T (February 29, 2008).

81 SCAS, *Hearing to Receive Testimony on the Challenges Facing the Department of Defense*, p.12.

82 U.S. Department of Defense, *Guidance for Manpower Management*, DoDD 1100.4 (February 12, 2005), p.2.

83 SCAS, *Hearing to Receive Testimony on the Challenges Facing the Department of Defense* , p.28.

84 U.S. Department of Defense, *Quadrennial Defense Review Report* (February 1, 2010), p.55.

85 Gates, Robert, Memorandum to Secretaries of Military Departments, January 24, 2011. Cited from Commission on Wartime Contracting in Iraq and Afghanistan, *At What Risk? Correcting Over-Reliance on Contractors in Contingency Operations* (February 24, 2011), p.20.

86 GAO-03-695, pp.31-35.

87 U.S. Government Accountability Office, "Military Operations: High-Level DOD Action Needed to Address Long-Standing Problems with Management and Oversight of Contractors Supporting Deployed Forces," GAO-07-145 (December 2006), p.29.

88 U.S. Government Accountability Office, "Warfighter Support: Continued Actions Needed by DOD to Improve and Institutionalize Contractor Support in Contingency Operations," Statement of William M. Solis, Director Defense Capabilities and Management, Testimony before the Subcommittee on Defense, House Committee on Appropriations, GAO-10-551T (March 17, 2010), pp.17-18.

89 Camm, Frank and Victoria A. Greenfield, *How Should the Army Use Contractors on the Battlefield? Assessing Comparative Risk in Sourcing Decisions* (Santa Monica, CA: RAND Corporation, 2005), pp.174-175.

90 CBO, *Logistics Support*, p.79.

91 Smith, Charles, "Troops or Private Contractors: Who Does Better in Supplying Our Troops During War?" *Truthout* (February 23, 2011).

92 GAO-04-854, p.14.

93 Office of the Special Inspector General for Iraq Reconstruction (SIGIR), *Fact Sheet on Major U.S. Contractors' Security Costs Related to Iraq Relief and Reconstruction Fund Contracting Activities*, SIGIR-06-044 (January 30, 2007), p.2.

94 GAO-03-695, p.15; Commission on Wartime Contracting in Iraq and Afghanistan (CWC), *At What Cost? Contingency Contracting in Iraq and Afghanistan*, Interim Report (June 2009), p.90.

95 Office of the Special Inspector General for Iraq Reconstruction (SIGIR), *Agencies Need Improved Financial Data Reporting for Private Security Contractors*, SIGIR-09-005 (October 30, 2008), p.iii.

96 GAO-07-631, p.30.

97 CWC, *Transforming Wartime Contracting*, pp.224-235.

98 Ibid.

99 CWC, *At What Risk?*, p.22.

100 DoDI 1100.22 (September 7, 2006).

101 DoDI 1100.22 (April 12, 2010).

102 小生が実施したインタビューによる（二〇一二年二月二九日、東京都内）。

103 CWC, *Transforming Wartime Contracting*, p.32.

104 Joint Chiefs of Staff, *Joint Personnel Support*, Joint Publication 1-0 (October 24, 2011), p.K-1.

105 Clausewitz, Carl von, Michael Howard and Peter Paret (eds.), *On War: Indexed Edition* (Princeton, NJ: Princeton University Press, 1976), p.331.

106 例えば、イラクの米軍基地では二四時間体制で兵士が四度の温食（サラダバーやドリンクバーもある）を自由に取れるように食堂が準備されている。また、週に一回はステーキまたはロブスターが提供され、基地内のモールにはバーガーキング、マクドナルド、ピザハット、サブウェイなどのファーストフード店がある。スーパーマーケットにはアルコール・フリーのビール、ソニーのプレイステーション、マウンテンバイクまで置かれている。一方、イラクにおける米軍基地内の厚生施設には、映画の貸し出し、卓球施設、ビリヤード、インターネットの施設のほか、一〇〇席を収容できるオープンシアターも整備されているところがあり、これらはすべて米軍の要請に基づきPMSCが設立したものである。Chaterjee, Pratap, *Halliburton's Army: How a Well-Connected Texas Oil Company Revolutionized the Way America Makes War* (New York: Nations Books, 2009), pp.5-7, 11.

107 Stillman Sarah, "Bloated in Baghdad," *TruthDig.com*, April 29, 2008.

108 米軍兵士に対する寛容な施策の問題点は、ブルックス氏とのインタビュー（二〇一〇年一〇月二〇日）でも明らかになった。

109 筆者が実施したインタビュー（二〇一〇年一〇月二〇日）による。一方、米監査局の調査では、イラクで米軍の食事が質的に低下したことを受けて、部隊の士気が低下したことが明らかになっている。GAO-07-145, p.32.

110 Dao, James, "U.S. Identifies Army Sergeant in Killing of 16 in Afghanistan," *The New York Times*, March 16, 2012.

111 Chatterjee, *Halliburton's Army*, p.10.

112 ブルックスＩＳＯＡ会長とのインタビュー（二〇一〇年一〇月二〇日）による。

113 Joint Publication 1-0, p.K-1.

114 この調査は、一般的に高額とされる警護・警備業務に従事するＰＭＳＣ従業員（とりわけ退役米軍人）との俸給格差を対象としている。軍人と一般的に俸給の低い現地住民や第三国人と比較したものではない。また、非警護・非警備業務に従事するＰＭＳＣを念頭に入れたものではない。Cotton, Sarah K., Ulrich Petersohn, Molly Dunigan, Q. Burkhart, Megan Zander-Cotugno, Edward O'Connell and Michael Webber, *Hired Guns: Views about Armed Contractors in Operation Iraqi Freedom* (Santa Monica: RAND Corporation, 2010), pp.19-24.

115 階級別でみると、階級の低い下士官（調査対象者八四人）の五五％の者がＰＭＳＣとの俸給差が部隊の士気に影響を及ぼしていると答えている（影響していないと答えた者は二〇％、無回答が二五％）。階級の高い下士官（調査対象者一〇一人）では、約四〇％の者がＰＭＳＣとの俸給差が部隊の士気に影響していると答え、約三五％の者がこれに対して否定的である。また、年齢別でみると、年齢の低い三五歳未満の下士官（調査対象者一一〇人）では五〇％の者がＰＭＳＣとの俸給差が部隊の士気に影響を及ぼしていると認識している（影響がないと答えた者は二〇％）。一方、年齢の高い三五歳以上の者の三〇％がＰＭＳＣとの俸給差が部隊の士気に及ぼす影響について認識している（影響しないと答えた者は四〇％）。Ibid.

116 階級の低い将校の七〇％がＰＭＳＣとの俸給差が軍の募集や在職に影響を及ぼしていると認識している（影響しないと認識する者は一〇％）。一方、階級の高い将校（大佐～少佐）ではその比率が約四五％である（影響しないと認識する者は四〇％）。一方、年齢の低い軍人の六〇％が軍の募集や在職率への影響を指摘している（影響しないと認識する者は約一〇％）。年齢の高い軍人ではその比率が五〇％である（影響しないと認識する者は三〇％）Ibid.

117 米監査局の報告書では、二〇〇四年度の離職率が同時多発テロ事件発生以前の水準（二〇〇〇年度及び二〇〇一年度）にまで低下していると指摘している。U.S. Government Accountability Office, "Rebuilding Iraq: Actions Needed to Improve Use of Private Security Providers," GAO-05-737 (July 28, 2005), p.38.

118 Kelty, Ryan and David R. Segal, "The Civilization of the US Military: Army and Navy Case Studies of the Effects of Civilian Integration on Military Personnel," in Thomas J?ger and Gerhard K?mmel (eds.), *Private Military and Security*

Companies: Chances, Problems, Pitfalls and Prospects (Wiesbaden: VS Verlag f?r Sozialwissenschaften, 2007), pp.213-239.

119 GAO-05-737, p.25.

120 GAO-10-551T, pp.12-13.

121 FM 3-100.21(100-21), p.2-1.

122 GAO-04-854, p.18.

123 GAO-07-631, pp.30-31.

124 Fainaru, Steve, "Where Military Rules Don't Apply: Blackwater's Security Force in Iraq Given Wide Latitude by State Dept.," *The Washington Post*, September 20, 2007.

125 GAO-05-737, pp.20-21.

126 GAO-06-865T, p.8.

127 DoDI 3020.37.

128 House Committee on Oversight and Government Reform, *Private Military Contractors in Iraq: An Examination of Blackwater's Actions in Fallujah* (September 2007).

129 その大半は、前者の事例によって占められているGAO-05-737, p.27.　後者には、ザパタ・エンジニアリング（Zapata Engineering）社の従業員が米海兵隊の検問所に対して射撃したとされる事例がある（二〇〇五年五月）。

130 Ibid.

131 GAO-10-551T, p.21; GAO-07-145, p.32.

132 CWC, *At What Cost?*, p.73.

133 GAO-05-737, p.29.

134 CWC, *Transforming Wartime Contracting*, pp.136-139.

135 GAO-04-854, p.26.

136 二〇〇四年には、ＰＭＳＣがその下請業者の契約期間の終了が迫っていた際、契約の継続処置を取らなかったために、米軍に対する支援が中断したと、国防契約管理局（ＤＣＭＡ）の関係者が指摘している。Ibid.

137 GAO-06-865T, pp.11-12.

138 DoDI 3020.37.

139 GAO-03-695, p.33.

140 Ibid., pp.31-35; GAO-07-145, pp.14-20.

141 GAO-07-145, pp.14-20.

142 DoDI3020.41 (October 3, 2005), p.3.

143 GAO-07-145, pp.18-20.

144 GAO-10-551T, pp.17-18.

145 Ibid., p.18.

146 GAO-07-145, p.16.

147 Ibid.

148 Ibid., pp.17-18.

149 Ibid., p.17.

150 Ibid., p.18.

第６章
軍事作戦の正当性を向上させるＰＭＳＣとその問題点

軍事作戦を円滑に進めるためには、その正当性を確保することが重要となる。第３章では、軍事作戦の正当性を巡る問題は、合法性を巡る問題と必ずしも同一のものでないことについて指摘した。つまり、軍事作戦の法的根拠が確立されるだけでは、軍事作戦の正当性は確保されない。派遣国軍の作戦における正当性を確保するためには、それを裏付ける基盤的要素が整備され、また派遣国軍の軍事介入に成果がみられ、そして、その軍事作戦に対して現地政府や住民はもとより国内外の関連機関から広範な支持を獲得することが重要な要素となる。

第６章の目的は、イラク及びアフガニスタンの安定化作戦において米軍の作戦における正当性に及ぼすＰＭＳＣの影響について明らかにすることにある。このため、本章では、米軍が派遣国軍として作戦の正当性を確保するために必要な上記三つの要素（基盤的要素、活動成果、活動に対する支持の状況）について明らかにしていく。この際、基盤的要素を巡っては、米軍及びＰＭＳＣの基盤的要素の状況（基盤的要素の確立の有無）を判断基準とする。また活動成果では、米軍がＰＭＳＣを活用する規模及びＰＭＳＣに委託する業務内容の変化状況、現地住民の雇用状況について明らかにしていく。そして活動の支持状況を巡っては、現地政府及び住民、米軍及び議会、さらに米軍と密接に作戦を遂行する英軍の評価（米軍及びそれを支援するＰＭＳＣの活動に対する支持の有無）を判断基準とする。

第1節　米軍及びPMSCの正当性を裏付ける基盤的要素の曖昧性

正当性を巡る基盤的要素とは、法律、規則、規範及び声明を指す*1。この基盤的要素については、米軍及びPMSCそれぞれの基盤的要素について考察していく必要がある。なぜなら、両者の基盤的要素が本質的に異なっているものの、現地では米軍がPMSCと同一地域において同じ業務内容を実施していること、また米軍とPMSCが同一視される傾向があることから、両者の基盤的要素が相互に影響を及ぼす可能性があるためである。

また、米軍については、軍事介入時及び作戦遂行時の両局面から分析する必要がある。それは両者が必ずしも同一のものではないが、関連している可能性があるからである。

それでは、イラク及びアフガニスタン両国において米軍及びそれを支援するPMSCの基盤的要素はそれぞれ十分に確立されていたのであろうか。本節では、当初米軍の正当性を巡る基盤的要素（軍事介入及び作戦遂行時）について明らかにする。じ後、米軍を支援するPMSCの正当性を巡る基盤的要素について明らかにし、PMSCが米軍の正当性に及ぼす影響について検証していく。

1．軍の作戦を巡る脆弱な活動基盤

軍が他国で軍事力を行使する場合、その軍事力の行使が正当性を有していることが重要な鍵となる。米軍教範にも明確に記されているように、派遣国軍が安定化作戦において軍事力を行使する際には、それを認知する現地政府が正当性を有しているとともに、派遣国軍の作戦そのものも正当性を有していることが重要となる*2。

第3章でみたように、軍事作戦の正当性を巡っては、これまで必ずしも統一した基準があったわけではない。なかでも戦争を巡る正当性は、歴史的にもまた地域的にも異なっている。二一世紀のイラク及びアフガニスタンでは、米

軍の作戦がいずれも米国同時多発テロ事案を受けて開始されたことを受けて、国際テロの排除という国際安全保障上の必要性が軍事作戦の正当性の根拠になっていると捉えることも可能である。

しかし、下記にみるように、イラク及びアフガニスタンいずれの国においても米軍の正当性を裏付ける基盤的要素が十分に確立された形で軍事介入が実施されたわけではなかった。また、作戦遂行間の基盤的要素も脆弱なものであった。

軍事介入時の基盤的要素の未確立

イラクでは、米英両軍を主体とした多国籍軍の軍事介入が戦争開始当初から高い正当性を有していたとは言い難い状況にあった。そもそも米英両国は、アルカイダとの関係が噂されていたフセイン政権に対して既存の国連安保理決議（とりわけ第六七八号及び第六八七号）を遵守させること、また、イラクが保有していたとされる大量破壊兵器を放棄させることに軍事介入の正当性を求めていた。

しかし、この軍事介入を巡る正当性の基盤的要素は、作戦開始前の段階から脆弱なものであったといえよう。なぜなら、軍事作戦を容認する国際的規範が確立されていなかったためである。二〇〇二年から翌年初頭にかけて、仏独両国が中心となりその軍事介入に反対していた。その後中露両国も軍事介入の反対に加わったことで、多くの国々がイラクに対する軍事介入に対して疑問を抱くようになった。結局、軍事介入を認める国連安保理決議は採択されることはなかった。さらに、二〇〇二年一〇月にはイラクへの軍事介入を認めた米議会とは対照的に、米英両国を含み多くの国々において世論や法律専門家たちが国連安保理決議のない軍事介入に対して否定的な姿勢を示していた。最終的に、イラクへの軍事介入は自衛権発動を根拠とした先制攻撃という形で実施されることになったが、これについても確固たる支持があるわけではなかった。

このように、イラクにおける軍事介入が国連安保理決議に基づくものではなかったこと、また国際世論もその軍事介入に対して反対していたことは、軍事介入の正当性に必要な基盤的要素が十分に確立されていなかったことを示している。その上、イラクではその後大量破壊兵器が発見されなかったことでその正当性の基盤的要素はさらに脆弱なものになっている。

アフガニスタンの場合も、米英両国は現地政府の要請や国連安保理決議がないまま同国に武力侵攻することになった。しかし、アフガニスタンでは、イラクの場合と異なり、アルカイダを支援するタリバン政権を軍事的に打倒することは国連憲章第五一条の規定する集団的自衛権に基づくものとして当時幅広く支持され、その是非を巡り国際社会が二分されることはなかった。このことからアフガニスタンに対する軍事介入には正当性の基盤的要素がイラクの場合と比べて確立されていたと指摘することができる。

また、アフガンスタンでは、派遣国軍の兵力規模がイラク侵攻に比して小規模なものに限定されたことに加え、タリバン政権打倒後には国連安保理決議第一三七八号（二〇〇一年一一月）及び第一三八六号（同年一二月）が採決されたことで、国連や国際治安支援部隊（ＩＳＡＦ）が同国で安定化作戦に従事できる正当性が担保された。これらが要因の一つとなって、現地では米軍の軍事介入時に住民による大規模な排斥運動が生起することはなかった。

しかし、カルザイ（Hamid Karzai）政権の正当性は決して強固なものではなかった。なぜなら、諸外国が戦闘後に安定化作戦に移行した際、カルザイが諸外国特に米国の強い支持を受けて暫定政権の指導者に選出されたためである。つまり、カルザイは必ずしも現地住民から強い支持を受けて同国の指導者に選出されたわけではなかったのである。また、二〇〇四年には、カルザイは国民選挙によって大統領に正式に選出されることになったが、ここでも米国からの強い支援を受けて選出されたとの指摘があり、その正当性を疑問視する声がある＊3。

作戦遂行時の基盤的要素を阻害する「過剰反応」

一方、軍事介入後、米軍の作戦要領そのものが軍事作戦の基盤的要素を更に脆弱なものにすることとなった。それは、米軍が二〇〇七年初頭に現地住民と苦楽を共にするという「地域の掃討・確保、信頼の醸成」(clear, hold, build)を重視した作戦要領に変更するまで、現地では米軍が「過剰反応」する傾向にあったからである。

この過剰反応の傾向は、米軍が二一世紀に入って最初に安定化作戦を本格的に取り組んだイラクで表面化することになった。二〇〇四年三月、ファルージャでＰＭＳＣ従業員が武装勢力によって殺害されたとき、米海兵隊一、三〇〇～二、〇〇〇人が積極的に対処することになったが、その間、多くの無垢の住民も犠牲になった。また、武装勢力を掃討する際、米軍は現地住民を無視する形で乱暴に実施したために民心は離反し、イラク全土で反米デモが勃発することになった。これらの行動は「最大兵力の誇示」(show of force)という米軍の伝統の表れでもあった＊4。

しかし、米軍における「最大兵力の誇示」の姿勢は、安定化作戦に適するものではない。実際、米軍教範には安定化作戦で軍事力を過大に行使することは現地住民の民心離反につながると示されている＊5。また、英軍教範でも、安定化作戦で「時期尚早にまたは正当な理由がなく兵力を誇示することは、英軍の回避したい対立状況を煽ぐことになる」と記し、大規模に兵力を展開することが軍事作戦の正当性にマイナスの影響を及ぼすと指摘している＊6。このように安定化作戦で最大兵力を誇示することの問題点がこれまでにも指摘されてきたにも関わらず、米軍はその重要性について当初理解していなかった。そして、この米軍の姿勢は、軍事作戦の基盤的要素を更に脆弱なものにしていたといえる。

作戦遂行要領のまずさは、米軍の軍事侵攻に対するイラク住民の意識調査から理解することができる。二〇〇四年二月に実施された世論調査では、米軍の軍事介入を不当なものとして認識していた住民は三九％に留まっていた。しかし、その後その軍事介入に対する批判は年々拡大することになった。二〇〇五年一一月にはその比率は五〇％に達し、米軍増派の成果がまだ表れていない二〇〇七年三月には五二％、同八月には六三％に達している＊7。このことは、米軍増派の効果が表れ始める二〇〇七年後半まで、米軍がイラク住民の民心を十分に獲得できないまま作戦を遂行していたことを示すものである。

　総じて、イラク及びアフガニスタンいずれの国においても、米軍の正当性を裏付ける基盤的要素が十分に確立されていたわけではなかった。すなわち、軍事介入においてもまたその後の作戦遂行においても、正当性の基盤的要素が十分に確立されないまま安定化作戦が遂行されていたのである。米軍がＰＭＳＣと同一地域でしかも同じ非戦闘的活動に従事していたなか、米軍の行動の正当性を裏付ける基盤的要素が十分に確立されていなかったことは、米軍の作戦を支援するＰＭＳＣの正当性にも影響を及ぼす可能性があったことを示している。

2．ＰＭＳＣの正当性を巡る曖昧な法的基盤とダブル・スタンダード

　それでは、イラク及びアフガニスタン両国において、米軍を支援したＰＭＳＣの基盤的要素はどのような状況にあったのであろうか。また、その基盤的要素は、米軍の作戦にどのような影響を及ぼしていたのであろうか。すなわち、ＰＭＳＣは米軍の脆弱な基盤的要素を是正できる要因になっていたのであろうか。本項でみるように、ＰＭＳＣの基盤的要素も脆弱なものであり、米軍の脆弱な基盤的要素を是正できる要因にはならなかった。

法的基盤の未整備

　ＰＭＳＣを巡っては、国際法的にも国内法的にも法的基盤が整備されていない。一九九〇年代後半以降、ＰＭＳＣが様々な問題点を露呈したことを受けて、各国ではＰＭＳＣの活動そのものを規制しようとする動きが一部である。しかし、二〇一五年一月現在、ＰＭＳＣを国際的に規制できる具体的かつ効果的な枠組みは未だ確立されていない。第２章でみたように、これまでＰＭＳＣがジュネーヴ条約共通第三条または国際人道法全般によって規制されるとい

う指摘が一部であるものの、ＰＭＳＣがこれまで実際に国際的枠組みをもって規制されたことはない＊8。

ＰＭＳＣを規制できる国際的枠組みが確立されていないことを受けて、これまで傭兵を規制する国際法をＰＭＳＣに準用することも検討されてきた。傭兵を規制する国際法には、「国際的武力紛争の犠牲者の保護に関する追加議定書」（ジュネーヴ条約第一追加議定書）（一九七七年）をはじめ、「アフリカにおける傭兵の排除に関するアフリカ統一機構条約」（一九七九年）、「傭兵の募集、使用、資金供与及び訓練を禁止する国際条約」（一九八九年）がある。

しかし、今日ＰＭＳＣは傭兵を規制する国際法によって効果的に規制されているわけでもない。ジュネーヴ条約第一追加議定書第四七条は、戦争捕虜（ＰＯＷ）の地位に制限を加えることを目的として規定されたために傭兵の行動を処罰する規定がないからである。また、同条約は傭兵の要件を複雑に規定しており、ＰＭＳＣへの適用を困難にしている＊9。

一方、「アフリカにおける傭兵の排除に関するアフリカ統一機構条約」及び「傭兵の募集、使用、資金供与及び訓練を禁止する国際条約」には、傭兵の行動を処罰する規定がある。しかし、いずれにおいても傭兵の定義が明確に規定されていないことを受けて、ＰＭＳＣへの準用の妨げになっている。また、後者では、すべての傭兵活動を処罰の対象にしているが、これまでＰＭＳＣに適用されたことはない。

ＰＭＳＣの規制については、国際的枠組みを確立しようとする強い政治的意思が国際的に欠如していることも大きな課題になっている。例えば、傭兵を禁止した国際法をＰＭＳＣに準用することに対してこれまで各国とも懐疑的な立場を示してきた＊10。また、一九九〇年代後半以降、ＰＭＳＣを巡り様々な問題が表面化しても、各国政府、国連、各地域機構がＰＭＳＣを規制するために新たな国際法を制定しようとする動きはない。第2章でみたように、ＰＭＳＣの国際的規制の妨げになっている最大の要因は、ＰＭＳＣを国際的に規制することのマイナスの影響が大きいからである。また、有識者のなかには、傭兵とＰＭＳＣを区別せずに両者を一纏めに取り扱うこと自体、ＰＭＳＣの規制を困難にしていると指摘する者もいる＊11。

ＰＭＳＣを巡るダブル・スタンダード

ＰＭＳＣを規制できる効果的な国際的枠組みが確立されていないなか、ＰＭＳＣを巡ってはダブル・スタンダードがあり、それがＰＭＳＣの正当性を阻害する要因にもなっている。

例えば、イラクでは、二〇〇三年から二〇〇八年までの間、米国及び第三国の国籍を有するＰＭＳＣ従業員は、連合国暫定当局（ＣＰＡ）命令第一七号に基づき、イラク国内法からの免責特権が与えられることになった。この規定では、多国籍軍に雇用される非イラク人（下請業者も含む）は、イラク国内法の対象外として位置付けられ、その行動は多国籍軍と締結した契約内容によって規定されることになった。その結果、イラク国籍を有するＰＭＳＣ従業員はイラク国内法で裁かれる一方、それ以外の国籍の従業員（米国人及び第三国人）はイラク国内法で裁かれないという、いわばダブル・スタンダードが適用されることになった。

また、米国では、二〇〇〇年代半ば過ぎまで、軍事域外司法管轄法（ＭＥＪＡ）及び軍行動規範（ＵＣＭＪ）の適用範囲が国防総省の雇用するＰＭＳＣに限定されていたことも問題であった。すなわち、イラクでは米軍以外の政府機関（国務省や米国際開発庁）も多くのＰＭＳＣを雇用していたが、これらの機関に雇用されたＰＭＳＣ従業員は、国防総省に雇用されたＰＭＳＣ従業員と異なり軍事域外司法管轄法や軍行動規範の適用範囲外であった。

一方、米国内法には、軍事域外司法管轄法及び軍行動規範の他に、警護・警備業務に従事するＰＭＳＣに適用し得る法律として、拷問禁止法（the Anti-Torture Statute）、集団虐殺法（the Genocide Statute）、ウォーカー法（the Walker Act）、特別海洋領域司法管轄法（ＳＭＴＪ）及び戦争犯罪法（the War Crime Act）がある。しかし、これまでにこれらの法律が適用されたのは、特別海洋領域司法管轄法で起訴された米国人一人だけである。

その後、連合国暫定当局命令第一七号、軍事域外司法管轄法及び軍行動規範は改正されることになり、問題の改善が図られることになった。また、二〇〇九年一月に米・イラク両政府間で締結された地位協定（ＳＯＦＡ）では、米国の請負業者及びその従業員に対してイラクが司法管轄権の全権を保有することが取り決められた（第一二条）。これを受けて、かつて連合国暫定当局命令第一七号に基づき米国人に付与されていた免責特権は、廃止されることになった。

しかし、この地位協定の効果を巡っても問題が表面化している。なぜなら、この協定締結後においてもイラクでは武装して警護・警備業務に従事したＰＭＳＣ従業員が依然として米国内法から除外されていると現地で認識されていたからである。例えば、ニソア広場事案（二〇〇七年）に関与したとされるブラックウォーター社従業員五人は、軍事域外司法管轄法に基づき起訴されることになったが、その後二〇〇九年一二月には証拠の信憑性に疑いがあるとして起訴が見送られたのである＊12。この判決は、イラク政府及び住民の反感を買うことになり、ＰＭＳＣの正当性だけでなく、イラク全土における米国の活動全般にもマイナスの影響を及ぼすことになった。

このように、ＰＭＳＣを取り巻くダブル・スタンダードの存在は、ＰＭＳＣの正当性を脆弱なものにすることになった。一方、この問題は、ＰＭＳＣが活動する地域の特性に起因するものではないことに注意を払う必要がある。それは、ＰＭＳＣを巡る国際的地位の曖昧性というＰＭＳＣの特性そのものに関わる問題である。そして、次のアフガニスタンのケースでみるように、これはＰＭＳＣが活動する地域の特性に起因する正当性の基盤的要素とは本質的に異なるものである。

地方軍閥及びタリバンとの繋がり

ＰＭＳＣの正当性を巡る基盤的要素は、ＰＭＳＣが活動する地域の特性からも影響を受けている。これは、とりわけアフガニスタンにおいて顕著に表れている。

アフガニスタンでは、警備・警護業務に従事するＰＭＳＣ従業員のうち九〇％以上の者が現地住民によって占められていた＊13。そのなかに地方軍閥との関わりを持つ者も少なくなかった。そして、彼らは治安部門改革（ＳＳＲ）など平和構築全般の進展にも影響を及ぼしており、現地中央政府の正当性をも阻害することになった＊14。さらには、車列を警護するための費用の一部がタリバンに流出していたことや＊15、下請業務を地方軍閥が実施していたことも表面化している＊16。また、現地政府が派遣国軍及びＰＭＳＣへの依存を高めたことで、アフガン治安部隊（自国軍・警察）のなかには自分たちが自国の公共秩序の役割を一義的に担う存在であることを認識していなかった者もいた＊17。

これらの問題は、ＰＭＳＣの特性そのものに関わる問題ではなく、ＰＭＳＣの置かれた地域的特性に起因するものである。また、このことは、アフガニスタンのような「地方分権」が根付いている社会では、中央政府がＰＭＳＣを統制することや、ＰＭＳＣ従業員の身元調査を効果的に実施することが極めて困難な状況にあることを示している。

本項では、米軍の活動を支援するＰＭＳＣの法的基盤が曖昧であることや、ダブル・スタンダードが存在していたこと、さらにはアフガニスタンではＰＭＳＣが地方軍閥及びタリバンと密接な交流があることが分かった。つまり、ＰＭＳＣの基盤的要素は脆弱である。このことは、ＰＭＳＣの基盤的要素が、米軍の作戦にマイナスの影響を及ぼすことはあっても、それが米軍の脆弱な基盤的要素を是正できる要因にはなっていなかったことを示している。

これまでにも米国は自国軍を活用することのマイナス効果を局限するためにＰＭＳＣを代用してきた＊18。しかし、ＰＭＳＣの正当性を巡る基盤的要素が曖昧であることは、仮に米国が自国軍の代わりにＰＭＳＣを活用したとしてもそのマイナスの影響を回避できないことを示しているといえよう。

第2節　米軍の正当性に寄与するＰＭＳＣの活動成果と限界

派遣国軍が軍事作戦の正当性を獲得するためには、基盤的要素が確立されていること以外にもその活動で成果を出すことが重要な要素となる。それでは、米軍はイラク及びアフガニスタンでＰＭＳＣを活用することで、成果を挙げることができたのであろうか。本節では、当初米軍がPMSCを活用した規模や活用分野、また現地住民の雇用状況について考察していく。じ後、活動成果を阻害する要因について分析する。

1．PMSCを積極的に活用する軍

国家安全保障大統領指針第四四号及び国防総省指針第三〇〇〇・五号を受けて、安定化作戦への対処は通常戦と同等に米軍の主要任務に格上げされることになった。これは、米国が今後安定化作戦に積極的に従事していくことを国内外に示した強い政治的意思の表れである。そして、下記にみるように、イラク及びアフガニスタンでは米軍は実際にPMSCを未曾有の規模で、しかも今までになく幅広い分野において活用し、さらには現地人優先施策を推進することで安定化作戦に積極的に従事することになった。その結果、米軍は活動の成果を挙げられるようになっている。

PMSCの大規模な活用

二一世紀に入り米軍がイラク及びアフガニスタン両国で多くのPMSCを活用していることは、米軍がこれまで関与してきた主要な戦争で活用した請負業者（PMSCを含む）の規模を比較して明らかである（表7）。

独立戦争以来、米軍は数百回に亘り軍事作戦を遂行してきた＊22。その間、軍はその業務の一部を請負業者に委託してきており、そのこと自体は決して新しい現象ではない。冷戦終結に伴い米軍はこれまで以上に安定化作戦と通常戦の両作戦形態に対処することが求められるようになったが、ここでも米軍はPMSCを活用している。しかし、その規模は限定的なものであった。湾岸戦争（一九九一年）では、米軍が活用したPMSCの規模は九、二〇〇人に過ぎず、軍人が戦闘行動だけでなく非戦闘的活動においても数多く従事していた（軍人とPMSCの比率は五四：一）。ボスニアではその比率が約一：一になったが、米軍がPMSCを活用した規模は二万人に留まっている。これに比べ、米軍が二一世紀に入りイラク及びアフガニスタンで活用したＰＭＳＣの規模は前例になく大規模なものになっている。

二〇一一年三月、中央軍（ＣＥＮＴＣＯＭ）が担任作戦区域全体において活用したＰＭＳＣの規模は総計一七万三、六四四人に達している（米軍の派遣規模二一万四、〇〇〇人）。これは、同地域で活動する米軍の総兵力（軍及びＰＭＳＣ）の約四五％を占めている＊23。

中央軍が集中的に部隊を展開させたイラク及びアフガニスタンにおいても、数多くのＰＭＳＣが活用された。ＰＭＳＣの活用実績が纏め始められた二〇〇七年九月以降の期間をみると、イラクでは、米軍が二〇〇七年九月当初からその派遣規模に匹敵するほど多くのＰＭＳＣを活用していたことが分かる（図３）＊24。ピーク時（二〇〇七年一二月）には、その規模は一六万三、五九一人を記録している。それ以降、ＰＭＳＣの活用規模は米軍の兵力縮小とともに減少傾向にあるが、ＰＭＳＣの活用規模が一時増

表７　主要な戦争において米国が活用した請負業者（PMSCを含む）の規模

期区分		戦争名	米兵の規模	請負業者の規模	比率
請負業務基盤の醸成（湾岸戦争終結前）	第1期	独立戦争	9,000	2,000	4.5:1
		米英戦争	38,000	—	—
		米墨戦争	33,000	6,000	5.5:1
		南北戦争	1,000,000	200,000	5:1
		米西戦争	35,000	—	—
		第1次世界大戦	2,000,000	85,000	24:1
	第2期	第2次世界大戦	5,400,000	734,000	7:1
		朝鮮戦争	393,000	156,000	2.5:1
	第3期	ヴェトナム戦争	359,000	70,000	5:1
		湾岸戦争	500,000	9,200	54:1
請負業務の本格化（湾岸戦争終結以降）		ボスニア紛争	20,000	20,000	1:1
		イラク戦争＊19	165,700	163,531	1:1
		アフガニスタン戦争＊20	88,200	117,227	0.8:1

資料源：米議会予算局及び米議会調査局に基づき筆者が作成＊21

図3　米軍が活用するPMSCの規模の推移（イラク）

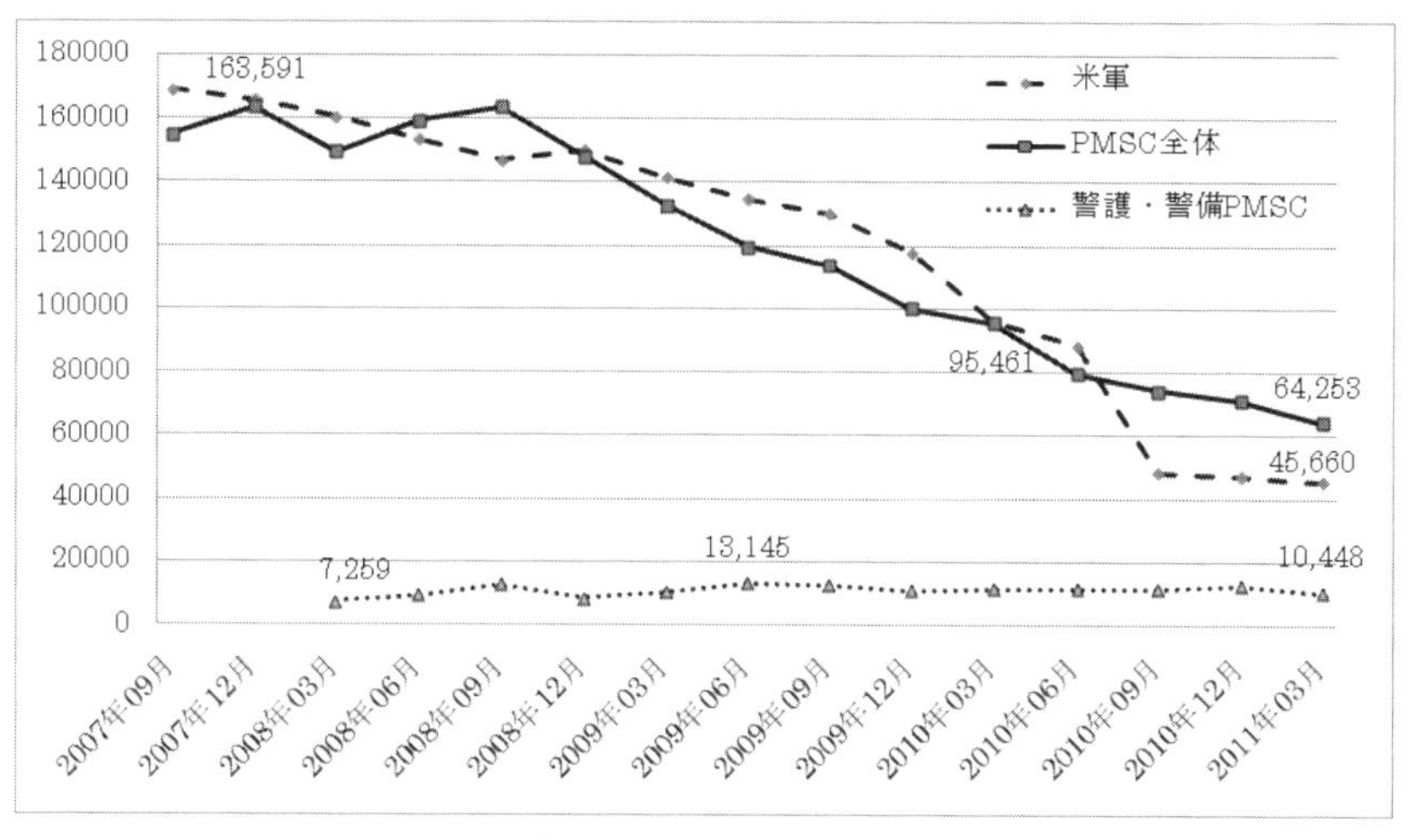

資料源：議会調査局

図4　米軍が活用するPMSCの規模の推移（アフガニスタン）

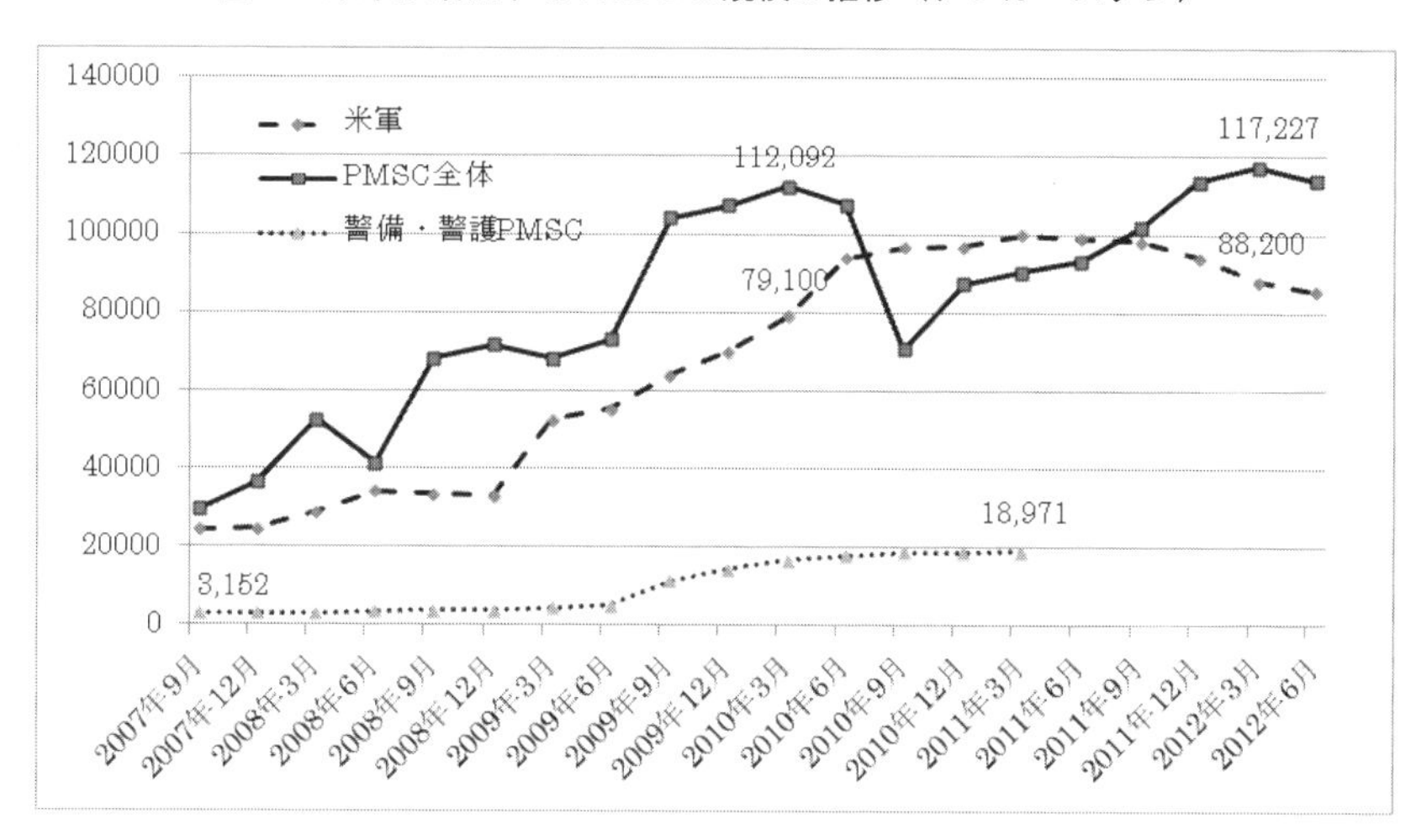

資料源：議会調査局

加することもあった。二〇一一年三月においても米軍が活用するＰＭＳＣの規模は、軍の派遣規模（四万五、六六〇人）よりも多い六万四、二五三人になっている。

アフガニスタンでは、その活用規模は二〇〇七年九月から二〇一一年三月にかけてＰＭＳＣの活用規模は年々増加している。図４が示すように、その活用規模は二〇一〇年六月まで米軍の派遣規模を常時上回っている。じ後ＰＭＳＣの活用規模は一時減少傾向がみられたものの、二〇一〇年一二月には再び増加しており、ピーク時（二〇一一年三月）には米軍の派遣規模（八万八、二〇〇人）を上回っている（一一万七、二二七人）＊25。

ここで一つ着目すべき点がある。それは、米軍が活用するＰＭＳＣの規模が、部隊の派遣規模とともに増減する傾向にあることである（正比例の関係）。すなわち、イラクでは部隊の縮小に伴いＰＭＳＣも減少している。一方、アフガニスタンでは部隊の増派に伴いＰＭＳＣが増加している。この傾向は、イラク及びアフガニスタンにおいても米軍及びＰＭＳＣが双方の活動に影響し合っていることを示している。また、両国において米軍の派遣規模とＰＭＳＣの活用規模が正比例の関係にあることは、部隊の派遣規模の縮小に伴いＰＭＳＣの規模が増大した一九九〇年代のバルカン半島の状況と異なっている。

一方、米軍がイラク及びアフガニスタンでＰＭＳＣを大規模に活用していたことは、請負業務の経費からも理解することができる。米政府は、二〇〇二年度から二〇一一年度半ばにかけてイラク及びアフガニスタンにおいて政府全体として総計一、九二五億ドルを請負業務に充当してきた。このうち、国防総省が活用した費用は一、六六六億ドル（政府全体の八六・五％）にも上っている＊26。

また、イラクでは、米軍はＫＢＲ社と二〇一億ドルに上る契約を締結することになったが、この額は米軍が湾岸戦争時に投入した総予算に匹敵するとの指摘もある＊27。米軍がＫＢＲ社に支払った額は、米軍がこれまでに参加した独立戦争、米英戦争（一八一二年）、米墨戦争（一八四六年〜一八四八年）及び米西戦争（一八九八年）で費やした戦費の総額よりも七〇億ドル以上多いとも指摘されている*28。

広範囲な分野に活用されるＰＭＳＣ

米軍がＰＭＳＣに委託した非戦闘的活動の分野は広い。二〇〇五年以降、米軍が安定化作戦への対処を通常戦と同等に主要任務に格上げしたことで、国民の安全確保（武装勢力の排除や国境警備等）、シビル・コントロールの確立（治安維持、司法改革の支援等）、生活必需品の確保、現地統治体制の確立の支援、経済・インフラ開発の支援においても従事することになった*29。このことを受けて、米軍がＰＭＳＣに委託した業務内容は、基地支援、警護・警備、通訳、輸送、建設、訓練、通信支援及びその他の兵站支援など幅広い。その他、ＰＭＳＣは高度な兵器システムの管理、情報分析、請負業務の管理にも従事している。

そのなかでも、ＰＭＳＣの多くは、基地支援、警護・警備、通訳などの業務に従事することになった。ＰＭＳＣがイラクで基地支援業務に従事した規模は、米軍が同国で活用したＰＭＳＣ全体の約六〇％を占めている。次いで警護・警備、通訳、輸送、建設、訓練、通信支援及びその他の兵站支援などの業務が続いている*30。総じて、非警護・非警備業務に従事したＰＭＳＣは、ＰＭＳＣ全体の約九〇％を占めている*31。

一方、イラクの状況と異なり、米軍がアフガニスタンで活用したＰＭＳＣの業務内容の詳細は公表されていない。その理由は定かではないが、国防総省はイラクと同様の業務内容がアフガニスタンでもＰＭＳＣに委託されていたことを認めている*32。

ＰＭＳＣの業務内容について注目すべき点は、業務の活用規模が一律ではないことである。すなわち、業務内容毎にその増減傾向が異なっている。例えば、先にみたように（図３）、二〇〇八年九月以降、イラクでは米軍の撤退に伴いＰＭＳＣの活用規模は全般的に減少している。しかし、警護・警備業務に従事したＰＭＳＣの規模は、ほぼ横ばいの傾向にある。このことは、米軍撤退に伴い、警護・警備業務の所要が増大していることを示している。

また、米軍とPMSCが従事した業務の役割分担も一様ではない。米兵とPMSCの役割分担を示す資料がほとんどないなか、統合参謀本部タスク・フォースの資料（表8）はそれを示している*33。これによると、イラクで兵站支援に従事したPMSCの規模（二〇〇八年度3／四半期）は、米兵よりも圧倒的に多いことが分かる（約八三%）。また、兵站支援に従事した米兵及びPMSCは、総計一八万一、九三六人に上っており、これは米軍がイラクで展開した総人員（米兵とPMSC）三二万五、五九六人の約五六%を占めている。

第5章でみたように、米陸軍はソマリア侵攻以降、これまで世界各地でLOGCAPを活用してきた。イラク及びアフガニスタンも例外ではない。そして、LOGCAPに従事したPMSCの規模は、米軍の活用したPMSC全体のなかでも多い。例えば、二〇〇九年度四／四半期には、イラクでLOGCAPに従事したPMSC従業員は、同国で米軍を支援したPMSC全体（約一一万人）の半数以上（約五二%）を占めている*34。

一方、アフガニスタンでも、米軍がLOGCAPに依存する比率は年々高まっている。二〇一〇年度二／四半期に、同国でLOGCAPに従事したPMSC従業員は、同国で米軍を支援したPMSC全体（一一万二、〇九二人）の一五%（一万六、八三一人）であった。

表8　イラクで米軍がPMSCに委託する業務の割合（2008年度3／四半期）

	PMSC（人）	米　軍（人）	合　計（人）	比　率（米軍の依存率）
兵站支援	150,794	31,142	181,936	4.8:1(83%)
パートナーシップの構築	14,064	10,057	24,121	1.4:1(58%)
管理業務	1,904	765	2,669	2.5:1(71%)
通信	1,743	1,796	3,539	0.98:1(49%)
部隊防護(警護・警備)	8,824	28,131	36,955	0.31:1(24%)
軍事支援	1,150	3,577	4,727	0.32:1(24%)
戦場把握	389	4,065	4,454	0.10:1(9%)
治安活動	197	63,110	63,307	0.003:1 (0%)
指揮・統制	6	3,882	3,888	0.001:1(0%)
合　計	179,071	146,525	325,596	1.2:1(55%)

資料源：統合参謀本部タスク・フォース発表資料

それが二〇一二年度四／四半期（二〇一二年九月）になると、ＬＯＧＣＡＰ関連のＰＭＳＣ従業員の比率は、ＰＭＳＣ全体（一〇万九、五六四人）の三七％（四万五五一人）にまで増加している＊35。

米軍が兵站支援にＰＭＳＣを大規模に活用する要因の一つは、軍が兵站支援の概念を幅広く捉える傾向にあるからである。すなわち、陸軍では戦略・戦術の機能と兵站支援の機能を区分する一方、兵站支援の機能を広義に捉えることによって兵站支援の外部委託を容易に遂行できる状況にある＊36。このことは、陸軍の定める兵站支援の諸原則（九つ）のなかに、兵站情報及び警備の業務を含めていることから理解することができる＊37。

このように、イラク及びアフガニスタンにおいて兵站支援に占めるＰＭＳＣの比率が高いこと、また軍の遂行する安定化作戦全体に占める兵站支援の比率が高いこと、さらに軍がソマリア侵攻以降ＬＯＧＣＡＰに大きく依存してきたことは、今日ＰＭＳＣの重要性が米軍の兵站支援のなかで今まで以上に向上していることを示している。

一方、表8が示すように、兵站支援以外の分野とりわけ治安活動、指揮・統制及び戦場把握については、米軍自らが積極的に遂行している。このことは、米軍が戦闘行動またはそれに直結する活動をＰＭＳＣに委託していないことを示している。つまり、これらの分野では、米軍が引き続き重要な役割を果たしている。

米軍がＰＭＳＣを大規模及び広範の分野に活用するなか、軍事作戦の成果も徐々に表れることになった。例えば、イラク及びアフガニスタンでは、治安情勢が徐々に改善された。また、司法改革、現地統治体制及び経済・インフラ開発も推進され、現地住民の生活必需品も確保されるようになった＊38。

無論、これらの活動の成果は、米軍だけの成果でもＰＭＳＣだけの成果でもない。しかし、先にみたように、軍は派遣部隊と同等の規模のＰＭＳＣを活用することになった。しかも軍は非戦闘的活動の広範囲に至るまでＰＭＳＣを活用し、さらに兵站支援に至ってはその約八三％をＰＭＳＣに委託してきた。このことは、米軍がＰＭＳＣなしには非戦闘的活動を実施できなかったことを示している。また、このことは、第4章でみたように、軍が非戦闘的活動をＰＭＳＣに委託しなければ、戦闘任務も十分に実施できなかったことを示している。

総じて、米軍はＰＭＳＣを大規模かつ広範な分野に活用したことで軍事作戦の成果を向上させている。そして、このことは米軍が作戦の正当性を確保する上でＰＭＳＣが重要な役割を果たすようになっているといえよう。

現地人優先施策の推進

今日ＰＭＳＣ従業員の国際化が進んでいる（第2章）。そのような状況のなか、イラク及びアフガニスタンでは米軍が多くの現地住民をＰＭＳＣ従業員として雇用できる現地人優先施策を推進することになった。なかでもその傾向はアフガニスタンにおいて強い。図5は、二〇〇七年九月以降、米軍がアフガニスタンで活用したＰＭＳＣ従業員の国別構成を記したものである。縦軸はＰＭＳＣ従業員の人数を示している。グラフ内の数字は、米国人、第三国人及び現地人の占める比率を表している。ここでは、警護・警備業務に従事するＰＭＳＣのほか、非警護・非警備業務に従事するＰＭＳＣも含んでいる。

図5でみるように、国防総省がＰＭＳＣに関するデータを収集し始めた二〇〇七年九月当時、軍がＰＭＳＣ従業員として活用したアフガン人は、ＰＭＳＣ従業員全体（二万九、四七三人）の七八・八％（二万三、二三一人）を占めている。二〇一一年三月には、その比率は五一・四％に低下したが、その規模は四万六、三八九人（ＰＭＳＣ従業員総数は九万三二三九人）に増加している。平均してみれば、米軍がアフガニスタンで雇用した現地住民はＰＭＳＣ従業員全体の七三％を占めており、ピーク時（二〇〇八年九月）には八五・七％に上っている。

イラクでも、米軍は多くの現地住民をＰＭＳＣ従業員として活用している。ＰＭＳＣのなかには、エリニス（Erinys）社のように、従業員の約一〇〇％を現地イラク人で占めるＰＭＳＣもある＊40。しかし、イラクで活用された現地住民の規模はアフガニスタンによりも少ない。ピーク時（二〇〇七年九月）におい

図５　米軍が活用するＰＭＳＣ従業員の国籍の構成（アフガニスタン）

	米国人	第三国人	現地人
2007年09月	11.5	9.7	78.8
2007年12月	14.1	10.5	75.4
2008年03月	8.1	8.9	83.0
2008年06月	11.5	10.0	78.6
2008年09月	7.9	6.4	85.7
2008年12月	8.3	7.3	84.4
2009年03月	13.8	10.3	75.9
2009年06月	16.8	13.2	70.1
2009年09月	9.0	15.7	75.3
2009年12月	9.3	15.4	75.2
2010年03月	14.4	15.6	70.0
2010年06月	17.8	13.9	68.3
2010年09月	29.6	22.0	48.5
2010年12月	22.2	24.7	53.2
2011年03月	22.6	26.1	51.4

（注）グラフ内の数値は%表示
資料源：米議会調査局の情報をもとに筆者が作成＊39

ても現地住民の占める比率は、PMSC全体（一五万四、八二五人）の五三・三%（八万二、五三四人）に留まっている。二〇一一年三月には、その比率は一四・五%（九、三三七人）に過ぎず、第三国人（五六・八%、三万六、五二三人）及び米国人（二八・六%、一万八、三九三人）よりも少ない＊41。平均すると、その比率は二九・四%に留まっている。これは、現地住民が平均七三%を占めるアフガニスタンの状況と大きく異なっている。

警護・警備業務に限定すると、米軍がイラク及びアフガニスタン両国で現地住民を雇用した比率の隔たりは、更に大きくなっている。イラクでは平均一四%、アフガニスタンでは平均九六・三%が現地住民である。二〇一一年三月、その比率はイラクで六%、またアフガニスタンで九五%であった＊42。後述するように、イラク及びアフガニスタンで雇用された現地住民の比率の相違は、米議会でも関心事項の一つになったが、両国でこのような相違が生起した原因は定かではない。

一方、米軍はこれまで現地住民を様々な分野において活用してきた。表９は、二〇〇九年六月当時、軍がイラクで雇用したPMSC従業員の国籍（米国人、第三国人、イラク人）を表したものである。現地住民が米軍に雇用される業務の規模を比較すると、基地支援（九、八六九人）、建設（八、二九七人）、通訳（六、七三八人）の順に多い。一方、イラク人が米軍に雇用される業務の比率を比較した場合、輸送（八四・四％）、建設（八二・二％）及び通訳（七三・八％）の順に高い。

現地住民が雇用された業務のなかで通訳業務は米軍の作戦に大きく貢献することになった。第５章でもみたように、これは米軍が安定化作戦開始当時から通訳不足の問題に直面していたためである。二〇〇七年二月には、軍は四〇以上の異なった言語及び方言に対処できるように通訳要員を約一万一、〇〇〇人確保する必要があった＊44。これは、これまでの通訳業務の所要と大きく異なっている＊45。安定化作戦において通訳支援が重要な役割を果たすことは、米軍教範においても記されている＊46。

このように米軍が積極的に現地住民を活用した狙いは、イラク及びアフガニスタン両国の復興を現地住民自らの手で実施させることにあった。このことは、現地で活動した米軍司令官の言葉からも明らかである。イラクでは、二〇〇九年一月、オディエルノ（Raymond T. Odierno）在イラク多国籍軍司令官が「イラク人を雇用するのは金銭上節約するためだけに実施しているわけではない。（多くのイラク人を雇用することで）イラク経済を救済し、また反乱の根本的な原因となる貧困や経済的機会の喪失といった要素を取り除くことができる」と指摘している＊47。また、アフガ

表９　イラクで各業務に従事するＰＭＳＣ従業員の国籍の割合（2009年6月20日）

	合 計	米国人	第三国人	イラク人
基地支援	71,783（100%）	18,093（25.2%）	43,821（61.0%）	9,869（13.7%）
警備･警護	13,145（100%）	773（5.9%）	8,686（66.1%）	3,686（28.0%）
建　設	10,090（100%）	184（1.8%）	1,609（15.9%）	8,297（82.2%）
通　訳	9,128（100%）	2,390（26.2%）	0（0%）	6,738（73.8%）
整　備	3,800（100%）	2,778（73.1%）	708（18.6%）	314（8.3%）
訓　練	2,694（100%）	2,397（89.0%）	243（9.0%）	54（2.0%）
通　信	2,183（100%）	2,070（94.8%）	65（3.0%）	48（2.2%）
輸　送	1,616（100%）	28（1.7%）	224（13.9%）	1,364（84.4%）
その他	5,267（100%）	2,828（53.7%）	769（14.6%）	1,670（31.7%）
合　計	119,706（100%）	31,541（26.3%）	56,125（46.9%）	32,040（26.8%）

資料源：イラク・アフガニスタン有事請負業務委員会報告書＊43

ニスタンでも、二〇一〇年九月、ペトレイアス国際治安支援部隊（ＩＳＡＦ）司令官は隷下部隊に対して「アフガン人を第一に雇用し、アフガン産のものを購入してアフガンの能力を向上」させる必要があると言及して、現地住民を活用することの重要性について指摘した＊48。

現地住民を活用することの利点は、現地住民の特性に起因している。かつてジャヌシアン・セキュリティ・リスク・マネージメント（Janusian Security Risk Management）社（英）はイラク人を主体に雇用した理由として、①イラク人が現地の情勢に詳しいこと、②多くの場合においてイラク人が現地の治安状況の危険性について事前に察知できること、③イラク人が他のイラク人を感化することができること、④イラク人を雇用することが費用対効果の観点から安価であることの四点を挙げている＊49。二〇一一年五月には、議会調査局も同様のことを指摘している＊50。

一方、この現地人優先施策が常に米軍の作戦に有利に働いたわけではない。第一に、警護・警備業務に雇用された現地住民が米軍に対して攻撃する事案や、反乱分子を支援する事案が発生している。第4章でみたように、アフガニスタンでは、二〇一一年三月にアルガンダブ（Argandab）渓谷のフロンテナク（Frontenac）前方作戦基地でツンドラ・セキュリティ・グループ（Tundra Security Group）社に雇用された従業員が米兵二人を射殺し、四人を負傷させるという事案が発生した＊51。これに先立ち、二〇〇九年一〇月には反乱分子が米軍のキーティング（Keating）戦闘哨所を攻撃して米兵八人を殺害し、二二人を負傷させている。この際、警護・警備に従事していたアフガン人が身を隠していたことが明らかになっている＊52。一方、現地請負業者に加え、現地治安部隊が米軍に対して攻撃する事案も発生している＊53。

第二に、ＰＭＳＣ従業員として雇用された現地住民自身が反乱分子の攻撃目標となる場合もあった。イラク北部のタルアファル（Tal Afar）では、米軍に輸送業務を委託された現地住民が反乱分子の攻撃目標にされ、警護及び警備が手薄となった部隊交代時に殺害されるという事案が発生している＊54。

第三に、現地人優先施策の導入により、請負業務の管理・監督業務における米軍の負担が増大することになった。米軍にとって自国民よりも現地人を管理・監督する方が負担が大きいことは、米下院国防歳出小委員会（二〇一〇年三月）のなかで指摘されている*55。その原因は、現地従業員の経験・能力が不足していることや、現地住民が米国の業務達成基準の高さについて十分に認識していないこと、さらには米軍に委託された業務内容を質的に管理できる制度がＰＭＳＣのなかに確立されていないことにある。例えば、アフガニスタンでは、ＬＯＧＣＡＰの下でアフガン人が建物の配線工事に従事したが、それが建築基準に達しておらず、やり直さなければならない状況に直面することもあった。また、アフガン人に仕事場の調度品の調達を依頼した際、その質が悪く再度調達する必要になったことや、現地のＰＭＳＣに依頼した輸送業務が時間通りに遂行されなかった事例も発生している*56。

第四は、現地住民間を巡る問題である。アフガニスタンでは、係争中のパシュトゥン地域においてパシュトゥン人が米軍基地を警備することになったが、そのなかに反乱分子派が潜入している可能性があった。このため、米軍がパシュトゥン地方以外からＰＭＳＣ従業員を雇用しようとしたところ住民の間で摩擦が生じそうになったことが指摘されている*57。

そして、第五が、身元調査（スクリーニング）の問題である。次項でみるように、ＰＭＳＣ従業員に対する身元調査には制度上の限界がある。

このように、現地住民を巡っては様々な問題もある。しかし、本項でみたように、多くの利点もある。また、現地住民は現地で迅速に雇用できる。このため、米軍は兵士や米国系ＰＭＳＣを米本土や周辺地域から派遣することよりも現地住民を雇用したほうが有利な一面を持っている*58。

2．PMSCの活動成果を阻害する身元調査と違法行為

ＰＭＳＣが米軍の作戦にマイナスの影響も及ぼす可能性があるなか、ＰＭＳＣ従業員の身元調査を適切に実施することは、米軍にとって重要な要素となる。しかし、本項でみるように、ＰＭＳＣ従業員に対する身元調査には制度上の限界があることや、警護・警備業務に従事する一部のＰＭＳＣ従業員が犯罪行為に従事したことで、ＰＭＳＣ及び米軍の活動成果を一部阻害することになった。

ＰＭＳＣ従業員を巡る身元調査の制度上の限界

米軍にとってＰＭＳＣからの安全確保が重要な課題になっている（第4章）。ＰＭＳＣが米軍に対してリスクをもたらすなか、二〇〇四年以降国防総省はＰＭＳＣ従業員特に現地人及び第三国人の身元調査を強化しようとして様々な対策を講じてきた。それまで国防総省は、ＰＭＳＣとの契約内容のなかでＰＭＳＣがその従業員に対して身元調査を実施することを義務付けてこなかったが、二〇〇四年八月の国土安全保障大統領指針（ＨＳＰＤ）第一二号では、米政府関連施設に出入りする人員すべて（ＰＭＳＣ従業員を含む）を識別できる基準を設けるように定めることになった＊59。また、二〇〇五年三月には、イラクで米軍の食堂が爆破されたことを受けて同国内の米軍施設に出入りする非米国系ＰＭＳＣ従業員（現地人及び第三国人）に対し生体測定検査（biometric measures）を実施することが規定されることになった。同年七月には、米軍施設に出入りする非米国系ＰＭＳＣ従業員に対して指紋・虹彩の採取、顔写真の撮影を実施し、国防総省の活用するデータ・ベース（基地出入門生体識別システム（ＢＩＳＡ）または生体自動装置（ＢＡＴ））のなかにデータ管理することが定められるなど、身元調査の強化が図られている＊60。また、二〇〇六年一月には連邦調達規則（ＦＡＲ）が改定され、すべての契約内容のなかに人員を識別することを義務付けた条項が含まれることになった＊61。

このようにＰＭＳＣ従業員に対する身元調査の強化が図られるなか、身元調査には制度上限界がある。二〇〇六年九月には、四つの問題点が表面化している。第一は、ＰＭＳＣ従業員に関する生体測定検査のデータと照合する米連邦捜査局（ＦＢＩ）の統合自動指紋識別システム（ＩＡＦＩＳ）のデータが不足していることである。ＩＡＦＩＳのデータが不足する原因として、ＦＢＩの刑事裁判情報サービス部（ＣＪＩＳ）の高官は、①ＩＡＦＩＳの情報源となる国際刑事警察機構（Interpol）に対して諸外国政府がその情報を開示することに消極的であること、②諸外国のデータとＦＢＩのデータとの相互補完性が欠如していること、③諸外国から国際刑事警察機構に送付されるデータの保管期間が五年間に限定されていることの三点を指摘している*62。

第二の問題は、ＰＭＳＣ従業員に関する生体測定検査のデータが直ちに照合できないことである。すなわち、ＢＩＳＡのデータは自動生体測定識別システム（ＡＢＩＳ）のデータ・ベースと即時照合できるのに対し、ＢＡＴのデータをＡＢＩＳと照合するために平均して七一日間を要している*63。このため、指揮官が対象人物の適性を迅速に判断できない状況に直面することになった。

第三の問題点は、ＢＡＴでは、米軍にリスクを及ぼす対象人物を特定できないことである。この装置は元来対情報戦や抑留者の管理のために設立されたものであるが、米軍基地の部隊防護を強化するために基地に出入りする人員に対しても活用されることになった。しかし、ＢＡＴのデータ・ベースは、抑留者とＰＭＳＣ従業員のデータを区別できるように管理されていなかったため、米軍は対象人物が抑留者であるのかそれともＰＭＳＣ従業員であるのか区別できないという状況に直面することになった*64。

第四は、ＰＭＳＣ側自身がその従業員に対して身元調査を的確に実施していなかった可能性が大きいことである。米軍関係者が兵站支援を担当するＰＭＳＣの代表者に対して身元調査の実態について尋ねたところ、その代表は会社が従業員に対して身元調査を実施したか否かについて承知していなかった。また、ＰＭＳＣ側が従業員の身元調査の結果について米軍に情報を提供できなかったことも明らかになっている*65。一方、米国系ＰＭＳＣ従業員の身元調査においても、そのデータが郡、州、連邦によって情報開示が制約されており、十分に活用できる状況ではなかった＊66。

このように、ＰＭＳＣ従業員特に現地人及び第三国人を巡ってはその身元調査に限界があることを受けて、イラク及びアフガニスタンではＰＭＳＣ従業員が米軍に及ぼすリスクについて懸念されることになった＊67。ＰＭＳＣ従業員の身元調査を巡る問題は、二〇〇六年以降、米監査局によって再三に亘り指摘されてきた。例えば、部隊防護担当の将校は身元調査が適切に実施されているか確証を持てない状況に直面していた。また、米軍は現地人及び第三国人に対して生体測定検査を実施したが、この生体測定検査が米国内の犯罪記録やテロリストのデータ・ベースに基づいて実施されていたために、米国への入国経験のない現地人や第三国人に関する情報がなかった＊68。また、アフガニスタンではＰＭＳＣ従業員のなかに占める現地人の比率が高かったことで身元調査を一層困難なものにすることになった＊69。これは、米国人や第三国人よりも現地アフガン人の身元調査に必要な信憑性のある情報を入手することが難しいためである＊70。

一方、国防総省は現地人及び第三国人の身元調査を実施する上で必要な国防総省共通の実施要領を定めることができない状況にあった。国防総省指示第三〇二〇・四一号（二〇〇五年一〇月）では、国防次官（情報担当）が軍に同行する請負業者を身元調査する手順を定め、また、国防次官（調達・技術・兵站担当）と協力して契約条項を定めるよう規定している＊71。二〇〇八年一一月の覚書のなかでは、情報担当、調達・技術・兵站担当、人事・即応性担当の各国防次官が協力して、ＰＭＳＣ従業員の身元調査について国防総省共通の実施要領を定めるよう規定している＊72。しかし、情報担当と調達・技術・兵站担当の両国国防次官の間で、身元調査の実施要領を巡り意見の相違があり、国防総省共通の実施要領を決定できない状況にあった＊73。

米監査局によると、二〇一〇年三月になっても国防総省はＰＭＳＣ従業員（現地人及び第三国人）に対する身元調査の実施要領について国防総省共通の施策を定めることができなかった。その結果、各指揮官たちはそれぞれ独自の判断でその基準を定めることになった。例えば、在イラク米軍（ＵＳＦ－Ｉ）では、すべての部隊を対象とした身元調査の実施・識別方法（screening and badging）を定めることになった。一方、在アフガニスタン米軍（ＵＳＦＯＲ－Ａ）では、部隊すべてを対象とした実施・識別方法を規定せず、各米軍基地がそれを規定することになった。また、米軍とＩＳＡＦの基準も同一のものではなかった＊74。

このように、国防総省では、ＰＭＳＣ従業員に対する身元調査の実施要領を制度上確立することができなかった。このことは、米軍がＰＭＳＣ従業員による犯罪行為を必ずしも効果的に阻止できる状況になかったことを示している。

民心離反を招くＰＭＳＣ従業員による犯罪行為

今日、米軍がイラク及びアフガニスタンで安定化作戦を推進する上で、現地住民の安全を確保することが重要な要素となっている。二〇〇九年四月、ペトレイアス中央軍司令官は、ハーバード大学ケネディ行政大学院において、「車両で街中を一日二回巡回して基地に戻っても、現地住民に安心感を保持させることなどできない」と言及して＊75、米軍の作戦において最も重要な事項の一つとして現地住民と一緒に居住しその安全を確保することの重要性について指摘している。

しかし、米軍が現地住民の安全を確保しようとするなか、一部のＰＭＳＣによる行動によって現地住民からの信頼が失われる事例が発生することになった。イラクでは、アブ・グレイブ刑務所事案、ファルージャ事案、ニソア広場事案が、米軍に対する現地住民の支持を阻害することになった。一方、二〇〇五年からニソア広場事案発生までの間、ブラックウォーター社がイラク国内で関与した事案は一九五件にも上ることが明らかになっている＊76。

アフガニスタンでも、一部のＰＭＳＣの行動が大きな問題になっている。二〇〇九年五月にブラックウォーター社従業員二人がカブールでアフガン人二人を射殺、一人を負傷させた事案が発生した。これを受けて、二〇一一年六月に裁判が開廷されることになったが、ペトレイアスはその裁判に先立ち担当判事に対し書簡を送り、この従業員の行動が米国の任務達成を阻害し、アフガン人との信頼の絆も弱体化させていると指摘している＊77。

一方、ＰＭＳＣを巡る問題は、一部のＰＭＳＣによる犯罪行為に限られるものではない。先にみたように、アフガニスタンでは、警備・警護業務に従事したＰＭＳＣ従業員の九〇％以上の者が現地住民によって占められていた＊78。そのなかには地方軍閥との関わりを持つ者も少なくなかった。その結果、現地住民が治安部門改革（ＳＳＲ）など平和構築全般の進展に影響を及ぼし、現地中央政府の正当性を阻害することになった＊79。また車列を警護するための費用の一部がタリバンに流出した問題や＊80、下請業務を地方軍閥に実施させていた問題も米議会で取り沙汰されることになった＊81。さらには、アフガン治安部隊（自国軍・警察）のなかには自分たちが国内秩序を維持する一義的役割を有していることを認識していない者もいた＊82。

しかし、ここで重要なことは、犯罪行為に加担していたのが米軍の活用したＰＭＳＣだけではなかったという点である。すなわち、問題はＰＭＳＣ側だけにあるのではなく、米軍または米政府関係者側にもあったということである。例えば、アブ・グレイブ刑務所事案ではＰＭＳＣ従業員だけでなく米軍兵士も関与していた。

アフガニスタンでも米兵が問題を起こしている。例えば、二〇〇六年五月には米軍兵士がカブールで交通事故を起こして現地住民を死亡させる事案が起きた。この交通事故を受けて米軍に対する暴動が勃発し、少なくとも一四人の現地住民が死亡している＊83。また、二〇一〇年七月には、米国大使館の車両がアフガン人の運転する車両と衝突事故を起こし、アフガン人一人が死亡し、二人が重傷を受けた。このときも数百人規模の反米デモが発生している＊84。さらには、二〇一二年三月、アフガニスタン南部に駐留していた米兵が銃を乱射して現地住民一六人を殺害した。このことを受けて、カルザイ大統領は事件の数日後にパネッタ（Leon Panetta）国防長官に対してＩＳＡＦの撤退期限を二〇一四年末から二〇一三年中に早めるよう求めることになった＊85。このように、米兵自身も数多くの問題に関わっており、米軍の正当性を低下させる要因にもなっている。
一方、ＰＭＳＣ従業員及び米兵がイラクやアフガニスタンで起こした事件の反響は決して小さくないことを忘れるべきではない。つまり、一連の事案の余波はイラク及びアフガニスタン国内に留まらないのである。例えば、二〇一〇年一一月にはパキスタンのメディアが米軍やその請負業者を悪者として描写し、パキスタン国内の反米感情を煽ることになった＊86。

本節では、正当性を構成する要素の一つ、活動成果について検証した。その結果、イラク及びアフガニスタンにおいて米軍が実際にＰＭＳＣを未曾有の規模で活用していたこと、またＰＭＳＣに委託した業務内容が今までになく幅広かったこと、さらには現地人優先施策を推進したことで、活動の成果を挙げていたことが分かった。一方、ＰＭＳＣ従業員に対する身元調査には制度上の限界があることや、警護・警備業務に従事する一部のＰＭＳＣ従業員が犯罪行為に従事していたことで、ＰＭＳＣ及び米軍の活動成果を一部阻害することになったことも分かった。このことは、ＰＭＳＣが米軍の活動成果に及ぼす影響が限定的なものであったことを示している。

第３節　ＰＭＳＣを巡る賛否両論

米軍が作戦の正当性を確保するためには、その基盤的要素が整備され、軍事作戦において活動の成果を収めることが重要となる。このことに加えて、その軍事介入に対して現地政府や住民はもとより国内外の関係機関から広範な支持を獲得することも重要な要素となる。しかし、本節で明らかになるように、米軍の活用するＰＭＳＣに対して必ずしも統一した支持があったわけではない。

１．諸刃の剣として捉える現地政府及び住民

ＰＭＳＣを問題視し始める現地政府

二〇〇〇年代後半に入りイラク及びアフガニスタンでは、現地政府がＰＭＳＣを問題視する動きが表面化することになった。それは、特に武装して警護・警備業務に従事したＰＭＳＣ従業員が起こした問題が深刻化したためである。イラクでは、マリキ（Nouri al-Maliki）大統領がニソア広場事案を受けて「イラク政府を含めすべてのイラク人のなかに（米国に対する）敵対心と怒りが芽生えている」と言及したが、この発言はイラク政府がこの事案に関与したＰＭＳＣ従業員を裁こうと明確な意志を強く示したものである＊87。

また、ＰＭＳＣが関与した事件に対する米国の姿勢を問題視する声もある。二〇〇九年一二月には、ニソア広場事案に関与したブラックウォーター社従業員の起訴が棄却されたことを受けて、アラブ・ニュース紙は「これほど米国の横柄さを表した行動を想像することができない」として記し、米国の「正義」を酷評している＊88。

一方、アフガニスタンでは、警護・警備に従事したＰＭＳＣの一連の事案を受けてその活動を禁止する方向にある。二〇〇七年九月以降、アフガニスタン警察はＰＭＳＣの取締りを強化してこれまでに一〇数社を摘発して閉鎖に追い込んでいる。対象になったＰＭＳＣは、ワットン（Waton）社、キャップス（Caps）社、ハワル（Khawar）社（以上アフガン）、ＵＳＰＩ社（米）、オリンパス・セキュリティ（Olympus Security Group）社（英）、ウィッタン・リスク・マネージメント（Witan Risk Management）社（ア英）などであり、国外に本拠地を置くＰＭＳＣだけでなく、現地のＰＭＳＣも摘発の対象になっている＊89。

二〇〇九年一一月には、カルザイ大統領が大統領再任演説のなかで、二〇一二年までにアフガン軍・警察を国内の危険地域の治安回復に主動的に従事させ、二〇一四年までには国内全土の治安に全責任を担わせると表明した。ここでカルザイは、二〇一一年までには国内で活動するすべての武装ＰＭＳＣを排除し、その役割すべてを現地軍・警察

に移行させると決意を表明している*[90]。一方、二〇一一年三月には、アフガン内務省及び大統領上級顧問が「橋渡し戦略」(bridging strategy) を発表することになった。ここでは、二〇一二年三月二〇日までに復興関係者の警備・警護に携わるPMSCをすべて解体する一方、二〇一三年三月二〇日までにISAFの警備・警護に従事するすべてのPMSCを解体すると定めることになった*[91]。

軍とPMSCを同一視する住民

現地ではPMSCが派遣国軍と同一視される傾向がある。このことを受けて、一部のPMSC従業員による犯罪行為や傲慢な行動が派遣国軍全体の行動や姿勢として看做されることも少なくない*[92]。また、PMSCと派遣国軍の同一視化を巡る問題は、「軍隊の人道支援化」(諸外国が平和構築を理由に他国に軍事介入すること) や「人道支援の軍事化」(軍が人道支援活動に従事すること) の問題に関連して更に複雑化している*[93]。

イラクで現地住民たちが米軍とPMSCを区別できずに同一視する傾向にあることは、イラク政府高官の発言からも理解することができる*[94]。内務省副大臣アサディ (Adnan Asadi) は、「人々は常に (米) 陸軍がやったと言っているが、我々の警察さえも (米陸軍とPMSC従業員の) 違いを識別することができない」と言及して、PMSCの行動によって米軍がしばしば非難されていることを指摘している*[95]。また、内務省高官 (匿名) の一人は、ニソア広場事案の発生前からブラックウォーター社従業員の行動を問題視し、「米国人に向けられるすべての敵対心の理由の一部には彼ら (ブラックウォーター社従業員) の存在がある。それは、住民たちが彼らをブラックウォーター社従業員として認識しているのではなく、米国人として認識しているからである」と指摘している*[96]。

一方、PMSCの行動が原因となって、米兵が攻撃されるという事案も発生している。二〇〇五年五月、ニュー・バクダッドの街角で前進してきた車両にPMSC従業員が発砲したことでその車両が群集に突っ込み一般市民に犠牲者が出たが、その二日後には同じ街角を警戒していた米兵が路肩爆弾で攻撃されている*[97]。

米軍とPMSCが同一視される傾向はイラクにおいてもアフガニスタンにおいても散見されたが、その背景は無論両国同じではない。すなわち、両国の国内情勢（統治体制、国民のアイデンティティの方向性、平和構築に係る社会基盤）が異なっていることを受けて、現地政府の正当性や、米軍及びそれを支援するPMSCの正当性に異なった影響を及ぼしている。

イラクの場合、国内情勢の特性が米軍及びPMSCの活動を間接的に一部阻害する要因になっている。同国では、長年のフセイン独裁政権下に中央集権的に統治されてきたことを受けて、国家としての統治基盤（政府機関）が確立されていた。このため、フセイン政権が崩壊してもその統治基盤が完全に崩壊することはなかった。また、国民は三大グループ（シーア派、スンニー派、クルド人）に基づき自分たちのアイデンティティを保有する傍ら、その大半がイラク人としてのアイデンティティも保持している。

これらの要素は、イラクが国家としての正当性を確保できる基盤を有していたことを示していると同時に、平和構築に従事する派遣国軍及びそれを支援するPMSCの正当性を低下させる要因にもなっている。なぜなら、国家としての正当性が存在すれば、元々反米感情の激しいイラク国民が派遣国軍やそれを支援するPMSCに自国の平和構築特に治安維持を期待するはずもないからである。このような状況を受けて、イラクでは派遣国軍に対する排斥運動が生起しやすい環境が醸成されており、米軍及びPMSCの活動を阻害する遠因になっている。

一方、アフガニスタンでも、国内情勢の特性が米軍及びPMSCの活動に影響を及ぼしているが、その環境はイラクの場合と異なっている。アフガニスタンでは、過去三〇年間で四度に亘って中央政府が危機に直面することになった（ソ連のアフガニスタン侵攻、ソ連撤退後の内紛、タリバンの台頭、タリバン政権崩壊後の混乱）。このことを受けて、中央政府の統治基盤は崩壊しており、その統治能力は脆弱であった。また、国内の社会基盤は宗派（主としてスンニー派及びシーア派）や民族（タジク人やパシュトゥン人など）によって構成されているものの、多くの部族が混在する地方では軍閥の影響力が強く、これまで長年に亘り軍閥が中央政府に代わり地方を事実上統治していた。このため、現地住民は中央政府よりも地方の軍閥への忠誠心が強く、アフガン人としてのアイデンティティも希薄である。

二〇〇四年に誕生したカルザイ政権は国民投票によって選出されたことを受けてこれを正当な政権として捉えることもできる。しかし、中央政府の統治能力が脆弱であることやアフガン人としてのアイデンティティが希薄であることから、中央政府が高い正当性を有しているとは言い難い状況にある。このため、アフガニスタンでは中央政府が派遣国軍に依存しやすい環境が醸成されていたといえる。そしてこのことは、米軍及びPMSCの活動を促進また阻害する遠因になっている。

2．不易流行のものとしてPMSCを捉える米軍と議会

PMSCの限定的役割に固執し続ける軍

今日PMSCは、軍の戦力を現場レベルで自由自在に増強できる存在（フォース・マルチプライアー）として位置付けられることが多い。一九九七年一二月には戦場で活動する請負業者の役割が陸軍の覚書のなかで規定されることになった。ここでは、請負業務が派遣部隊の業務と能力の溝を埋めて「戦闘役務支援を効果的に遂行できるフォース・マルチプライアー」として位置付けられている＊98。このことは、その後に策定された陸軍教範『戦場における請負支援業務』（第一〇〇‐一〇‐二号）やその改訂版『戦場における請負業者』（第三‐一〇〇・二一号）においても反映されている＊99。また、陸軍規則『軍に同行する請負業者』（第七一五‐九号）では、「請負業者による支援は、軍事組織を増強することを目的としており、軍事組織を置換するものではない」と規定され、請負業者はあくまでも軍の能力を補完する機能として位置付けられている＊100。

PMSCが米軍にとってフォース・マルチプライアーであることは政府内においても全般的に認識されている。ラ

ンド研究所の調査（二〇一〇年）では、請負業者との交流があった米兵の三分の二以上の者、また同様な経験を持つ国務省職員の半数以上の者が請負業者をフォース・マルチプライアーとして認識している＊101。

フォース・マルチプライアーとしてのPMSCの役割について肯定的な者は、PMSCが米軍の非戦闘的活動に従事することによって軍人が本来の戦闘任務に専念できると主張している＊102。また、PMSCが「政府固有の機能」以外の業務に従事することで、軍の実効性の向上に寄与しているとの指摘もある＊103。二〇〇七年一二月にはイラク及びアフガニスタンにおいて約九、〇〇〇人の武装PMSCが米軍に警備・警護業務を委託されて活動していたが、米軍がこの業務を自ら遂行した場合には新たに九個旅団規模の戦闘部隊が必要になるとして、フォース・マルチプライアーとしての役割を擁護する者もいる＊104。

一方、フォース・マルチプライアーとしての役割を否定的に捉える者もいる。ランド研究所の調査では、請負業者との交流のあった軍人のなかで二一％、また国務省職員においては二九％の者が請負業者をフォース・マルチプライアーとして捉えていないことが明らかになった＊105。

フォース・マルチプライアーに否定的な者は、米軍がPMSCを活用することで軍が新たな負担を背負うことを指摘している＊106。実際、先にみたように、PMSCが反乱分子の攻撃を受けた際には、米軍がPMSC従業員を救出するためにそれまで遂行していた任務を変更することもあった＊107。また、現場において身元調査に従事させようとしたPMSC従業員の数が不足し、本来その業務を担うことになっていなかった軍が逆にPMSCに代わって業務を遂行することになった事例もある＊108。さらには、米軍は保全上の理由から米軍基地内において第三国や現地のPMSC従業員を誘導し、またPMSCの車列を防護するなどその安全を確保する必要があるが、指揮官が派遣前の事前訓練でPMSCに関して十分な教育を受けていなかったためにPMSCの活用について作戦計画に反映できず、その結果現地で非常に多くの米兵をPMSCの安全確保のために活用することになったとの指摘もある＊109。

また、緊急時に現場指揮官がPMSCを戦闘部隊の予備として活用できないことも、PMSCをフォース・マルチプライアーとして捉えない要因になっている。すなわち、軍人や国防総省の文官の場合は、現場指揮官が現地で状況に即応して付加任務を実施させることができるが、PMSCは契約内容に規定される事項しか実施させることができない。また、指揮官たちは緊急時にPMSC従業員を活用できないために予備兵力を新たに確保する必要に迫られることになっている*[110]。

このように、PMSCの役割を巡っては、それをフォース・マルチプライアーとして捉えるか否かという観点から議論されることが多い。その議論は、作戦・戦術的次元でPMSCの役割を捉えている。米軍がPMSCを作戦・戦術的次元で捉えていることは、米軍の戦略的教訓について取り纏めた統合連合作戦分析室（JCOA）報告書のなかでPMSCに関する記述が一切ないことからも理解することができる*[111]。

尤も、一部にはPMSCの役割を現場レベル（作戦・戦術的次元）で捉えるのではなく、戦略的に捉える動きもある。例えば、第4章でみたように、二〇〇五年以降、米軍のなかでPMSCを計画的に活用できるように、国防総省指針・指示（第一一〇〇・四号及び第一一〇〇・二二号）のなかに兵力構成における請負業者の重要性について反映しようとする動きがある*[112]。しかし、これらの指示は、米軍の総兵力のなかでPMSCが重要な存在であることを再度強調した点で意義を有しているものの、兵力構成におけるPMSCの戦略的役割について具体的に示したものではない。

一方、第5章でみたように、二〇〇八年三月、下院軍事委員会傘下の即応性小委員会では、米軍の作戦（通常戦を含む）のなかに請負業務を確実に反映できるように即応性に関する定期報告書のなかに請負業務の活用と役割を反映させるよう提言されたが、この際、ベル国防副次官（兵站・物的即応性担当）は否定的な見解を示している*[113]。

また、米軍では、PMSCへの過剰依存についても懸念されている。ゲーツ国防長官は各関連機関の長に宛てた覚書のなかで、米軍が過度に請負業者に依存していることを認め、請負業務の活用を含め米軍の総兵力の在り方について早急に検討していく必要性について指摘している*[114]。この問題は二〇一〇年QDRにも反映されている*[115]。

このようにPMSCを戦略的に捉えようとする動きが一部であるなか、米軍のなかでは、依然としてPMSCの影響力を現場レベル（作戦・戦術的次元）で捉えようとする傾向が強い。

ＰＭＳＣへの「過剰依存」を懸念する議会

米軍がＰＭＳＣの役割を作戦・戦術的観点から捉えようとする傾向が強いなか、議会では米軍がＰＭＳＣへの依存を深めていること、すなわち「過剰依存」問題について懸念する声が浮上することになった。

このことは、イラク・アフガニスタン有事請負業務委員会（ＣＷＣ）が議会に提出した中間報告書（二〇一〇）及び最終報告書において表れている。報告書のなかでは、請負業務が良く吟味されずに選択されたもの（default option）であったとして懸念が記されている＊116。また、最終報告書は、過剰依存の基準として、①活用規模の比率、②「政府固有の機能」の喪失の有無、③米国が許容できないリスクの有無、④政府が保有すべき主要能力の喪失の有無、⑤ＰＭＳＣを効果的に管理・監督できる能力の有無の五点を挙げている＊117。

一方、警護・警備業務をＰＭＳＣに委託することが「政府固有の機能」を喪失し兼ねない問題として捉える動きもある。二〇〇九年一月、レヴィン（Carl Levin）上院議員は、アフガニスタンにおいて警護・警備業務に従事するＰＭＳＣの活用や規制の在り方を巡って疑問を呈している＊118。

また、米軍が警護・警備業務に非米国系のＰＭＳＣを活用していることについて問題視されている。イラクの場合、キャプター（Marcy Kaptur）下院議員のように、疑惑の絶えないスパイサー（Tim Spicer）が運営する英国系のイージス社（Aegis Defence Services）を米軍が活用していることについて疑問視されている＊119。

これに関連して、米軍の活用するＰＭＳＣ従業員の国籍も問題になっている。なかでもマキャスカル（Claire McCaskill）上院議員が、軍がイラク及びアフガニスタンで雇用する現地住民の比率において大きな違いがあることについて問題視している＊120。実際、米軍は両国で多くの現地住民及び第三国人をＰＭＳＣ従業員として雇用しており、米国人の数はむしろ少ない。

また、先にみたように、現地のＰＭＳＣ従業員が軍閥やタリバンと密接な関係にあることも懸念されている。アフガニスタンの場合、現地のＰＭＳＣ従業員が現地中央政府の正当性を阻害していること＊121、また車列を警護するための費用の一部がタリバンに流出していること＊122、さらには地方の軍閥が下請業務に従事していることが問題視されている＊123。

この他、第5章でみたように、米軍撤退に伴うＰＭＳＣの問題も指摘されている。マキャスカル上院議員は、イラク及びアフガニスタンからの米軍撤退に伴うＰＭＳＣの取扱いについて問題視している＊124。

総じて、今日米軍ではＰＭＳＣを米軍の戦力を作戦・戦術的に増強できるフォース・マルチプライアーとして肯定的に評価する傾向にある。一方、議会では、米軍がＰＭＳＣを活用していることや、米軍の活用するＰＭＳＣやその従業員が米国系企業や米国人でないことについて疑問視する傾向にある。また米軍撤退に伴うＰＭＳＣの問題も指摘されている。このことは、米軍の活用するＰＭＳＣがただ単に作戦・戦術的次元で軍に影響を及ぼすような存在でなくなっていることを示唆している。

3．米国の状況を見定める英軍

これまでみてきたように、米軍は、イラク及びアフガニスタンにおいて、基地支援、兵站支援（輸送、建設、補給・整備等）、通訳、通信など業務のほか、警護・警備業務及び現地治安部隊に対する教育訓練にＰＭＳＣを活用している。しかし、米軍のようにＰＭＳＣをこのように積極的かつ広範囲の分野に活用することは、むしろ例外的なケースである。

今日、米軍に次いで数多くのＰＭＳＣを活用しているのが英軍である。英軍の場合、一九七〇年代後半以降、政府機能の民営化の動きを受けて、当初英国内において軍機能を外部委託するようになった。英軍が英国外においてＰＭＳＣを本格的に活用し始めたのは一九九〇年代後半になってからのことである。

英軍が英国外において請負業者すなわちＰＭＳＣへの依存を高めたことは、一九九八年の戦略防衛見直し（ＳＤＲ）をはじめとする国防省の各種文書*125、英政府高官の発言*126、さらに「派遣地域における民間業者の活用に関する政策*127」（ＣＯＮＤＯ）、保証予備役制度*128（ＳＲＳ）及び民間兵站支援契約*129（ＣＯＮＬＯＧ）の政策の導入において反映されている。

尤も、英軍は米軍の場合と異なりＰＭＳＣを警護・警備業務や現地治安部隊に対する教育訓練に活用することに対して慎重な姿勢をみせている。例えば、英陸軍参謀総長に提出された報告書（二〇〇八年）では、英軍がＰＭＳＣを活用することで部隊が戦闘行動に従事できるようになっていることを支持する一方、これによって英軍が部隊及び基地の警護・警備業務の責任を放棄するものではないと明確に記している*130。

一方、英軍は米軍と異なり安定化作戦を推進する際に軍事力を慎重に活用する傾向にある。すなわち、米軍が「最大兵力の誇示」（show of force）に基づき、軍事的手段を重視して治安を維持しようとしていたこととは対照的に、英軍は努めて「最小兵力の保持」（minimum force）を重視して小規模な兵力を展開している*131。また、英軍は非軍事的手段の重要性を最大限に考慮して治安維持を図ろうとしている*132。

小規模な兵力展開の重要性については、英軍教範において明確に記述されている。『対反乱作戦』では、「心理的に最も緊要な時期に我に有利な状況を作為しようとして大規模な兵力を誇示することは、反乱分子やその他の不満分子に対して英軍が万全な準備を整えており、かつ一糸乱れない強い意思を保有していると思わせることができる」と指摘している。その一方、「他の状況下で時期尚早にまたは正当な理由がなく兵力を誇示することは、英軍の回避したい対立状況を煽ぐことになる」とも指摘して、大規模な兵力展開の問題点を明確にしている*133。ソーントン（Rod Thornton）によれば、英軍の兵力展開の基本的考え方には一七世紀及び一八世紀のヴィクトリア王朝時代に根付いたプロテスタントの道義的考え方が反映されている*134。

　また、対反乱作戦において非軍事的手段を用いることの重要性についても英軍教範のなかで記されている。ここでは、①政治優先及び政治目標を第一義的に追求すること、②政府の各機関と調整すること、③情報の収集・分析を的確に実施すること、④反乱分子をその支援分子から分離させること、⑤反乱分子を無力化すること、そして⑥より長期的なポスト反乱作戦計画を策定することの六点が強調されている*135。エグネル（Robert Egnell）は、英軍がこのように非軍事的要素を最重要視するに至った背景として植民地統治の経験があると指摘している*136。

　平和構築に従事する軍の派遣規模及びその軍事介入の姿勢に関して米英両軍間で基本的考え方が異なっていることは、PMSCがそれぞれの作戦に異なった影響力を持っていることを示している。


　英軍が米軍と異なりPMSCの活用に関して慎重な姿勢を取っている背景には、英政府の民営化の動きが米政府に比して遅れたこと、また英政府が「妥当な否認権」（plausible deniability）政策を推進して国外の活動に対して消極的であったことの要因がある。一方、英軍が兵站支援に限定してPMSCを活用するのは、英国の防衛政策の基本理念、軍事機能の考え方、PMSCの活動に対する懐疑心に基づくものである。

　第一に、これまで英国は防衛政策の基本理念として請負業者を活用する際にはその業務を限定するという明確な姿勢を貫いてきた。サッチャー政権が誕生する一九七九年五月まで、英軍では作戦上の実効性を確保するために民間軍事請負業務を生活用品の提供や民間船舶の活用に留め、第一線から後方地域に至るまでの機能をすべて軍自らが担うことが望ましいと考えられていた。ロンドン大学教授のアトリー（Matthew Uttley）によれば、一九八〇年までの防衛政策の基本理念は、英国防省及び英軍がすべての軍事的活動の責任を有し、また、その活動を遂行するために必要な主要資源は国防省と軍が保持していくというものであった*137。

　その後、英軍が自ら遂行すべき業務を限定して努めて外部委託すべきだという動きが浮上した。元英国防大臣ヘゼルティン（Michael Heseltine）は、国防大臣就任前の一九八一年に、英軍が実施すべき活動を、作戦上必要不可欠な活動と、納税者の財政的負担を軽減できる活動に限定する必要があると述べている＊138。また、一九九八年の戦略防衛見直し（ＳＤＲ）では英軍の兵站支援を支援するために可能な限り請負業者の活用を検討することが明記された＊139。しかし、二一世紀に入っても、英軍はＰＭＳＣを活用することについて慎重な姿勢を崩していない。先の英陸軍参謀総長に対する報告書は、英軍が軍として部隊や基地の警護・警備業務の責任を放棄することなく、ＰＭＳＣを防護的活動のために活用していることについて肯定的に評価している＊140。

第二の理由は、英軍における軍事機能の考え方に関するものである。米軍では、戦争に必要な機能を戦略・戦術機能と兵站支援機能に区分し、兵站支援機能の定義を広義に捉えてそのなかに警護・警備業務や情報業務をも含めている。これに対して、英軍では兵站支援機能を狭義に解釈しており、そのなかに警護・警備業務を含めていない＊141。これを受けて、英軍では警護・警備業務をＰＭＳＣに委託しようとする動きがない。

第三は、英軍内でＰＭＳＣの活動に対する懐疑心が存在していたことである。英軍のなかには、ＰＭＳＣの活動が軍隊の領域を侵食しているという警戒心がある。例えば、英国外における軍事訓練を軍の重要な任務の一つとして捉えている英陸軍にとって、その活動をＰＭＳＣに委託することは軍隊の活動を冒すことを意味するものであった。一方、英国では伝統的に退役軍人が軍で培った軍事的知識や技能を市場で「売る」という行為自体が毛嫌いされている。これを受けて、英国では軍人及び一般大衆がＰＭＳＣを軍事専門家として肯定的に評価しようとする動きが希薄である＊142。ＰＭＳＣの活動に対する懐疑心は、今日においても一部で存在している。

このように、英軍は、米軍と異なりＰＭＳＣの活用要領について慎重な姿勢をみせている。このことは、英軍が米軍の活用するＰＭＳＣに対して必ずしも肯定的な見解を抱いていないことを示唆しているといえる。

一方、英軍がＰＭＳＣの活用について慎重な姿勢を示していることや、英軍の派遣規模が米軍に比して小規模であることを受けて、英軍の活用するＰＭＳＣの規模や業務内容は米軍よりも限定的なものになっている。その結果、ＰＭＳＣが英軍に及ぼす影響力も限定的である。つまり、英軍も米軍のＬＯＧＣＡＰに類似した大規模な兵站支援計画（ＣＯＮＬＯＧ）を有しており、それによって軍の即応性の向上を図っているが、米軍の場合と異なりＰＭＳＣが英国の外交政策や軍事作戦の正当性に大きく寄与しているわけではない。また、英軍ではＰＭＳＣが軍の在り方にも影響力を及ぼすような大きな存在でもない。

本章のまとめ

軍のなかでＰＭＳＣの活用規模や業務内容が拡大しても（ＰＭＳＣの量的役割の拡大）、それによってＰＭＳＣの影響が必ず拡大していくとは限らない。しかし、本章では、米軍がＰＭＳＣを大規模かつ広範な分野に活用し、また現地人優先施策を通じて現地人をＰＭＳＣ従業員として積極的に雇用することで、活動の成果を上げていることが明らかになった。

このように、米軍がＰＭＳＣを大規模かつ広範囲の非戦闘的活動に活用していることは、米軍がこれまでよりも一層軍固有の戦闘行動に特化しようとしていることの表れである。このことは、米軍が安定化作戦を遂行していく際、これまで軍人が努めてすべての軍事機能に従事しようとしてきた自己完結性の追求という軍の在り方（self-sufficiency model）から、特定の機能（すなわち戦闘行動）に従事しようとする軍の在り方（core competency model）に転換しようとしているとも捉えることができる。

一方、ＰＭＳＣ従業員に対する身元調査に制度上の限界があること、またＰＭＳＣと米軍が同一視されるなか警護・警備業務に従事するＰＭＳＣの一部が違法行為に関与したこと、さらに元々米軍及びＰＭＳＣにおける正当性の基盤的要素が脆弱であったことを受けて、米軍がＰＭＳＣを活用することで軍事作戦全体の正当性までもが阻害されかねない状況に直面していたことも明らかになった。一方、ＰＭＳＣに対する国内外の評価は様々である。

しかし、ＰＭＳＣのマイナスの影響を過大評価すべきではない。なぜなら、イラク及びアフガニスタンでは米軍がＰＭＳＣを大規模かつ広範囲に活用することなく安定化作戦を遂行することは能力的に困難であったからである。ＰＭＳＣ従業員は、基地支援、警護・警備、通訳などの業務に多く従事しており、米軍が作戦を遂行するために必要な基盤を構築している。一方、米国人を主体としたＰＭＳＣ従業員は高度な兵器システムの管理にも従事しており、米軍が軍事作戦で活動の成果を挙げる上で重要な役割を担ってきた。

尤も、米軍の活動成果とそれを支援するＰＭＳＣの活動成果を個別に評価することはできない。米軍及びＰＭＳＣは同一の非戦闘的活動を同一地域において遂行しているからである。しかし、ＰＭＳＣの支援なしには米軍が作戦を遂行することが困難であったことは、米軍の作戦に果たすＰＭＳＣの役割と影響力が大きく、米軍の活動成果にも重要な影響を及ぼしていたことを示している。一方、米軍の作戦を巡る正当性を阻害し得る要因は、必ずしもＰＭＳＣ側だけにあったわけではない。米軍の作戦のそのものの基盤的要素が脆弱であったことも影響している。

総じて、米軍を支援したＰＭＳＣは米軍の正当性を向上してく上で一部プラスの影響力を及ぼしていたと結論付けることができる。

注

1 Michalski, Milena and James Gow, *War, Image and Legitimacy: Viewing Contemporary Conflict* (New York: Routledge, 2007), p.203.

2 U.S. Department of the Army, *Stability Operations*, FM3-07 (October 6, 2008), pp.1-7 to 1-8.

3 Suhrke, Astri, "The Dangers of a Tight Embrace: Externally Assisted Statebuilding in Afghanistan," in Roland Paris and Timothy D. Sisk (eds.), *The Dilemmas of Statebuilding: Confronting the Contradictions of Postwar Peace Operations* (New

York: Routledge, 2009), p.229.

4 この基本方針はワインバーガー及びパウエルの両ドクトリンにおいても反映され、その目的は最大兵力を投入して短期決戦に持ち込み、米軍将兵の犠牲者を最小限にすることにある。

5 U.S. Army and Marine Corps, *Counterinsurgency*, FM3-24, No.3-33.5 (December 2006), p.7-5.

6 UK Ministry of Defence, *Counter-insurgency Operations* (Strategic and Operational Guidelines), Army Field Manual, vol.1, Combined Arms Operations, Army Code 71749 (July, 2001), p.B-3-14.

7 "Iraq's Own Surge Assessment: Few See Security Gains," *ABC/BBC/NHK Poll-Iraq: Where Things Stand*, September 10, 2007, p.3.

8 第2章でみたように、モントリュー文書（二〇〇八年）はＰＭＳＣを規制できる基盤を確立した点において大きな進展である。しかし、同文書には拘束力がない上、あくまでもＰＭＳＣの自主的規制を目的としている。またＰＭＳＣを違法化するものでもない。このため、ＰＭＳＣを効果的に規制できる国際的枠組みにはなっていない。

9 Cotton, Sarah K., Ulrich Petersohn, Molly Dunigan, Q. Burkhart, Megan Zander-Cotugno, Edward O'Connell and Michael Webber, *Hired Guns: Views about Armed Contractors in Operation Iraqi Freedom* (Santa Monica: RAND Corporation, 2010), p.16.

10 例えば、英国政府はジュネーヴ条約第一追加議定書第四七条で規定される傭兵の定義が非現実的であると認識している。UK Foreign and Commonwealth Office (FCO), *Private Military Companies: Options for Regulation, 2001-02* (London: Stationery Office, February 12, 2002), paragraph 6.

11 Percy, Sarah, *Regulating the Private Security Industry*, Adelphi Paper 384, The International Institute for Strategic Studies (Abingdon, Oxon: Routledge, 2006), p.50.

12 Cotton et. al., *Hired Guns*, pp.26-27.

13 Schwartz, Moshe, "The Department of Defense's Use of Private Security Contractors in Iraq and Afghanistan: Background, Analysis, and Options for Congress," *CRS Report for Congress*, R40835 (May 13, 2011), p.22.

14 House Committee on Oversight and Government Reform, Subcommittee on National Security and Foreign Affairs, *Warlord, Inc.: Extortion and Corruption Along the U.S. Supply Chain in Afghanistan*, Report of the Majority Staff (June 2010), p.48.

15 Ibid., pp.34-40.

16 Senate Committee on Armed Services (SCAS), *Inquiry into the Role and Oversight of Private Security Contractors in Afghanistan: Report together with Additional Views* (September 28, 2010).

17 Swisspeace, "Private Security Companies and Local Populations: An Exploratory Study of Afghanistan and Angola," *Swisspeace Report* (November 2007), p.38.

18 Kinsey, Christopher, P*rivate Contractors and the Reconstruction of Iraq: Transforming Military Logistics* (Abingdon, Oxon: Routledge, 2009), p.27.

19 戦後復興を含む。米軍がイラクにおいてＰＭＳＣを活用したピーク時（二〇〇七年一二月）のデータ。Schwartz, Moshe and Jennifer Church, "Department of Defense's Use of Contractors to Support Military Operations: Background, Analysis, and Issues for Congress," *CRS Report for Congress*, R43074 (May 17, 2013), p.25.

20 戦後復興を含む。米軍がアフガニスタンにおいてＰＭＳＣを活用したピーク時（二〇一二年三月）のデータ。Ibid., p.24.

21 Congressional Budget Office (CBO), *Contractors' Support of U.S. Operations in Iraq*, no.3053 (August 2008), p.13; Schwartz and Church, R43074, pp.24-25.

22 FM3-07, p.1-1.

23 Schwartz, Moshe and Joyprada Swain, "Department of Defense Contractors in Afghanistan and Iraq: Background and Analysis," *CRS Report for Congress*, R40764 (May 13, 2011), p.6.

24 Schwartz and Church, R43074, p.25.

25 Ibid., p.24.

26 Commission on Wartime Contracting in Iraq and Afghanistan (CWC), *Transforming Wartime Contracting: Controlling*

Costs, Reducing Risks, Final Report to Congress (August 2011), p.22.

27 Singer, Peter W., "Can't Win With 'Em, Can't Go To War Without 'Em: Private Military Contractors and Counterinsurgency," *Foreign Policy at Brookings*, Policy Paper No.4 (September 2007), p.2.

28 Ibid.

29 FM3-07, pp.3-1 to 3-19.

30 二〇一一年三月当時、米軍はイラクでＰＭＳＣを基地支援（三万八、九六六人、ＰＭＳＣ全体の六〇・六％）、警護・警備（一万四四八人、同一六・三％）、通訳（四、〇九九人、同六・四％）、輸送（一、二二九人、同一・九％）、建設（八五三人、同一・三％）、訓練（五九九人、同〇・九％）通信支援（四五九人、〇・八％）、その他の兵站支援（三二四人、同〇・五％）等の業務に活用している。Schwartz and Swain, R40764, p.27.

31 Ibid.

32 Office of the Assistant Deputy Under Secretary of Defense for Program Support, *CENTCOM Quarterly Contractor Census Reports* (January 2012).

33 CJS Task Force, "Dependence on Contractor Support in Contingency Operations: Phase II An Evaluation of the Range and Depth of Service Contract Capabilities in Iraq," presentation by CAPT Pete Stamatopoulos, Supply Corps, US Navy JS J-4, Logistics Services Division.

34 U.S. Government Accountability Office, "Operation Iraqis Freedom: Actions Needed to Facilitate the Efficient Drawdown of U.S. Forces and Equipment from Iraq," GAO-10-376 (April 19, 2010), p.2.

35 国防副次官補・計画支援担当室（ＡＤＵＳＤ－ＰＳ）の資料（二〇一〇年五月）及び国防次官補代理・計画支援担当室（ＤＡＳＤ－ＰＳ）の資料（二〇一一年一〇月）による。なお、国防副次官補・計画担当室は、国防次官補代理・計画支援担当室に格上げされることになった。Office of the Assistant Deputy Under Secretary of Defense for Program Support, *CENTCOM Quarterly Contractor Census Reports*.

36 Kinsey, *Private Contractors and the Reconstruction of Iraq*, p.52.

37　米陸軍では、兵站支援の諸原則として、兵站支援情報（logistics intelligence）、目標（objective）、創造性ある兵站（generative logistics）、相互依存（interdependence）、簡潔性（simplicity）、適時性（timeliness）、推進力（impetus）、費用対効果（cost-effectiveness）、警備（security）の九項目を定めている。Department of the Army, *Logistics*, FM700-80 (August 15, 1985), p.1-9; Department of the Army, *Planning Logistics Support for Military Operations*, FM701-58 (May 27, 1987), p.1-2.

38　イラク及びアフガニスタンの復興特別監察官室の各四半期報告書を参照。一例として、Office of the Special Inspector General for Iraq Reconstruction (SIGIR), *Quarterly Report to the United States Congress* (January 30, 2011); Office of the Special Inspector General for Afghanistan Reconstruction (SIGAR), *Quarterly Report to the United States Congress* (January 30, 2011).

39　Schwartz and Swain, R40764, p.29.

40　Isenburg, David, "A Fistful of Contractors: The Case for a Pragmatic Assessment of Private Military Companies in Iraq," *British American Security Council Research Report 2004.4* (September 2004), p.16.

41　Schwartz and Swain, R40764, p.28.

42　Schwartz, R40835, p.22.

43　CWC, *Transforming Wartime Contracting*, p.204.

44　U.S. Government Accountability Office, "Military Operations: DOD Needs to Address Contract Oversight and Quality Assurance Issues for Contracts Used to Support Contingency Operations," GAO-08-1087 (September 26, 2008), pp.12-13

45　一九九九年四月当初、陸軍は全世界でも一八〇人のＰＭＳＣ従業員を雇用するに留まっており、その費用は一、九〇〇万ドル（一年間の基本契約期間と四年間のオプション期間）であった。二〇〇四年九月にはその費用は四億九六〇万ドルまで増加し、その後世界全体における通訳業務の所要人数も九、三一三人から一万一、一五四人に増加している。二〇〇八年四月には、その費用は約五倍の二一億ドルに高騰している。Ibid., pp.12-13.

46　FM3-24, No.3-33.5, p.C-1.

47　Odierno, General Raymond, *Increased Employment of Iraqi Citizens through Command Contracts*, Memorandum,

Multi-National Force-Iraq (January 31, 2009).

48 Petraeus, David H., *COMISAF's Counterinsurgency (COIN) Contracting Guidance, International Security Assistance Force* (September 8, 2010).

49 Murphy, Clare, "Iraq's Mercenaries: Riches for Risks," *BBC News Online*, April 4, 2004.

50 Schwartz, R40835, pp.5-6.

51 CWC, *Transforming Wartime Contracting*, p.53.

52 Ibid.

53 Ibid., pp.53-54.

54 FM3-24, No.3-33.5, p.8-18.

55 U.S. Government Accountability Office, "Warfighter Support: Continued Actions Needed by DOD to Improve and Institutionalize Contractor Support in Contingency Operations," Statement of William M. Solis, Director Defense Capabilities and Management, Testimony before the Subcommittee on Defense, House Committee on Appropriations, GAO-10-551T (March 17, 2010), p.9.

56 Ibid.

57 CWC, *Transforming Wartime Contracting*, p.58.

58 Schwartz, R40835, pp.5-6.

59 President of the United States of America, *Policies for a Common Identification Standard for Federal Employees and Contractors*, Homeland Security Presidential Directive 12 (August 27, 2004).

60 この情報は、一度米国本土の西ヴァージニア州にある国防総省の生体測定融合センター（ＢＦＣ）に送られる。ＢＦＣに送られた生体測定検査のデータは、国防総省の自動生体測定識別システム（ＡＢＩＳ）のデータと、米連邦捜査局（ＦＢＩ）の統合自動指紋識別システム（ＩＡＦＩＳ）のデータと照合される。なお、基地出入門生体識別システム（ＢＩＳＡ）は米軍基地を出入りする人物を検査することを目的としているのに対し、生体自動装置（ＢＡＴ）は元来対情報戦及び抑留者の管理のために設立されたものである。U.S. Government Accountability Office, "Military Operations: Background Screening of Contractor Employees Supporting Deployed Forces May Lack Critical Information, but U.S. Forces Take Steps to Mitigate the Risk Contractors May Pose," GAO-06-999R (September 22, 2006), pp7-8.

61 Ibid., pp.4-5.

62 U.S. Government Accountability Office, "Rebuilding Iraq: Actions Still Needed to Improve Use of Private Security Providers," Statement of William M. Solis, Director Defense Capabilities and Management, Testimony Before the Subcommittee on National Security, Emerging Threats, and International Relations, Committee on Government Reform, GAO-06-865T (June 13, 2006), p.13.

63 GAO-06-999R, p.8.

64 Ibid., p.9.

65 Ibid.

66 GAO-06-865T, pp.10-11.

67 GAO-10-551T, p.14.

68 Ibid., pp.14-15.

69 Schwartz and Swain, R40764, p.28.

70 U.S. Government Accountability Office, "Iraq and Afghanistan: DOD, State and USAID face Continued Challenges in Tracking Contracts, Assistance Instruments, and Associated Personnel," GAO-11-1 (October 1, 2010), p.18.

71 U.S. Department of Defense, *Contractor Personnel Authorized to Accompany the U.S. Armed Forces*, DoDI 3020.41 (October 3, 2005), p.5.

72 U.S. Government Accountability Office, "Contingency Contract Management: DOD Needs to Develop and Finalize Background Screening and Other Standards for Private Security Contractors," GAO-09-351 (July 31, 2009), p.12.

73 Ibid., pp.12-13.

74 GAO-10-551T, p.15.

75 Walsh, Colleen, "General Petraeus Talks of Lessons Learned, Challenges Ahead," *John F. Kennedy School of Government, Harvard University*, April 22, 2009.

76 House Committee on Oversight and Government Reform, *Hearing on Blackwater USA*, Serial No. 110-89 (October 2, 2007), p.3.

77 この書簡には、カブールで活動する米兵及び文官が反米感情を克服しなければならないほどの挫折に直面しており、これまで以上に危険な状況のなかで任務を遂行していること、またこの事案がカブールでの作戦だけでなくアフガニスタン全土における作戦の成功を危うくしているほか、任務を遂行する米兵や文官の生命を危険な状況に晒していることが記されていると、報道されている。McGlone, Tim, "Petraeus Says Contractors Hurt Troop' Mission in Iraq [sic] ," *The Virginian-Pilot*, June 10, 2011.

78 Schwartz and Swain, R40764, p.28.

79 House Committee on Oversight and Government Reform, Subcommittee on National Security and Foreign Affairs, Warlord, Inc., p.48.

80 Ibid., pp.34-40.

81 SCAS, *Inquiry into the Role and Oversight of Private Security Contractors in Afghanistan.*

82 Swisspeace, "Private Security Companies and Local Populations," p.38.

83 Gall, Carlotta, "Anti-U.S. Rioting Erupts in Kabul; At Least 14 Dead," *The New York Times*, May 30, 2006.

84 Oppel, Richard A., "U.S. Cleared in Afghan Crash That Led to Rioting," *The New York Times*, August 1, 2010.

85 Taylor, Rob and Jack Kimball, "Karzai asks NATO to Leave Afghan Villages; Taliban Scrap Talks," *Reuters*, March 15, 2012.

86 Shah, Saeed, "Anti-Americanism Rises in Pakistan over U.S. Motives," *McClatchy Newspaper*, November 24, 2010.

87 Mulrine, Anna, "Private Security Contractors Face Incoming Political Fire," *U. S. News & World Report*, October 5, 2007; Fainaru, Steve, "Where Military Rules Don't Apply: Blackwater's Security Force in Iraq Given Wide Latitude by State

Dept.," *The Washington Post*, September 20, 2007.

88 Editorial, "Stain on US Justice," *Arab News*, January 2, 2010.

89 Straziuso, Jason and Fisnik Abrashi, "Afghans Cracking Down On Security Firms," *USA TODAY*, October 11, 2007; Loyd, Anthony, "Crime-buster in an Armani Suit Takes on Private Armies of Kabul," The Times, October 31, 2007; Nawa, Fariba, "The Gunmen of Kabul," *CorpWatch*, December 21, 2007.

90 Humayoon, Haseeb, "President Hamid Karzai's Second Inaugural Address," Institute for the Study of War, November 22, 2009; Partlow, Joshua, "Karzai Sets Key Goals in Inaugural Address," *The Washington Post*, November 20, 2009; Schulman, Daniel, "Karzai Said What?" *Mother Jones*, November 30, 2009.

91 Office of the Special Inspector General for Afghanistan Reconstruction (SIGAR), *Analysis of Recommendations Concerning Contracting in Afghanistan, as Mandated by Section 1219 of the Fiscal Year 2011 NDAA* (June 22, 2011), pp.13-14.

92 スイス・ピース研究所のシュメイデルは、「アフガン人たちは誰がＰＭＳＣ従業員なのか認識できないでいる。そして、彼らがアフガニスタン国内で何をしているのかも知らない。……多くのアフガン人は、ＰＭＳＣと多国籍軍の区別も、またＰＭＳＣと自国軍・警察の区別もできないでいる」と言及している。一部のＰＭＳＣ従業員が「正当防衛」を理由に現地住民を殺害するという事案が民心の獲得を目指す派遣国軍の作戦全般にも大きく影響を及ぼすようになってきている。Schmeidl, Suzan, "Study Criticises Security Firms in Afghanistan," *Swissinfo.ch*, November 13, 2007.

93 フォルスターは、冷戦終結後の平和構築における特色を「軍隊の人道支援化」(Humanitarianisation of the Military) 及び「人道支援の軍事化」(Militarization of Humanitarian Aid) に区分している。前者はフォルスターが提唱した用語である。前者は平和構築を理由に諸外国が他国に軍事介入する現象を指すものであり、後者は軍が人道支援活動に従事することを意味している。フォルスターは、両者は密接に関連していると指摘する一方で、前者はとかく見過ごされていると主張している。Forster, Anthony, "Breaking the Covenant: Governance of the British Army in the Twenty-First Century," *International Affairs*, vol.82, no.6 (2006), pp.1043-1057.

94 Montagne, Renee and Dina Temple-Raston, "Iraqi See U.S. Contractors, Troops the Same," *National Public Radio*,

December 17, 2007.

95 Finer, Jonathan, "Security Contractors in Iraq under Scrutiny after Shootings," *The Washington Post*, September 10, 2005, p.2.

96 Fainaru, "Where Military Rules Don't Apply." 議会調査局報告書のなかでも一部引用されている。 Schwartz, R40835 (June 22, 2010), p.19.

97 Finer, "Security Contractors in Iraq under Scrutiny after Shootings."

98 Department of the Army, *Policy Memorandum-Contractors on the Battlefield*, Memorandum (December 12, 1997).

99 Department of the Army, *Contracting Support on the Battlefield*, FM 100-10-2 (August 4, 1999); Department of the Army, *Contractors on the Battlefield*, FM 3-100.21(100-21) (January 3, 2003).

100 U.S. Department of the Army, *Contractors Accompanying the Force*, AR715-9 (October 29, 1999).

101 Cotton, et. al., *Hired Guns*, pp.46-47.

102 Ibid., p.46.

103 Commission on Wartime Contracting in Iraq and Afghanistan (CWC), *Implementing Improvements to Defense Wartime Contracting*, Statement by Jacques S. Gansler, Ph. D, Chairman, Defense Science Board Task Force on Improvements to Services Contracting (April 25, 2011), p.4

104 Senate Committee on Armed Services (SCAS), Subcommittee on Readiness and Management Support, *Testimony of Jack Bell, Deputy Under Secretary of Defense (Logistics and Material Readiness), Office of the Under Secretary of Defense (Acquisition, Technology and Logi*stics), Prepared Statement (April 2, 2008), p.10.

105 ランド研究所によると、請負業者との交流がなかった者では、米軍人の四〇%、国務省職員の四〇%弱の者が請負業者をフォース・マルチプライアーとして位置付けている。また、米軍人の二七%、国務省職員の二三%の者がフォース・マルチプライアーとして認識していない。Cotton, et. al., Hired Guns, pp.47-48.

106 一九九〇年代のボスニアでは PMSC は比較的安全な地域で活動していたが、今日のイラクやアフガニスタンでは非戦闘的業務に従事していても反乱分子から攻撃を受けることもあり、危険な地域で活動することを余儀なくされている。Coton, et. al., Hired Guns, p.46.

107 U.S. Government Accountability Office, "Rebuilding Iraq: Actions Needed to Improve Use of Private Security Providers," GAO-05-737 (July 28, 2005), p.22.

108 GAO-10-551T, p.21; U.S. Government Accountability Office, "Military Operations: High-Level DOD Action Needed to Address Long-Standing Problems with Management and Oversight of Contractors Supporting Deployed Forces," GAO-07-145 (December 2006), p.32.

109 GAO-07-145, p.29.

110 Camm, Frank and Victoria A. Greenfield, *How Should the Army Use Contractors on the Battlefield? Assessing Comparative Risk in Sourcing Decisions* (Santa Monica, CA: RAND Corporation, 2005), p.162.

111 Joint and Coalition Operational Analysis (JCOA), *Decade of War, Volume 1: Enduring Lessons from the Past Decade of Operations* (June 15, 2012).

112 U.S. Department of Defense, *Guidance for Manpower Management*, DoDD 1100.4 (February 12, 2005); U.S. Department of Defense, *Guidance for Determining Workforce Mix*, DoDI 1100.22 (September 7, 2006); U.S. Department of Defense, *Policy and Procedures for Determining Workforce Mix*, DoDI 1100.22 (April 12, 2010).

113 House Committee on Armed Services (HCAS), Subcommittee on Readiness, *Hearing on Inherently Governmental-What Is the Proper Role of Government?*, 110th Congress, 2nd Session (March 11, 2008).

114 ここで、ゲーツ国防長官は「歴史的に、請負業者は米軍を支援してきた。しかし、今日の依存水準がもたらすリスクや将来の兵力構成、そして作戦遂行上の請負支援について綿密に計画していないことについて、懸念している。……今日の教訓がまだ新鮮なうちに変更すべき事項を体系化し、（米軍の）組織文化に反映させる必要がある」と指摘している。Gates, Robert, Memorandum to secretaries of military departments, January 24, 2011. Cited from Commission on Wartime Contracting in Iraq and Afghanistan (CWC), *At What Risk? Correcting Over-Reliance on Contractors in Contingency Operations*, Second

Interim Report to Congress (February 24, 2011), p.20.

115 ここでは、軍のなかで果たす請負業務の重要性を認識しつつも、「国防総省は今後五年間で軍の支援任務に従事する請負業者の規模を総兵力の三九％という現行の水準から二〇〇一年以前の二六％の水準まで引き下げる」と言及されている。U.S. Department of Defense, *Quadrennial Defense Review Report* (February 1, 2010), p.55.

116 CWC, *At What Risk?*, pp.13-20. 中間報告にはこの他にもう1つある。CWC, *At What Cost? Contingency Contracting in Iraq and Afghanistan*, Interim Report (June 2009).

117 CWC, *Transforming Wartime Contracting*. p.19.

118 ここでレヴィン上院議員は、①ＰＭＳＣが武器を使用して政府関連施設や人員を警護・警備する場合、ＰＭＳＣが実施してはならない「政府固有の機能」はどの程度あるのか、②ＰＭＳＣに対する管理・監督を正しく実施するための要件は何か、さらには、③武装ＰＭＳＣに適用される戦争法関連の規則は何か、という問題提起をしている。Senate Committee on Armed Services (SCAS), *Hearing to Receive Testimony on the Challenges Facing the Department of Defense* (January 27, 2009), p.12.

119 キャプター下院議員は、イージス社が「第一に外国企業であること」、また、同社をスパイサーが運営していることを疑問視し、イラク復興特別監査室（ＳＩＧＩＲ）に対して同社を監査するよう要求している。ワシントン・ポスト紙によると、二〇〇七年に軍がイラクで新たに警護・警備業務を入札しようとした際、上位二社を含め入札した企業のうち半数以上が英国系ＰＭＳＣであった。この契約は、米陸軍において情報業務を実施する一方、陸軍工兵隊（ＡＣＥ）の活動を警護・警備するというものであった（総額四億七、五〇〇万ドル）。Klein, Alec, "For Security in Iraq, A Turn to British Know-How: With U.S. Contract Up for Grabs, Congresswoman Requests Audit of Major Bidder," *The Washington Post*, August 24, 2007.

120 二〇〇九年一二月、マキャスカル上院議員は上院軍事委員会の公聴会の席で「アフガニスタン及びイラクで活動する請負業者の違いは、興味深いものであり、また明確なものである。それは、アフガニスタンではアフガン人が圧倒的に多く雇用されていることである。請負業者全体のうち五万人以上がアフガン人によって占められ、警護・警備業務に従事する者については五、二〇〇人のうち五、〇〇〇人がアフガン人である。これは、意識的にそうなったのか、または状況によってそうなったのか分からない」として関心を寄せている。Senate Commitee on Armed Services (SCAS), *Hearing to Receive Testimony on Afghanistan*

(December 2, 2009).

121 House Committee on Oversight and Government Reform, Subcommittee on National Security and Foreign Affairs, *Warlord, Inc.: Extortion and Corruption Along the U.S. Supply Chain in Afghanistan*, Report of the Majority Staff (June 2010), p.48.

122 Ibid., pp.34-40.

123 Senate Committee on Armed Services (SCAS), *Inquiry into the Role and Oversight of Private Security Contractors in Afghanistan: Report together with Additional Views* (September 28, 2010).

124 二〇〇九年一月、マキャスカル上院議員は、イラクからの米軍撤退に際して「請負業者の撤退に関して誰が責任を有しているのか。……米軍の正規軍を撤退させるにあたって、誰が契約終了の責任を負っているのか。ボスニアでの教訓を確実に活かすためにイラクではどのようなことが実施されているのか。……アフガニスタンで同じような過ちを繰り返さないためにどのようなことを実施しているのか」と述べている。Senate Committee on Armed Services (SCAS), *Hearing to Receive Testimony on the Challenges Facing the Department of Defense* (January 27, 2009), p.32.

125 一九九八年の戦略防衛見直しは、ポスト冷戦における英軍改革について記し、適切な状況と判断される場合において、英軍の兵站支援業務に民間業者の活用を検討する必要があることを記している。UK Ministry of Defence, *Strategic Defence Review 1998*, cm.3999 (London: HMSO, 1998), p.34.　また、二〇〇三年の国防省報告書「イラク作戦：将来のための教訓」では、イラクでの軍事作戦において民間業者の貢献が大きかったことが記されている。UK Ministry of Defence, *Operations in Iraq: Lessons for the Future* (London: DCCS, December 2003), pp.8, 40-46.　一方、英軍は二〇〇三年に国防省指針（MoD Directive）の発表を皮切りに、二〇〇五年八月には「ＣＯＮＤＯ政策」（JSP 567 第二版）、二〇〇六年一月には「ＣＯＮＤＯ政策」（DEFCON 697）及び「ＣＯＮＤＯ政策：過程及び基準」（INTERIM Def Stan 05-129）を発表してＣＯＮＤＯの基本方針を具体化している。UK Command of the Defence Council, *Contractors on Deployed Operations (CONDO) Policy*, JSP 567, second edition (London: August 2005); UK Ministry of Defence, *Contractors on Deployed Operations*, DEFCON 697 (London: January 2006); UK Ministry of Defence, *Contractors on Deployed Operations (CONDO)*: Processes and

Requirements, INTERIM Defence Standard 05-129, issue 1 (London: 20 January 2006).

126 スペラー（John Spellar）元国防大臣は、二〇〇〇年二月八日に、英王立統合防衛・安全保障研究所（ＲＵＳＩ）において、「今日の国防省の目標は、英国外で活動する指揮官や幕僚が、民間業者を活用するという要素を軍の作戦のなかに取り入れることを当然のことと思うようになるまで、軍の教義において民間業者の重要性を深く取り組むことである」と語っている。アトリーからの引用。Uttley, Matthew, "Contractors on Deployed Military Operations: United Kingdom Policy and Doctrine," *United States Army War College* (September 2005), p.1.

127 UK Command of the Defence Council, JSP 567. 「派遣地域における民間業者の活用に関する政策」（ＣＯＮＤＯ）（二〇〇一年七月）は、英軍が英国外の統合作戦において民間業者を活用することを定めたものである。英軍は、一九九八年の戦略防衛見直しを受けて、ＣＯＮＤＯ政策を導入して国外の統合作戦における民間業者の活用を促進している。

一方、英軍はＣＯＮＤＯを導入することによりＰＭＳＣの活用を巡るこれまでの問題点を改善することになった。ＣＯＮＤＯ導入以前では、英軍にはＰＭＳＣを包括的に管理する制度がなかった。このため、ＰＭＳＣの活用に関して計画を作成する国防省と、実際にＰＭＳＣを現地において管理する現場指揮官との間で、共通の認識に立ってＰＭＳＣを管理することができなかった。このことに加えて、現場指揮官はＰＭＳＣが活動する地域の全体像を把握することができずにいた。ＣＯＮＤＯはこれらの問題を解決したばかりでなく、国防省の作戦計画のなかにＰＭＳＣを体系的に取り入れることを可能にしている。Uttley, "Contractors on Deployed Military Operations," pp.41-42.

128 二〇〇一年一一月に導入された保証予備役制度（ＳＲＳ）は、平時の段階からＰＭＳＣに対して軍事的業務の一部を委託し、有事では平時に業務を委託したＰＭＳＣ従業員をそのまま予備役として運用しようとする制度である。この政策の導入は、平時、有事を問わず英軍がＰＭＳＣを効果的に活用することを可能にしている。英軍は平時及び有事において保証予備役（sponsored reservists）と呼ばれるＰＭＳＣ従業員に対して戦車等の重装備品の輸送業務を委託することで英軍における重装備品の輸送能力の向上を図っている。Australian Strategic Policy Institute, "War and Profit: Doing Business on the Battlefield," *ASPI Strategy* (March 2005), pp.37-38. 保証予備役制度の対象部隊のなかには、陸軍の戦車輸送部隊のほかに、海軍の航空支援部隊及び空軍の空中給油部隊が含まれている。Singer, P.W., *Corporate Warriors: The Rise of the Privatized Military Industry*

(Ithaca, NY: Cornell University Press, 2003), p.12.

129　ＣＯＮＤＯの一環として二〇〇四年二月に導入された民間兵站支援契約（ＣＯＮＬＯＧ）は、米陸軍のＬＯＧＣＡＰと同様な大規模兵站支援計画である。ＬＯＧＣＡＰが米陸軍の作戦支援のみを対象としているのに対して、ＣＯＮＬＯＧは英陸軍のみならず統合軍（陸海空軍）の作戦を支援するものである。

130　スピリアン論文からの引用。Spearin, Christopher, "The International Private Security Company: A Unique and Useful Actor?" in Jan Angstrom and Isabelle Duyvesteyn (eds.), *Modern War and the Utility of Force: Challenges, Methods and Strategy* (Abingdon, Oxon: Routledge, 2010), p.43.

131　Larsdotter, Kersti, "Culture and the Outcome of Military Intervention: Developing Some Hypothesis," in Jan Angstrom and Isabelle Duyvesteyn (eds.), *Understanding Victory and Defeat in Contemporary War* (Abingdon, Oxon: Routledge, 2007), p.212.

132　英軍が米軍と異なった要領で作戦を遂行しようとしていることは、英軍高官の発言が示している。二〇〇四年四月、ジャクソン（General Sir Mike Jackson）大将は英下院の国防委員会において「我々は米軍と一緒に戦うことができなければならない。このことは我々が米軍と同じように戦わなければならないことを意味するものではない。……紛争後の状況において英軍の教義が米軍のものと異なるのは、紛れもない事実である」と言及し、米軍と一線を画している。Chin, Warren, "Examining the Application of British Counterinsurgency Doctrine by the American Army in Iraq," *Samll Wars and Insurgencies*, vol.18, no.1 (March 2007), pp.7-8.

133　UK Ministry of Defence, *Counter-insurgency Operations* (Strategic and Operational Guidelines), Army Field Manual, vol.1, Combined Arms Operations, Army Code 71749 (July, 2001), p.B-3-14.

134　Thornton, Rod, "The British Army and the Origins of its Minimum Force Philosophy," *Small Wars and Insurgencies*, vol.15, no.1 (Spring 2004), pp.83-106.

135　UK Ministry of Defence, *Counter-insurgency Operations*, p.B-3-2.

136　Egnell, Robert, "Civil-Military Aspects of Effectiveness in Peace Support Operations," p.135.

137 Uttley, "Contractors on Deployed Military Operations," p.4.

138 アトリーからの引用。Uttley, "Contractors on Deployed Military Operations," p.4; UK Ministry of Defence, *Statement on the Defence Estimates 1981*, cm.8212 (London: HMSO, 1981), p.18.

139 UK Ministry of Defence, *Strategic Defence Review 1998*.

140 Spearin, "The International Private Security Company," p.43.

141 Kinsey, *Private Contractors and the Reconstruction of Iraq*, pp.50-53.

142 英軍内でＰＭＳＣの活動に対して懐疑心があるという事実は、アヴァントが英陸海軍の将校に対して実施したインタビュー（一九九九年九月及び二〇〇〇年六月）から明らかになっている。一方、英国内では伝統的に市場に軍事的知識や技能を売るという行為が好意的に見られていないという事実は、アヴァントが国防省及び外務兼英連邦省の高官、英下院議員、サンドライン・インターナショナル社及びディフェンス・システムズ・リミテッド（ＤＳＬ）社の従業員に対して実施したインタビュー（一九九九年九月及び二〇〇一年六月）から明らかになっている。Avant, Deborah D., *The Market for Force: The Consequences of Privatizing Security* (Cambridge, UK: Cambridge University Press, 2005), p.174.

第7章　ＰＭＳＣを巡る米国のリスク軽減施策とその限界

これまで米軍における請負業務の管理・監督を巡っては数多くの問題が浮上してきた。これを受けて、米国では様々な施策が講じられている。本章では、米議会及び米軍における請負業務の管理・監督の動きについて検証していく。その目的は、軍において請負業務の管理・監督が制度的に推進されているかについて明確にすることにある。第１節では、議会の動きについて明らかにする。第２節では、米軍の諸施策について考察する。第３節では、米軍における請負業務の管理・監督及び米軍の支援体制上の課題について分析する。

第１節　ＰＭＳＣの規制に本格的に取り掛かる米議会

ＰＭＳＣを巡りこれまで様々な問題が表面化したことに伴い、議会ではＰＭＳＣに対する規制を強化しようとして請負業務の管理・監督の強化を図っている。この動きは二〇〇五年度以降の国防権限法（ＮＤＡＡ）において反映されている。請負業務の管理・監督を巡っては、その枠組みに関するもの、請負業務の管理・監視の要領に関するもの、そして「政府固有の機能」に関するものと三つに側面から捉えることができる。

請負業務の管理・監督を巡る枠組み強化の動き

第一に、議会では規定・教義、組織、訓練を充実させて請負業務の管理・監督に関する枠組みを強化していこうとする動きがある。その焦点は、当初規定や教義を改善することにあった。二〇〇五年度国防権限法では、イラクに駐留する米軍がＰＭＳＣを活用する際の基本方針を定めることを求めており（第一二〇五項）、同国で活動する請負業者に関して報告書を上下院軍事委員会に提出するよう義務付けている（第一二〇六項）。二〇〇七年度国防権限法では、軍行動規範（ＵＣＭＪ）の一部改訂を求め、それまで対象範囲が有事（time of war）に限定されていたものを「宣戦布告に基づく戦争及び不測事態対処作戦」（declared war or a contingency operation）にまで拡大するように義務付けた（第五五二項）。

また、ニソア広場事案（二〇〇七年九月）の発生に伴い、議会は請負業務の管理・監督に関して組織の構築や米政府機関相互の関係強化を図ろうとしている。尤も請負業務を巡る組織を構築しようとする動きは、請負業務調査パネル（Panel on Contracting Integrity）の設置を義務付けた二〇〇七年度国防権限法（第八一三項）にみられるように、ニソア広場事案以前からあった。しかし、それが本格化したのはこの事案の発生後のことである。

二〇〇八年度国防権限法では、イラク及びアフガニスタンで請負業務の管理・監督の現状を調査できるように有事請負業務委員会の設置を義務付けた（第八四一項）。これを受けて、二〇〇八年一月にはイラク・アフガニスタン有事請負業務委員会（ＣＷＣ）が設置されることになった。この機関は、請負業務の管理・監督についてそれまでイラクを対象として活動していたイラク復興特別監査官室（ＳＩＧＩＲ）の業務と、新たに設置されたアフガニスタン復興特別監査官室（ＳＩＧＡＲ）の業務を強化する役割を有している。また、同法では、国防総省、国務省及び米国際開発庁に対して請負業務の管理・監督について連携強化を図れるように覚書の締結を義務付けている（第八六一項）。

一方、二〇〇九年度国防権限法では、請負業者による犯罪及び請負業者に対する犯罪を報告できる枠組みの設置（第八五四項）、また請負業務を円滑に推進するための不測事態対処請負業務隊（Contingency Contracting Corps）の設置を義務付けている（第八七〇項）。

この時期、議会では請負業務に関して訓練の強化も図っている。二〇〇八年度国防権限法では、現場指揮官など調達担当以外の軍人に対しても調達業務に携わる可能性のある場合には不測事態対処時の請負業務について訓練を実施することを義務付けている（第八四九項）。一方、この訓練に請負業者を参加させようとする動きがあったが、それが将来における入札にマイナスの影響を及ぼすことが懸念されている*1。

また、議会では、軍の規定・教義、組織、訓練以外にも、PMSCの活用に関して統制を強化しようとしている。例えば、二〇〇九年度国防権限法では、戦闘地域において武装したPMSCに警護・警備業務を委託する場合の「議会の意向」（Sense of Congress）を明確化している（第八三二項）。ここでは、リスクが不確実な場合や戦闘行動が生起する可能性が大きい場合、原則として米軍が警護・警備業務を実施すべきであることを規定している。また、同項は、武装したPMSCを活用することの適否については戦域司令官独自の判断に委ねることを定めている。この際、このような判断を軍の指揮系統に属さない人員に委ねるべきではないことについても明記されている。

請負業務の監督・監視要領の改善の動き

議会が請負業務の管理・監督の強化を図ろうとする第二の動きは、請負業務の監督・監視を強化できるような要領を定めようとするものである。二〇〇七年度国防権限法は、国防総省に対して請負業務所要の定義、不測事態対処の計画管理、契約業務に関して統合施策を策定するよう義務付けている（第八一三項）。また、二〇〇八年度国防権限法は、武装した警護・警備業務に従事するPMSCの行動について規定を定めるように義務付けた（第八六二項）。

二〇一一年度国防権限法では、二〇〇八年度国防権限法第八六二項の規定を一部改定して請負業者及びその下請業者全員が規則を遵守することを義務付けている（第八三二項）。また、同法では、警護・警備業務に従事するPMSCが関連規則を遵守しているか否かについてその状況を評価できるような基準が民間セクターにあればそれを確認するように定めている（第八三三項）。

「政府固有の機能」の特定の動き

請負業務の管理・監督の強化を巡る第三の動きは、「政府固有の機能」に関するものである。イラクにおける安定化作戦の開始以降、「政府固有の機能」に関する規定は最初に二〇〇五年度国防権限法において定められることになった。第八〇四項では、「政府固有の機能」に密接に関連する業務に請負業者を従事させる際の条件を明確にするように義務付けている。

一方、二〇〇六年度国防権限法では、請負業者がこれまで実施してきた業務を政府職員（国防総省の文官）が遂行できるか否かについて検討するように義務付けている（第三四三項）。同様に、二〇〇八年度国防権限法でも、国防総省の文官が請負業者の実施してきた業務を遂行できるか否かについて検討するよう改めて義務付けることになった（第三二四項）。また、二〇〇九年度国防権限法では、捕虜、テロリスト、犯罪者を捕獲・移送・抑留した際の尋問行為は「政府固有の機能」であるとして、その業務を請負業者に実施させてはならないことを明記にしている（第一〇五七項）。

このように、議会では、請負業務の管理・監督の枠組み強化、請負業務の監督・監視要領の改善、「政府固有の機能」の特定という視点から請負業務の管理・監督の強化を図ってきた。そして、国防総省はこれらの国防権限法の規定に基づき諸施策を講じている。しかし、第3節でみるように、米軍は請負業務の管理・監督について様々な問題に直面しており、容易に改善できない状況にある。

第2節　ＰＭＳＣの規制強化を図る米軍

国防権限法を受けて、国防総省は請負業務の管理・監督体制を強化しようとしている。国防総省の推進する管理・監督体制の強化の動きは、規則・教義、組織、人事、訓練の視点から捉えることができる。

規則・教義への反映

米軍では、国防総省指針・指示及び米軍教範が改訂または新たに発令・発行されることになった。当初、二〇〇五年度国防権限法（第一二〇五項）を受けて、国防総省指示第三〇二〇・四一号（二〇〇五年一〇月）が発令された。この規定は、米軍が活用するＰＭＳＣについて初めて包括的に規定した文書であり*2、ＰＭＳＣの活用要領について定めた国防総省指示第三〇二〇・三七号（一九九〇年一一月）以来の指示となっている。

二〇〇六年九月には、二〇〇五年度の国防権限法（第八〇四項）を受けて、国防総省指示第一一〇〇・二二号が発令された（二〇一〇年四月に改訂）。ここでは兵力構成を検討する際の基準やリスク管理に関する方針が定められた*3。この指示では、「政府固有の機能」（inherently governmental functions）、「営利目的の機能であるものの民間が実施すべきでない機能」（commercial but exempt from private sector performance）及び「営利目的の機能であり民間が実施すべき機能」（commercial and subject to private sector performance）に区分して、軍人や国防総省の文官がＰＭＳＣに委託できる業務内容を明確にしようと試みている。

また、二〇〇九年七月には、国防総省指示第三〇二〇・五〇号が発令された。これは、二〇〇八年度国防権限法（第八六二項）及び二〇〇九年度国防権限法（第八五三項）に基づき策定されたものであり、国防総省指示第三〇二〇・四一号（二〇〇五年）における警護・警備業務の記載内容の充実を図っている。ここでは、武装して警護・警備業務に従事するＰＭＳＣが敵対行為や示威行動に対して防御的手段以外の措置をとってはならないことが規定され、違反した場合には、処罰の対象になることが明記されることになった。また、武器保有時の禁酒も義務付けられている＊4。

二〇一〇年四月には、国防総省指示第一一〇〇・二二号（改）が発令された。この指示は以前の内容を充実したものである。ここでは、警護・警備業務のなかでＰＭＳＣに委託してはならない業務内容（政府固有の機能）の拡大を図っている＊5。例えば、①ＰＭＳＣの支援・増強・救援を伴う警護・警備業務、②部隊が敵対行為に巻き込まれる可能性のある警護・警備業務、③敵対行為や示威行動に対して攻撃的な対処を必要とする警護・警備業務は、「政府固有の機能」として新たに定められることになった。また、二〇一一年一二月には、国防総省指示第三〇二〇・四一号（二〇〇五年一〇月）の改訂版が発令された＊6。

同時に、米軍教範等の改訂・発行が進められた。『二一世紀のための統合不測事態請負業務ハンドブック』＊7（二〇〇七年発行、二〇一〇年六月に改定）や統合教範第四・一〇号『作戦請負業務支援』＊8（二〇〇八年一〇月）はその一例である。一方、二〇〇八年九月、陸軍は『派遣契約担当官代表ハンドブック』を発行している＊9。

二〇〇八年に統合参謀本部は、米軍がイラクでどの程度ＰＭＳＣに依存しているかについて調査を始めた＊10。この調査の目的は、①イラクにおける請負業務の効果に関して理解を深めること、②国防総省がどの分野において最もＰＭＳＣに依存しているかについて明らかにすること、③今後の不測事態対処作戦の計画策定や兵力構成に反映できるようにすることにある。この調査内容は公表されていないが、軍のなかで統合を要する九つの分野のうち、兵站支援を含む四つの分野において米軍がＰＭＳＣに深く依存していることが指摘されている＊11。

この他、各種報告書も発表されている。なかでも「遠征作戦における陸軍の調達及び計画管理に関する委員会」が作成した報告書『即時の改革の必要性：陸軍の遠征請負業務』（通称ギャンスラー報告書）（二〇〇七年一〇月）やイラク・アフガニスタン有事請負業務委員会の最終報告書（二〇一一年八月）の意義は大きい。

ギャンスラー報告書では、請負業務に取り組む陸軍の姿勢を問題視してその組織文化を改革することを提言している。例えば、陸軍の組織文化が戦闘行動に焦点が置かれている結果、請負業務の重要性やその複雑性について認識されていないことや、請負業務に関わる人員が適切に評価されていないことなどが指摘されている*12。また、同報告書は、訓練を終了した有能な契約担当者を派遣部隊に配置できるように陸軍のなかに「陸軍請負業務コマンド」を新設し、その隷下に「遠征請負業務コマンド」及び「基盤請負業務コマンド」を設立することも提言している*13。

一方、イラク・アフガニスタン有事請負業務委員会の最終報告書は、PMSCを活用する際に政治的・軍事的・財政的リスクについて検討することの重要性について指摘している*14。

組織及び人事の充実

請負業務を巡り組織も新設されている。二〇〇六年一〇月には、国防副次官（兵站、物的即応性担当）（DUSD‐L&MR）は、国防副次官補・計画支援担当室（ADUSD‐PS）を設立した。この部署は米国外における請負業務の管理と監督について主動的な役割を担うことになった。その隷下には、大佐委員会及び統合政策開発将官実行委員会が設立され、現行作戦における作戦請負支援業務構想（Operational Contract Support Concept of Operations）を検討することになった。同担当室は、二〇一〇年に国防次官補代理・計画支援担当室（DASD‐PS）に昇格している。

一方、二〇〇八年一〇月、二〇〇七年度国防権限法（第八五四項）を受けて、統合不測事態調達支援室（JCASO）が設立されることになった。この部署は、将来の不測事態対処作戦において各戦域軍が請負業務を活用する際に策定する計画が共通の基準に則っているか否かについて確認する役割を有している*15。

請負業務の管理・監督の制度化の動きは人事にも反映されている。例えば、請負業務の管理・監督を担当する人員の増強も図られている。ゲーツ国防長官は、二〇一五年までに現在請負業者に委託している一万の職をフルタイムの政府職員に転換させる一方、新たに一万人を増員することを言明した。また、国防総省は、長期的に請負業務の管理・監督担当者の規模を一九九八年の水準（一四万七、〇〇〇人）にまで回復させることを目指している*16。一方、国防契約管理局（DCMA）においても増員の動きが図られている。同管理局は、一九九〇年には二万四、〇〇〇人の規模を誇っていたが、二〇〇八年には九、三〇〇人まで削減されることになった。二〇一一年度には、新たに一、二二一人の人員が雇用されたが、これは二〇〇九年度に雇用した人員一六六人よりもはるかに大規模な増員になっている*17。このように、請負業務の管理・監督を巡っては人事面でも制度化が進んでいる。しかし、後にみるように依然として人材不足などの問題が改善されていない。

請負業務の管理・監督に関連して、米軍では総兵力の均衡化を図ろうとする動きも浮上している。二〇〇九年四月に国防総省監査官は資源管理決定事項（Resource Management Decision）第八〇二号に署名したが、ここで二〇一〇年度から二〇一四年度にかけて請負業務関連予算を削減することで国防総省の文官三万三、四〇〇人（うち一万人が請負業務に従事）を新たに確保するための予算が承認されることになった*18。また、二〇一〇年「四年毎の国防計画の見直し」（QDR）においても、請負業者の削減及び文官の増員を図ることで、軍人、文官及び請負業者の適切な均衡を追求する必要性について指摘されている*19。

請負業務を巡る訓練強化

契約担当官代表（COR）及び現場指揮官に対する訓練不足の問題については、以前から米監査局等から指摘されてきた。この状況を受けて、米軍の各軍種ではその訓練強化を図ろうとして様々な施策を講じている。二〇〇六年の統合参謀本部議長指示（第三五〇〇・〇一C号）では、派遣部隊が派遣前に作戦遂行能力を確実に保有することが重要であるとして*20、戦場における請負業者の管理（management of contactors on the battlefield）及び不測事態請負業務の計画立案（contingency contract planning）を優先すべき訓練内容の一つに位置付けることになった*21。

二〇〇九年一二月には、陸軍が実行命令（execution order）を発令して、陸軍訓練教義コマンド（TRADOC）に対して、CORがLOGCAPの遂行要領を理解できるように訓練を実施することを規定した。同実行命令はまた、各旅団長が部隊の派遣前にＣＯＲ予定者を特定し、その人員に対して事前訓練を実施することを義務付けている。さらに、ＣＯＲ予定者に対して訓練予行及び即応性に関する訓練に参加させることも規定している。

実際、陸軍ではＣＯＲに対する事前訓練が強化されている。後方支援部隊のなかにはアフガニスタンへの派遣前に陸軍兵站管理大学（ＡＬＭＣ）で実施される作戦請負支援業務訓練の課程（二週間）に将校を派遣している。また、国防調達大学（ＤＡＵ）などで実施されるＣＯＲ訓練に、九〇人の兵士を派遣した部隊もある＊22。

海兵隊でもＣＯＲに関して事前訓練の強化が図られている。例えば、アフガニスタンに派遣予定の海兵隊遠征部隊のなかには、現地で請負業務に従事する兵士を事前に指定する一方で、国防調達大学から講師を招聘してＣＯＲに関する事前訓練を三セッション受講させている部隊もある＊23。また、海兵隊でも陸軍と同様に現地に派遣される指揮官に対して請負業務について事前教育を実施することを主要課題に定めている＊24。

国防契約管理局においても、事前訓練の充実化が講じられている。例えば、派遣部隊に対して請負業務（特にＬＯＧＣＡＰ）に関する事前訓練ができるように準備が開始されたほか、通訳業務の管理・監督に従事する人員に対しても事前訓練が実施されるようになっている＊25。

一方、米軍はＰＭＳＣを活用するにあたり多額の経費を投入している。政府は二〇〇二年度から二〇一一年度上半期にかけて政府全体で請負業務に一、九二五億ドルの経費を充当したが、そのうち一、六六六億ドル（八六・五％）を米軍が活用している＊26。

また、作戦請負業務支援（ＯＣＳ）を戦略的文書のなかに反映しようとする動きがある。二〇〇八年に新たに策定された戦略文書、兵力育成指針（ＧＤＦ）がその一例である＊27。二〇〇九年五月には、国防総省は覚書のなかで、各関係機関が請負業者を米軍の総兵力の一部として人員管理や戦略的人材確保計画のなかに取り入れる際にはその活用条件を検討するように規定している＊28。

このように、ＰＭＳＣの規制強化の動きが議会及び米軍のなかで浮上していることは、米軍の総兵力においてＰＭＳＣを含む請負業者の重要性が向上していることを示すものである。

無論、米軍はこれまで請負業務の重要性について認識してこなかったわけでない。第２章でみたように、米軍は独立戦争以降長らく請負業務を活用してきた。そして、一九七〇年代には米国が徴兵制から志願制に移行したことを受けて、米軍は一九七三年に総兵力政策を導入して請負業者を米国の国家安全保障における重要な地位に位置付けることになった。

しかし、二〇〇〇年代半ばまで、米軍がＰＭＳＣを含む請負業者を軍の総兵力における重要な存在として名実ともに位置付けていたとは言い難い状況にあった。例えば、冷戦時には米軍が請負業者を中・長期的な視点に立って管理していなかった。この問題は湾岸戦争においても表面化し、様々な問題が表面化することになった*[29]。また、一九九〇年代に入り米軍では請負業務の動きが本格化することになったが、請負業務の急増とは裏腹に、請負業務を管理・監督する人員が大幅に削減されることになったのである（後述）。このことで米軍は請負業務を適切に管理できる状況にはなかった。さらに、米監査局はすでに一九九二年に軍の請負業務を巡る管理問題を高いリスクを有する分野の一つに指定することになった*[30]。そして、一九九七年にはボスニアで実施された請負業務の管理の在り方を巡って様々な問題が懸念されるようになっている*[31]。しかし、米軍のなかでＰＭＳＣを規制する動きが本格化することはなかった。このように、米軍は二〇〇〇年代半ばまでＰＭＳＣを含む請負業者を軍の総兵力における重要な存在として名実ともに位置付けていなかったのである。

二〇〇〇年代半ばに入ると、請負業者は軍人（正規軍及び予備戦力）及び国防総省の文官とともに軍の総兵力を構成する重要な要素として名実ともに認識されるようになっている。イラク及びアフガニスタンで推進された米軍の安定化作戦のなかでＰＭＳＣが重要な役割を果たしていたことは、各種報告書においても反映されている。例えば、国防科学委員会タスクフォースの報告書『国防総省における安定化作戦の体系化』（二〇〇五年九月）では、請負業者を含む民間セクターが米軍の四軍種に次ぐ「第五のフォース・プロバイダー」として明確に位置付けられるようになった＊32。

一方、二〇〇六年「四年毎の国防計画の見直し」（QDR）では、請負業者が米軍の総兵力の一部として重要な存在であることが改めて強調されることになった。ここでは、「国防総省及び各軍は、平時及び有事において一連の軍事作戦の効果を最大限に高めるため、総兵力（正規軍、予備役、文官、請負業者）を構成する四つの要素の能力を注意深く分配」していく必要があると指摘している＊33。また、同QDRでは「戦域司令官が必要とする有能な人材を最大限に統合できるように、正規軍、予備戦力、文官、請負業者から構成される総兵力を育成し続ける必要がある」とも記されている＊34。

国防総省指示第一一〇〇・二二号（二〇〇六年九月）では、兵力構成を検討する際の基準やリスク管理に関する方針が定められた＊35。二〇〇七年一〇月には、国防総省が米軍改革を推進する上で優先事項として五つの分野、計二五項目を定めた。ここで国防総省は、人材育成・確保の分野において米国が今後志願制を維持するために正規軍、予備戦力、国防総省の文官及び請負業者の兵力構成を適切に定めることの重要性を第一に掲げることになった＊36。

PMSCの重要性は、国防総省高官の覚書や発言のなかでも強調されている。国防副長官の覚書（二〇〇七年九月）では、国防総省に雇用される請負業者が様々な重要な機能を果たしており、イラクやアフガニスタンでは人員、車列、建物の警護・警備業務に従事して米軍の戦闘任務に寄与していたと記されている＊37。国防次官の覚書（二〇〇七年一〇月）では、国防総省が国家安全保障上の任務を達成する上で、同省が両国で活用した請負業者が極めて重要な役割を果たしていると指摘されている＊38。さらには、国防長官の覚書（二〇〇八年三月）では、世界規模で展開されるテロとの戦いにおいて米軍がこれまで以上に文官及び請負業者と行動を共にすることを要求されているとして、米軍が努力の結集（unity of effort）を追求していく上で文官及び請負業者を重要な要素として捉える必要があることが指摘されている＊39。

また、二〇〇九年一月には、ゲーツ国防長官が上院軍事委員会において「アフガニスタンでは、警護・警備能力が必要である。彼ら（警護・警備業務に従事する武装ＰＭＳＣ）は車列を警護し、米軍施設の一部を警備している」と言及し、武装して警護・警備業務に従事したＰＭＳＣが同国で重要な役割を果たしていることを指摘している＊40。

このように、米軍では二〇〇〇年代半ば以降、ＰＭＳＣを含む請負業者を軍人（正規軍及び予備戦力）及び国防総省の文官とともに軍の総兵力を構成する重要な存在として名実ともに認識されるようになった。尤も、ＰＭＳＣの重要性については、英国などの国々においても認識されている（第6章）。しかし、これらの国々においては軍機能（特に警護・警備業務）を外部委託する考えに対して慎重な姿勢を貫いているために、米軍ほどＰＭＳＣの重要性については強調されていないといえる。

一方、二〇一〇年ＱＤＲでは、作戦請負業務支援（ＯＣＳ）の重要性について強調されなかった。このことを受けて、イラク・アフガニスタン有事請負業務委員会（ＣＷＣ）は、米軍が将来戦においてＰＭＳＣを戦略的に活用していくことの重要性について明確にする機会を失うことになったと指摘している＊41。

第3節　残存する請負業務及び支援体制上の課題

請負業務の契約内容が効率的なものであり、かつ、請負業者が契約内容に則って業務を効果的に実施していることを確認するためには、ＰＭＳＣの活用及び規制に関して強固な管理・監督体制を構築することが重要となる。それでは、米軍における請負業務の管理・監督体制は強固なものなのであろうか。また、米軍の支援体制は改善されているのであろうか。本節では、当初請負業務の管理・監督の枠組み（人事及び訓練）と、請負業務の遂行要領の二つの側面から請負業務の管理・監督上の問題について分析していく。次に、米軍の支援体制上の課題について考察していく。

１．請負業務の管理・監督の枠組みを巡る問題

契約担当官代表（ＣＯＲ）の不足

今日、米国では請負業務を巡る管理・監督問題が重大な課題の一つになっている。この問題は二〇〇三年六月以降これまでも米監査局によって再三指摘されてきた＊42。なかでも問題になっているのが、請負業務の管理・監督に従事する熟練したＣＯＲの不足である。ＣＯＲとは、現地で請負業務の管理・監督に従事する軍人である。通常、ＣＯＲは本来任務に加えて請負業務の管理・監督に従事している。また、ＣＯＲには契約を締結する権限が与えられていない＊43。

二〇〇六年一二月には、イラクでＣＯＲが現地に派遣されるまで自分の職責について通知されていなかったことが判明している。このＣＯＲは請負業務に関する事前教育を受けておらず、これまでにＰＭＳＣと業務を共にした経験もなかった＊44。一方、米軍が通訳業務をＰＭＳＣに委託する際に、アラビア語を全く話せない契約担当者が請負業者と契約したことも明らかになった。その結果、部隊ではその通訳要員の能力不足により米軍の会話が正確に通訳されなかったことが指摘されている＊45。

二〇〇八年に改定された統合教範第四‐一〇号では、軍がＰＭＳＣを活用する際にはそれを管理・監督する担当官がその場に配置されていることを現場指揮官が確認する義務があることが規定されることになった＊46。しかし、二〇一〇年四月の段階においても依然として問題になっている＊47。

請負業務の管理・監督を巡っては、それに従事する総人員に占める軍人の割合の低さも問題になっている。請負業務に従事する軍人は、戦闘職域にも従事した経験を持ち合わせており、陸軍の組織についても理解している。さらに、軍人は軍事的な専門知識を請負業務に反映できるため、軍人が請負業務に関与することの重要性は大きい。しかし、

米軍とりわけ陸軍において請負業務に従事する軍人の比率は低い。例えば、空軍では、請負業務に従事する人員の約三七%が軍人によって占められているが、陸軍の場合は三%に過ぎない*48。

請負業務を管理・監督する人員不足の背景には、米軍のなかで戦闘部隊（operational army）を支援する支援部隊（institutional army）が派遣地域で請負業務に対処できるような体制になかったことがある*49。例えば、冷戦終結以降、米軍の派遣機会が増大したことを受けて、陸軍における請負業務の契約総額及び契約件数が大幅に増加することになった。契約総額はドル換算で二三三億ドル（一九九二年）から一、〇〇六億ドル（二〇〇六年）に増大し（増大幅三三一%）*50、契約件数も五万二、九〇〇件（一九九二年）から三九万八、七〇〇件（二〇〇六年）に増大している（増大幅六五四%）*51。一方、請負業務の形態は、装備を主体としたものから、複雑性の高い業務（サービス）を主体としたものに変化している*52。請負業者に委託される業務（サービス）の量は、八二三億ドル（一九九六年度）から一、四一二億ドル（二〇〇五年度）に七二%増大している*53。

そして、請負業務の所要の拡大及び業務形態の複雑化とは裏腹に、米軍では請負業務に従事する人員が半減されることになった。冷戦終結後の「平和の配当」の影響を受けて、陸軍では請負業務に従事する人員が約一万人（一九九〇年）から約五、五〇〇人（一九九六年）に削減された。その後、その低水準が維持されたままの状態になっている。また、二〇〇〇年度までに請負業務の規模を二五%削減することを定めた一九九六年の規定によって請負業務に従事する人員削減の動きは加速することになった*54。さらには、請負業務に従事する将官も著しく削減されたことも問題になっている。一九九〇年当時米軍では将官（少将及び准将）が従事できる請負業務の職が九個（陸軍五個、統合軍四個）あった。しかし、二〇〇七年一〇月には陸軍のなかで将官の従事できる請負業務の職はなく*55、統合軍でも一個の職があるのみである*56。

請負業務の所要の増大と請負業務担当者の人員不足を巡る問題は、陸軍補給統制本部（AMC）においても顕著に表れている。一九九五年から二〇〇六年にかけて、請負業務の規模はドル換算で三八二%、請負件数で三五九%増大することになった。これに対して請負業務担当人員は三、九〇五人から二、〇七〇人に削減されている（削減幅五三％）＊57。

一方、請負業務に従事する人員に対する訓練不足も問題になっている。例えば、イラクでは米軍の情報支援の管理・監督に従事したCORがその責任について事前訓練を受けていなかったことが判明している＊58。また、訓練不足の問題に関連して、請負業務に従事した人員が詐欺行為に関与した事案も発生している＊59。

請負業務の管理・監督を巡っては、人員及び訓練不足の問題に加えて、請負業務に従事する人員の派遣期間の短さも問題になっている。派遣期間の選定にあたっては、請負業務に従事する人員が請負業務の現状を正確に認識してその業務を確実に管理・監督できるように設定することが重要である。しかし、二〇〇六年一二月当時、その派遣期間は三ヶ月から四ヶ月であった。国防契約管理局（DCMA）の高官によれば、LOGCAPの管理・監督に従事するCORの派遣期間は、最低六ヶ月から一年間程度の期間が必要となる＊60。この他、請負業務の管理・監督を向上させるために、請負業者の活用を巡る事項を軍の訓練予行のなかに反映する必要があることも指摘されている＊61。

このようにCORに対する訓練が不足していることを受けて、各軍種ではその訓練を強化しようとする動きがあることは、先に述べた（第2節）。しかし、問題が完全に解消されていない。例えば、高い技術的なノウハウを必要とする建設関連業務の管理・監督については、未だ組織的に十分な事前訓練が実施されていない。この人員に対しては、各軍種または各部隊が独自で事前訓練を実施している状況にある＊62。

現場指揮官に対する事前訓練の不足

米軍がPMSCを活用する際、現場指揮官が請負業務に関して派遣前に適切な事前訓練を受けていることが重要な要素となる。なぜなら、現場指揮官には、作戦計画のなかにPMSCの活用に関する事項を反映し、作戦を遂行する上でＰＭＳＣに委託する業務の所要を特定することが義務付けられているからである（国防総省指示第三〇二〇・三七号、第三〇二〇・四一号）。

しかし、イラクやアフガニスタンでは、ＰＭＳＣが米軍の作戦に重要な役割を果たすなか、現場指揮官が派遣前に請負業務に関して訓練を十分にまたは全く受けていなかったことで多くの問題が発生することになった。この問題を改善する動きはあるものの、未だ改善されていない。

一九九七年以来、米監査局（ＧＡＯ）は現場指揮官に対して請負業務に関する事前訓練を充実させる必要があることを提言してきた。二〇〇三年六月には、ＰＭＳＣの扱い方やＰＭＳＣの管理・監督に従事する担当者の役割について理解していない指揮官がいたことが指摘されている＊63。二〇〇五年七月には、イラクに派遣された部隊が上級司令部から派遣前にＰＭＳＣ（特に警護・警備業務）に関する軍の基本方針を受けることも、また準備訓練を受けることもなかったことが判明している＊64。例えば、第三機甲騎兵連隊、第八二空挺師団、第一海兵隊遠征軍は、ＰＭＳＣについて中央軍（ＣＥＮＴＣＯＭ）や在イラク連合軍（ＣＪＴＦ－７）から基本方針を受領することはなかった。また、第一〇一空挺師団は、現地でＰＭＳＣを統括する復興作戦センター（ＲＯＣ）と同地域に活動することが予定されていたが、上級司令部から同センターやＰＭＳＣについて基本方針を受領することはなかった。なかには、ＰＭＳＣからの救援要請を受けるまでＰＭＳＣが部隊の活動地域で活動していたことを知らなかった部隊もあった。

現場指揮官に対する事前訓練の深刻さは、ＰＭＳＣ側が指摘したほどである。ＰＭＳＣなかでも武装して警備・警護業務に従事するＰＭＳＣが現地で活動していることの理由やその活動成果、また武装したＰＭＳＣの行動様式について上級部隊が隷下部隊に対して情報を提供するよう、ＰＭＳＣが求めることもあった＊65。

二〇〇六年一二月においても、請負業務について現場指揮官に対する事前訓練が不十分であったことが指摘されている。例えば、米監査局が調査した指揮官たちのほぼ全員が現地に到着するまでＬＯＧＣＡＰに従事するＰＭＳＣの規模やその業務内容の広さについて知らされていなかった。また、指揮官には保全上の理由から米軍基地内において第三国や現地のPMSC従業員を誘導し、またPMSCの車列の防護などその安全を確保する責任があるが、事前にその規模についても知らされていなかったために、非常に多くの米兵を活用することになったとの報告もある。さらには、指揮官の多くがPMSCと行動を共にすることやPMSCを自分の作戦区域で活動させることについて消極的であったことも判明している。この指揮官たちはLOGCAPの支援要領を作戦計画のなかに反映する要領やLOGCAPに従事するPMSCを管理・監督する責任があることを理解していなかった。また、指揮官の多くはイラクに派遣されるまで一度もPMSCと接した経験がなかった。これを受けて、米監査局は指揮官たちが請負業務を管理・監督する責任や役割を理解していなかったために請負業務の管理・監督が中断される危険性があったと指摘している*66。

この他、在イラク多国籍軍（MNF-1）では作戦計画を策定する際にPMSCに関する情報を入手できず、その情報を獲得することが軍にとって最優先課題になっていたことも明らかになっている*67。また、ストライカー旅団がPMSCを雇用するにあたり現地人及び第三国人の身元調査を実施する人員が不足していたため、情報収集活動に従事していた自隊の兵士を活用せざるを得なくなったという事態もあった*68。

現場指揮官に対する訓練を巡っては、二〇〇八年及び二〇一〇年においても同様の問題が指摘されている。二〇〇八年一月、米監査局は議会証言のなかで、請負業務の管理・監督について事前訓練が不足または実施されていなかったことが原因になって、現場指揮官が請負業者を計画的に活用できなかったことや、請負業務の管理・監督に関して現場指揮官の役割と責任が明確に理解されていなかったことなど、多くの課題に直面していたと指摘している*69。また、二〇一〇年三月には、アフガニスタンでは、請負業務を委託したPMSC従業員に対して部隊が宿泊施設、部隊防護、給食などについて支援しなければならないことを理解していなかった指揮官がいたことや、指揮官が依然としてて契約内容以外の業務をPMSCに実施させようとしていたことも指摘されている*70。なお、現場指揮官がPMSC従業員に対して契約内容以外の業務を課した場合には、新たな費用が発生する可能性がある。このことは、陸軍の規則においても記されている*71。

このように、現場指揮官に対する事前訓練の不足を巡る問題はなかなか改善されていない状況にある。二〇一〇年一月に開催された調達関連会議では、現場指揮官が請負業務を巡って多くの課題に直面していることが再確認されることになった。ここでは、①請負業者がフォース・マルチプライアーとしての価値を有していること、②部隊が請負業務を管理・監督する責任を有していること、③軍の指揮・統制系統と請負業務の契約系統が異なることを現場指揮官に理解させることが大きな課題になっていることが指摘されている*72。

2. 請負業務の遂行要領を巡る問題

作戦計画への未反映

国防総省の諸規則では、作戦請負業務支援（ＯＣＳ）の内容を作戦計画策定の早い段階から反映する必要があると定めている。国防総省指示第三〇二〇・四一号（二〇〇五年）では、戦域司令官が作戦遂行上必要な請負業務の施策とその業務所要を作戦計画・命令のなかに具体的に定めることを規定している。また、同指示は作戦計画・命令に関わる兵站支援の取り決めについて調整をして、不測事態対処計画についても策定することを義務付けている*73。これらの内容は、統合教範第四－一〇号（二〇〇八年）及び同第四－〇号（二〇〇〇年）、また陸軍教範第三－一〇〇・二一号（二〇〇三年）においても反映されている*74。

このように、国防総省は、関連規則において請負業務の内容を作戦計画・命令に反映することを規定しているが、部隊がこれを確実に遂行していない状況にあった。二〇〇三年以来、米監査局はＰＭＳＣの活用方法及びその役割に関して具体的な事項を不測事態対処の作戦計画のなかに反映する必要があると指摘してきた。また、国防総省は請負業者の役割を作戦計画に反映することの重要性について認識しており、二〇〇六年以来、作戦請負支援業務の別紙

（別紙W）を軍の作戦計画のなかに入れるように国防総省指針のなかで規定している。しかし、この別紙の内容は作戦計画のなかに十分に反映されていなかった。第4章でもみたように、問題の第一は、国防総省の指針・指示の内容が別紙Wのなかにそのまま記述されており、具体的にどのような請負業者が必要かについて規定されていなかったことである。第二は、作戦請負支援業務に関する詳細な内容が作戦計画の本文や、別紙W以外の関連別紙（例えば通信や情報）のなかに十分に反映されていなかったことである。第三は、作戦幕僚（作戦立案の主担当者）が、作戦請負支援業務の責務が自身にあるのではなく、兵站幕僚にあるとして兵站幕僚が作戦請負支援業務について定める責任を負っていると認識していた結果、作戦幕僚が作戦請負支援業務の前提となる諸要素について理解していなかったことである＊75。

また、請負業務が米軍の作戦計画に反映されないという問題点は、米軍がアフガニスタンに部隊を増派した際にも表面化することになった。

教訓事項の未共有

米軍内で教訓事項を含め情報を組織的に共有できれば、各部隊はそれを作戦計画や業務に的確に反映することができる＊76。教訓事項を共有することの重要性については、米監査局が一九九五年にすでに指摘していた＊77。

また、統合参謀本部議長指示（二〇〇七年及び二〇〇八年）では、統合軍が教訓事項を適切に普及する責任を有していることを規定している＊78。同指示では、戦域指揮官に教訓事項に関する機能（教訓の特定、知識開発、教訓の反映）を遂行・支援する責任があると定めている。また、同指示は、部隊が現行作戦から教訓となるような事項を収集・分析できるような能力を醸成し、また教訓事項を適切に普及しているかについて確認する責務が米統合軍（ＪＦＣＯＭ）にあると規定している。一方、陸軍規則も、ＬＯＧＣＡＰを活用する際には、教訓事項を収集・普及することを義務付けている＊79。

しかし、イラク及びアフガニスタンでは、ＰＭＳＣを巡る教訓が米軍の部隊間で組織的に共有されていなかったことが明らかになっている。在欧米陸軍は一九九〇年代にボスニアで明らかになった兵站支援上の教訓をガイドブックに取り纏めたが、イラクやアフガニスタンではその教訓が安定化作戦開始当初中央軍に共有されていなかった。中央軍は在欧米陸軍のガイドブックの存在を二〇〇三年には確認していたが、その教訓が在イラク米軍に普及されたのは二〇〇六年半ばのことである。また、二〇〇六年当時、ＰＭＳＣの教訓を取り纏める主要機関が選定されていなかったことも問題であった。このため、統合作戦分析センター（統合軍）及び教訓センター（陸軍）も、積極的にＰＭＳＣに関する教訓事項を収集していなかった＊80。

一方、派遣部隊間で教訓事項が共有されていなかったことを受けて、新たに派遣された部隊はこれまでの教訓を活用することができず、一から活動せざるを得ない状況に直面することになった。例えば、第三歩兵師団がイラクから米本土に帰還する際、将校たちはそれまで使用していたコンピュータ上の情報をすべて削除したと発言している。このことによって新たに派遣された部隊はそれまでに培われた教訓を活かす機会を失う結果になっている＊81。

さらに、部隊間で情報が共有されなかったことで、米軍とＰＭＳＣ間で混乱が生じ、米軍及びＰＭＳＣが危険な状況に晒される場面もあった。例えば、ＰＭＳＣが事故に遭遇した際の対処要領について、新たにイラクに派遣された部隊が事前に情報を共有できなかったために、米軍とＰＭＳＣの間で混乱をきたすことになった＊82。

統一基準の欠如

軍の活動において統一性を保持することは、任務を効果的に遂行する上で重要な要素となる。しかし、請負業務について米軍内で統一基準がなかったことが明らかになっている。二〇一一年五月の段階においても、この問題は十分に改善されていなかった。

統一基準の欠如を巡る問題は、国防総省指示や米軍教範、さらにはＰＭＳＣとの契約内容において表れている。第一に、国防総省指示が請負業務についてその内容を明確に規定していなかった。国防総省指示第三〇二〇・三七号（一九九〇年）では、米軍にとって必要不可欠な要素が具体的に何かについて規定されなかったために、部隊がPMSCに委託できる業務内容を判断する基準がなかった。また、国防総省指示第三〇二〇・四一号（二〇〇五年）では、「政府固有の機能」と定められる業務については外部委託できないことや、PMSCが警護・警備業務に従事する際の留意事項について言及されることになったが、「政府固有の機能」が具体的に何であるについて規定されなかった。このため、部隊は統一基準のないままPMSCを活用する状況にあった＊83。

第二に、米軍内の教範に統一性がなかったことである。PMSCに関する教範は、イラク及びアフガニスタンで安定化作戦が開始される前から米軍のなかで徐々に整備されていたが、その方針に一貫性があったわけではない。例えば、二〇〇三年六月当時、請負業者に対する安全確保（部隊防護）を巡って、統合軍、陸軍及び空軍の間でその責任の所在が異なっていた＊84。また、陸軍は一九九九年及び二〇〇三年に教範や規則を発行したが＊85、教範の整備状況は各軍種間で温度差があった＊86。

第三は、PMSCとの契約内容の記述項目についても軍内で共通認識が確立されていなかった＊87。二〇〇三年六月、現地では国防総省全体を対象とした契約内容の基準が定められていなかった上、契約の記述項目が不完全なものもあった。例えば、PMSCが米軍の派遣地域で活動することや＊88、部隊防護に関してPMSCが現地指揮官の方針に従って行動しなければならないという事項が、契約の記述項目のなかに反映されていなかった＊89。

このように、PMSCの方針を巡って各軍種間で一貫性がなかったことや、PMSCの活用に必要な事項が契約内容のなかに十分に反映されていなかったことに加えて、国防総省指針・指示、統合軍及び陸軍の教範類に規定された事項を部隊によって確実に履行されていなかったという問題も明らかになっている。二〇〇三年六月、米軍が国防総省指示第三〇二〇・三七号（一九九〇年）の規定を確実に履行していなかったことが指摘されたが＊90、二〇〇八年一月にも同様の問題が指摘されている＊91。

統一性を巡る問題は、二〇〇〇年代後半に言語及び文化に関する訓練においても表面化することになった。米国同時多発テロ事案以前では、言語や文化の知識は特定分野の人員に限定して求められていた。しかし、国防総省指針第五一六〇・四一E（二〇〇五年）以降、言語及び文化の知識は、特定分野の人員だけでなく一般部隊の人員にまで求められるようになった。そして言語及び文化に関する訓練は、特に陸軍及び海兵隊で推進されることになった。しかし、二〇一一年五月、国防総省の各関連機関の定めた訓練達成目標が異なっていること、中央軍の定めた派遣前訓練の達成目標が不明確なこと、さらには中央軍の訓練達成目標が各関連機関のものと共有されていなかったという問題が明らかになっている*[92]。

請負業務の管理・監督は、米軍が長年に亘って直面してきた問題である。この問題が改善できていないことは、米軍のなかでＰＭＳＣの重要性が必ずしも全面的に支持されていないことを意味するものでもある。実際、米軍が十分な戦力を保持できる場合にはＰＭＳＣに頼ることなく米兵を活用できるという認識が米軍のなかにある。このことは、先にみたように、「請負業者が軍の兵站支援部隊に代わって活用されることは、これまでどの紛争においても必要なことではあった。しかし、それは望ましい選択肢ではない。このことは軍内のほぼ共通した認識である」という米軍人の言葉に表れている*[93]。

一九九二年以来、米監査局は請負業務の管理・監督を巡る問題を軍にとって高いリスクを有する分野の一つに指定してきた。同局は二〇〇九年一月においても同様に位置付けている*[94]。また、二〇〇八年一月、米監査局は軍教育のなかに請負業者の活用や役割に関する事項が反映されていないことを受けて、「請負業務を巡る問題は、請負業務を総兵力構想のなかに統合された要素として位置付けようとしない国防総省の消極的な姿勢にある」と国防総省の姿勢を厳しく非難している*[95]。また、これより先に、ギャンスラー報告書では、今日陸軍が請負業務を遂行する上で必要な能力や経験が正当に評価されていないとして、その組織文化を変える必要があると指摘されている*[96]。請負業務の管理・監督を巡る問題が米軍の作戦において引き続き大きな課題になっていることは間違いない。

３．米軍の支援体制を巡る問題

イラク及びアフガニスタンでは安定化作戦が長期化したことに伴い、部隊の派遣周期や任務の変更など様々な施策が講じられてきた。また、先にみたように、これまで兵力構成の変更についても検討されてきた。

しかし、米軍が安定化作戦を遂行する際の問題点、なかでも米軍の支援体制上の問題点について改善する動きがみられない。例えば、米軍は、ＬＯＧＣＡＰに代表されるように、ＰＭＳＣを多用する大規模な兵站支援体制から脱却できない状況にある。元来ＬＯＧＣＡＰは陸軍の支援体制のなかで最終手段として位置付けられている。しかも、ＬＯＧＣＡＰは費用対効果上安価なものではない。しかし、イラクやアフガニスタンでは、陸軍はこれまでになくＬＯＧＣＡＰを未曾有の規模で活用することになった。このことは、陸軍のなかでＬＯＧＣＡＰに代わる支援体制が確立されていないことを示している。そしてそれは、米軍の支援体制全般が脆弱であることを示している。

支援体制上の問題は、正規軍、予備戦力及び国防総省の文官においても確認することができる。イラクでみられたように、正規軍は安定化作戦開始当初から支援機能が不足していた。一方、今日米軍は部隊規模及び国防予算を増強することや徴兵制を再導入することが困難な状況にある＊97。このため、作戦の初期段階から展開する正規軍が十分な支援機能を保有することは編成上また財政上難しくなっている。実際、二〇一五年一月現在、米軍が正規軍の部隊編成を再構築してその支援能力を強化しようとする動きはみられない。

また、かつて予備戦力に転用された正規軍の支援機能は依然として予備戦力が保有しており、その機能を正規軍に戻そうとする動きもない。さらに、安定化作戦に特化した専門部隊を編成することは、米軍が通常戦に対処する上で兵力の「削減」を招いて軍の即応性を阻害するものとして認識されており、それを実際に編成する動きはない。

一方、予備戦力でも現行の部隊編成を再構築して支援機能を増強しようとする動きがない。二〇〇〇年代半ば以降、米軍では予備戦力をこれまで最終補充戦力として位置付けてきた戦略予備（strategic reserve）から米軍の作戦に積極的に従事できる作戦予備（operational reserve）に格上げする動きがある。しかし、予備戦力（特に陸軍州兵）が任務の遂行に必要な装備品を十分に補充することが財政上難しいことや、国内任務に従事できる兵力を十分に確保できない状況にあることなど、問題が山積している＊98。

また、国防総省の文官を巡っても、問題がある。二〇〇〇年代後半に入り、米軍では文官を非戦闘的活動に積極的に活用していこうとする動きがある＊99。二〇〇九年一月、国防総省は文官の役割を強化させるために文官遠征隊（ＣＥＷ）を設立することになった。この制度は、国外に派遣する国防総省の文官を四つの部門に分類する一方で、事前に組織化を図れるようにこれらの人員に対して所要の訓練・装備を施し、国防総省の従事する諸作戦に迅速に派遣できる体制を整えようとするものである＊100。しかし、文官遠征部隊が短期間に定着するものではない。それは、文官に対してこれから必要な訓練を実施しなければならないからである。また、その効果も未知数である。

このように、ＬＯＧＣＡＰへの過重な依存や、正規軍、予備戦力、文官における支援体制上の問題が解決されていない。このことは、米軍が安定化作戦を遂行する上で必要な支援機能が依然として不足しており、今後も支援機能の大部分をＰＭＳＣに委託せざるを得ないことを示している。

米軍のなかで支援体制上の問題が容易に改善されない要因の一つには、ギャンスラー報告書も指摘するように、米軍において依然として安定化作戦に比して通常戦を重視しようとする組織文化がある＊101。一九七〇年代以降米軍はヴェトナム戦争時の教訓を活かさず、その後も通常戦型の兵力整備に固執することになった。二〇〇〇年代半ばには、イラク及びアフガニスタンでの経験を受けて人事及び教育訓練など以前よりも安定化作戦を重視しようとする動きが米軍内で浮上したが、兵力構成の主体は、依然として通常戦への対処を想定したものになっている。また、今後米軍が安定化作戦に従事していく際には米軍以外のアクターすなわち国務省などの米政府機関や諸外国軍の支援をより一層獲得できるようその同盟国及び友好国に対して今日積極的に働きかけている。その一方、組織文化を変化させることは容易なことではない。米軍もその例外ではない。かつて米軍は警察行動（ネイティヴ・アメリカン対策）を主体とした軍の在り方を改め、国家間の通常戦を主体とした軍の在り方に整えるまでに一〇〇年間近くの年月を費やすことになった。これらのことは、現行の米軍の支援体制が簡単には変わらないことを示している。

本章のまとめ

本章では、二〇〇〇年代半ば以降、議会及び軍では、ＰＭＳＣを巡る様々な問題が表面化してことを受けて、ＰＭＳＣの規制が制度化されつつあることが分かった。それは、請負業務の管理・監督の枠組み強化及び遂行要領の二つの側面から実施されている。これによって請負業務の管理・監督問題が徐々に改善されつつある。

一方、請負業務の管理・監督を巡っては、依然としての多くの問題が解決されていない状況にある。また、米軍の支援体制上の問題も残存している。

しかし、請負業務の管理・監督を巡る制度化の動きは、米軍が自国の外交政策の推進、軍の即応性の発揮及び軍事作戦の正当性の確保を図る上で直面する諸問題をある程度軽減できる可能性があることを示している。そして、その制度化の動きは、ＰＭＳＣの役割がいまや質的に変化しようとしていることを示すものでもある。

注

1　米政府関係者は、訓練予行に請負業者を参加させることに対して消極的である。その理由の一つとして、将来の不測事態対処作戦において請負業務を入札する際、事前に訓練予行に参加した請負業者が有利な立場に立つ可能性があることが挙げられている。

Commission on Wartime Contracting in Iraq and Afghanistan (CWC), *At What Risk? Correcting Over-Reliance on Contractors in Contingency Operations*, Second Interim Report to Congress (February 24, 2011), p.25.

2 U.S. Department of Defense, *Contractor Personnel Authorized to Accompany the U.S. Armed Forces*, DoDI 3020.41 (October 3, 2005).

3 U.S. Department of Defense, *Guidance for Determining Workforce Mix*, DoDI 1100.22 (September 7, 2006).

4 U.S. Department of Defense, *Private Security Contractors (PSCs) Operating in Contingency Operations*, DoDI 3020.50 (July 22, 2009).

5 U.S. Department of Defense, *Policy and Procedures for Determining Workforce Mix*, DoDI 1100.22 (April 12, 2010).

6 U.S. Department of Defense, *Operational Contract Support (OCS)*, DoDI 3020.41 (December 20, 2011).

7 Joint Contingency Contracting Handbook: A Joint Handbook for the 21st Century.

8 Joint Chiefs of Staff, *Operational Contract Support*, Joint Publication 4-10 (October 17, 2008).

9 Combined Arms Center, Center for Army Lessons Learned, *Deployed Contracting Officer's Representative Handbook*, no.08-47 (September, 2008).

10 U.S. Government Accountability Office, "Warfighter Support: Cultural Change Needed to Improve How DOD Plans for and Manages Operational Contract Support," Statement of William M. Solis, Director Defense Capabilities and Management, Testimony before the Subcommittee on National Security and Foreign Affairs, Committee on Oversight and Government Reform, House of Representatives, GAO-10-829T (June 29, 2010), p.6.

11 Ibid.

12 Commission on Army Acquisition and Program Management in Expeditionary Operations, *Urgent Reform Required: Army Expeditionary Contracting*, Report of the "Commission on Army Acquisition and Program Management in Expeditionary Operations" (October 31, 2007), p.29.

13 Commission on Army Acquisition and Program Management in Expeditionary Operations, *Urgent Reform Required*,

pp.52-53.

14 Commission on Wartime Contracting in Iraq and Afghanistan (CWC), *Transforming Wartime Contracting: Controlling Costs, Reducing Risks*, Final Report to Congress (August 2011).

15 U.S. Government Accountability Office, "Warfighter Support: DOD Needs to Improve Its Planning for Using Contractors to Support Future Military Operations," GAO-10-472 (March 30, 2010), p.7.

16 Grasso, Valerie Bailey, "Defense Logistical Support Contacts in Iraq and Afghanistan: Issues for Congress," *CRS Report for Congress*, RL33834 (September 20, 2010), p.28.

17 U.S. Government Accountability Office, "Acquisition Workforce: DOD's Efforts to Rebuild Capacity Have Shown Some Progress," Statement of John P. Hutton, Director, Acquisition and Sourcing Management, Testimony before the Subcommittee on Technology, Information Policy, Intergovernmental Relations and Procurement Reform, Committee on Oversight and Government Reform, House of Representatives, GAO-12-232T (November 16, 2011), p.7.

18 Deputy Secretary of Defense, *Insourcing Contracted Services-Implementation Guidance* (May 28, 2009).

19 U.S. Department of Defense, *Quadrennial Defense Review Report* (February 1, 2010), pp.55-56.

20 Chairman of the Joint Chief of Staff, *Joint Training Policy and Guidance for the Armed Forces of the United States*, CJCSI3500.01C (March 15, 2006), p.E-9.

21 Ibid., p.F-1.

22 U.S. Government Accountability Office, "Warfighter Support: Continued Actions Needed by DOD to Improve and Institutionalize Contractor Support in Contingency Operations," Statement of William M. Solis, Director Defense Capabilities and Management before the Subcommittee on Defense, House Committee on Appropriations, GAO-10-551T (March 17, 2010), p.13.

23 Ibid.

24 Ibid., p.12.

25 Ibid., p.13.

26 CWC, *Transforming Wartime Contracting*, p.22.

27 Motsek, Assistant Deputy Secretary of Defense (Program Support) のパワーポイント・スライド（二〇〇九年一一月一二日）。なお、兵力育成指針（ＧＤＦ）は、戦略計画指針（ＳＰＧ）、改革計画指針（Transformation Planning Guidance）、態勢指針（Posture Guidance）及び科学技術指針（Science and Technology Guidance）に代わる戦略文書として二〇〇八年に新たに策定された。

28 Deputy Secretary of Defense, *Insourcing Contracted Services*.

29 最終報告書では、①請負業者の動員計画が時折適切でなかったために請負業者のニーズ及び資格が十分に検討されなかったこと、②作戦地域に進出する際の遵守事項を監視する調整官を中央軍が任命しなかったこと等の問題点が指摘された。同報告書は、契約担当者の管理責任や請負業者を派遣する際の方針を明確にする必要性があることを提唱している。U.S. Department of Defense, *Final Report to Congress: Conduct of the Persian Gulf War* (April 1992), p.604.

30 U.S. Government Accountability Office, "High-Risk Series: An Update," GAO-09-271 (January 2009), p.5.

31 U.S. Government Accountability Office, "Contingency Contracting: Observations on Actions Needed to Address Systemic Challenges," Statement of Paul L. Francis, Managing Director Acquisition and Sourcing Management, Statement Before the Commission on Wartime Contracting in Iraq and Afghanistan, GAO-11-580 (April 25, 2011), p.1.

32 Office of the Under Secretary of Defense for Acquisition, Technology and Logistics, *Report of the Defense Board Task Force on Institutionalizing Stability Operations Within DoD* (September 2005), p.31.

33 U.S. Department of Defense, *Quadrennial Defense Review Report* (February 6, 2006), p.75.

34 Ibid., p.4.

35 DoDI 1100.22 (September 7, 2006).

36 Deputy Secretary of Defense, *DoD Transformation Priorities*, Memorandum (October 24, 2007).

37 Deputy Secretary of Defense, *Management of DoD Contractors and Contractor Personnel Accompanying U.S. Armed*

Forces in Contingency Operations Outside the United States, Memorandum (September 25, 2007).

38 Under Secretary of Defense (Acquisition, Technology and Logistics), *Procedures for Contracting, Contract Concurrence, and Contract Oversight for Iraq and Afghanistan* (October 19, 2007).

39 Secretary of Defense, *USMJ Jurisdiction Over DoD Civilian Employees, DoD Contractor Personnel, and Other Persons Serving With or Accompanying the Armed Forces Overseas During Declared War and in Contingency Operations*, Memorandum (March) 10, 2008.

40 Senate Committee on Armed Services (SCAS), *Hearing to Receive Testimony on the Challenges Facing the Department of Defense* (January 27, 2009), p.12.

41 CWC, *At What Risk?* p.25.

42 U.S. General Accounting Office, "Military Operations: Contractors Provide Vital Services to Deployed Forces but Are Not Adequately Addressed in DOD Plans," GAO-03-695 (June 2003); U.S. General Accounting Office, "Military Operations: DOD's Extensive Use of Logistics Support Contracts Requires Strengthened Oversight," GAO-04-854 (July 2004); U.S. Government Accountability Office, "Military Operations: High-Level DOD Action Needed to Address Long-Standing Problems with Management and Oversight of Contractors Supporting Deployed Forces," GAO-07-145 (December 2006); U.S. Government Accountability Office, "Military Operations: Implementation of Existing Guidance and Other Actions Needed to Improve DOD's Oversight and Management of Contractors in Future Operations," GAO-08-436T (January24, 2008); U.S. Government Accountability Office, "Military Operations: DOD Needs to Address Contract Oversight and Quality Assurance Issues for Contracts Used to Support Contingency Operations," GAO-08-1087 (September 2008); GAO-10-551T (March 17, 2010).

43 請負業者との契約を締結する権限は、法律で請負業務担当官に与えられている。

44 GAO-07-145, pp.31-32.

45 Ibid., p.32.

46 Joint Chiefs of Staff, *Operational Contract Support*, Joint Publication 4-10 (October 17, 2008), p.II-11.

47 U.S. Government Accountability Office, "Operation Iraqis Freedom: Actions Needed to Facilitate the Efficient Drawdown of U.S. Forces and Equipment from Iraq," GAO-10-376 (April 19, 2010), p.26.

48 Commission on Army Acquisition and Program Management in Expeditionary Operations, *Urgent Reform Required*, pp.4, 24.

49 Ibid., pp.13-17.

50 Ibid., p.30.

51 Ibid.

52 Ibid., pp.14-16.

53 Ibid., p.26.

54 Ibid., p.29.

55 陸軍には一九九八年以降、請負業務に従事する将官のポストはない。Ibid., pp.3-4.

56 Ibid., p.32.

57 Ibid.

58 GAO-07-145, pp.31-32.

59 Commission on Army Acquisition and Program Management in Expeditionary Operations, *Urgent Reform Required*, pp.22-23.

60 GAO-07-145, pp.32-33.

61 Ibid., pp.34-35.

62 GAO-10-551T, p.13.

63 GAO-03-695, p.30.

64 U.S. Government Accountability Office, "Rebuilding Iraq: Actions Needed to Improve Use of Private Security Providers,"

GAO-05-737 (July 28, 2005), p.29.

65 GAO-05-737, p.29.

66 GAO-07-145, pp.28-31.

67 Ibid., p.16.

68 Ibid., pp.28-31.

69 GAO-08-436T, pp.13-14.

70 GAO-10-551T, p.12.

71 U.S. Department of the Army, *Contractors on the Battlefield*, FM 3-100.21(100-21) (January 3, 2003), p.1-6.

72 GAO-10-551T, p.12.

73 DoDI 3020.41 (October 3, 2005), pp.2, 9.

74 Joint Publication 4-10 (October 17, 2008), p.III-16; Joint Chiefs of Staff, *Doctrine for Logistic Support of Joint Operations*, Joint Publication 4-0 (April 6, 2000), p.V-3; FM 3-100.21(100-21) (January 3, 2003), pp.2-3 to 2-4.

75 GAO-10-551T, pp.24-27.

76 GAO-08-436T, pp.10-12; GAO-07-145, pp.24-26.

77 U.S. General Accountability Office, "Military Training: Potential to Use Lessons Learned to Avoid Past Mistakes Is Largely Untapped," GAO/NSIAD-95-152 (August 9, 1995).

78 Chairman of the Joint Chief of Staff, *Joint Lessons Learned Program*, CJCSI 3150.25D (October 10, 2008), p.C-4; Chairman of the Joint Chief of Staff, *Joint Lessons Learned Program*, CJCSI 3150.25C (April 11, 2007), p.B-4.

79 U.S. Department of the Army, *Logistics Civil Augmentation Program (LOGCAP)*, AR700-137 (December 16, 1985), p.2.

80 GAO-07-145, p.24.

81 Ibid., p.25.

82 Ibid., p.26.

83 DoDI 3020.41 (October 3, 2005).

84 GAO-03-695, p.25.

85 U.S. Department of the Army, *Contracting Support on the Battlefield*, FM 100-10-2 (August 4, 1999); U.S. Department of the Army, *Contractors Accompanying the Force*, AR715-9 (October 29, 1999); FM 3-100.21(100-21).

86 GAO-03-695, p.20.

87 Ibid., p.26.

88 Ibid., pp.26-27.

89 Ibid., p.28.

90 Ibid., pp.15-16.

91 GAO-08-436T, p.7.

92 U.S. Government Accountability Office, "Military Training: Actions Needed to Improve Planning and Coordination of Army and Marine Corps Language and Cultural Training," GAO-11-456 (May 26, 2011).

93 Curtis, LTC Donald R., Jr., "Civilianizing Army Generating Forces," *USAWC Strategy Research Project* (April 10, 2000), p.10.

94 U.S. Government Accountability Office, "High-Risk Series: An Update," GAO-09-271 (January 2009), pp.73-74.

95 GAO-08-436T, p.18.

96 Commission on Army Acquisition and Program Management in Expeditionary Operations, *Urgent Reform Required*, pp.9-10, 29-38.

97 Jones, Jeffrey M., "Vast Majority of Americans Opposed to Reinstituting Military Draft: Fewer than one in five favor return to the draft," *Gallup News Service*, September 7, 2007.

98 U.S. Government Accountability Office, "Reserve Forces: Army Needs to Finalize an Implementation Plan and Funding Strategy for Sustaining an Operational Reserve Force," GAO-09-898 (September 17, 2009), p.36.

99　U.S. Department of Defense, *DoD Civilian Expeditionary Workforce*, DoDD 1404.10 (January 23, 2009).

100　国防総省は、二〇〇九年一月にこれまでの国防総省指示第一四〇四・一〇号（一九九二年四月）を改定することになった。新指針では、国防総省の文官を四つに分類している。すなわち、①戦闘行動において緊急かつ必要不可欠な業務に従事する人員（E-E）に加え、②非戦闘行動において必要不可欠な業務に従事する人員、（Non-Combat Essential: NCE）、③補充要員として必要な能力を保有する志願者（Capability-Based Volunteer: CBV）及び④退役した文官で補充員として必要な能力を保有した志願者（Capability-Based Former Employee Volunteer Corps）に分類している。Ibid., p.3.

101　Commission on Army Acquisition and Program Management in Expeditionary Operations, *Urgent Reform Required*, p.29.

終　章

本書の目的は、二一世紀以降米軍がイラク及びアフガニスタンの安定化作戦で民間軍事警備会社（ＰＭＳＣ）を活用・規制することで、米軍がＰＭＳＣの支援なしには安定化作戦を遂行できなくなっているのか、また米軍の追求する軍の在り方が変化しているのであればそれは何かについて明らかにすることにあった。これは、二一世紀における米軍の在り方を問う重大な問題である。

このことを立証するため、米軍の作戦に及ぼすＰＭＳＣの影響力の広さを戦略レベルという大きな観点から捉えることにした。具体的には、米軍が軍事力を行使する際の基本的要素に着目し、自国の外交政策の推進（軍事力行使の目的）、軍の即応性の発揮（軍事力行使の対応要領）、軍事作戦の正当性の確保（軍事力行使の道義・合法的基盤）という三つの視点から検証した。これらの視点は、戦力投射（power projection）という軍事的概念の特性を整理して導き出したものである。また、これらの視点は相互に関連しているものの米軍の作戦に個々に影響を及ぼすものである。このため、本書では各視点に軽重をつけず、それぞれに判断基準を設けて検証することにした。

１．米軍における新たな軍の在り方の台頭

二一世紀以降、米軍がイラク及びアフガニスタンの安定化作戦でＰＭＳＣを活用・規制することで、米軍のなかで三つの変化が生じている。

安定化作戦において必要不可欠な存在になったＰＭＳＣ

米軍における第一の変化は、軍がＰＭＳＣの支援なしには安定化作戦を遂行できなくなっていることである。独立戦争以降、米軍は請負業者を軍の作戦を支援する重要な存在として捉えてきた。しかし、これまで米軍は必ずしも請負業者を軍にとって容易に切り離すことのできない必要不可欠な存在として捉えてはいなかった。第2章でみたように、請負業者は米軍のなかで軍の作戦を支援する補助的な存在として捉えられるに過ぎなかったのである。本書では、二一世紀に入りＰＭＳＣの重要性が米軍のなかで向上することで、米軍がその支援なしには安定化作戦を遂行できなくなっていることが明らかになった。このことを示す論拠は二つある。

第一は、米軍がイラク及びアフガニスタン両国で推進した安定化作戦においてＰＭＳＣの影響力が戦略的に拡大していることである。冷戦終結以降、ＰＭＳＣは軍事力の「新たな役割」及び軍のフルスペクトラム作戦という安全保障環境のなかで活用されるようになっている。このような状況のなか、ＰＭＳＣの活用規模及び業務内容は徐々に拡大することになった。しかし、ＰＭＳＣの活用規模及び業務内容が拡大することはあっても、ＰＭＳＣの影響力はこれまで限定的なものとして認識されてきた。これは、米軍でもまた各学問分野でも、ＰＭＳＣが軍の戦力を現場レベル（作戦・戦術的次元）で増強できる存在（フォース・マルチプライアー）として認識されるに留まっていたためである。このことを受けて、ＰＭＳＣが作戦・戦術的次元よりも大きな影響力を及ぼす存在として捉えられることは稀であった。

本書では、二一世紀に入りイラク及びアフガニスタンにおいて米軍の活用したＰＭＳＣの規模及び業務内容が未曽有のものになったことに伴い、ＰＭＳＣの影響力が戦略的にも拡大していることが分かった。このことは、ＰＭＳＣが米軍のなかで果たす役割について理解する上で重要な鍵となる。なぜなら、英軍の例が示すように（第6章）、ＰＭ

SCの活用規模や業務内容が拡大（PMSCの役割の量的拡大）しても、それに伴いPMSCの影響力が必ず大きくなるとは限らないからである。

米軍のなかでPMSCの影響力が戦略的に拡大していることは、自国の外交政策の推進、軍の即応性の発揮、軍事作戦の正当性の確保という三つの視点から確認することができた。第一の視点では、米軍は自国の外交政策を推進する際にPMSCを活用することで、一層安定化作戦に効果的に対応できるようになっている（第4章）。冷戦終結以降、米軍は任務の拡大に伴い戦闘行動だけでなく非戦闘的活動にも従事するようになった。しかし、一九七〇年代前半に正規軍の支援機能が予備戦力に転換されたことで、米軍は作戦開始当初から投入される正規軍の支援機能を補完する必要性が高まっていた。また、二一世紀初頭、米軍はイラク及びアフガニスタンで安定化作戦を遂行する際に戦闘行動（治安維持及びテロ狩り）に従事できる軍人の規模を制限されていた。このような状況のなか、米軍はPMSCを活用することで安定化作戦の開始当初に直面した政治的制約（派遣規模の上限）及び軍事組織的制約（支援部隊の不足）を克服できるようになっている。また、軍はPMSCとの一体化を向上させていることに加えて、国務省や司法省とともに現地治安部隊の育成に従事するにあたりPMSCを活用することで軍として一層政治的・軍事的影響力を保持できるようになっている。

第二の視点では、米軍は軍の即応性を発揮する際にPMSCを活用することでその初動対処能力と継戦能力を保持できるようになっている（第5章）。つまり、短期的（部隊展開時）には、米軍は兵站業務民間補強計画（LOGCAP）のような大規模兵站支援計画においてPMSCを活用することにより部隊の展開所要時間を短縮し、軍事作戦を遂行する上で必要な部隊規模を迅速に確保できるようになっている（構造上の即応性）。それと同時に、米軍は軍のなかで不足または欠如していた能力とりわけ高度の兵器システムの管理及び兵站支援の業務をPMSCに委託することで、部隊の能力の最大化を迅速に図ることができるようになっている（作戦遂行上の即応性）。すなわち、PMSCは部隊展開時に必要な軍の初動対処能力を高めている。一方、中期的（作戦遂行時）には、業務所要の拡大に伴い、米軍は基地支援、基地警備、通訳支援、兵器システムの管理などの業務をＰＭＳＣに委託することで部隊の能力の最大化を迅速に図っており、米軍の継戦能力を向上させることが可能になっている。そして、長期的（作戦終了以降）にも、米軍はシステム支援請負業務（高度の兵器システムの管理）及び戦域外支援請負業務（大規模兵站支援計画）を通じて、将来戦で軍の即応性を発揮できるような体制を平時から継続的に構築できるようになっている。

第三の視点では、軍事作戦の正当性も一部で高めている（第６章）。これには、米軍が非戦闘的活動の広範な分野にまでＰＭＳＣを大規模に活用していることが大きな要因になっている。また、米軍が現地住民をＰＭＳＣ従業員として優先的に雇用できるような現地優先施策を推進したこともその要因の一部にある。

このように、ＰＭＳＣは米軍の作戦に戦略的に大きく寄与している。一方、本書ではＰＭＳＣが米軍に対して一部マイナスの影響も及ぼしていることも明らかになった。すなわち、ＰＭＳＣは万能薬ではない。しかし、米軍が自国の外交政策の推進、軍の即応性の発揮、軍事作戦の正当性の確保を図る上でＰＭＳＣに大きく依存していることは、米軍の推進する安定化作戦においてＰＭＳＣの重要性が向上していることを示している。

米軍がＰＭＳＣの支援なしには安定化作戦を遂行できなくなっていることを示す第二の論拠は、米軍のなかで請負業務の管理・監督が制度的に強化されつつあるなか、米軍がその支援体制上の問題を解決できていないことである（第７章）。これまでにも米軍において請負業務の管理・監督を強化しようとする動きはあった。しかし、イラク及びアフガニスタン以前の段階では、請負業務を巡る管理・監督の動きは制度的に推進していこうとするものではなかった（第２章）。これに対して、二〇〇〇年代後半以降米軍のなかで請負業務の管理・監督を制度化しようとする動きがあることが分かった。すなわち、米軍は規則・教義、組織、人事及び教育訓練のなかで請負業務の管理・監督を制度的に強化しようとしている。

一方、米軍が支援体制上の問題を容易に解決できない状況にあることも明らかになった。正規軍では、支援機能の強化が図られていない。予備戦力を巡っても、現行の部隊を再構築して支援機能を増強しようとする動きがない。また、文官遠征隊（ＣＥＷ）の効果は未知数である。

このように、米軍のなかで請負業務の管理・監督体制が強化されつつあるなか、米軍が安定化作戦を遂行する際に必要な支援体制の問題を解決できていないことは、米軍が依然としてその支援機能の多くをＰＭＳＣに委託せざるを得ない状況にあることを示している。

総じて、米軍の推進する安定化作戦のなかでＰＭＳＣがこれまで以上に重要な存在になっている。ＰＭＳＣが米軍に対して戦略的に大きな影響力を及ぼすようになっていること、また米軍のなかで請負業務の管理・監督が制度化されつつあること、さらには米軍において支援体制上の問題が解決できていないことは、ＰＭＳＣがいまや米軍の安定化作戦において容易に切り離すことのできない必要不可欠な存在になっていることを示している。すなわち、一九九〇年代までのように、ＰＭＳＣは米軍が必要なときに自由自在に活用でき、必要のないときには簡単に排除できるような「便利屋」ではなくなっている。いまや米軍はＰＭＳＣの支援なしには安定化作戦を遂行できなくなっているのである。

安定化作戦における中心的役割からの脱却

米軍における第二の変化は、米軍の遂行する安定化作戦のなかで中心的役割を果たす主体が軍人からＰＭＳＣに移行しつつあり、軍とＰＭＳＣとの間で新たな任務分担が形成される方向にあるということである。二一世紀以降非戦闘的活動を主体とする安定化作戦では、ＰＭＳＣが軍人に代わり広範囲に亘って軍の非戦闘的活動を実施するような中心的な存在になっている。このことは、米軍のなかでＰＭＳＣの重要性が向上しているだけでなく、ＰＭＳＣが米軍の在り方にも影響を及ぼす重要な存在になっていることを示している。

これまで米軍の軍事作戦においては、作戦形態（安定化作戦及び通常戦）及び作戦規模の大小を問わず、軍人が常に主動的役割を果たしてきた。その間請負業者（ＰＭＳＣを含む）は軍人に代わって非戦闘的活動に従事することはあっても、請負業者が軍の作戦のなかで機能的に中心的な役割を果たすことはなかった。すなわち、これまで請負業者は米軍の作戦を支援する補助的役割を担うに過ぎなかった（第２章）。

二〇一五年一月現在、米軍が安定化作戦のなかで軍とＰＭＳＣとの役割分担を変更させたことを示す声明や文書を確認することはできない。しかし、本書では、安定化作戦においてＰＭＳＣが軍人に代わり非戦闘的活動を広範囲に亘って実施することで機能的側面において中心的な役割を果たさなければならないような存在になっていることが分かった。

尤も、このことは、米軍が非戦闘的活動の意思決定の権限までＰＭＳＣに移譲しようとしていることを示しているのではない。米軍はこれまで軍の非戦闘的活動について意思決定の権限を担ってきた。そして、米軍は今後も契約内容を通じて、また請負業務の管理・監督を強化することでＰＭＳＣの行動を統制していくことになろう。このように米軍が作戦のなかで引き続き意思決定の権限を保有していくなか、ＰＭＳＣは軍人に代わって非戦闘的活動の大部分に従事することで、機能的側面において中心的な役割を担いつつある。


安定化作戦において中心的役割を果たす主体が軍人からＰＭＳＣに移行しつつあることを示す論拠は四つある。第一は、二一世紀に入り米軍の推進する安定化作戦のなかでＰＭＳＣの活用規模及び業務内容またＰＭＳＣの影響力が軍人に比して相対的に拡大していることである。これまでにも請負業者は米軍の作戦に一定の役割を果たしてきた。一九九〇年代には、ＰＭＳＣはソマリア、ハイチ、ボスニアなどの国・地域において活用されてきた。しかし、ここでは米軍が活用したＰＭＳＣの規模は限定的なものであり、その業務内容も一部の非戦闘的活動に留まっていた。このため、ＰＭＳＣが米軍の作戦に戦略的に大きな影響力を及ぼすことはほとんどない状況にあった。

二一世紀以降米軍がイラクやアフガニスタンで活用したＰＭＳＣの活動規模の大きさ及び業務内容の広さ、またその影響力（外交政策、即応性、正当性）の大きさは、一九九〇年代に米軍を支援したＰＭＳＣのものと大きく異なっていることを示している。すなわち、米軍がイラク及びアフガニスタンで活用したＰＭＳＣの規模は、派遣部隊に匹敵するものである。また、米軍がＰＭＳＣに委託した業務内容は、非戦闘的活動のほぼ全ての分野に至っている。さらには、請負業務の構成分野（戦域外支援請負業務、戦域内支援請負業務、システム支援請負業務）のいずれにおいても、ＰＭＳＣが米軍の作戦に大きな影響力を及ぼすようになっている。なかでもシステム支援請負業務（高度な兵器システムの管理）や戦域外支援請負業務（ＬＯＧＣＡＰなどの大規模兵站支援計画）は、米軍が自国の外交政策の推進及び軍の即応性の発揮を図る上で大きな影響力を及ぼしている。その一方で、米軍が安定化作戦を推進する際の問題点なかでも支援体制上の問題点を容易に改善できないことはこれまでにも述べたとおりである。これらのことは、軍人なかでも支援機能の不足する正規軍の役割及び影響力がＰＭＳＣに比して相対的に低下していることを示している。そして、このことは米軍の推進する安定化作戦においてＰＭＳＣが軍人に代わり広範囲に亘って軍の非戦闘的活動を実施しなければならないような中心的な役割を果たすようになっていることを示す一つの要素になっている。

第二は、米軍のなかでＰＭＳＣの重要性が名実共に再認識されていることである。つまり、イラク及びアフガニスタンで推進された安定化作戦を通じて、請負業者（ＰＭＳＣを含む）は軍人（正規軍及び予備戦力）や国防総省の文官とともに米軍の総兵力構想（total force）のなかで重要な構成要素として再認識され始めているのである。

無論、米軍はこれまで請負業務の重要性について認識してこなかったわけでない。独立戦争以来、軍は長らく請負業者を活用しており、軍の作戦を補助的に支援できる存在として捉えてきた。また、一九七〇年代に兵力確保の要領が徴兵制から志願制に移行したことを受けて、米軍は総兵力のなかで請負業者を国家安全保障上重要な存在として位置付けてきた。しかし、米軍が湾岸戦争で請負業者を中・長期的な視点に立って管理しなかったこと（第2章）、また、二一世紀に入り米軍がイラク及びアフガニスタンで安定化作戦の開始当初からＰＭＳＣを計画的に活用しなかったこと（第4章）が示すように、軍が請負業者を重要な存在として位置付けてきたことは名ばかりのものであった。

本書では、二〇〇〇年代後半になって米軍が請負業務の管理・監督を本格的に制度化し始めたことで、軍のなかでＰＭＳＣの重要性が名実ともに再認識されるようになっていることが明らかになった。その制度化は、米軍の規則・教義、組織、人事及び訓練の側面で幅広く推進されている（第7章）。このように、ＰＭＳＣの重要性が米軍のなかで名実ともに高まっていることは、米軍の推進する安定化作戦のなかでＰＭＳＣが一層重要な役割を担うようになっていることを示している。

第三は、ＬＯＧＣＡＰに代表されるように、米軍がＰＭＳＣを多用する大規模な兵站支援体制から脱却を図れないことである。元来、ＬＯＧＣＡＰは陸軍の支援体制における最終手段として位置付けられている。しかも、それは費用対効果上安価なものではない。従って、本来であれが米軍は努めてＬＯＧＣＡＰ以外の支援手段を重点的に活用して作戦を遂行していくことが適切である。

しかし、イラク及びアフガニスタンでは、米軍はこれまでになくＬＯＧＣＡＰを大規模に活用するようになった。そして、第5章で明らかになったように、ＬＯＧＣＡＰは米軍の初動対処能力を高めたと同時に、作戦の継続的な遂行を可能にしており、米軍が即応性を発揮する上で極めて重要な役割を果たすようになっている。また、ＬＯＧＣＡＰは部隊の士気の向上にも一部で寄与している。このように、ＬＯＧＣＡＰが陸軍の支援体制における最終手段として位置付けられているにも関わらず、またＬＯＧＣＡＰが最も高額な支援体制にも関わらず米軍がそれに大きく依存せざるを得ない状況にあることは、ＬＯＧＣＡＰが米軍の作戦遂行上欠かすことのできない重要な支援体制になっていることを示している。

第四は、安定化作戦への対処が米政府及び米軍にとって依然として重要な課題であるなか、米軍が安定化作戦を容易に遂行できない状況にあることである。冷戦終結以降、米国をはじめ国際社会は破綻国家及びならずもの国家を国際平和及び安定を脅かす脅威として、また各国の国家安全保障にも直結する重大かつ緊急な問題として捉えるようになった。とりわけ米国同時多発テロ事案以降、国際テロの温床となる地域を排除することは、米政府にとって最重要課題であった。イラク及びアフガニスタンにおける米国の積極的な姿勢は、これを示している。また、安定化作戦への対処の重要性は、国家安全保障大統領指針（ＮＳＰＤ）第四四号にも明確に反映されている。

米軍も二〇〇〇年代半ば以降安定化作戦への対処を重視するようになっており、通常戦及び安定化作戦の両作戦形態を対象としたフルスペクトラム作戦に対処することを基本方針として貫いてきた（第2章）。二〇一二年一月、米軍は新国防戦略として二正面作戦の放棄とともに安定化作戦に対する長期的関与から脱却を図ることを明らかにしたが、これは今後米軍が安定化作戦に関与することを放棄したことを示すものではない。実際、安定化作戦への対処が通常戦と同等に米軍の主要任務であることは、国防総省指針（ＤＯＤＤ）第三〇〇〇・五号の改訂版、国防総省指示（ＤＯＤＩ）第三〇〇〇・五号（二〇〇九年九月）において改めて強調されている。そして、二〇一五年一月現在、米軍がこの基本方針を撤回する動きはない。

一方、イラク及びアフガニスタンでも露呈したように、米軍は安定化作戦を容易に遂行できない状況にある。第一に、安定化作戦の特性上、米軍が安定化作戦を短期間で終了させることは困難である。そもそも安定化作戦は米軍が建国以来数百回に亘り伝統的に実施してきた作戦形態である。しかし、安定化作戦は元来短期間で終了できる性質のものではない。それは通常長期間に亘るものである。第二に、軍人が非戦闘的活動を主体とした安定化作戦に従事することには限界がある。安定化作戦は戦闘行動よりも非戦闘的活動が主体を占める作戦形態であり、これは一九世紀後半以降米軍が重視して訓練を実施してきたものではない。実際、二一世紀初頭まで米軍が通常戦を重視する余り安定化作戦への準備を軽視してきたことは、二〇〇五年まで米軍のなかでヴェトナム戦争での教訓がほとんど忘れ去られていたことが示している。第三に、先に述べたように、米軍は安定化作戦を遂行する上で支援体制上の課題に直面しており、それが早急に解決できない状況にある。

安定化作戦への対処が米政府および米軍にとって依然として重要な課題であるなか、米軍が安定化作戦を容易に遂行できない状況にあることは、ＰＭＳＣが今まで以上に米軍の推進する安定化作戦において重要な役割を担い始めていることを示している。

このように、米軍における第二の変化は、四つの側面から説明することができる。その一方、安定化作戦のなかで機能的側面において中心的な役割を果たす主体が軍人からＰＭＳＣに移行しつつあることについて問題点があることも十分に認識していく必要がある。その一つに、ＰＭＳＣの統制を巡るプリンシパル・エージェント問題である。この問題は他者に責任を委譲する際に生起する本質的な問題である。またこれに関連してＰＭＳＣ従業員の身元調査を巡る制度上の問題もある。これらの問題は、軍がＰＭＳＣを活用・規制していく上で極めて重要な問題であると同時に、容易に解決できるものではない。

今後、米軍がこれらの問題を改善するためには、軍における「政府固有の機能」を早急に明確にするとともに、軍のなかで請負業務の管理・監督を巡ってその体制強化を図ることが求められることになる。米軍がこの目標を達成できない場合には、米軍は今後安定化作戦を効果的に遂行することは困難であろう。それと同時に、米軍は安定化作戦及び通常戦の両作戦形態に柔軟に対処できなくなるであろう。軍が両作戦形態に柔軟に対処できなくなるような状況に直面することは、米軍が一番に回避したい状況であるはずだ。非戦闘的活動を主体とした安定化作戦のなかで新たな役割分担が形成されつつあることの裏には、このような問題点もあることについて十分に認識しておく必要がある。

ＰＭＳＣが米軍の安定化作戦において重要な役割を果たしていることは、これまでにも指摘されてきた。なかには、新米国安全保障センター（ＣＮＡＳ）の報告書（二〇〇七年）のように、安定化作戦を推進する際に必要な能力を一般部隊（特殊部隊以外の部隊）に増強することや、安定化作戦に特化した専門部隊を構築することについて、提案されることもあった。その議論は米軍の推進する安定化作戦において軍人が依然として主動的役割を果たし続けていくこと（すなわち意思決定の権限が軍にあること）を前提としてきた。しかし、これらの議論は、軍の機能を巡って中心的役割を果たす主体が移行しつつあることを指摘したものではない。本書の示す第二の変化は、これまでに指摘されてこなかったことである。

なお、安定化作戦のなかで機能的側面において中心的な役割を果たす主体が移行しつつあることは、安定化作戦への対処が通常戦に次ぐ二義的なものとして格下げされたことを示すものではない。安定化作戦への対処は、通常戦と同様に依然として米軍にとって主要な任務として位置付けられている。一方、戦闘行動が主体をなす通常戦では、中心的役割を果たす主体に代わりはない。これまで通り通常戦では軍人が中心的な役割を果たしている。

米軍のなかで上記のような移行が生起しつつあるという本書の結論に対して異論を唱える者もいるであろう。その一つは、兵力構成の均衡化を巡る問題である。二〇〇〇年代半ば以降、米軍では兵力構成（軍人、文官、請負業者）の均衡化を図ろうとして請負業者（PMSCを含む）への依存を低下させようとする動きがある。このことを受けて、通常戦と同様に軍人が安定化作戦のなかで依然として軍の機能という側面においても中心的役割を担い続けていると指摘する声があるかもしれない。しかし、兵力構成の均衡化を巡る動きは、PMSCの重要性を否定するものではない。むしろ、それはPMSCの重要性を制度的に向上させようとするものである。また、PMSCが米軍にとって容易に切り離すことのできない必要不可欠な存在になっていること（第一の変化）は、米軍がその能力構成上PMSCを容易に削減できないことを示している。従って、兵力構成の均衡化のなかでPMSCを削減しようとする動きがあるということだけで、本書の示す第二の変化を否定できるものではない。

予想されるもう一つの異論は、今後米軍が従事する可能性のある安定化作戦の特性を巡る問題である。将来、米軍がイラク及びアフガニスタンと同等の規模の部隊やPMSCを活用して安定化作戦を遂行する可能性は低いとして、

ＰＭＳＣが安定化作戦のなかで中心的役割を担わなくても米軍が作戦を遂行できるという指摘があるかもしれない。しかし、一九九〇年代のソマリアやボスニアにみられるように、米軍はこれまで小規模な作戦においてもＰＭＳＣに依存する動きがあった。これは、兵器システムの管理及びＬＯＧＣＡＰにおいて表れている。そして、二一世紀に入りイラク及びアフガニスタンで推進された大規模な安定化作戦では、米軍がＰＭＳＣに依存する傾向にあることが一層明確になっている。その一方、米軍（正規軍、予備戦力及び文官）では、容易に軍の支援体制を強化できない状況にある。これらのことは、米軍の意図に関わらず、米軍が安定化作戦を遂行していく上で中心的役割を果たす主体を軍人からＰＭＳＣに移行せざるを得ない状況にあることを示している。

軍の自己完結性からの一部後退

米軍における第三の変化は、安定化作戦において米軍がこれまで伝統的に追求しようとしてきた自己完結性という軍本来の在り方から一部後退しつつあるということである。第1章でみたように、軍事組織の自己完結性を巡る問題は、軍が独自の能力を活用してどの程度組織的に任務を遂行できるかということを問う、軍の任務遂行に直結する極めて重要な問題である。

独立戦争以来、米軍は安定化作戦においても通常戦においても長らく請負業者を活用してきた。その間、米軍は請負業者を軍の作戦を支援できる補助的な存在として捉えるに過ぎなかった（第2章）。このため、これまで米軍のなかで請負業者が軍の自己完結性に影響を及ぼすような存在として捉えられることはなかった。しかし、本書では、非戦闘的活動を主体とした安定化作戦において米軍が伝統的に追求してきた自己完結性という軍本来の在り方から後退しつつあることが明らかになった。このことを示す論拠は、三つある。

第一は、これまでもみてきたように、二一世紀以降イラク及びアフガニスタンの安定化作戦において米軍がＰＭＳ

Cを大規模かつ広範囲に活用せざるを得なくなっていることである。本書では、米軍が非戦闘的活動を遂行できる能力を十分に保有していないことや、PMSCが軍の能力不足を補完するだけでなくそれを代替することで軍のなかで重要な役割を果たしていることが明らかになった。

とりわけ、PMSCは高度の兵器システムの管理や兵站支援において容易に切り離すことのできない必要不可欠な存在になっている。兵器システムの管理に巡っては、すでに一九九〇年代半ば以降米軍はその能力を失い始めていた。そして、第5章でみたように、二一世紀に入りイラク及びアフガニスタンでは、米軍にはもはやPMSCの支援なしに高度な兵器システムを十分に管理できるような能力がなかった。そして、兵器システムの管理に従事するPMSC（システム支援請負業務）は、軍の初動対処能力を高め、また作戦の継続的な遂行を可能にしており、軍が即応性を発揮する上で大きな影響力を及ぼすようになっている。

一方、兵站支援を巡っても、PMSCはいままで以上に米軍のなかで重要な役割を担っている。イラクでは、兵站支援に従事する総人員の約八三％がPMSCによって占められることもあった（二〇〇八年三／四半期）。また、米軍はPMSCを活用することで本来軍人自らが従事することで得られるはずであった戦場での経験を積む機会を失っている（第6章）。

第二は、米軍が外部委託してはならない「政府固有の機能」を特定することが困難なことである。軍の自己完結性を巡る問題は、「政府固有の機能」をどのように定めるかという問題でもある。しかし、第5章で明らかになったように、「政府固有の機能」を巡っては様々な定義があり、米各政府機関は外部委託してはならない「政府固有の機能」が何であるかについて統一基準を設定することができていない。このため、その判断基準が曖昧なものになっている。米軍も同様の状況に直面している。そして、米軍が「政府固有の機能」を的確に設定できないことは、外部委託される米軍の機能が計画性のないまま拡大し、またそれが軍の自己完結性にも影響を及ぼし得ることを示している。実際、イラク及びアフガニスタンでは、米軍が「政府固有の機能」を的確に設定できなかったことが一因になって、外部委託される軍の機能が無計画な形で拡大することになった。

第三は、これまでにも述べてきたように、二〇〇〇年代後半に入り米軍のなかで請負業務の管理・監督が制度化されつつあることである（第7章）。それは米軍が請負業者を組織的に活用していく意志があることを示すものである。

このように、米軍がＰＭＳＣを大規模かつ広範囲に活用せざるを得なくなっていること、また米軍が外部委託してはならない「政府固有の機能」を特定することが困難なこと、さらに米軍のなかで請負業務の管理・監督が制度化されつつあることは、米軍が軍事組織本来の自己完結性を保持できなくなっていることを示すものである。

尤も、自己完結性からの後退は、米軍の機能すべてにおいて見られるものではない。それは、兵器システムの管理や兵站支援など非戦闘的活動に限定される。つまり、第6章で見たように、戦闘行動やそれに直結する機能（指揮・統制や戦場把握等）では軍の自己完結性は失われていない。実際、二〇一五年一月現在、米軍が戦闘行動やそれに直結する機能において軍の自己完結性を一部でも放棄するような動きはない。また、米軍が戦闘行動やそれに直結する機能を外部委託すること、そして米軍がＰＭＳＣに代わりに傭兵を活用することは、そもそも国防総省の施策として明確に禁止されている。さらにＰＭＳＣは、警護・警備業務に従事する者も含めて、通常軍人と同等の戦闘行動を遂行できるような能力を保有していない。一方、米軍が非戦闘的活動だけでなく戦闘行動までをも外部委託して軍事組織としての自己完結性を完全に失うようなことになれば、それは米国が主権国家として国防の機能を完全に失うことを意味するものである。そのようなことは、主権国家が主権国家として存続する限り考えられない。従って、米軍における自己完結性からの後退の動きは非戦闘的活動に限定される。

米軍が軍本来の自己完結性から一部後退しているという本書の指摘に対して異論もあるであろう。なかには、軍はそもそも自己完結性を維持できるように編成されているという指摘があるかもしれない。しかし、本書が明らかにしたように、イラク及びアフガニスタンでは米軍がＰＭＳＣを大規模かつ広範囲に活用せざるを得なくなっていること、また米軍が外部委託してはならない「政府固有の機能」を特定することが困難なこと、さらに米軍のなかで請負業務の管理・監督が制度化されつつあることは、米軍が軍事組織としての自己完結性を保持できなくなっていることを示している。

ＰＭＳＣの役割の質的変化

これまでみてきたように、米軍のなかで三つの変化が生じている。それでは、これらの変化は何を物語っているであろうか。

それは、ＰＭＳＣの影響力がイラクやアフガニスタンで推進された安定化作戦に留まらないことを示している。ＰＭＳＣはイラク及びアフガニスタン以外で実施される安定化作戦においても、また戦闘行動が主体をなす通常戦においても影響力を及ぼすようになっている。なぜなら、ＰＭＳＣの影響力の大きさは、米軍が動員体制（正規軍、予備戦力、文官）及び軍事組織（人事管理、教育訓練体系、兵器体系）の在り方、さらには国防予算を再構築していく必要があることを意味しており、米国における国防全体の在り方にも重大な問題を提起しているからである。

実際、米軍は安定化作戦及び通常戦の両作戦形態に柔軟に対処できるように戦力を整備していかなければならない。第2章でみたように、安定化作戦及び通常戦は、本質的には異なる作戦形態ではあるものの、一部の側面（小部隊の指揮・統制能力、現地文化や慣習の尊重、軍の統一性、兵站支援、兵力構成）において共通点がある。一方、米軍の部隊編成についてはこれまで安定化作戦に特化した専門部隊を構築する計画がなく、両作戦形態に対処できるように部隊を編成しようとしている。またその他の兵力基盤（人事、教育訓練、装備品）についても、両作戦形態を対象として構築されている。そして、第7章でみたように、米軍なかでも正規軍は軍独自の支援機能を十分に保有していない。これらのことは、米軍の対処すべき作戦形態や作戦規模が変わってもＰＭＳＣは米軍にとって重要な役割を果たし続ける存在になっていることを示している。

より正確に言えば、ＰＭＳＣの影響力の拡大に伴い、その役割が質的に変化しているのである。つまり、ＰＭＳＣは米軍が軍独自の支援機能の不足を補完しながら両作戦形態に柔軟に対処できるように、米軍全体の戦力を結合させるような歯車的存在、いわば「フォース・インテグレイター」(force integrator) として役割を担い始めている。このことはＰＭＳＣがいま米軍に対して戦略的な柔軟性を付与できる重要な存在になっていることを示している。これまで認識されてきたように、ＰＭＳＣはもはや軍の戦力を現場レベルで増強できるだけの存在ではない。そして、このＰＭＳＣの質的変化は不可逆的なものである。

ＰＭＳＣが戦略的な役割を担い始めていることで、米軍のなかで二一世紀型の新たな軍隊の在り方が構築されつつある。米軍が請負業者をフォース・マルチプライアーと認識してきたことからも明らかなように、米軍はこれまで伝統的に努めて軍の自己完結性を追求してきた。しかし、今日米軍において三つの変化（前述）が生起していることは、米軍がそれを全面的に追求しなくても作戦を遂行できるような能力や体制が米軍のなかで構築されつつあることを示している。すなわち、作戦形態及び作戦規模を問わず軍人が戦闘行動やそれに直結する機能について重点的に従事する一方、それ以外の機能（非戦闘的活動）については国防総省の文官やＰＭＳＣが重点的に従事できるような軍の在り方が米軍のなかで形成されつつある。これが今日形成されつつある二一世紀型の新たな米軍の姿である。

尤も、先のように、自己完結性からの後退は非戦闘的活動に限定されるであろう。しかし、その動きが非戦闘的活動に限定されるにしても、イラクやアフガニスタンの安定化作戦を通じて米軍が自己完結性から一部でも後退しつつあること自体、軍に対して重大な問題を提起している。なぜなら、元来軍が自己完結性を保持することは、どの国にとっても重要な課題になっているからだ。自己完結性を維持することは、軍が作戦を遂行していく上で必要不可欠な要素（指揮系統、部隊の士気、規律、団結等）に直接影響を及ぼす問題である。実際、第５章では米軍がイラク及びアフガニスタンでＰＭＳＣを活用したことで軍の指揮や部隊の士気が一部阻害され、軍の即応性にマイナスの影響を及ぼしたことが明らかになった。このような状況に備え、これまで各国軍は軍事組織としていかなる状況においても作戦を継続できるように可能な限り自己完結性を追求して軍を編成してきた。

また、米軍は各国軍と同様にこれまで常に作戦上の実効性（effectiveness）を最大限に高めようとしてきた。その間、米軍は費用対効果といった効率性（efficiency）を犠牲にすることもあった。軍が作戦上の実効性を重視していることは国防総省指示（第一一〇〇・二二号）にも規定されており、これまで米軍が貫いてきた基本姿勢である。そして、軍が自己完結性を保持することは、米軍を含め各国軍のなかで美徳のようなものとして認識される傾向にある。

このような特性を持つ軍においてこれまで軍が伝統的に追求してきた自己完結性を全面的に追求しなくても作戦を遂行できるような能力や体制が構築されつつあることは、米軍にとって重大な問題を提起している。そして各国軍もまた米軍のように安定化作戦及び通常戦の両作戦形態に積極的に対処しようとすることになれば、米軍と同様の問題に直面することになる。

本書の示す二一世紀型の新たな米軍の在り方は、米軍が現実の安全保障環境に最も適合させようとして構築されつつある軍の在り方である。この在り方は、米軍が作戦形態及び作戦規模を問わずこれまで軍の自己完結性を可能な限り追求してきた従来型の米軍の在り方とは大きく異なるものである。

総じて、本書の結論は、ＰＭＳＣの役割が質的に変化しており、安定化作戦及び通常戦の両作戦形態への対処が求められる米軍のなかで二一世紀型の新たな軍隊の在り方が形成されつつあることにある。

この結論はこれまで捉えられてきたＰＭＳＣと大きく異なるものである。これまでＰＭＳＣは主として軍の戦力を現場レベル（作戦・戦術的次元）で自由自在に増強できるだけの存在（フォース・マルチプライアー）として捉えられるに過ぎなかった。このため、ＰＭＳＣは米軍の作戦のなかで容易に切り離すことのできないほど重要な必要不可欠な存在ではなかった。また、作戦形態や作戦規模を問わず、ＰＭＳＣは米軍の作戦のなかで中心的役割を果たすこともなかった。さらに、ＰＭＳＣは自己完結性という軍本来の在り方に影響を及ぼすこともなかった。

しかし、本書で明らかになったように、ＰＭＳＣは軍の戦力を現場レベルで増強できるだけの存在ではもはやなくなっている。ＰＭＳＣの役割は質的に変化しており、米軍が安定化作戦及び通常戦の両作戦形態を対象としたフルスペクトラム作戦を柔軟に対処していく上でフォース・インテグレイターとして戦略的に重要な必要不可欠な存在になっている。そして、今日形成されつつある二一世紀型の新たな米軍のなかで、ＰＭＳＣは決定的な影響を及ぼす存在になっている。

２．今後の研究課題

ＰＭＳＣを巡っては、今後更なる研究を実施していく余地を十分に残しており、発展性のある研究分野である。第一に、今後米軍が軍の機能を外部委託していく上で業務の規模及び分野を決定していく際の評価基準について検証していく必要がある。この際、米軍がＰＭＳＣに対して計画的に外部委託していくべき活動とそうすべきでない活動について明確にしていくことが重要な研究の焦点となろう。また、この問題は軍の機能をどこまで外部委託したら軍として組織的に活動できなくなるかという自己完結性を巡る問題、さらには「政府固有の機能」をどのように具体的に定めるかという問題とも深く関連している。この際、ＰＭＳＣの統制を巡るプリンシパル・エージェント問題も重要な検討事項になる。

第二に、安定化作戦及び通常戦を対象としたフルスペクトラム作戦のなかでＰＭＳＣの果たす役割及び影響力について今後具体的に明らかにしていくことも必要である。本書では、米軍の推進する安定化作戦に限定してＰＭＳＣの影響力の広さとその意義について検証し、米軍が安定化作戦と通常戦の両作戦形態に柔軟に対処できるようにＰＭＳ

Ｃが米軍全体の戦力を結合する歯車的存在となっていることを示した。今後はＰＭＳＣが軍のなかで歯車的役割を果たす際の条件や問題点について具体的に検証していく必要があろう。一方、両作戦形態に柔軟に対処していくことは、米軍だけに求められる問題ではない。それは、米軍以外の各国軍すべてにとっても重要な課題となる。各国は自国軍を取り巻く安全保障環境を十分に踏まえながらＰＭＳＣの役割や影響力について検証していく必要がある。

第三に、ＰＭＳＣの影響力について米陸軍以外の軍種や諸外国軍の視点から検証していく必要がある。本書では米軍なかでも陸軍を主として検証してきた。これは陸軍がＬＯＧＣＡＰ等を通じて多くのＰＭＳＣを活用しているからである。しかし、ＬＯＧＣＡＰのような大規模兵站支援計画は、陸軍以外にも海・空軍が活用している。また、英軍など米軍以外の軍も導入している。一方、今日米軍は諸外国軍との連携を一層強化していこうとしている。従って、米軍と共同作戦を遂行する諸外国軍が米軍との相互運用性の向上を図っていく上でＰＭＳＣがどのような影響を及ぼすかについて明らかにしていくことも必要であろう。

第四に、今後イラク及びアフガニスタン以外で遂行される安定化作戦について着目していくことも必要である。本書では研究対象地域をイラク及びアフガニスタンの二ヶ国に限定した。これは、米軍が両国で未曽有の規模及び分野にＰＭＳＣを活用していることを受けて、両国を事例に検証することでＰＭＳＣを巡る本質的な問題について十分に把握できると考えたからである。

一方、イラクやアフガニスタン以外の地域で実施される安定化作戦は、両国の状況と数多くの共通点を有するなか、派遣国軍及び作戦環境の特性に応じて両国では見られなかった特有の役割や影響力をＰＭＳＣが有していることも十分に考えられる。ボスニア及びリベリアを研究対象としたモリン研究は、そのことを示している。今後はイラク及びアフガニスタン以外の地域で実施される安定化作戦についても着目していくことが必要であろう。

このように、ＰＭＳＣを巡っては、今後更なる研究を実施できる余地を十分に残している。そして、今後ＰＭＳＣに着目していくことは、軍の在り方に関する研究を発展させていく上でも大きな意義を有している。

二一世紀に入りＰＭＳＣの役割は質的に変化し始めている。ＰＭＳＣは米軍が軍独自の支援機能の不足を補完して安定化作戦及び通常戦の両作戦形態に柔軟に対処できるように、軍全体の戦力を結合させる歯車的存在（フォース・インテグレイター）として戦略的な役割を担い始めているのである。そして、米軍がこれまで伝統的に追求してきた軍の自己完結性を全面的に追求しなくても作戦を遂行できるような二一世紀型の新たな軍隊の在り方が米軍のなかで形成されつつある。

今日ＰＭＳＣは産業として恒久化しつつある。そして、米軍は今後も外征軍として活動し続けていくことが求められている。このような状況のなか、イラク及びアフガニスタンで米軍の活用したＰＭＳＣが提示した問題は極めて大きい。

おわりに

アブ・グレイブ刑務所での捕虜虐待事案（二〇〇三年末）、ファルージャでのブラックウォーター社従業員殺害事案（二〇〇四年三月）、そしてニソア広場で発生した同社従業員によるイラク住民射殺事案（二〇〇七年九月）は、当時国際世論やメディアに大きく取り上げられた。筆者にとっても非常にショッキングな出来事であったことを今でも鮮明に記憶している。と同時に、当時筆者は様々な疑問を抱かずにはいられなかった。なぜ本来軍が担うはずの捕虜の尋問を民間人が実施しているのか。なぜ民間人がそもそも武器を携行しているのか。これらの民間人は軍とどのような関係にあるのか。これらの民間人が罪を犯した場合にはどの法律をもって処罰されるのか。これがＰＭＳＣというアクターに関心を抱き始めた所以である。

我が国ではこれまでＰＭＳＣに関する議論はあまりみられない。このため、ＰＭＳＣの実態がどのようなものなのか明確にされてこなかった。しかし、ＰＭＳＣを巡っては二〇〇〇年代から欧米諸国とりわけ米国を中心として様々な学問分野で議題に取り上げられている。ただ、そのなかで、一つの欠点とも言うべき共通点がある。それは、ＰＭＳＣの軍事的影響力について必ずしも十分に検証されていない点である。米軍でもまた軍事科学の世界でもこれまでＰＭＳＣを現場レベル（作戦・戦術的次元）で軍の不足する能力を補完する補助的存在にすぎないものとして捉える傾向にある。その他の学問分野においても、ＰＭＳＣの軍事的影響力を所与のものとして、またはその影響力を無視できるほど小さいものとして捉える傾向があり、軍の作戦そのものに及ぼすＰＭＳＣの軍事的影響力の大きさについて十分に考慮されていない。

本書は、ＰＭＳＣを軍事科学的な側面から捉え、その影響力の広さとその意義についてこれまで十分に認識されてこなかった議論に対して重大な問題提起をすることを狙いとした。そのため、本書ではＰＭＳＣの対象範囲を幅広く捉えて、武器を携行して警護・警備業務に従事する者に留めることなく、武器を携行せずに兵站支援等の非警護・非警備業務に従事する者も検証対象とした。ここで注目すべきは、非警護・非警備業務についてＰＭＳＣが米軍人と遜色のない重要な役割を果たしていることである。そして、イラク及びアフガニスタンでの事例検証を通じてＰＭＳＣの影響力の広さについて検証することで、ＰＭＳＣがもはや米軍にとって軍事的に容易に切り離すことのできないほど大きな存在であることを明らかにすることができた。これはＰＭＳＣの影響力を、①国家の外交政策の推進（軍事力行使の目的）、②軍の即応性の発揮（軍事力行使の対応要領）、③軍事作戦の正当性の確保（軍事力行使の道義・合法的基盤）の三つの視点から幅広く捉えることで初めて明らかにできたことである。本書の結論は、これまでＰＭＳＣの影響力を限定的にしか捉えてこなかった議論すなわちＰＭＳＣを現場レベル（作戦・戦術的次元）で捉えてきた議論、またはＰＭＳＣを戦略的に捉えることはあっても一側面に限定して捉えてきた議論、さらにはＰＭＳＣの軍事的影響力の大きさについて重視してこなかった議論では、明らかにできなかったことである。ここに本書の意義と独創性がある。

これまで軍の在り方を巡っては、いくつかの重要な争点があった。第二次世界大戦終結後には、ハンティントン・ジャノヴィッツ論争があった。冷戦終結後には、通常戦と安定化作戦を巡る議論があった。イラク及びアフガニスタンにおいて安定化作戦の主要段階が終了したいま、どのような議論が展開されていくのであろうか。

本書は、ＰＭＳＣという小さな窓から米軍における軍の在り方という大きな問題を捉えてきた。ＰＭＳＣを巡っては、まだまだ未知な部分が多く、今後更なる研究を実施していく余地を十分に残している。今後、ＰＭＳＣを通じて、フルスペクトラム作戦に従事する軍（正規軍、予備戦力、文官及びＰＭＳＣ）の役割分担の在り方、またこれまで軍の聖域とも捉えられてきた自己完結性を巡る問題、すなわち軍は軍事組織として完全な自己完結性を追求していくべきなのか、それとも自己完結性を一部放棄する形で作戦を遂行していくべきなのかという議論が活発的に展開されていくことになれば、この上ない喜びと感じるところである。

本書は筆者の博士論文を基に執筆したものであるが、その出版刊行に至る過程において多くの方々にお世話になった。特に博士論文の主担当教官である防衛大学校の村井友秀先生には、懇切丁寧に、またときには無言のプレッシャーをかけていただきながら御指導を賜り、心から感謝を申し上げたい。村井先生におかれては担当した学生たちに博士論文を三年間のうちに仕上げさせなければならないという使命があったため、その苦労と忍耐は計り知れないものであったはずである。敬服する次第である。

また、防衛大学校の武田康裕先生、神谷万丈先生、石川卓先生、久保田徳仁先生、彦谷貴子先生、拓殖大学の佐藤丙午先生、青山学院大学の青井千由紀先生、国連大学の二村まどか先生、防衛研究所の小野圭司先生、そしてブルックス前国際安定化作戦協会（ＩＳＯＡ）会長、米陸軍平和維持安定化作戦研究所（ＰＫＳＯＩ）及び米国防総省勤務の方々には、博士論文を完成する上で数多くの貴重な助言をいただいた。感謝を申し上げたい。

さらに、本書の出版に至る過程において防衛大学校の源田孝先生及び芙蓉書房出版の平澤公裕社長には、的確な助言と校正をしていただき、本書の完成度を増すことができた。感謝を申し上げたい。そして、公益財団法人防衛大学校学術・教育振興会から貴重な出版助成を頂戴した。心よりお礼を申し上げる次第である。

最後に、博士論文の作成過程において眉間にしわを寄せて作業を進めるなか、忍耐強く支援し、心を和ませてくれた妻あさみと愛犬たあには、ここで改めて感謝したい。

平成二七年（二〇一五年）一月吉日

佐野　秀太郎

政府公刊文書及び報告書

■国　連

United Nations Assistance Mission in Afghanistan (UNAMA), *Afghanistan: Annual Report 2010, Protection of Civilians in Armed Conflict* (March 2011).

____ *Afghanistan: Annual Report on Protection of Civilians in Armed Conflict, 2009* (January 2010).

____ *Afghanistan: Mid Year Report 2010, Protection of Civilians in Armed Conflict* (August 2010).

____ *Afghanistan: Mid Year Bulletin on Protection of Civilians in Armed Conflict*, 2009 (July 2009).

■赤十字国際委員会

International Committee of the Red Cross, *The Montreux Document: On Pertinent International Legal Obligations and Good Practices for States Related to Operations of Private Military and Security Companies during Armed Conflict* (September 17, 2008).

■イラク（多国籍軍を含む）

Coalition Provisional Authority, *Registration Requirements for Private Security Companies (PSC)*, CPA Memorandum no.17 (June 26, 2004).

____ *Status of the Coalition Provisional Authority, MNF-Iraq, Certain Missions and Personnel in Iraq*, CPA Order no. 17 (Revised) (June 27, 2004).

____ *Weapons Control*, CPA Order no. 3 (Revised) (Amended) (December 31, 2003).

Coalition Provisional Authority, "First Battalion of New Iraqi Army Graduates Will Work Along Side Coalition Forces to Protect Their Nation," *Press Release*, October 4, 2003.

Odierno, General Raymond, *Increased Employment of Iraqi Citizens through Command Contracts*, Memorandum, Multi-National Force-Iraq (January 31, 2009).

■アフガニスタン（多国籍軍を含む）

McChrystal, Stanley A., *COMISAF's Initial Assessment*, International Security Assistance Force (August 30, 2009).

____ *Partnering Directive*, International Security Assistance Force (August 29, 2009).

McChrystal, Stanley A. and Michael T. Hall, *ISAF Commander's Counterinsurgency Guidance*, International Security Assistance Force (August 26, 2009).

Ministry of Interior, *Procedure for Regulating Activities of Private Security Companies in Afghanistan* (February 2008).

Petraeus, David H., *COMISAF's Counterinsurgency (COIN) Contracting Guidance*, International Security Assistance Force (September 8, 2010).

■米国政府機関及び主要調査機関

（米大統領府等）

Executive Office to the President, Office of Management and Budget, *Performance of Commercial Activities*, Circular No. A-47 (Revised) (May 29, 2003).

President of the United States of America, *Policies for a Common Identification Standard for Federal Employees and Contractors*, Homeland Security Presidential Directive 12 (August 27, 2004).

The 9/11 Commission Report: Final Report of the National Commission on Terrorist Attack upon the U.S. (New York, NY: W.W. Norton and Company, 2004).

The White House, *National Security Presidential Directive/NSPD-44: Management of Interagency Efforts Concerning Reconstruction and Stabilization* (December 7, 2005).

____ *A New Security Strategy for a New Century* (December 1999).

____ *The National Security Strategy of the U.S. of America* (September 2002).

U. S. Government, *Federal Register*, vol.73, no.62 (March 31, 2008).

（議会予算局）

Congressional Budget Office, *Contractors' Support of U.S. Operations in Iraq,* no.3053 (August 2008).

____ *Logistics Support for Deployed Military Forces* (October 2005).

____ *Making Peace while Staying Ready for War: The Challenges of U.S. Military Participation in Peace Operations* (December 1999).

____ *Options for Restructuring the Army* (May 2005).

____ *Trends in Selected Indicators of Military Readiness, 1980 through 1993* (March 1994).

（米下院）

House Committee on Armed Services, *Hearing on Contingency Contracting: Implementing a Call for Urgent Reform*, 110th Congress, 2nd Session (April 10, 2008).

House Committee on Armed Services, Subcommittee on Oversight and Investigations, *Hearing on Contracting for the Iraqi Security Forces*, 110th Congress, 1st Session (April 25, 2007).

____ *Hearing on Interagency Coordination of Grants and Contracts in Iraq and Afghanistan: Progress, Obstacles. And Plans*, 111th Congress, 2nd Session (March 23, 2010).

House Committee on Armed Services, Subcommittee on Oversight and Investigations, *Hearing on Contracting for the Iraqi Security Forces*, 110th Congress, 1st Session (April 25, 2007).

____ *Stand Up and Be Counted: The Continuing Challenges of Building the Iraqi Security Forces* (June 2007).

House Committee on Armed Services, Subcommittee on Readiness, *Depot Maintenance Policy*, Statement of Dr. John P. White, Deputy Secretary of Defense (April 17, 1996).

____ *Hearing on Inherently Governmental-What Is the Proper Role of Government?*, 110th Congress, 2nd Session (March 11, 2008).

House Committee on Foreign Affairs (HCFA), *Report on Iraq to the House Committee on Foreign Affairs*, 110th Congress, 2nd Session (April 9, 2008).

House Committee on Government Reform, *Dollars, Not Sense: Government Contracting under Bush Administration* (June 2006).

____ *Hearing on Private Security Firms Standards, Cooperation and Coordination on the Battlefield* (June 13, 2006).

House Committee on the Judiciary, Subcommittee on Crime, Terrorism, and Homeland Security, *Hearing on Enforcement of Federal Criminal Law to Protect Americans Working for U.S. Contractors in Iraq* (December 19, 2007).

House Committee on Oversight and Government Reform, *Hearing on Blackwater USA*, Serial No. 110-89 (October 2, 2007).

____ *Private Military Contractors in Iraq: An Examination of Blackwater's Actions in Fallujah* (September 2007).

House Committee on Oversight and Government Reform, Subcommittee on National Security and Foreign Affairs, *Warlord, Inc.: Extortion and Corruption Along the U.S. Supply Chain in* Afghanistan, Report of the Majority Staff (June 2010).

（米上院）

Senate Committee on Armed Services, *Creating a 21st Century Defense Industrial Base,* Statement by the Honorable Jacques S. Gansler, Ph.D. (May 3, 2011).

____ *Contracting in a Counterinsurgency: An Examination of the Blackwater-Paravant Contract and the Need for Oversight* (February 24, 2010).

____ H*earing to Receive Testimony on the Challenges Facing the Department of Defense* (January 27, 2009).

——— *Inquiry into the Role and Oversight of Private Security Contractors in Afghanistan: Report together with Additional Views* (September 28, 2010).
——— *Nominations of LTG David H. Petraeus, USA, to Be General and Commander, Multinational Forces-Iraq* (January 23, 2007).
Senate Committee on Armed Services, Subcommittee on Readiness and Management Support, *Testimony of Jack Bell, Deputy Under Secretary of Defense (Logistics and Material Readiness), Office of the Under Secretary of Defense (Acquisition, Technology and Logistics)*, Prepared Statement (April 2, 2008).
——— *Urgent Reform Required: Army Expeditionary Contracting: The Report of the Commission on Army Acquisition and Program Management in Expeditionary Operations*, Statement by the Honorable Jacques S. Gansler, Ph.D. (May 3, 2011).
Senate Committee on Armed Services, Subcommittee on Readiness, *Depot Maintenance Policy*, Statement of Dr. John P. White, Deputy Secretary of Defense (April 17, 1996).
Senate Committee on Homeland Security and Government Affairs, *Hearing on An Uneasy Relationship: U.S. Reliance on Private Security Firms in Overseas Operations* (February 27, 2008).
（イラク・アフガニスタン有事請負業務委員会）
Commission on Wartime Contracting in Iraq and Afghanistan, *At What Cost? Contingency Contracting in Iraq and Afghanistan*, Interim Report (June 2009).
——— *At What Risk? Correcting Over-Reliance on Contractors in Contingency Operations*, Second Interim Report to Congress (February 24, 2011).
——— *Implementing Improvements to Defense Wartime Contracting*, Statement by Jacques S. Gansler, Ph. D, Chairman, Defense Science Board Task Force on Improvements to Services Contracting (April 25, 2011).
——— *Transforming Wartime Contracting: Controlling Costs, Reducing Risks*, Final Report to Congress (August 2011).
（州兵・予備役委員会）
Commission on the National Guard and Reserves, *Strengthening America's Defenses in the New Security Environmen*t, Second Report to Congress (March 1, 2007), p.10.
（遠征作戦における陸軍の調達及び計画管理に関する委員会）
Commission on Army Acquisition and Program Management in Expeditionary Operations, *Urgent Reform Required: Army Expeditionary Contracting*, Report of the "Commission on Army Acquisition and Program Management in Expeditionary Operations" (October 31, 2007). （通称ギャンスラー報告書）
（国防総省）
〈政　策〉

Department of Defense, *Final Report to Congress: Conduct of the Persian Gulf War* (April 1992).
____ *Operational Contract Support Concept of Operations* (March 31, 2010).
____ *Quadrennial Defense Review Report* (February 1, 2010).
____ *Quadrennial Defense Review Report* (February 6, 2006).
Joint and Coalition Operational Analysis (JCOA), *Decade of War, Volume 1: Enduring Lessons from the Past Decade of Operations* (June 15, 2012).
Under Secretary of Defense for Acquisition, Technology, and Logistics (USD-AT&L), *Contracting in Iraq and Afghanistan and Private Security Contracts in Iraq and Afghanistan* (November 19, 2008).
U.S. Secretary of Defense Les Aspin, *Report on the Bottom-Up Review* (October 1993).

〈覚　書〉

Deputy Secretary of Defense, *Coordination of Contracting Activities in the USCENTCOM Area of Responsibilities (AOR)*, Memorandum (November 22, 2010).
____ *DoD Transformation Priorities, Memorandum* (October 24, 2007).
____ *Implementation of Section 324 of the National Defense Authorization Act for Fiscal Year 2008 (FY 2008 NDAA) ? Guidelines and Procedures on In-Souring New and Contracted Out Functions*, Memorandum (April 4, 2008).
____ *Management of DoD Contractors and Contractor Personnel Accompanying U.S. Armed Forces in Contingency Operations Outside the United States*, Memorandum (September 25, 2007).
____ *Monitoring Contract Performance in Contracts for Services*, Memorandum (August 22, 2008).
Deputy Secretary of Defense (Plans), *Insourcing Contracted Services ? Implementation Guidance*, Memorandum (May 28, 2009).
Deputy Under Secretary of Defense (Plans), *Insourcing Contracted Services ? Implementation Guidance Regarding the AbilityOne Program*, Memorandum (November 16, 2009).
Inspector General, *Follow-up on OIG Report D-2004-057, "Contracts Awarded for the Coalition Provisional Authority by Defense Contracting Command-Washington," Dated March 18, 2004*, Memorandum (January 26, 2006).
____ *Review of GAO Final Report and Preparation of DoD Official Comment*, Memorandum (November 7, 2005).
Office of the Assistant Secretary of Defense Health Affairs, *TRICARE Management Activity Interim Guidance on In0Sourcing New and Contracted Out Functions*, Memorandum (July 14, 2008).
Secretary of the Army, *Civilian and Contractor Workforce Management*, Memorandum (April 29, 2011).
Secretary of Defense, *Operational Availability (OA)-05/Joint Capability Areas*, Memorandum (May 6, 2005).
____ *UCMJ Jurisdiction Over DoD Civilians Employees, DoD Contractor Personnel, and Other Persons Serving With or*

Accompanying the Armed Forces Overseas During Declared War and in Contingency Operations, Memorandum (March 10, 2008).

Under Secretary of Defense (Acquisition, Technology and Logistics), *Designation of Assistance Deputy Under Secretary of Defense (Program Support (ADUSD (PS)) to Implement Section 854 of the John Warner National Defense Authorization Act for FY 2007)*, Memorandum (October 1, 2007).

____ *Procedures for Contracting, Contract Concurrence, and Contract Oversight for Iraq and Afghanistan,* Memorandum (October 19, 2007).

____ *Theater Business Clearance/Contract Administration Delegation (TBC/CAD) Update*, Memorandum (October 13, 2010).

Under Secretary of Defense (Personnel and Readiness), *Building Increased Civilian Deployment Capacity*, Memorandum (February 12, 2008).

Vice Chairman of the Joint Chiefs of Staff, *Operational Availability (OA)-05/Joint Capability Areas*, Memorandum (March 2, 2005).

〈通達及び命令〉

USCENTCOM, *Modification to USCENTCOM Civilian and Contractor Arming Policy and Delegation of Authority for Iraq and Afghanistan*, Message (November 7, 2006).

USF-I, Appendix 13, Annex C, Operations Order 10-01 (January 15, 2010).

Registration Requirement for Private Security Contractors (PSC) to USF-I Operations Order 10-01, FRAGO 0309 (January 1, 2010).

____ Armed Contractors/ DOD Civilians and PSC: Overarching FRAGO for Requirements, Communications, Procedures, Responsibilities for Control, Coordination, Management and Oversight of Armed Contractors/ DOD Civilians and Private Security Companies (PSC), FRAGO 09-109 (March 7, 2009).

____ Tab A, Appendix 13, Annex C, Operations Order 10-01 (March 15, 2010).

USFOR-A, Management of Armed Contractors and Private Security Companies Operating in the Combined Join, FRAGO 09-206 (September 24, 2009).

〈国防総省指針〉

Department of Defense, *Defense Contract Audit Agency (DCAA)*, DoDD 5105.36 (January 4, 2010).

____ *Defense Language Program (DLP)*, DoDD5160.41E (October 21, 2005).

____ *DoD Antiterrorism/ Force Protection (AT/FP)* Program, DoDD 2000.12 (April 13, 1999).

____ *DoD Antiterrorism (AT) Program*, DoDD 2000.12 (August 18, 2003).

____ *DoD Civilian Expeditionary Workforce*, DoDD 1404.10 (January 23, 2009).

____ *DoD Support to Civil Search and Rescue (SAR)*, DoDD 3003.01 (January 20, 2006).
____ *Emergency Essential (E-E) DoD U.S. Citizen Civilian Employees*, DoDD 1404.10 (April 10, 1992).
____ *Guidance for Manpower Management*, DoDD 1100.4 (February 12, 2005).
____ *Military Support for Stability, Security, Transition, and Reconstruction (SSTR) Operation*s, DoDD 3000.5 (November 28, 2005).
____ *Orchestrating, Synchronizing, and Integrating Program Management of Contingency Acquisition Planning and Its Operational Execution*, DoDD 3020.49 (March 24, 2009).
____ *Personnel Recovery in the Department of Defense*, DoDD 3002.01E (April 16, 2009).
____ *Personnel Recovery,* DoDD 2310.2 (December 22, 2000).
____ *Personnel Recovery Response Cell*, DoDI 2310.3 (June 6, 1997).
〈国防総省指示〉
Department of Defense, *Continuation of Essential DoD Contractor Services During Crisis*, DoDI 3020.37 (November 6, 1990).
____ *Contractor Personnel Authorized to Accompany the U.S. Armed Forces*, DoDI 3020.41 (October 3, 2005).
____ *Criminal Jurisdiction Over Civilians Employed By or Accompanying the Armed Forces Outside the United States, Certain Service Members,* and Former Service Members, DoDI5525.11 (March 3, 2005).
____ *DoD Antiterrorism Standards (AT)*, DoDI 2000.16 (October 2, 2006).
____ *DoD Antiterrorism Standards (AT)*, DoDI 2000.16 (June 14, 2001).
____ *Guidance for Determining Workforce Mix*, DoDI 1100.22 (September 7, 2006).
____ *Isolated Personnel Training for DoD Civilian and Contractors*, DoDI1300.23 (August 20, 2003).
____ *Management of DoD Language and Regional Proficiency Capabilities*, DoDI5160.70 (June 12, 2007).
____ *Operational Contract Support (OCS)*, DoDI 3020.41 (December 20, 2011).
____ *Personnel Recovery Response Cell,* DoDI 2310.3 (June 6, 1997).
____ *Policy and Procedures for Determining Workforce Mix*, DoDI 1100.22 (April 12, 2010).
____ *Private Security Contractors (PSCs) Operating in Contingency Operations*, DoDI 3020.50 (July 22, 2009).
____ *Repatriation of Prisoners of War (POW),* Hostages, Peacetime Government Detainees and Other Missing or Isolated Personnel, DoDI 2310.4 (November 21, 2000).
____ *Stability Operations*, DoDI 3000.05 (September 16, 2009).
〈国防総省監査官室〉
Office of the Inspector General, Department of Defense, *Acquisition: Contracts Awarded to Assist the Global War on Terrorism by the U.S. Army Corps of Engineers,* D-2006-007 (October 14, 2005).

——— *Civilian Contractor Overseas Support During Hostilities*, Audit Report No. 91-105 (June 26, 1991).
——— *Contracting for Tactical Vehicle Field Maintenance at Joint Base Balad, Iraq*, D-2010-046 (March 3, 2010).
——— *Evaluation of DOD Contracts Regarding Combating Trafficking in Persons: U.S. Central Command*, SPO-2011-002 (January 18, 2011).
——— *Retention of Emergency-Essential Civilians Overseas During Hostilities*, Audit Report No. 89-026 (November 7, 1988).
——— *Review of DOD Compliance with Section 847 of the NDAA for FY 2008*, SPO-2010-003 (June 18, 2010).
——— *Special Plans & Operations: Assessment of U.S. Government Efforts to Develop the Logistics Sustainment Capability of the Iraq Security Forces*, SPO-2011-001 (November 17, 2010).
——— *Special Plans & Operations: Assessment of U.S. Government Efforts to Train, Equip, and Mentor the Expanded Afghan National Police*, SPO-2011-003 (March 3, 2011).
——— *Special Plans & Operations: Report on the Assessment of U.S. and Coalition Plans to Train, Equip, and Field the Afghan National Security Forces*, SPO-2009-007 (September 30, 2009).
——— *Special Plans & Operations: Review of Intra-Theater Transportation Planning, Capabilities, and Execution for the Drawdown from Iraq*, SPO-2010-002 (April 20, 2010).

〈国防副次官・調達・技術・兵站担当〉

Office of the Under Secretary of Defense for Acquisition, Technology, and Logistics, *Defense Science Board 2004 Summer Study on Transition to and from Hostilities* (December 2004).
——— *Defense Science Board 2004 Summer Study on Transition to and from Hostilities: Supporting Papers* (January 2005).
——— *The Defense Science Board Task Force on Human Resources Strategy* (February 2000).
——— *Report of the Defense Board Task Force on Institutionalizing Stability Operations Within DoD* (September 2005).
——— *Report of the Defense Science Board Task Force on Outsourcing and Privatization* (August 1996).
——— *Report of the Defense Science Board Task Force on Readiness* (June 1994).

〈その他〉

Office of the Secretary of Defense Reserve Forces Policy Board, *2006 Annual Report of the Reserve Forces Policy Board* (February 2007).
Office of the Under Secretary for Research and Engineering, *Report of the Defense Science Board Task Force on Contactor Field Support during Crisis* (October 1982).
——— *Report of Summer Study on Operational Readiness with High Performance Systems* (April 1982).
Office of the Vice Chairman of the Joint Chief of Staff and Office of Assistant Secretary of Defense for Reserve Affairs, *Comprehensive Review of the Future Role of the Reserve Component* (April 5, 2011).

U.S. 2000 National Academy of Public Administration, *Civilian Workforce 2020: Strategies for Modernizing Human Resources Management in the Department of the Navy* (August 18, 2000).

〈国防戦略、米統合参謀本部議長指示及び統合教範〉

Chairman of the Joint Chiefs of Staff, *The National Military Strategy of the United States of America: Redefining America's Military Leadership* (February 8, 2011).

____ *The National Military Strategy of the United States of America: A Strategy for Today; A Vision for Tomorrow* (2004).

Chairman of the Joint Chief of Staff, *Joint Capabilities Integration and Development System*, CJCSI 3170.01G (March 1, 2009).

Chairman of the Joint Chief of Staff, *Joint Doctrine Development System*, CJCSI 5120.02B (December 4, 2009).

Chairman of the Joint Chief of Staff, *Joint Lessons Learned Program*, CJCSI 3150.25D (October 10, 2008).

____ *Joint Lessons Learned Program*, CJCSI 3150.25C (April 11, 2007).

Chairman of the Joint Chief of Staff, *Joint Operations Concepts Development Process (JopsC-DP)*, CJCSI 3010.02B (January 27, 2006).

Chairman of the Joint Chief of Staff, *Joint Reporting Structure- Personnel Manual*, CJCSM 3150.13C (March 10, 2010).

Chairman of the Joint Chief of Staff, *Joint Training Policy and Guidance for the Armed Forces of the United States*, CJCSI 3500.01C (March 15, 2006).

Chairman of the Joint Chief of Staff, *Joint Strategic Planning System, CJCSI 3100.01B* (December 12, 2008).

Chairman of the Joint Chief of Staff, *Management and Review of Campaign and Contingency Plans*, CJCSI 31451.01D (April 24, 2008).

Chairman of the Joint Chief of Staff, *Procedures for the Review of Operation Plans*, CJCSM 3141.01A (September 15, 1998).

Joint Chiefs of Staff, *The Capstone Concept for Joint Operations version 3.0* (January 15, 2009).

____ *Department of Defense Dictionary of Military and Associated Terms*, Joint Publication 1-02 (November 8, 2010, As Amended Through May 15, 2011).

____ *Deployment and Redeployment*, Joint Publication 3-35 (May 7, 2007).

____ *Doctrine for Logistic Support of Joint Operations*, Joint Publication 4-0 (April 6, 2000).

____ *Doctrine for Logistic Support of Joint Operations*, Joint Publication 4-0 (January 27, 1995).

____ *Joint Doctrine for Military Operations Other than War*, Joint Publication 3-07 (June 16, 1995).

____ *Information Operations*, Joint Publication 3-13 (February 13, 2006).

____ *Interagency, Intergovernmental Organization, and Nongovernmental Organization Coordination During Joint Operations Vol II*, Joint Publication 3-08 (March 17, 2006).

____ *Joint Doctrine for Mobilization Planning*, Joint Publication 4-05 (June 22, 1995).
____ *Joint Engineer Operations*, Joint Publication 3-34 (June 30, 2011).
____ *Joint Logistics*, Joint Publication 4-0 (July 18, 2008).
____ *Joint Mobilization Planning*, Joint Publication 4-05 (March 22, 2010).
____ *Joint Mobilization Planning*, Joint Publication 4-05 (January 11, 2006).
____ *Joint Operations*, Joint Publication 3-0, Incorporating Change 2 (March 22, 2010).
____ *Joint Operations*, Joint Publication 3-0 (September 17, 2006).
____ *Joint Personnel Support*, Joint Publication 1-0 (October 24, 2011).
____ *Joint Tactics, Techniques, and Procedures for Foreign Internal Defense*, Joint Publication 3-07.1 (April 30, 2004).
____ *Operational Contract Support*, Joint Publication 4-10 (October 17, 2008).
____ *Peace Operations*, Joint Publication 3-07.3 (October 17, 2007).
____ *Public Affairs*, Joint Publication 3-61 (May 9, 2005).
CJS Task Force, "Dependence on Contractor Support in Contingency Operations: Phase II An Evaluation of the Range and Depth of Service Contract Capabilities in Iraq," presentation by CAPT Pete Stamatopoulos, Supply Corps, US Navy JS J-4, Logistics Services Division.

〈米陸軍教範類及び規則〉

Army Corps of Engineers, *LOGCAP: Logistics Civil Augmentation Program, A Usage Guide for Commanders*, EP 500-1-7 (December 5, 1994).
Army Forces Command, *Pre-deployment Training Guidance for Follow-on Forces Deploying in Support of Southeast Asia* (October 27, 2009).
Army War College, *How the Army Runs: A Senior Leader Reference Handbook 2009-2010* (March 2009).
Army and Marine Corps, *Counterinsurgency*, FM3-24, No.3-33.5 (December 2006).
Combined Arms Center, Center for Army Lessons Learned, *Deployed Contracting Officer's Representative Handbook*, no.08-47 (September, 2008).
Combined Arms Support Command CSS Collective Training Division, *Contractors Accompanying the Force Overview Training Support Package 151M001/Version 2*, Training Directorate (March 12, 2007).
Department of the Army, *Composite Risk Management*, FM5-19 (100-14) (July 2006).
____ *Contracting Support on the Battlefield*, FM 100-10-2 (August 4, 1999).
____ *Contractors Accompanying the Force*, AR715-9 (October 29, 1999).
____ *Contractors on the Battlefield*, FM 3-100.21(100-21) (January 3, 2003).

____ *Logistics*, FM700-80 (August 15, 1985).
____ *Logistics Civil Augmentation Program (LOGCAP)*, AR700-137 (December 16, 1985).
____ *Operations*, FM3-0 (February 27, 2008).
____ *Planning Logistics Support for Military Operations*, FM701-58 (May 27, 1987).
____ *Stability Operations*, FM3-07 (October 6, 2008).

（イラク復興特別監察官室）

Office of the Special Inspector General for Iraq Reconstruction (SIGIR), *Agencies Need Improved Financial Data Reporting for Private Security Contractors*, SIGIR-09-005 (October 30, 2008).
____ *Compliance with Contract W911S0-04-C-0003 Awarded to Aegis Defence Service Limited*, SIGIR05-005 (April 20, 2005).
____ *Comprehensive Plan for Audits of Private Security Contractors to Meet the Requirements of Section 842 of Public Law 110-181* (October 17, 2008). Updated May 8, 2009.
____ *Fact Sheet on Major U.S. Contractors' Security Costs Related to Iraq Relief and Reconstruction Fund Contracting Activities*, SIGIR-06-044 (January 30, 2007).
____ *Field Commanders See Improvements in Controlling and Coordinating Private Security Contractors Missions in Iraq*, SIGIR 09-022 (July 28, 2009).
____ *Hard Lessons: The Iraq Reconstruction Experience* (February 2, 2009).
____ *Interim Audit Report on Inappropriate Use of Proprietary Data Markings by the Logistics Civil Augmentation Program (LOGCAP) Contractor*, SIGIR-06-035 (October 26, 2006).
____ I*nterim Review of DynCorp International, LLC, Spending under Its Contract for the Iraqi Police Training Program*, SIGIR-07-016 (October 23, 2007).
____ *Investigation and Remediation Records Concerning Incidents of Weapons Discharges by Private Security Contractors Can Be Improved*, SIGIR 09-023 (July 28, 2009).
____ *Iraq Reconstruction Funds: Forensic Audits Identifying Fraud, Waste, and Abuse, Interim Report #5*, SIGIR 11-005 (October 28, 2010).
____ *Iraq Reconstruction: Lessons in Contracting and Procurement* (July 2006).
____ *Iraqi Security Forces: Police Training Program Developed Sizable Force, but Capability Unknown*, SIGIR11-003 (October 25, 2010).
____ *Need to Enhance Oversight of Theater-Wide Internal Security Service Contract*, SIGIR-09-017 (April 24, 2009).
____ *Opportunities to Improve Processes for Reporting, Investigating, and Remediating Serious Incidents Involving Private Security Contractors in Iraq*, SIGIR-09-019 (April 30, 2009).

____ *Oversight of Aegis's Performance on Security Services Contracts in Iraq with the Department of Defense*, SIGIR-09-010 (January 14, 2009).

____ *Progress on Recommended Improvements to Contract Administration for the Iraqi Police Program*, SIGIR-08-014 (April 22, 2008).

____ *Review of DynCorp International, LLC, Contract Number S-LMAQM-04-C-0030, Task Order 0338, for the Iraqi Police Training Program Support*, SIGIR-06-029, DoS-OIG-AUD/IQO-07-20 (January 30, 2007).

____ *Quarterly Report to the United States Congress* (January 30, 2011).

（アフガニスタン復興特別監察官室）

Office of the Special Inspector General for Afghanistan Reconstruction (SIGAR), *Actions Needed to Improve the Reliability of Afghan Security Force Assessments*, SIGAR Audit-10-11(June 29, 2010).

____ *Analysis of Recommendations Concerning Contracting in Afghanistan, as Mandated by Section 1219 of the Fiscal Year 2011 NDAA* (June 22, 2011).

____ *ANP District Headquarters Facilities in Helmand and Kandahar Provinces Have Significant Construction Deficiencies Due to Lack of Oversight and Poor Contractor Performance*, SIGAR Audit-11-3 (October 27, 2010).

____ *Contract Oversight Capabilities of the Defense Department's Combined Security Transition Command-Afghanistan (CSTC-A) Need Strengthening*, SIGAR Audit-09-1 (May 19, 2009).

____ *DOD, State, and USAID Obligated Over $17.7 Billion to About 7,000 Contractors and Other Entities for Afghanistan Reconstruction During Fiscal Years 2007-2009*, SIGAR Audit-11-4 (October 27, 2010).

____ *Quarterly Report to the United States Congress* (January 30, 2011).

____ *U.S. Civilian Uplift in Afghanistan Is Progressing but Some Key Issues Merit Further Examination as Implementation Continues*, SIGAR Audit-11-2 (October 26, 2010).

（米議会調査局）

Belasco, Amy, "Troop Levels in the Afghan and Iraq Wars, FY2001-FY2012: Cost and Other Potential Issues," *CRS Report for Congress*, R40682 (July 2, 2009).

Bruner, Edward F., "Military Forces: What Is the Appropriate Size for the United States?" *CRS Report for Congress*, RS21754 (May 28, 2004).

Chesser, Susan G., "Afghanistan Casualties: Military Forces and Civilians," *CRS Report for Congress*, R41084 (June 23, 2010).

Congressional Research Service, "Operational Contract Support: Learning from the Past and Preparing for the Future: Statement of Moshe Schwartz, Specialist in Defense Acquisition Before the Committee on Armed Services, House of Representatives," *CRS Report for Congress*, 7-5700 (September 12, 2012).

Elsea, Jennifer, "Private Security Contractors in Iraq and Afghanistan: Legal Issues," *CRS Report for Congress*, R40991 (January 7, 2010).

Feickert, Andrew, "U.S. and Coalition Military Operations in Afghanistan: Issue for Congress," *CRS Report for Congress*, Updated, RL33503 (March 27, 2007).

Grasso, Valerie Bailey, "Defense Logistical Support Contacts in Iraq and Afghanistan: Issues for Congress," *CRS Report for Congress*, RL33834 (September 20, 2010).

Grimmett, Richard F., "Instances of Use of United States Armed Forces Abroad, 1798-2010," *CRS Report for Congress*, R41677 (March 10, 2011).

Halchin, L. Elaine, Kate M. Manuel, Shawn Reese, and Moshe Schwartz, "Inherently Governmental Functions and Other Work Reserved for Performance by Federal Government Employees: The Obama Administration's Proposed Letter," *CRS Report for Congress*, R41209 (January 3, 2011).

Henning, Charles A., "U.S. Military Stop Loss Program: Key Questions and Answers," *CRS Report for Congress*, R40121 (April 7, 2010).

Kapp, Lawrence, "Recruiting and Retention: An Overview of FY2009 and FY2010 Results for Active and Reserve Component Enlisted Personnel," *CRS Report for Congress*, RL32965 (March 30, 2012).

Kapp, Lawrence, "Reserve Component Personnel Issues: Questions and Answers," *CRS Report for Congress*, Updated, RL30802 (January 26, 2012).

Luckey, John R., Valerie Bailey Grasso and Kate M. Manuel, "Inherently Government Functions and Department of Defense Operations: Background, Issues, and Options for Congress," CRS Report for Congress, R40641 (July 22, 2009).

Ryan, Michael C., "Military Readiness, Operations Tempo (OPTEMPO) and Personnel Readiness Tempo (PERSTEMPO): Are U.S. Forces Doing Too Much?" *CRS Report for Congress*, 98-41 F (January 14, 1998).

Schwartz, Moshe, "Training the Military to Manage Contractors During Expeditionary Operations: Overview and Option for Congress," *CRS Report for Congress*, R40057 (December 17, 2008).

Schwartz, Moshe and Joyprada Swain, "Department of Defense Contractors in Afghanistan and Iraq: Background and Analysis," *CRS Report for Congress*, R40764 (May 13, 2011).

Schwartz, Moshe and Jennifer Church, "Department of Defense's Use of Contractors to Support Military Operations: Background, Analysis, and Issues for Congress," *CRS Report for Congress*, R43074 (May 17, 2013).

Schwartz, Moshe, "The Department of Defense's Use of Private Security Contractors in Afghanistan and Iraq: Background, Analysis, and Options for Congress," *CRS Report for Congress*, R40835 (May 13, 2011).

Torreon, Barbara Salazar, "U.S. Periods of War," *CRS Report for Congress*, RS21405 (January 7, 2010).

（米監査局）

U.S. Government Accountability Office, "Afghanistan Security: Department of Defense Effort to Train Afghan Police Relies on Contractor Personnel to Fill Skill and Resource Gaps," GAO-12-293R (February 23, 2012).

U.S. Government Accountability Office, "Acquisition Workforce: DOD's Efforts to Rebuild Capacity Have Shown Some Progress," Statement of John P. Hutton, Director, Acquisition and Sourcing Management, Testimony before the Subcommittee on Technology, Information Policy, Intergovernmental Relations and Procurement Reform, Committee on Oversight and Government Reform, House of Representatives, GAO-12-232T (November 16, 2011).

U.S. General Accounting Office, *Base Operations: Challenges Confronting DoD as It Renews Emphasis on Outsourcing*, GAO/NSIAD-97-86 (March 11, 1997).

U.S. General Accounting Office, *Competitive Sourcing: Greater Emphasis Needed on Increasing Efficiency and Improving Performance*, GAO-04-367 (February 27, 2004).

U.S. Government Accountability Office, "Contingency Contracting: DOD, State, and USAID Continue to Face Challenges in Tracking Contractor Personnel and Contracts in Iraq and Afghanistan," GAO-10-1 (October 1, 2009).

____ "Contingency Contracting: Further Improvements Needed in Agency Tracking of Contractor Personnel and Contracts in Iraq and Afghanistan," GAO-10-187 (November 2, 2009).

____ "Contingency Contracting: Improvements Needed in Management of Contractors Supporting Contract and Grant Administration in Iraq and Afghanistan," GAO-10-357 (April 12, 2010).

____ "Contingency Contracting: Observations on Actions Needed to Address Systemic Challenges," Statement of Paul L. Francis, Managing Director Acquisition and Sourcing Management, Statement Before the Commission on Wartime Contracting in Iraq and Afghanistan, GAO-11-580 (April 25, 2011).

U.S. Government Accountability Office, "Contingency Contract Management: DOD Needs to Develop and Finalize Background Screening and Other Standards for Private Security Contractors," GAO-09-351 (July 31, 2009).

U.S. General Accounting Office, "Contingency Operations: Army Should Do More to Control Contract Cost in the Balkans," GAO/NSIAD-00-225 (September 2000).

____ "Contingency Operations: DOD's Reported Costs Contain Significant Inaccuracies," GAO/NSIAD-96-115 (May 1996).

U.S. Government Accountability Office, "Defense Acquisitions: DOD Needs to Exert Management and Oversight to Better Control Acquisition of Services," Statement of Katherine V. Schinasi, Managing Director Acquisition and Sourcing Management, Testimony before the Subcommittee on Readiness and Management Support, Committee on Armed Services, U.S.. Senate, GAO-07-359T (January 17, 2007).

U.S. Government Accountability Office, "Defense Budget: Trends in Operation and Maintenance Costs and Support Services

Contracting," GAO-07-631 (May 18, 2007).

U.S. Government Accountability Office, "Defense Management: DOD Needs to Reexamine Its Extensive Reliance on Contractors and Continue to Improve Management and Oversight," Statement of David M. Walker, Comptroller General of the United States, Testimony Before the Subcommittee on Readiness, Committee on Armed Services, House of Representatives, GAO-08-572T (March 11, 2008).

U.S. General Accounting Office, "DOD Force Mix Issues: Greater Reliance on Civilians on Support Roles Could Provide Significant Benefits," GAO/NSIAD-95-5 (October 19, 1994).

U.S. Government Accountability Office, "Force Structure: Army Lacks Units Needed for Extended Contingency Operations," GAO-01-198 (February 2001).

U.S. Government Accountability Office, "High Risk Areas: Actions Needed to Reduce Vulnerabilities and Improve Business Outcomes," GAO-09-460T (March 12, 2009).

____ "High-Risk Series: An Update," GAO-09-271 (January 2009).

U.S. Government Accountability Office, "Intelligence Reform: GAO Can Assist the Congress and the Intelligence Community on Management Reform Initiatives," Testimony of David M. Walker, Comptroller General of the United States, Testimony before the Subcommittee on Oversight of Government Management, the Federal Workforce, and the District of Columbia, Committee on Homeland Security and Governmental Affairs, U.S. Senate, GAO-08-413T (February 29, 2008).

U.S. Government Accountability Office, "Iraq and Afghanistan: DOD, State and USAID face Continued Challenges in Tracking Contracts, Assistance Instruments, and Associated Personnel," GAO-11-1 (October 1, 2010).

U.S. Government Accountability Office, "Iraq Drawdown: Opportunities Exist to Improve Equipment Visibility, Contractor Demobilization, and Clarity of Post-2011 DOD Role," GAO-11-774 (September 16, 2011).

U.S. Government Accountability Office, "Military Operations: Background Screening of Contractor Employees Supporting Deployed Forces May Lack Critical Information, but U.S. Forces Take Steps to Mitigate the Risk Contractors May Pose," GAO-06-999R (September 22, 2006).

____ "Military Operations: Contractors Provide Vital Services to Deployed Forces but Are Not Adequately Addressed in DOD Plans," GAO-03-695 (June 24, 2003).

____ "Military Operations: DOD's Extensive Use of Logistics Support Contracts Requires Strengthened Oversight," GAO-04-854 (July 19, 2004).

____ "Military Operations: DOD Needs to Address Contract Oversight and Quality Assurance Issues for Contracts Used to Support Contingency Operations," GAO-08-1087 (September 26, 2008).

____ "Military Operations: High-Level DOD Action Needed to Address Long-Standing Problems with Management and

Oversight of Contractors Supporting Deployed Forces," GAO-07-145 (December 18, 2006).
____ "Military Operations: Implementation of Existing Guidance and Other Actions Needed to Improve DOD's Oversight and Management of Contractors in Future Operations," Statement of William M. Solis, Director Defense Capabilities and Management, Testimony before the Committee on Homeland Security and Governmental Affairs Subcommittees, U.S. Senate, GAO-08-436T (January 24, 2008).
U.S. Government Accountability Office, "Military Personnel: DOD Lacks Reliable Personnel Tempo Data and Needs Quality Controls to Improve Data Accuracy," GAO-07-780 (July 17, 2007).
____"Military Personnel: DOD Needs to Address Long-Term Reserve Force Availability and Related Mobilization and Demobilization Issues," GAO-04-1031 (September 15, 2004).
U.S. Government Accountability Office, "Military Readiness: A Clear Policy Is Needed to Guide Management of Frequently Deployed Units," GAO/NSIAD-96-105 (April 8, 1996).
____ "Military Readiness: Data and Trends for January 1990 to March 1995," GAO/NSIAD-96-111BR (March 4, 1996).
____ "Military Readiness: Impact of Current Operations and Actions Needed to Rebuild Readiness of U.S. Ground Forces," Statement of Sharon L. Pickup, Director Defense Capabilities and Management, Testimony Before the Armed Service Committee, House of Representatives, GAO-08-497T (February 14, 2008).
U.S. Government Accountability Office, "Military Training: Actions Needed to Improve Planning and Coordination of Army and Marine Corps Language and Cultural Training," GAO-11-456 (May 26, 2011).
____ "Military Training: Potential to Use Lessons Learned to Avoid Past Mistakes Is Largely Untapped," GAO/NSIAD-95-152 (August 9, 1995).
U.S. Government Accountability Office, "Operation Iraqis Freedom: Actions Needed to Enhance DOD Planning for Reposturing of U.S. Forces from Iraq," GAO-08-930 (September 10, 2008).
____ "Operation Iraqis Freedom: Actions Needed to Facilitate the Efficient Drawdown of U.S. Forces and Equipment from Iraq," GAO-10-376 (April 19, 2010).
____"Operation Iraqi Freedom: Preliminary Observations on DOD Planning for the Drawdown of U.S. Forces from Iraq," Statement of William M. Solis, Director Defense Capabilities and Management, Statement before the Commission on Wartime Contracting in Iraq and Afghanistan, GAO-10-179 (November 2, 2009).
U.S. General Accounting Office, "Peace Operations: Effect of Training, Equipment, and Other Factors on Unit Capability," GAO/NSIAD-96-14 (October 18, 1995).
____ "Peace Operations: Heavy Use of Key Capabilities may Affect Response to Regional Conflicts," GAO/NSIAD-95-51 (March 8, 1995).

U.S. Government Accountability Office, "Rebuilding Iraq: Actions Needed to Improve Use of Private Security Providers," GAO-05-737 (July 28, 2005).

____ "Rebuilding Iraq: Actions Still Needed to Improve Use of Private Security Providers," Statement of William M. Solis, Director Defense Capabilities and Management, Testimony Before the Subcommittee on National Security, Emerging Threats, and International Relations, Committee on Government Reform, GAO-06-865T (June 13, 2006).

____ "Rebuilding Iraq: DOD and State Department Have Improved Oversight and Coordination of Private Security Contractors in Iraq, but Further Actions Are Needed to Sustain Improvements," GAO-08-966 (July 2008).

U.S. Government Accountability Office, "Reserve Forces: Actions Needed to Better Prepare the National Guard for Future Overseas and Domestic Missions," GAO-05-21 (November 10, 2004).

____ "Reserve Forces: Army Needs to Finalize an Implementation Plan and Funding Strategy for Sustaining an Operational Reserve Force," GAO-09-898 (September 17, 2009).

____ "DOD Reserves Components: Issues Pertaining to Readiness," Statement of Richard Davis, Director, National Security Analysis, National Security and International Affairs Divison, Testimony before the Subcommittee on Readiness, Committee on Armed Services, United States Senate, GAO/T-NSIAD-96-130 (March 21, 1996).

U.S. Government Accountability Office, "Warfighter Support: Continued Actions Needed by DOD to Improve and Institutionalize Contractor Support in Contingency Operations," Statement of William M. Solis, Director Defense Capabilities and Management, Testimony before the Subcommittee on Defense, House Committee on Appropriations, GAO-10-551T (March 17, 2010).

____ "Warfighter Support: A Cost Comparison of Using State Department Employees versus Contractors for Security Services in Iraq," GAO-10-266R (March 4, 2010).

____ "Warfighter Support: Cultural Change Needed to Improve How DOD Plans for and Manages Operational Contract Support," Statement of William M. Solis, Director Defense Capabilities and Management, Testimony before the Subcommittee on National Security and Foreign Affairs, Committee on Oversight and Government Reform, House of Representatives, GAO-10-829T (June 29, 2010).

____ "Warfighter Support: DOD Needs to Improve Its Planning for Using Contractors to Support Future Military Operations," GAO-10-472 (March 30, 2010).

U.S. Government Accountability Office, "Operational Contract Support: Actions Needed to Address Contract Oversight and Vetting of Non-U.S. Vendors in Afghanistan," Statement of William M. Solis, Director Defense Capabilities and Management, Testimony Before the Subcommittee on Contracting Oversight, Committee on Homeland Security and Government Affairs, U.S. Senate, GAO-11-771T (June 30, 2011).

■英国政府機関

（英首相官邸及び議会）

UK House of Commons, Foreign Affairs Committee, "Private Military Companies," *Daily Hansard*, December 2, 2005.

____ *Private Military Companies: Ninth Report of Session 2001-02* (London: Stationery Office, August 1, 2002).

（英国防省）

〈政　策〉

UK Command of the Defence Council, *Contractors on Deployed Operations (CONDO) Policy*, JSP 567, Second Edition (August 2005).

UK Defence Management Agency (DMA), *Contractor Support to Deployed Operations* (CONDO) (2005).

UK Ministry of Defence, *Contractors on Deployed Operations*, DEFCON 697 (January 2006).

____ *Contractors on Deployed Operations (CONDO): Processes and Requirements*, Interim Defence Standard 05-129, issue 1 (January 20, 2006).

____ *Operations in Iraq: Lessons for the Future* (London: DCCS, December 2003).

____ *Statement on the Defence Estimates 1981*, cm.8212 (London: HMSO, 1981).

____ *Strategic Defence Review 1998*.

〈教範類〉

UK Ministry of Defence, *Counter Insurgency*, British Army Field Manual, vol.1 part 10, Army Code 71876 (October 2009).

____ *Counter-insurgency Operations* (Strategic and Operational Guidelines), Army Field Manual, vol.1, Combined Arms Operations, Army Code 71749 (July, 2001).

（英外交兼英連邦省）

UK Foreign and Commonwealth Office, *Private Military Companies: Options for Regulation, 2001-02* (London: Stationery Office, February 12, 2002).

書　籍

Alexandra, Andrew, Deane-Peter Baker and Marina Caparini (eds.), *Private Military and Security Companies: Ethics, Policies and Civil-Military Relations* (Abingdon, Oxon: Routledge, 2008).

Angstrom, Jan and Isabelle Duyvesteyn (eds.), *Modern War and the Utility of Force: Challenges, Methods and Strategy*

(Abingdon, Oxon: Routledge, 2010).
____ *Rethinking the Nature of War* (Abingdon, Oxon: Frank Cass, 2005).
____ *Understanding Victory and Defeat in Contemporary War* (Abingdon, Oxon: Routledge, 2007).
Aoi, Chiyuki, *Legitimacy and the Use of Armed Force: Stability Missions in the Post-Cold War Era* (Abingdon, Oxon: Routledge, 2011).
Arnold, Guy, *Mercenaries: The Scourge of the Third World* (Hampshire, UK: Macmillan Press LTD, 1999).
Art, Robert J. and Patrick M. Cronin (eds.), *The United States and Coercive Diplomacy* (Washington, DC: United States Institute of Peace Press, 2003).
Ashcroft, James, *Making a Killing: The Explosive Story of a Hired Gun in Iraq* (London: Virgin Books Ltd, 2006).
Avant, Deborah D., *The Market for Force: The Consequences of Privatizing Security* (Cambridge, UK: Cambridge University Press, 2005).
Baker, Deane-Peter, *Just Warriors, Inc.: The Ethics of Privatized Force* (London: Continuum International Publishing Group, 2011).
Betts, Richard K., *Military Readiness: Concepts, Choices, Consequences* (Washington D.C.: The Brookings Institution, 1995).
Biddle, Stephen, *Military Power: Explaining Victory and Defeat in Modern Battle* (Princeton: Princeton University Press, 2004).
Binnendijk, Hans and Stuart E. Johnson (eds.), *Transforming for Stabilization and Reconstruction Operations* (Washington D.C.: National Defense University Press, 2004).
Bjola, Corneliu, *Legitimising the Use of Force in International Politics: Kosovo, Iraq and the Ethics of Intervention* (Abingdon, Oxon: Routledge, 2009).
Brodie, Bernard, *War and Politics* (NewYork, NY: Macmillan, 1973).
Brooks, Risa A. and Elizabeth A. Stanley (eds.), *Creating Military Power: The Sources of Military Effectiveness* (Stanford, CA: Stanford University Press, 2007).
Bruneau, Thomas C., *Patriots for Profit: Contractors and the Military in U.S. National Security* (Stanford, CA: Stanford University Press, 2011).
Bryden, Alan and Marina Caparini (eds.), *Private Actors and Security Governance*, Geneva Centre for the Democratic Control of Armed Forces (M?nster: LIT, 2006).
Camm, Frank and Victoria A. Greenfield, *How Should the Army Use Contractors on the Battlefield? Assessing Comparative Risk in Sourcing Decisions* (Santa Monica, CA: RAND Corporation, 2005).
Carafano, James Jay, *Private Sector, Public Wars: Contractors in Combat - Afghanistan, Iraq, and Future Conflicts* (Westport,

CT: Praeger Security International, 2008).
Carmola, Kateri, *Private Security Contractors and New Wars: Risk, Law, and Ethics* (Abingdon, Oxon: Routledge, 2010).
Chatterjee, Pratap, *Halliburton's Army: How a Well-Connected Texas Oil Company Revolutionized the Way America Makes War* (New York: Nations Books, 2009).
Chesterman, Simon and Angelina Fisher (eds.), *Private Security, Public Order: The Outsourcing of Public Services and Its Limits* (New York: Oxford University Press, 2009).
Chesterman, Simon and Chia Lehnardt (eds.), *From Mercenaries to Market: The Rise and Regulation of Private Military Companies* (New York: Oxford University Press, 2007).
Clausewitz, Carl von, Michael Howard and Peter Paret (eds.), *On War: Indexed Edition* (Princeton, NJ: Princeton University Press, 1976).
Cole, Robert, *Under the Gun in Iraq: My Year Training the Iraqi Police* (Amherst, MA: Prometheus Books, 2007).
Cotton, Sarah K., Ulrich Petersohn, Molly Dunigan, Q. Burkhart, Megan Zander-Cotugno, Edward O'Connell and Michael Webber, *Hired Guns: Views about Armed Contractors in Operation Iraqi Freedom* (Santa Monica: RAND Corporation, 2010).
van Creveld, Martin, *The Changing Face of War: Lessons of Combat, from the Marne to Iraq* (New York: Ballantine Books, 2006).
____ *Supplying War: Logistics from Wallenstein to Patton, Second Edition* (New York, NY: Cambridge University Press, 2004).
____ *The Transformation of War* (New York: The Free Press, 1991).
Dunigan, Molly, *Victory for Hire: Private Security Companies' Impact on Military Effectiveness* (Stanford, CA: Stanford University, 2011).
Eccles, Rear Admiral Henry E., *Logistics in the National Defense* (Harrisburg, PA: The Stackpole Company, 1959).
Egnell, Robert, *Complex Peace Operations and Civil-Military Relations: Winning the Peace* (Abingdon, Oxon: Routledge, 2009).
Isenburg, David, *Shadow Force: Private Security Contractors in Iraq* (Westport, CT: Praeger Security International, 2009).
Kaldor, Mary, *New and Old Wars: Organized Violence in a Global Era, 2nd Edition* (Cambridge: Polity, 2006).
Kinsey, Christopher, *Private Contractors and the Reconstruction of Iraq: Transforming Military Logistics* (Abingdon, Oxon: Routledge, 2009).
____ *Corporate Soldiers and International Security: The Rise of Private Military Companies* (Abingdon, Oxon: Routledge, 2006).
Kinsey, Christopher and Malcolm Hugh Patterson, *Contractors & War: The Transformation of US Expeditionary Operations* (Stanford, CA: Stanford University Press, 2012).

Krahmann, Elke, *States, Citizens and the Privatization of Security* (Cambridge, UK: Cambridge University Press, 2010).
Kress, Moshe, *Operational Logistics: The Art and Science or Sustaining Military Operations* (Boston, MA: Kluwer Academic Publishers, 2002).
Machiavelli, Niccol?, *The Prince* (England: Penguin Books, 1961).
Michalski, Milena and James Gow, *War, Image and Legitimacy: Viewing Contemporary Conflict* (New York: Routledge, 2007).
Mohlin, Marcus, *The Strategic Use of Military Contractors - American Commercial Military Service Providers in Bosnia and Liberia: 1995 - 2009*, National Defence University, Department of Strategic and Defence Studies, Series 1: Strategic Research No.30 (Helsinki: National Defence University, 2012).
Mueller, John, *The Remnants of War* (New York: Cornell University Press, 2004).
Münkler, Herfried, *The New Wars* (Cambridge, UK: Polity Press, 2002).
Nagle, James F., *A History of Government Contracting* (Washington D.C.: George Washington University Press, 1999).
Nye, Joseph S., Jr., *The Future of Power* (New York, NY: PublicAffairs, 2011).
____ *Understanding International Conflicts: An Introduction to Theory and History*, fifth edition (New York etc.: Pearson Education, Longman Classics in Political Science, 2005).
O'Hanlon, Michael E., *The Science of War: Defense Budgeting, Military Technology, Logistics, and Combat Outcomes* (Princeton, NJ: Princeton University Press, 2009).
Pagonis, LTG William G., *Moving Mountain: Lessons in Leadership and Logistics from the Gulf War* (Boston, MA: Harvard Business School Press, 1992).
Percy, Sarah, *Mercenaries: The History of a Norm in International Relations* (New York: Oxford University Press, 2007).
____ *Regulating the Private Security Industry*, Adelphi Paper 384, The International Institute for Strategic Studies (Abingdon, Oxon: Routledge, 2006).
Reveron, Derek S. (ed.), *America's Viceroys: The Military and U.S. Foreign Policy* (New York, NY: Palgrave Macmillan, 2004).
Schumacher, Gerald, *A Bloody Business: America's War Zone Contractors and the Occupation of Iraq* (U.S.A: Zenith Press, 2006).
Shaw, Martin, *The New Western Way of War: Risk-Transfer War and its Crisis in Iraq* (Cambridge, UK: Polity Press, 2005).
Singer, P. W.,*Corporate Warriors: The Rise of the Privatized Military Industry* (Ithaca, NY: Cornell University Press, 2003).
Smith, General Rupert, *The Utility of Force: The Art of War in the Modern World* (London: Penguin Books, 2006).
Thompson, Julian, *Lifeblood of War: Logistics in Armed Conflict* (London: Brassey's, 1991).
Thorpe, George Cyrus, *Pure Logistics: The Science of War Preparation* (Washington D.C.: National Defense University Press, 1984).

論　文

Adams, Thomas K., "Private Military Companies: Mercenaries for the 21st Century," in Robert J. Bunker (ed.), *Non-State Threat in Future Wars* (London: Frank Cass, 2003), pp.54-67.

Alexandra, Andrew, "Mars Meets Mammon," in Andrew Alexandra, Deane-Peter Baker and Marina Caparini (eds.), *Private Military and Security Companies: Ethics, Policies and Civil-Military Relations* (Abingdon, Oxon: Routledge, 2008), pp.89-101.

Australian Strategic Policy Institute,"War and Profit: Doing Business on the Battlefield," *ASPI Strategy* (March 2005).

Avant, Deborah, "Losing Control of the Profession through Outsourcing?" in Don M. Snider (Project Director) and Lloyd J. Matthews (eds.), *The Future of Army Profession, Revised and Expanded, Second Edition* (Boston: McGraw-Hill Companies, 2005), pp.271-289.

—— "Making Peacemakers Out of Spoilers: International Organizations, Private Military Training, and Statebuilding after War," in Roland Paris and Timothy D. Sisk (eds.), *The Dilemmas of Statebuilding: Confronting the Contradictions of Postwar Peace Operations* (Abingdon, Oxon: Routledge, 2009), pp.104-126.

—— "Privatizing Military Training," *Foreign Policy in Focus*, vol.5, no.17 (June 2000).

Baker, Deane-Peter, "Of 'Mercenaries' and Prostitutes: Can Private Warriors Be Ethical?" in Andrew Alexandra, Deane-Peter Baker and Marina Caparini (eds.), *Private Military and Security Companies: Ethics, Policies and Civil-Military Relations* (Abingdon, Oxon: Routledge, 2008), pp.30-42.

—— "To Whom Does a Private Military Commander Owe Allegiance?" in Paolo Tripodi and Jessica Wolfendale (eds.), *New Wars and New Soldiers: Military Ethics in the Contemporary World* (Surrey, UK: Ashgate Publishing Limited, 2011), pp.181-198.

Barnes, LTC David M., "The Challenge of Military Privatization to the Military as a Profession," Paper presented for the 2010 annual meeting of the International Studies Association "Theory vs. Policy? Connecting Scholars and Practioners," New Orleans Hilton Riverside Hotel, The Loews New Orleans Hotel, LA, February 17, 2010.

Berger, Samuel R. and Brent Scowcroft (co-chaired), "In the Wake of War: Improving U.S. Post-Conflict Capabilities," *Report of an Independent Task Force, Council on Foreign Relations* (2005).

Blair, Dennis C., "Military Power Projection in Asia," in Ashley J. Tellis, Mercy Kuo, and Andrew Marble (eds.), *Strategic Asia 2008-09: Challenges and Choices* (Seattle, WA: The National Bureau of Asian Research, 2008).

Brooks, Doug, "Hope for the 'Hopeless Continent': Mercenaries," *Traders: Journal for the Southern African Region*, issue 3 (July-October 2000).

Brooks, Doug and Matan Chorev, "Ruthless Humanitarianism: Why Marginalizing Private Peacekeeping Kills People," in Andrew Alexandra, Deane-Peter Baker and Marina Caparini (eds.), *Private Military and Security Companies: Ethics, Policies and Civil-Military Relations* (Abingdon, Oxon: Routledge, 2008), pp.116-130.

Brown, John S., "Numerical Considerations in Military Occupations," *Army*, vol.56 (April 2006).

Bures, Oldrich, "Private Military Companies: A Second Best Peacekeeping Option?" *International Peacekeeping*, vol.12, no.4 (Winter 2005).

Campbell, Gordon L., "Contractors on the Battlefield: The Ethics of Paying Civilians to Enter Harm's Way and Requiring Soldiers to Depend upon Them," *Joint Services Conference on Professional Ethics 2000 Presentation Paper* (January 27-28, 2000).

Campbell, LCDR John C., "Outsourcing and the Global War on Terrorism (GWOT): Contractors on the Battlefield," *School of Advanced Military Studies, United States Army Command and General Staff College* (May 26, 2005).

Cancian, Mark, "Contractors: The New Element of Military Force Structure," *Parameters* (Autumn 2008), pp.61-77.

Caparini, Marina, "Regulating Private Military and Security Companies: The U. S. Approach," in Andrew Alexandra, Deane-Peter Baker and Marina Caparini (eds.), *Private Military and Security Companies: Ethics, Policies and Civil-Military Relations* (Abingdon, Oxon: Routledge, 2008), pp.171-188.

Chin, Warren, "Examining the Application of British Counterinsurgency Doctrine by the American Army in Iraq," *Samll Wars and Insurgencies*, vol.18, no.1 (March 2007).

Cordesman A.H., "US Policy in Iraq: A 'Realist' Approach to its Challenges and Opportunities," *Center for Strategic and International Studies* (August 6, 2004).

Crofford, COL Cliff, "Private Security Contractors on the Battlefield," *USAWC Strategy Research Project* (March 15, 2006).

Cullen, Patrick, "The Transformation of Private Military Training," in Donald Stoker (ed.), *Military Advising and Assistance: From Mercenaries to Privatization, 1815-2007* (Abingdon, Oxon: Routledge, 2008), pp.239-252.

Curtis, LTC Donald R., Jr., "Civilianizing Army Generating Forces," *USAWC Strategy Research Project* (April 10, 2000).

Dandeker, Christopher, "From Victory to Success: The Changing Mission of Western Armed Forces," in Jan Angstrom and Isabelle Duyvesteyn (eds.), *Modern War and the Utility of Force: Challenges, Methods and Strategy* (Abingdon, Oxon: Routledge, 2010), pp.16-38.

Dandeker, Christopher and James Gow, "The Future of Peace Support Operations: Strategic Peacekeeping and Success," *Armed Forces & Society*, vol.23, no.3 (Spring 1997), pp.327-348.

Dannatt, General Sir Richard, Chief of General Staff of the British Army, *Transformation in Contact*, speech given at the Institute of Public Policy Research (IPPR), January 19, 2009.

Donald, Dominick, "Private Security Companies and Intelligence Provision," in Andrew Alexandra, Deane-Peter Baker and Marina Caparini (eds.), *Private Military and Security Companies: Ethics, Policies and Civil-Military Relations* (Abingdon, Oxon: Routledge, 2008), pp.131-142.

Dunigan, Molly, Considerations for the Civilian Expeditionary Workforce: Preparing to Operate Admist Private Security Contractors," Occasional Papers, *RAND Corporation* (2012).

Egnell. Robert, "Civil-Military Aspects of Effectiveness in Peace Support Operations," in Kobi Michael, David Kellen and Eyal Ben-Ari (eds.), *The Transformation of the World of War and Peace Support Operations* (Westport, CT: Praeger Security International , 2009), pp.122-138.

Flournoy, Michèle and Janine Davidson, "Obama's New Global Posture: The Logic of U.S. Foreign Deployment," *Foreign Affairs*, vol.91, no.4 (July/August 2012).

Flournoy, Michèle A. and Tammy S. Schultz, "Shaping U.S. Ground Forces for the Future," *Center for a New American Security* (June 2007).

Fontaine, Richard and John Nagl, "Contracting in Conflicts: The Path to Reform," *Center for a New American Security* (June 2010).

____ "Contracting in Conflicts: The Path to Reform- Recommendations for Congress," *Center for a New American Security* (June 2010).

____ "Contractors in American Conflicts: Adapting to a New Reality," *Center for a New American Security Working Paper* (December 2009).

Forster, Anthony, "Breaking the Covenant: Governance of the British Army in the Twenty-First Century," *International Affairs*, vol.82, no.6 (2006), pp.1043-1057.

Geneva Centre for the Democratic Control of Armed Forces, "Private Military Companies," *DCAF Backgrounder* (April 2006).

Geneva Centre for the Democratic Control of Armed Forces Working Group on Private Military Companies, "Private Military Firms," *DCAF Fact Sheet* (May 2004).

Greenfield, Victoria A. and Frank Camm, "Risk Management and Performance in the Balkans Support Contract," *RAND Corporation* (2005).

Holmqvist, Caroline, "Private Security Companies: The Case for Regulation," *SIPRI Policy Paper*, no.9 (January 2005).

House, Tim, "An Analysis of Security Secure Reform," *Defence Research Paper*, UK Defence Academy, Joint Command Staff College (2007).

Howe, Herbert M., "Private Security Forces and African Stability: The Case of Executive Outcomes," Journal of Modern African Studies, vol.36, issue 2 (June 1998), pp.307-332.

Human Rights Advocates, "The Role of Military Demand in Trafficking and Sexual Exploitation," *Commission on the Status of Women, 50th Session* (February 24, 2006).

Institute for International Law and Justice, "Regulating the Private Commercial Military Sector," *New York University School of Law Workshop Report* (December 1-3, 2005).

Isenburg, David, "A Fistful of Contractors: The Case for a Pragmatic Assessment of Private Military Companies in Iraq," *British American Security Council Research Report 2004.4* (September 2004).

Jäger, Thomas and Gerhard Kümmel, "PSMCs: Lessons Learned and Where to Go from Here," in Thomas Jäger and Gerhard Kümmel (eds.), *Private Military and Security Companies: Chances, Problems, Pitfalls and Prospects* (Wiesbaden: VS Verlag für Sozialwissenschaften, 2007), pp.457-462.

Jones, Seth G., Jeremy M. Wilson, Andrew Rathmell, and K. Jack Riley, *Establishing Law and Order after Conflict* (Santa Monica, CA: RAND Corporation, 2005).

Kasher, Asa, "Interface Ethics: Military Forces and Private Military Companies," in Andrew Alexandra, Deane-Peter Baker and Marina Caparini (eds.), *Private Military and Security Companies: Ethics, Policies and Civil-Military Relations* (Abingdon, Oxon: Routledge, 2008), pp.235-246.

Kelty, Ryan, "Citizen Soldiers and Civilian Contractors: Soldiers' Unit Cohesion and Retention Attitudes in the 'Total Force'," *Journal of Political and Military Sociology*, vol.37, no.2 (Winter 2009), pp.133-159.

Kelty, Ryan and David R. Segal, "The Civilization of the US Military: Army and Navy Case Studies of the Effects of Civilian Integration on Military Personnel," in Thomas Jäger and Gerhard Kümmel (eds.), P*rivate Military and Security Companies: Chances, Problems, Pitfalls and Prospects* (Wiesbaden: VS Verlag für Sozialwissenschaften, 2007), pp.213-239.

Kienle, Col. Fredrick, U.S. Army, "Creating an Iraqi Army from Scratch: Lessons for the Future," *American Enterprise Institute for Public Policy Research National Security Outlook* (May 2007).

Kinsey, Christopher, "Private Security Companies and Corporate Social Responsibility," in Andrew Alexandra, Deane-Peter Baker and Marina Caparini (eds.), *Private Military and Security Companies: Ethics, Policies and Civil-Military Relations* (Abingdon, Oxon: Routledge, 2008), pp.70-86.

____ "Regulation and Control of Private Military Companies: The Legislative Dimension," *Contemporary Security Policy*, vol.26, no.1 (April 2005).

____ "The Role of Private Security Companies in Peace Support Operations: An Outcome of the Revolution in Military Affairs and the Transformation in Warfare," in Kobi Michael, David Kellen, and Eyal Ben-Ari (eds.), *The Transforamtion of the World of War and Peace Support Operations* (Westport, CT: Praeger Security International, 2009), pp.139-156.

Kozelka, Major Glenn E., "Boots on the Ground: A Historical and Contemporary Analysis of Force Levels for

Counterinsurgency Operations," *School of Advanced Military Studies, U.S. Army Command and General Staff College* (May 2009).
Krahmann, Elke, "The New Model Soldier and Civil-Military Relations," in Andrew Alexandra, Deane-Peter Baker and Marina Caparini (eds.), *Private Military and Security Companies: Ethics, Policies and Civil-Military Relations* (Abingdon, Oxon: Routledge, 2008), pp.247-265.
Krulak, Charles C., "The Three Block War: Fighting in Urban Areas," *Vital Speeches of the Day*, speech delivered to the National Press Club, Washington, D. C., October 10, 1997, pp.139-141.
Krahmann, Elke, "The New Model Soldier and Civil-Military Relations," in Andrew Alexandra, Deane-Peter Baker and Marina Caparini (eds.), *Private Military and Security Companies: Ethics, Policies and Civil-Military Relations* (Abingdon, Oxon: Routledge, 2008), pp.247-265.
____ "Private Military Services in the UK and Germany: Between Partnership and Regulation," *European Security*, vol.14, no.2 (June 2005), pp.277-295.
Larsdotter, Kersti, "Culture and the Outcome of Military Intervention: Developing Some Hypothesis," in Jan Angstrom and Isabelle Duyvesteyn (eds.), *Understanding Victory and Defeat in Contemporary War* (Abingdon, Oxon: Routledge, 2007).
Leander, Anna, "Eroding State Authority? Private Military Companies and the Legitimate Use of Force," *Centro Militare di Studi Strategici* (2006).
____ "Risk and the Fabrication of Apolitical, Unaccountable Military Markets: the Case of the CIA 'Killing Program,'" *Review of International Studies*, vol. 37, issue 5 (December 2011).
Logan, Justine and Christopher Preble, "Failed States and Flawed Logic: The Case against a Standing Nation-Building Office," *CATO Institute Policy Analysis*, no.560 (January 11, 2006).
McCoy, Katherine E., "Beyond Civil-Military Relations: Reflections on Civilian Control of a Private, Multinational Workforce," *Armed Forces & Society*, vol.36, no.4 (July 2010), pp.671-694.
McGrath, John J., "The Other End of the Spear: The Tooth-to-Tail Ratio (T3R) in Modern Military Operations," *The Long War Series Occasional Paper 23*, Fort Leavenworth, Kansas, Combat Studies Institute Press (2007).
____ "Boots on the Ground: Troop Density in Contingency Operations," *Global War on Terrorism Occasional Paper 16*, Fort Leavenworth, Kansas, Combat Studies Institute Press (2006).
Nagl, John A., "Institutionalizing Adaptation: It's Time for a Permanent Army Advisor Corps," *Center for a New American Security* (June 2007).
Nelson, Maj. Kim M., "Contractors on the Battlefield: Force Multipliers or Force Dividers?" *Air Command and Staff College* (April 2000).

van Niekerk, Phillip, "Making a Killing: The Business of War," *International Consortium of Investigative Journalists/ Center for Public Integrity (ICIJ/CPI)* (October 28, 2002).

O'Keefe, Meghan Spilka, "Civil-Private Military Relations: The Impact of Military Outsourcing on State Capacity and the Control of Force," Presented at the 2011 International Studies Association Annual Conference, Montreal, Canada, March 16, 2011.

Pan, Esther, "Iraq: Military Outsourcing," *Council on Foreign Relations* (May 20, 2004).

Percy, Sarah, "Morality and Regulation," in Simon Chesterman and Chia Lehnardt (eds.), *From Mercenaries to Market: The Rise and Regulation of Private Military Companies* (New York: Oxford University Press, 2007), pp.11-28.

____ "Regulating the Private Security Industry," *International Institute for Strategic Studies*, Adelphi Paper 384 (December 2006), p.53-62.

Perry, David, "Purchasing Power: Is Defense Privatization a New Form of Military Mobilization?" Prepared for ISA Conference, Montreal 2011.

Petersohn, Ulrich, "Outsourcing the Big stick: The Consequences of Using Private Military Companies," *Weatherhead Center for International Affairs, Harvard University* (June 2008).

Pfaltzgraff, Jr., Robert L., "The Projection of Power: Implications for U.S. Policy in the 1980s," in Uri Ra'anan, Robert L. Pfaltzgraff, Jr., and Geoffrey Kemp (eds.), *Projection of Power: Perspectives, Perceptions and Problems* (Hamden, CT: Archon Books, 1982), pp.334-341.

Powell, General Colin, "U.S. Forces: Challenges Ahead," *Foreign Affairs*, vol.71, no.5 (Winter 1992-1993), pp.32-45.

Quinlivan, James T., "Burden of Victory," *RAND Objective Analysis* (Summer 2003).

____ "Force Requirements in Stability Operations," *Parameters* (Winter 1995), pp.59-69.

Segal, David R. and Karin De Angelis, "Changing Conceptions of the Military as a Profession," in Nielsen, Suzanne C. and Don M. Snider (eds.), *American Civil-Military Relations: The Soldier and the State in a New Era* (Baltimore: The Johns Hopkins University Press, 2009), pp. 194-212.

Sens, Allen G., "The RMA, Transformation, and Peace Support Operations," in Kobi Michael, David Kellen, and Eyal Ben-Ari (eds.), *The Transforamtion of the World of War and Peace Support Operations* (Westport, CT: Praeger Security International, 2009), pp.81-100.

Schreier, Fred & Caparini, Marina, "Privatising Security: Law, Practice and Governance of Private Military and Security Companies," *DCAF Occasional Paper*, no. 6 (March 2005).

Singer, Peter W., "Can't Win With 'Em, Can't Go To War Without 'Em: Private Military Contractors and Counterinsurgency," *Foreign Policy at Brookings, Policy Paper* No.4 (September 2007).

____ "Outsourcing War," *Foreign Affairs*, vol.84, no.2 (March/April 2005).

Smith, Charles, "Troops or Private Contractors: Who Does Better in Supplying Our Troops During War?" *Truthout* (February 23, 2011).

Sowers, Thomas S., "Beyond the Soldiers and the State: Contemporary Operations and Variance in Principal-Agent Relationship," *Armed Forces & Society*, vol.31, no.3 (Spring 2005).

Spearin, Christopher, "The International Private Security Company: A Unique and Useful Actor?" in Jan Angstrom and Isabelle Duyvesteyn (eds.), *Modern War and the Utility of Force: Challenges, Methods and Strategy* (Abingdon, Oxon: Routledge, 2010), pp. 39-64.

____ "A Justified Heaping of the Blame? An Assessment of Privately Supplied Security Sector Training and Reform in Iraq - 2003-2005 and Beyond," in Stoker, Donald (eds.), *Military Advising and Assistance: From Mercenaries to Privatization, 1815-2007* (Abingdon, Oxon: Routledge, 2008), pp.224-238.

____ "Private Security Companies and Humanitarians: A Corporate Solution to Security Humanitarian Spaces?" *International Security*, vol.8, no.1 (2001).

____ "Special Operations Forces a Strategic Resource: Public and Private Divides," *Parameter* (Winter 2006-07).

Steinhoff, Uwe, "What Are Mercenaries?" in Andrew Alexandra, Deane-Peter Baker and Marina Caparini (eds.), *Private Military and Security Companies: Ethics, Policies and Civil-Military Relations* (Abingdon, Oxon: Routledge, 2008), pp.19-29.

Suhrke, Astri, "The Dangers of a Tight Embrace: Externally Assisted Statebuilding in Afghanistan," in Roland Paris and Timothy D. Sisk (eds.), *The Dilemmas of Statebuilding: Confronting the Contradictions of Postwar Peace Operations* (New York: Routledge, 2009).

Swisspeace, "Private Security Companies and Local Populations: An Exploratory Study of Afghanistan and Angola," *Swisspeace Report* (November 2007).

Terry, Mark D., "Contingency Contracting and Contracted Logistics Support: A Force Multiplier," *Naval War College* (May 12, 2003).

Thornton, Rod, "The British Army and the Origins of its Minimum Force Philosophy," *Small Wars and Insurgencies*, vol.15, no.1 (Spring 2004), pp.83-106.

Ucko, David, "Innovation or Inertia: The U.S. Military and the Learning of Counterinsurgency," *Orbis* (Spring 2008), pp.290-310.

Uttley, Matthew, "Contractors on Deployed Military Operations: United Kingdom Policy and Doctrine," *United States Army War College* (September 2005).

____ "Private Contractors on Deployed Operations: the United Kingdom Experience," *Defence Studies*, vol.4, no.2 (Summer

2004), pp.145-165.

Verloy, Andre, "Making a Killing: The Merchant of Death," *International Consortium of Investigative Journalists/ Center for Public Integrity (ICIJ/CPI)* (November 20, 2002).

Verpoest, Karen and Maaten van Dijck, "Inventory and Evaluation of Private Security Sector Contribution," *Assessing Organized Crime* (August 31, 2005).

Walker, Clive and Dave Whyte, "Contracting out War?: Private Military Companies, Law and Regulation in the United Kingdom," *International and Comparative Law Quarterly*, vol.54 (July 2005).

Walt, Stephen M., "In the National Interest: A Grand New Strategy for American Foreign Policy," *Boston Review* (February/ March 2005).

Watson, Brian G., "Reshaping the Expeditionary Army to Win Decisively: The Case for Greater Stabilization Capacity in the Modular Force," *Strategic Studies Institute* (August 2005).

Whyte, Dave, "Lethal Regulation: State-Corporate Crime and the United Kingdom Government's New Mercenaries," *Journal of Law and Society*, vol.30, no.4 (December 2003).

Wolfendale, Jessica, "The Military and the Community: Comparing National Military Forces and Private Military Companies," in Andrew Alexandra, Deane-Peter Baker and Marina Caparini (eds.), *Private Military and Security Companies: Ethics, Policies and Civil-Military Relations* (Abingdon, Oxon: Routledge, 2008), pp.217-234.

Woods, LTC Steven G., "The Logistics Civil Augmentation Program: What Is the Status Today?" *U.S. Army War College Strategy Research Paper* (May 3, 2004).

Wulf, Herbert, "Privatization of Security, International Interventions and the Democratic Control of Armed Forces," in Andrew Alexandra, Deane-Peter Baker and Marina Caparini (eds.), *Private Military and Security Companies: Ethics, Policies and Civil-Military Relations* (Abingdon, Oxon: Routledge, 2008), pp.191-202.

世論調査

ABC/BBC/NHK, "Dramatic Advances Sweep Iraq, Boosting Support for Democracy," *ABC/BBC/NHK Poll-Iraq: Where Things Stand*, March 16, 2009.

____ "Ebbing Hope in a Landscape of Loss Marks a National Survey of Iraq," *ABC/BBC/NHK Poll-Iraq: Where Things Stand*, March 19, 2007.

____ "Iraq's Own Surge Assessment: Few See Security Gains," *ABC/BBC/NHK Poll-Iraq: Where Things Stand*, September 10, 2007.

Jones, Jeffrey M., "Vast Majority of Americans Opposed to Reinstituting Military Draft: Fewer than one in five favor return to the draft," *Gallup News Service*, September 7, 2007.

ら行

わ行

ま行

や行

な行

は行

た行

さ行

事項索引

マ行

ラ行

ワ行

人名索引

著者
佐野 秀太郎（さの しゅうたろう）
1964年東京都生まれ。現在、防衛大学校防衛学教育学群教授。
1989年に、防衛大学校国際関係論学科を卒業後、富士学校総合研究開発部、幹部候補生学校、研究本部など、陸上自衛隊の教育・研究機関を中心に勤務。米ハーバード大学ケネディ行政大学院（1995年）及び防衛大学校総合安全保障研究科（2007年）で修士号、同研究科（2013年）で博士号を取得。2002年に指揮幕僚課程を卒業。

民間軍事警備会社の戦略的意義
——米軍が追求する21世紀型軍隊——

2015年 5月25日　第1刷発行

著　者
佐野秀太郎

発行所
㈱芙蓉書房出版
（代表 平澤公裕）
〒113-0033東京都文京区本郷3-3-13
TEL 03-3813-4466　FAX 03-3813-4615
http://www.fuyoshobo.co.jp

印刷・製本／モリモト印刷

ISBN978-4-8295-0649-3